导 波 光 学

曹庄琪　编著

科 学 出 版 社

北 京

内 容 简 介

本书以电磁场理论为基础，采用分析转移矩阵方法和改进的微扰理论，系统总结了作者二十余年来在导波光学领域的研究成果。内容涵盖了多层波导、矩形介质波导、周期性波导、渐变折射率波导、多量子阱波导和衰减全反射原理等导波光学重要内容。

本书可作为理工科院校光学、光电子技术和光通信等专业的高年级本科生、研究生的教材，也可作为相关专业研究人员的参考书。

图书在版编目(CIP)数据

导波光学/曹庄琪编著. —北京：科学出版社，2007

ISBN 978-7-03-018922-6

Ⅰ.导…　Ⅱ.曹…　Ⅲ.导波光学　Ⅳ.TN25

中国版本图书馆 CIP 数据核字(2007)第 063582 号

责任编辑：张　静　杨　然/责任校对：包志虹

责任印制：徐晓晨/封面设计：王　浩

科 学 出 版 社出版

北京东黄城根北街 16 号

邮政编码：100717

http://www.sciencep.com

北京虎彩文化传播有限公司 印刷

科学出版社发行　各地新华书店经销

*

2007 年 5 月第 一 版　开本：B5(720×1000)

2019 年 1 月第四次印刷　印张：17

字数：319 000

定价：118.00元

(如有印装质量问题，我社负责调换)

前言

导波光学是20世纪60年代后期发展起来的一门新兴的综合性很强的学科。由于其在未来信息社会具有巨大的应用潜力，长期以来，一直受到学术界和技术界的高度重视。经过30多年的发展，特别是近年来随着材料科学、光电子学以及微加工技术的进步，不少制约导波光电子器件进一步发展的障碍被扫除，使得导波光学日益成熟，目前已初步形成一门体系较为完整的学科。随着科学技术的发展，一系列具有新原理、新材料和新结构的光波导功能器件和系统在技术上日益成熟。以导波光学为基础的光通信和光传感等技术正以异常迅猛的势头走向市场。这种快速发展不仅引发了人们对于导波光学的更多关注，同时对导波光学的进一步发展也寄予热切的希望。近年来，在器件的计算机模拟、材料处理、工艺技术的优化以及结构的创新，特别是已成为研究热点的平面集成光路(PLC)、波导光子带隙结构、纳米阵列结构、等离子激元学(plasmonics)、光纤-波导的耦合和器件的封装等领域，导波光学已经显示出其强大的生命力。

在上海交通大学出版社的支持下，1987年出版了以笔者为主编著的《光波导技术物理基础》一书，2000年又出版了笔者独立编著的《导波光学中的转移矩阵方法》。但随着时间的推移，首先，笔者感觉第一本书的内容已略显陈旧，难以适应教学和科研的发展需要，而第二本书又过于专门化，领域过于狭窄；其次，在近几年的教学、科研过程中又有一些新的体会。鉴于以上原因，有必要在上两本书的基础上，整理、总结和提高有关内容和研究进展，重新编写一本构思更新颖、内容更丰富、结构更合理的学术著作，以回报广大读者的鼓励和厚爱。

本书的主要目的不是系统介绍导波光学的知识，而重在通过对各类光导波性质及器件原理的学习，培养学生的自主创新精神，提高学生分析问题和解决问题的能力，因此在编写上有以下特点：

(1) 本书是作者多年来在光波导领域工作的总结。由于研究工作不可能涉及导波光学所有的领域，因此许多同类书籍已描述过的大同小异的内容，如光纤理论、耦合模理论和各种数值计算方法等，本书不再赘述。

(2) 分析转移矩阵和微扰是本书运用最多的两种数学工具。实践证明，这两种技术不仅简单实用，而且具有导出解析公式的潜力。本书许多实际问题的解决，都是运用这两种技术的结果。

(3) 对于波导中的场分布函数，本书用指数形式代替传统的正弦和余弦形式的解，得到了物理意义更加明确的传输型色散方程。在多层平板波导中，利用这种传输型的色散方程，可揭示 WKB 等近似忽略的子波的作用，为建立渐变折射率波导的精确色散方程奠定了坚实的理论基础。

(4) 由于薛定谔方程与光波导波动方程的相似性，本书专门用一章的篇幅研究了分析转移矩阵方法在求解薛定谔方程时的应用，得到了实物粒子在任意分布势场中运动满足的精确量子化条件和符合量子力学波粒二象性要求的动量表达式，并把这些结果推广应用到二维、三维、变质量和势垒贯穿等量子系统，有兴趣的读者可参考有关论文。

(5) 全反射时发生的古斯-汉欣(Goos-Hänchen)位移是一个物理内涵深刻而又十分令人感兴趣的课题，近年来又产生了有关因果律佯谬问题的争论。本书利用光波导中的研究结果把争论的焦点和自己的观点同时向读者阐明，以便起到抛砖引玉的作用。

(6) 表面等离子波和金属包覆光波导以及与此相关联的衰减全反射原理是作者研究的主要课题之一，本书系统介绍了相关理论基础以及近期发展的亚毫米尺度金属包覆波导、自由空间耦合技术、超高阶导模和光波导振荡场传感器等新概念和新器件。

由于作者水平有限，书中的不妥之处在所难免，恳请广大读者批评指正。

曹庄琪

2006 年 10 月

目　　录

第1章　光波导分析基础

介质光波导是在光波导器件和集成光路中用于限制和传输光的元件，它包括具有圆形截面的波导(光纤)以及平板波导、条形波导等。介质光波导中传输光的波长通常处于可见和近红外波段范围。研究光波导通常以光的电磁场理论和介质光学特性的理论为基础。本章将阐述支配光波导现象的麦克斯韦方程和光传输的原理，进而推导作为光波导波动理论基础的波动方程。

1.1　光波基本方程

本节简要总结麦克斯韦方程、物质方程和边界条件等必要的基础知识。同时介绍在导波光学中具有重要应用的反射、透射以及古斯-汉欣(Goos-Hänchen)位移等重要概念。

1.1.1　麦克斯韦方程

光是一种电磁波，可由以位置矢量 $\boldsymbol{r}$ 和时间 t 为函数的四个场矢量：电场 $\boldsymbol{E}$、磁场 $\boldsymbol{H}$、电位移 $\boldsymbol{D}$ 和磁感应矢量 $\boldsymbol{B}$ 表征，它们满足麦克斯韦方程

$$\nabla \times \boldsymbol{E} = -\frac{\partial \boldsymbol{B}}{\partial t} \tag{1.1}$$

$$\nabla \times \boldsymbol{H} = \frac{\partial \boldsymbol{D}}{\partial t} + \boldsymbol{J} \tag{1.2}$$

式中，$\boldsymbol{J}$ 为电流密度矢量。若电荷密度为 ρ，则电荷守恒或电流连续性方程为

$$\nabla \cdot \boldsymbol{J} = -\frac{\partial \rho}{\partial t} \tag{1.3}$$

由矢量公式 $\nabla \cdot (\nabla \times \boldsymbol{A}) = 0$，容易由方程(1.1)和方程(1.2)导出

$$\nabla \cdot \boldsymbol{B} = 0 \tag{1.4}$$

$$\nabla \cdot \boldsymbol{D} = \rho \tag{1.5}$$

方程(1.1)、(1.2)、(1.4)和(1.5)通常称为麦克斯韦方程。

1.1.2　物质方程

要能够从给定的电流和电荷分布唯一地确定各个场矢量，还必须对麦克斯韦方程补充一些描述电磁场作用下物质特性的关系式，它们称为物质方程。对于常

用的各向同性介质，有

$$\boldsymbol{D} = \varepsilon \boldsymbol{E} \tag{1.6}$$

$$\boldsymbol{B} = \mu \boldsymbol{H} \tag{1.7}$$

式中，介电常数(或电容率)ε 和磁导率 μ 由以下两式定义：

$$\varepsilon = \varepsilon_0 \varepsilon_r \tag{1.8}$$

$$\mu = \mu_0 \mu_r \tag{1.9}$$

式中，ε_0 和 μ_0 分别为真空电容率和真空磁导率，ε_r 和 μ_r 分别为物质的相对电容和相对磁导率。对非磁性物质，$\mu_r = 1$。若真空中的光速用 c 表示，则有

$$\varepsilon_0 \mu_0 = \frac{1}{c^2} \tag{1.10}$$

导体中的电流密度 $\boldsymbol{J}$ 可表示为

$$\boldsymbol{J} = \sigma \boldsymbol{E} \tag{1.11}$$

式中，σ 为电导率。

物质的折射率可表示为

$$n = \sqrt{\varepsilon_r} \tag{1.12}$$

在各向同性介质中，ε 和 μ 均为标量，但对各向异性介质，ε 和 μ 都是二阶张量，这时，方程(1.6)和方程(1.7)分别改写为

$$D_i = \sum_{j=1}^{3} \varepsilon_{ij} E_j \tag{1.13}$$

$$B_i = \sum_{j=1}^{3} \mu_{ij} H_j \tag{1.14}$$

这里，$i,j=1,2,3$。i、j 分别对应于直角坐标系中的 x、y 和 z。如果介质无吸收，则有

$$\varepsilon_{ji}^{*} = \varepsilon_{ij} \tag{1.15}$$

这里，“*”表示复共轭。

1.1.3　波动方程

假设电磁场以角频率 ω 振荡，则随时间变化复振幅形式的场矢量可写为如下形式：

$$\boldsymbol{E}(\boldsymbol{r},t) = \mathrm{Re}[\boldsymbol{E}(\boldsymbol{r})\exp(-\mathrm{i}\omega t)] \tag{1.16}$$

$$\boldsymbol{H}(\boldsymbol{r},t) = \mathrm{Re}[\boldsymbol{H}(\boldsymbol{r})\exp(-\mathrm{i}\omega t)] \tag{1.17}$$

$$\boldsymbol{D}(\boldsymbol{r},t) = \mathrm{Re}[\boldsymbol{D}(\boldsymbol{r})\exp(-\mathrm{i}\omega t)] \tag{1.18}$$

$$\boldsymbol{B}(\boldsymbol{r},t) = \mathrm{Re}[\boldsymbol{B}(\boldsymbol{r})\exp(-\mathrm{i}\omega t)] \tag{1.19}$$

当场中不存在自由电荷及电流($\rho=0, \boldsymbol{J}=0$)，且对非磁性介质($\mu_r=1$)，与时间无关的麦克斯韦方程可改写为

$$\nabla\times\boldsymbol{E}=\mathrm{i}\omega\boldsymbol{B}=\mathrm{i}\omega\mu_0\boldsymbol{H} \tag{1.20}$$

$$\nabla\times\boldsymbol{H}=-\mathrm{i}\omega\boldsymbol{D}=-\mathrm{i}\omega\varepsilon\boldsymbol{E} \tag{1.21}$$

$$\nabla\cdot\boldsymbol{H}=0 \tag{1.22}$$

$$\nabla\cdot(\varepsilon_r\boldsymbol{E})=0 \tag{1.23}$$

对方程(1.20)两边求旋度，并利用方程(1.21)，可得

$$\nabla\times(\nabla\times\boldsymbol{E})=\omega^2\varepsilon_0\mu_0\varepsilon_r\boldsymbol{E} \tag{1.24}$$

利用矢量公式

$$\nabla\times(\nabla\times\boldsymbol{A})=\nabla(\nabla\cdot\boldsymbol{A})-\nabla^2\boldsymbol{A} \tag{1.25}$$

式(1.23)可重写为

$$\nabla\cdot(\varepsilon_r\cdot\boldsymbol{E})=\nabla\varepsilon_r\cdot\boldsymbol{E}+\varepsilon_r\nabla\cdot\boldsymbol{E}=0$$

于是可得

$$\nabla\cdot\boldsymbol{E}=-\frac{\nabla\varepsilon_r}{\varepsilon_r}\cdot\boldsymbol{E} \tag{1.26}$$

根据式(1.25)和式(1.26)两式，可得关于电场 $\boldsymbol{E}$ 的矢量波方程为

$$\nabla^2\boldsymbol{E}+\nabla\left(\frac{\nabla\varepsilon_r}{\varepsilon_r}\cdot\boldsymbol{E}\right)+k_0^2\varepsilon_r\boldsymbol{E}=0 \tag{1.27}$$

式中，真空中的波数 k_0 由下式表示：

$$k_0=\omega\sqrt{\varepsilon_0\mu_0}=\frac{\omega}{c} \tag{1.28}$$

$$k=k_0n \tag{1.29}$$

在介质的相对电容率 ε_r 为常数的情况下，矢量波方程(1.27)转化为亥姆霍兹方程

$$\nabla^2\boldsymbol{E}+k^2\boldsymbol{E}=0 \tag{1.30}$$

利用类似的步骤，可得关于磁场 $\boldsymbol{H}$ 的亥姆霍兹方程

$$\nabla^2\boldsymbol{H}+k^2\boldsymbol{H}=0 \tag{1.31}$$

1.1.4 电磁场边界条件

对于图 1.1 所示的两种介质的分界面，设 $\boldsymbol{n}$ 为垂直于界面的单位矢量，则电磁场边界条件可表述为：

(1)电场的切向分量在界面上连续，即有

$$\boldsymbol{n}\times(\boldsymbol{E}_1-\boldsymbol{E}_2)=0 \tag{1.32}$$

或

$$E_{1t}=E_{2t} \tag{1.33}$$

式中 t 表示切向。

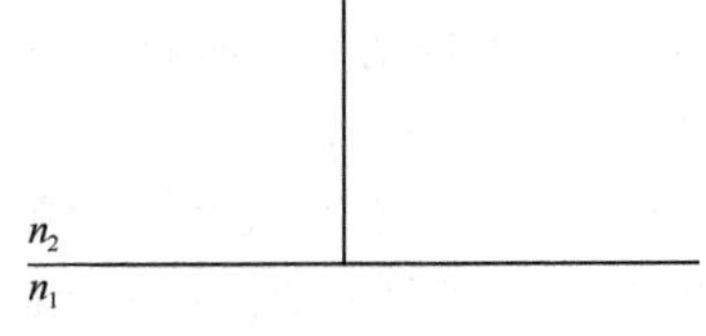

图 1.1 折射率分别为 n_1 和 n_2 的两种介质的分界面

(2)磁场的切向分量在界面上满足

$$\boldsymbol{n}\times(\boldsymbol{H}_1-\boldsymbol{H}_2)=\boldsymbol{J}_s \tag{1.34}$$

$\boldsymbol{J}_s$ 为界面上的电流面密度。若 $\boldsymbol{J}_s=0$，则有

$$\boldsymbol{n} \times (\boldsymbol{H}_1 - \boldsymbol{H}_2) = 0 \tag{1.35}$$

即在界面上没有面电流情况下，磁场的切向分量在界面上连续。式(1.35)也可改写为

$$H_{1t} = H_{2t} \tag{1.36}$$

(3)电位移的法向分量满足

$$\boldsymbol{n} \cdot (\boldsymbol{D}_1 - \boldsymbol{D}_2) = \rho_s \tag{1.37}$$

ρ_s为面电荷密度。在界面上没有面电荷情况下，则有

$$\boldsymbol{n} \cdot (\boldsymbol{D}_1 - \boldsymbol{D}_2) = 0 \tag{1.38}$$

或

$$D_{1n} = D_{2n} \tag{1.39}$$

即电位移的法向分量在界面上连续。

(4)磁感应强度的法向分量在界面上连续，即有

$$\boldsymbol{n} \cdot (\boldsymbol{B}_1 - \boldsymbol{B}_2) = 0 \tag{1.40}$$

或

$$B_{1n} = B_{2n} \tag{1.41}$$

1.1.5　坡印亭矢量

由于电压是关于电场的积分，而电流由磁场产生。因此，电场和磁场的乘积一定与电磁场的能量有关。若对 $\boldsymbol{E} \times \boldsymbol{H}$ 作用散度算子∇，则有

$$\nabla \cdot (\boldsymbol{E} \times \boldsymbol{H}) = \boldsymbol{H} \cdot (\nabla \times \boldsymbol{E}) - \boldsymbol{E} \cdot (\nabla \times \boldsymbol{H}) \tag{1.42}$$

代入方程(1.1)、方程(1.2)和方程(1.11)，可得

$$\begin{aligned}\nabla \cdot (\boldsymbol{E} \times \boldsymbol{H}) &= -\mu \boldsymbol{H} \cdot \frac{\partial \boldsymbol{H}}{\partial t} - \varepsilon \boldsymbol{E} \cdot \frac{\partial \boldsymbol{E}}{\partial t} - \sigma \boldsymbol{E}^2 \\ &= -\frac{\partial}{\partial t}\left(\frac{1}{2}\varepsilon \boldsymbol{E}^2 + \frac{1}{2}\mu \boldsymbol{H}^2\right) - \sigma \boldsymbol{E}^2\end{aligned} \tag{1.43}$$

对式(1.43)取一封闭曲面内的体积分，并应用矢量分析中的高斯定理，可得

$$\begin{aligned}\int_V \nabla \cdot (\boldsymbol{E} \times \boldsymbol{H}) \mathrm{d}V &= \int_S (\boldsymbol{E} \times \boldsymbol{H}) \cdot \boldsymbol{n} \mathrm{d}S \\ &= -\frac{\partial}{\partial t}\int_V \left(\frac{1}{2}\varepsilon \boldsymbol{E}^2 + \frac{1}{2}\mu \boldsymbol{H}^2\right) \mathrm{d}V - \int_V \sigma \boldsymbol{E}^2 \mathrm{d}V\end{aligned} \tag{1.44}$$

式中，S 为所取的封闭曲面，V 为 S 所包围的体积，$\boldsymbol{n}$ 表示垂直于 S 的法线方向上的单位矢量。式(1.44)中第二个等号右边第一项表示单位时间内体积 V 内所储电能和磁能的减少量，而第二项表示因焦耳热而引起的能量损耗率。由此可见，上式中第一个等号右边的项表示通过封闭曲面 S 流出能量的速率。坡印亭矢量

$$\boldsymbol{S} = \boldsymbol{E} \times \boldsymbol{H} \tag{1.45}$$

表示单位时间内通过单位面积的能量，也称为能流密度矢量。若用向内的单位矢

量 $\boldsymbol{\mu}$ 代替向外的单位矢量 $\boldsymbol{n}$，则通过曲面流进体积 V 内的全部功率可表示为

$$P = \int_S -(\boldsymbol{E} \times \boldsymbol{H}) \cdot \boldsymbol{n} \mathrm{d}S = \int_S (\boldsymbol{E} \times \boldsymbol{H}) \cdot \boldsymbol{\mu} \mathrm{d}S \tag{1.46}$$

根据式(1.16)和式(1.17)两式，复振幅形式的电磁场可写成

$$\boldsymbol{E}(\boldsymbol{r},t) = \frac{1}{2}[\boldsymbol{E}(\boldsymbol{r})\mathrm{e}^{-\mathrm{i}\omega t} + \boldsymbol{E}^*(\boldsymbol{r})\mathrm{e}^{\mathrm{i}\omega t}] \tag{1.47}$$

$$\boldsymbol{H}(\boldsymbol{r},t) = \frac{1}{2}[\boldsymbol{H}(\boldsymbol{r})\mathrm{e}^{-\mathrm{i}\omega t} + \boldsymbol{H}^*(\boldsymbol{r})\mathrm{e}^{\mathrm{i}\omega t}] \tag{1.48}$$

因此，时间平均的坡印亭矢量的法向分量为

$$\begin{aligned}
\langle \boldsymbol{S} \cdot \boldsymbol{\mu} \rangle &= \langle (\boldsymbol{E} \times \boldsymbol{H}) \cdot \boldsymbol{\mu} \rangle \\
&= \frac{1}{4}\langle [(\boldsymbol{E}\mathrm{e}^{-\mathrm{i}\omega t} + \boldsymbol{E}^*\mathrm{e}^{\mathrm{i}\omega t}) \times (\boldsymbol{H}\mathrm{e}^{-\mathrm{i}\omega t} + \boldsymbol{H}^*\mathrm{e}^{\mathrm{i}\omega t})] \cdot \boldsymbol{\mu} \rangle \\
&= \frac{1}{4}\langle [\boldsymbol{E} \times \boldsymbol{H}^* + \boldsymbol{E}^* \times \boldsymbol{H} + \boldsymbol{E} \times \boldsymbol{H}\mathrm{e}^{-\mathrm{i}2\omega t} + \boldsymbol{E}^* \times \boldsymbol{H}^*\mathrm{e}^{\mathrm{i}2\omega t}] \cdot \boldsymbol{\mu} \rangle \\
&= \frac{1}{4}(\boldsymbol{E} \times \boldsymbol{H}^* + \boldsymbol{E}^* \times \boldsymbol{H}) \cdot \boldsymbol{\mu} \\
&= \frac{1}{2}\mathrm{Re}[(\boldsymbol{E} \times \boldsymbol{H}^*) \cdot \boldsymbol{\mu}]
\end{aligned} \tag{1.49}$$

式中，“〈〉”表示对时间平均。因此，时间平均的功率流可表示为

$$P = \int_S \frac{1}{2}\mathrm{Re}[(\boldsymbol{E} \times \boldsymbol{H}^*) \cdot \boldsymbol{\mu}]\mathrm{d}S \tag{1.50}$$

在光波导分析中，$\boldsymbol{E} \times \boldsymbol{H}^*$ 通常是实的，因而时间平均的功率流可直接写成

$$P = \int_S \frac{1}{2}(\boldsymbol{E} \times \boldsymbol{H}^*) \cdot \boldsymbol{\mu} \mathrm{d}S \tag{1.51}$$

1.2 平面电磁波的反射与折射

本节总结平面电磁波入射于两种介质分界面上反射和透射的规律，但不给出严格的推导。读者可从后面的章节中获得答案。

1.2.1 反射定律与折射定律

考虑图 1.2 所示的位于 $x=0$ 的平面分界面，其两侧分别是折射率为 n_1 和 n_2($n_1>n_2$)的两种无损耗、各向同性的均匀介质。由 n_1 介质向分界面入射一复振幅为 A 的单色平面波，则在 n_1 介质中产生一反射波 B，而在 n_2 介质产生一透射波 C，设入射角、反射角和透射角分别为 θ_i、θ_r 和 θ_t，由电场和磁场的切向分量在分界面上连续的条件可得以下结论：

(1) 反射角等于入射角，即有

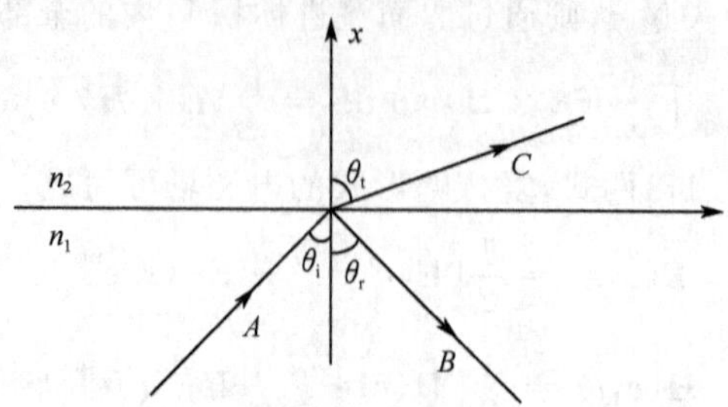

图 1.2　平面电磁波在分界面上的反射与折射

$$\theta_i = \theta_r \tag{1.52}$$

上式称为反射定律。

(2) 透射角(折射角)θ_t 与入射角 θ_i 满足斯涅耳(Snell)定律,即折射定律

$$n_1 \sin\theta_i = n_2 \sin\theta_t \tag{1.53}$$

1.2.2　菲涅耳(Fresnel)公式

反射定律和折射定律确定了入射波、反射波与折射波三者的传播方向,而菲涅耳公式则给出三者之间振幅和相位的关系。这种关系通常由反射系数和透射系数表征。反射系数是反射波复振幅 B 与入射波复振幅 A 之比;而透射系数是透射波复振幅 C 与入射波复振幅 A 之比。两者的大小不仅取决于入射角,而且与光的偏振态有关。

(1) 对如图 1.3 所示的 TE 偏振(即电场振动方向垂直于波阵面法线和分界面法线构成的入射面)入射波,有

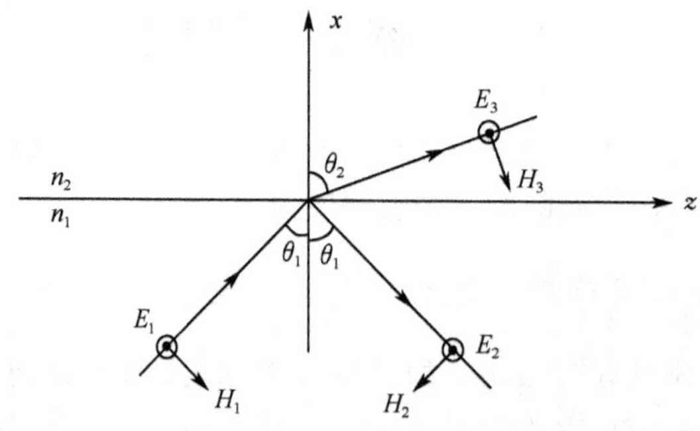

图 1.3　分界面上的 TE 入射波($n_1 > n_2$)

反射系数

$$r_{\mathrm{TE}}=\frac{n_1\cos\theta_1-n_2\cos\theta_2}{n_1\cos\theta_1+n_2\cos\theta_2}=\frac{\sin(\theta_2-\theta_1)}{\sin(\theta_2+\theta_1)} \tag{1.54}$$

透射系数

$$t_{\mathrm{TE}}=\frac{2n_1\cos\theta_1}{n_1\cos\theta_1+n_2\cos\theta_2}=\frac{2\sin\theta_2\cos\theta_1}{\sin(\theta_2+\theta_1)} \tag{1.55}$$

(2) 对如图 1.4 所示的 TM 偏振(即磁场振动方向垂直于波阵面法线和分界面法线构成的入射面)入射波,有

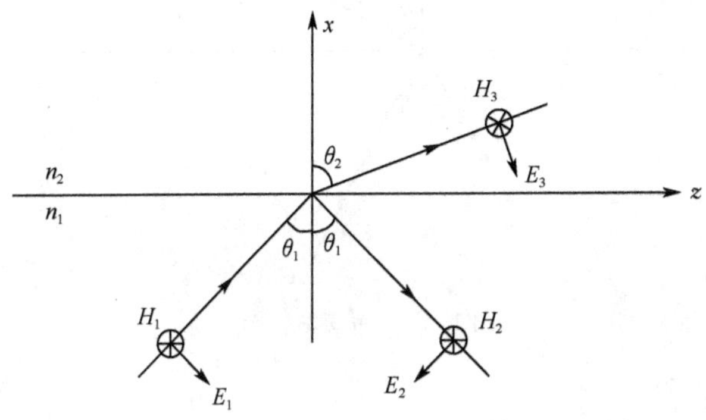

图 1.4 分界面上的 TM 入射波($n_1>n_2$)

反射系数

$$r_{\mathrm{TM}}=\frac{n_2\cos\theta_1-n_1\cos\theta_2}{n_2\cos\theta_1+n_1\cos\theta_2}=\frac{\tan(\theta_1-\theta_2)}{\tan(\theta_1+\theta_2)} \tag{1.56}$$

透射系数

$$t_{\mathrm{TM}}=\frac{2n_2\cos\theta_1}{n_2\cos\theta_1+n_1\cos\theta_2}=\frac{\sin2\theta_1}{\sin(\theta_1+\theta_2)\cos(\theta_1-\theta_2)} \tag{1.57}$$

反射率

$$R=rr^*=|r|^2 \tag{1.58}$$

透射率

$$T=tt^*=\frac{n_2\cos\theta_2}{n_1\cos\theta_1}|t|^2 \tag{1.59}$$

容易验证,对 TE 和 TM 偏振,均有

$$R+T=1 \tag{1.60}$$

式(1.60)表示能量守恒。

1.2.3 布儒斯特(Brewster)角

根据折射定律可知,当

$$\theta_1+\theta_2=\frac{\pi}{2} \tag{1.61}$$

时，$\tan(\theta_1+\theta_2)=\infty$，即有 $r_{TM}=0$，但 $r_{TE}\neq 0$，这说明当反射光与折射光垂直时，反射光中的电矢量没有入射面上的分量。这种现象如图 1.5 所示。

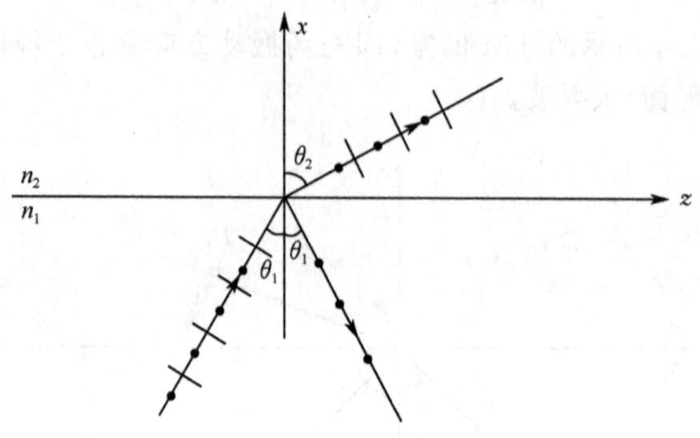

图 1.5 布儒斯特角

利用 $n_1\sin\theta_1=n_2\sin\theta_2$ 和式(1.61)，可得 $\sin\theta_2=\sin\left(\frac{\pi}{2}-\theta_1\right)=\cos\theta_1$，因而有

$$\tan\theta_1=\frac{n_2}{n_1} \tag{1.62}$$

这时的入射角叫做布儒斯特角

$$\theta_B=\arctan\left(\frac{n_2}{n_1}\right) \tag{1.63}$$

以上现象称为布儒斯特定律。

布儒斯特定律的物理解释是，入射波的电矢量使第二介质中原子的电子发生受迫振动，其振动方向沿着透射波的电矢量方向。振动的电子产生另一个波，即反射波，它被传回到第一介质中。但是，做直线振动的电子，其辐射是有方向性的，沿电子振动方向没有辐射。因此，当反射光与透射光垂直时，反射光在入射面上无电场振动。

1.2.4 全反射

由式(1.54)和式(1.56)两式可知，当

$$\theta_2=\frac{\pi}{2}$$

时，有

$$r_{TE}=r_{TM}=1$$

这时入射角 θ_1 满足 $n_1\sin\theta_1=n_2$，相应的入射角叫做全反射临界角 θ_c，它由式

(1.64)确定：

$$\sin\theta_c = \frac{n_2}{n_1} \tag{1.64}$$

当光由光密介质射向光疏介质时，若 $\theta_1=\theta_c$，则透射光沿界面切向传输。而当 $\theta_1>\theta_c$ 时，入射光被全部反射回第一介质，这种现象称为全反射。全反射时，有 $n_1\sin\theta_1>n_2$，则反射系数不再为实数，说明反射光的相位相对入射光将有一跃变。

1. TE 偏振

由式(1.54)可得

$$\begin{aligned} r_{TE} &= \frac{n_1\cos\theta_1 - n_2\cos\theta_2}{n_1\cos\theta_1 + n_2\cos\theta_2} = \frac{\sqrt{n_1^2 - n_1^2\sin^2\theta_1} - \sqrt{n_2^2 - n_1^2\sin^2\theta_1}}{\sqrt{n_1^2 - n_1^2\sin^2\theta_1} + \sqrt{n_2^2 - n_1^2\sin^2\theta_1}} \\ &= \frac{\sqrt{n_1^2 - n_1^2\sin^2\theta_1} - \mathrm{i}\sqrt{n_1^2\sin^2\theta_1 - n_2^2}}{\sqrt{n_1^2 - n_1^2\sin^2\theta_1} + \mathrm{i}\sqrt{n_1^2\sin^2\theta_1 - n_2^2}} = \exp(-\mathrm{i}2\Phi_{TE}) \end{aligned} \tag{1.65}$$

式中

$$\Phi_{TE} = \arctan\left(\sqrt{\frac{n_1^2\sin^2\theta_1 - n_2^2}{n_1^2 - n_1^2\sin^2\theta_1}}\right) \tag{1.66}$$

式(1.65)表明，全反射时 r_{TE} 的模等于1，即反射光的强度等于入射光的强度，但振动的相位发生跃变，相对于入射光，反射光产生 $-2\Phi_{TE}$ 的相移。

2. TM 偏振

由式(1.56)可得

$$\begin{aligned} r_{TM} &= \frac{n_2\cos\theta_1 - n_1\cos\theta_2}{n_2\cos\theta_1 + n_1\cos\theta_2} = \frac{\dfrac{n_2}{n_1}\sqrt{n_1^2 - n_1^2\sin^2\theta_1} - \dfrac{n_1}{n_2}\sqrt{n_2^2 - n_1^2\sin^2\theta_1}}{\dfrac{n_2}{n_1}\sqrt{n_1^2 - n_1^2\sin^2\theta_1} + \dfrac{n_1}{n_2}\sqrt{n_2^2 - n_1^2\sin^2\theta_1}} \\ &= \frac{\dfrac{n_2}{n_1}\sqrt{n_1^2 - n_1^2\sin^2\theta_1} - \mathrm{i}\dfrac{n_1}{n_2}\sqrt{n_1^2\sin^2\theta_1 - n_2^2}}{\dfrac{n_2}{n_1}\sqrt{n_1^2 - n_1^2\sin^2\theta_1} + \mathrm{i}\dfrac{n_1}{n_2}\sqrt{n_1^2\sin^2\theta_1 - n_2^2}} = \exp(-\mathrm{i}2\Phi_{TM}) \end{aligned} \tag{1.67}$$

式中

$$\Phi_{TM} = \arctan\left[\left(\frac{n_1}{n_2}\right)^2\sqrt{\frac{n_1^2\sin^2\theta_1 - n_2^2}{n_1^2 - n_1^2\sin^2\theta_1}}\right] \tag{1.68}$$

图 1.6 画出了半全反射相移 Φ_{TE} 对入射角 θ_1 的依赖关系，从图中可以看出，Φ_{TE} 从临界角时的 0 增加到掠入射角($\theta_1=90°$)时的 $\pi/2$。当 $\theta_1=\theta_c$ 时，曲线的斜率为无穷大，而当 $\theta_1=90°$时，曲线的斜率为 $(1-n_2^2/n_1^2)^{-\frac{1}{2}}$。$\Phi_{TM}$ 的变化与之十分相似，故不再重复。

1.2.5 古斯-汉欣位移

在以前的讨论中，认为入射光抵达界面时，入射和反射在同一点发生，只不过

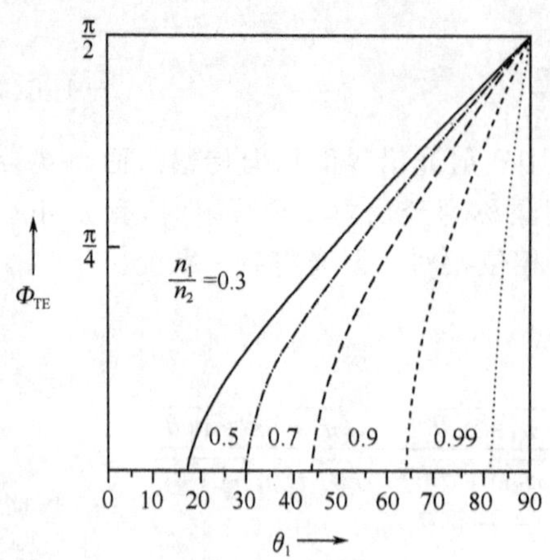

图 1.6 Φ_{TE}对入射角 θ_1 的依赖关系

产生一个相移。但实际上却不然，古斯和汉欣在 1947 年作了一个实验，证明反射点离入射点有一段距离，并给出定量的公式。所谓古斯-汉欣位移，即实际反射点与理想反射点之间的距离

$$D=\frac{cn_2\lambda}{(n_1^2\sin^2\theta-n_2^2)^{1/2}} \tag{1.69}$$

式中，c 为常数，如果 $n_1=1.52, n_2=1$，则 $c=0.52$；λ 为光波长。这个现象的出现是基于实际光线都具有一定的空间谱宽，也即实际的光线由一光束构成，它们指向同一入射点，但入射角有一角宽度 $\Delta\theta$。为了确定图 1.7 所示的光线纵向位移 $2z_s$ 的大小，研究两个入射角稍有不同的平面波组成的简单波包。如果相应波矢的 z 分量分别为 $\beta\pm\Delta\beta$，则入射波包在 $x=0$ 的分界面的复振幅为

$$A(z)=[\exp(\mathrm{i}\Delta\beta z)+\exp(-\mathrm{i}\Delta\beta z)]\exp(\mathrm{i}\beta z)=2\cos(\Delta\beta z)\exp(\mathrm{i}\beta z) \tag{1.70}$$

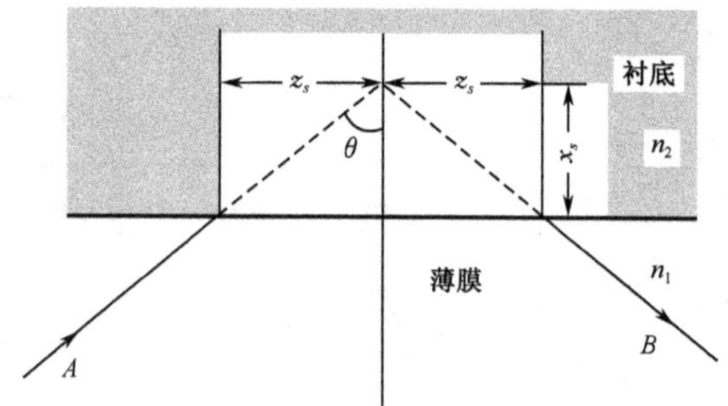

图 1.7 在界面上全反射的光线图像

在应用反射定律到每个平面波之前，必须考虑到，反射时出现的相移 φ 是 θ（或 β）的函数。对于 $\Delta\varphi$ 和 $\Delta\beta$ 都很小的情况，可以用微分公式把 φ 展开为如下形式：

$$\varphi(\beta\pm\Delta\beta)=\varphi(\beta)\pm\frac{\mathrm{d}\varphi}{\mathrm{d}\beta}\Delta\beta \tag{1.71}$$

由此得到反射波包在 $x=0$ 处的复振幅为

$$\begin{aligned}B(z)&=\{\exp[\mathrm{i}(\Delta\beta z-2\Delta\varphi)]+\exp[-\mathrm{i}(\Delta\beta z-2\Delta\varphi)]\}\exp[\mathrm{i}(\beta z-2\varphi)]\\&=2\cos[\Delta\beta(z-2z_s)]\exp[\mathrm{i}(\beta z-2\varphi)]\end{aligned} \tag{1.72}$$

式中

$$z_s = \frac{d\varphi}{d\beta} \tag{1.73}$$

式(1.73)就是波包即光线的纵向位移的简洁形式。利用式(1.54)和式(1.56),对于 TE 模有

$$k_0 z_s = (N^2 - n_2^2)^{-1/2}\tan\theta \tag{1.74}$$

对于 TM 模,则有

$$k_0 z_s = \frac{(N^2 - n_2^2)^{-1/2}\tan\theta}{\left(\dfrac{N^2}{n_2^2} + \dfrac{N^2}{n_1^2} - 1\right)} \tag{1.75}$$

如图 1.7 所示,光线的纵向位移表示光线穿入衬底深度 x_s 后才被反射。其值为

$$x_s = \frac{z_s}{\tan\theta} \tag{1.76}$$

如果把这个结果与以后将给出的电磁场的解进行比较,可以发现,这些解预示着在衬底内存在着一个迅衰场,其衰减常数与光线的贯穿深度 x_s 密切相关。

第 2 章　介质平板波导

本章研究由平面薄膜构成的平板光波导[1~3]。这类光波导不仅几何形状简单，其导模和辐射模的场分布可以用简单的初等函数描述，而且平板光波导也是各类复杂光波导（渐变折射率光波导、矩形波导等）的基本单元。因此，详细而透彻地了解本章的内容是十分重要的。本章首先介绍光在平板波导中传播的线光学图像，使读者对介质平板波导约束光传播的功能有一个基本的认识。然后再利用光的电磁理论较为严格地处理光波导模式、色散及场分布等基本性质，为以下章节的分析奠定必要的基础。

2.1　平板光波导的线光学模型

本节讨论和研究光在平板波导中传播的线光学模型，并利用这个模型介绍介质光波导理论的基本概念和术语。其中包括导模、导模的截止、传播常数以及波导的有效厚度等。线光学模型是一种简明直观的模型，但需要指出，为了解释波导中的光传播特性，还必须引入相位和相干等波动概念，才能得到光波导的模式本征方程和分立导模的结果。

2.1.1　平板光波导

介质平板波导如图 2.1 所示，它由三种材料组成。中间一层折射率为 n_1 的薄膜被称为导波层，其厚度一般为微米量级，可与光波长相当，导波层两侧则是折射率分别为 n_0 和 n_2 的衬底和覆盖层。由于衬底和覆盖层的厚度远大于导波层，故在理论处理时都可看作是无穷大介质。图中，光沿 z 方向传播，y 方向波导的厚度也可以看作无穷大。因此，光仅在 x 方向受约束。为了构成真正的波导，要求 n_1 必须大于 n_0 和 n_2。在实际波导中，导波层一般淀积在衬底材料上，而覆盖层通常是空气，因而在不失一般性情况下，可假设 $n_1>n_0>n_2$，如果 $n_0=n_2$，则称该波导为对称平板波导。当 $n_0\neq n_2$ 时，则波导是非对称的。由于对称平板波导仅仅是非对称平板波导的特殊情况，因而本书中不分别进行讨论，而专门叙述非对称平板波

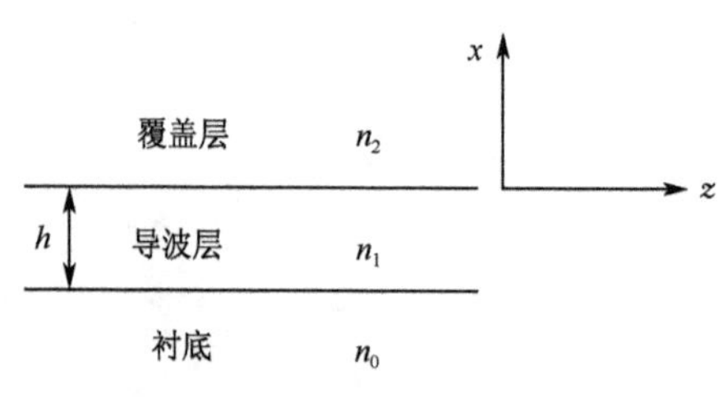

图 2.1　介质平板波导

导的光学特性。除非专门指出，本章始终假定导波光是相干单色光，并假定光波导是由无损耗、各向同性和非磁性的无源介质构成。

2.1.2 平板波导的模式

考虑图 2.2 所示的非对称平板波导结构，其中薄膜的折射率为 n_1，衬底和覆盖层的折射率分别为 n_0 和 n_2，且设 $n_1>n_0>n_2$。薄膜-衬底分界面上的全反射临界角设为 θ_s，而薄膜-覆盖层分界面上的全反射临界角设为 θ_c，显然有 $\theta_c<\theta_s$。当入射角 θ 逐渐增大时，经分析可知，存在着三种不同的情况，如图 2.2 所示：① 对应于入射角 θ 小的情况，即 $\theta<\theta_c<\theta_s$，从衬底一侧入射的光按照菲涅耳定律进行折射，并穿过覆盖层从波导逸出。此时，光没有受到限制，相应于这一图像的电磁模式称为“辐射模”(或称“包层模”)；② 如图所示，入射角 θ 略为增大，使其满足 $\theta_c<\theta<\theta_s$。这时，自衬底入射的光在薄膜-衬底分界面上被折射，而在薄膜-覆盖层分界面上全反射，然后再发生折射，回到衬底，并最终逸出波导。这时，光仍然没有受到限制。这种传播方式称为“衬底辐射模”；③ 当入射角 θ 足够大时，满足 $\theta_c<\theta_s<\theta$。也就是光在两个分界面上都发生全反射，光一旦进入薄膜后就被封闭在里面沿 Z 字形路径传播。这种情况对应于传播的“导模”。根据波动理论，在垂直于分界面方向上，导模在薄膜内形成驻波，而在覆盖层和衬底中形成呈指数衰减的迅衰波。以后还将会看到，并不是所有满足 $\theta>\theta_s>\theta_c$ 的光线都能在波导中传播，并构成导模。实际上，构成导模的 θ 角只能是有限个离散值，因此，导模属离散谱。而包层辐射模和衬底辐射模的 θ 角可取无限多个连续值，因此，辐射模属连续谱。由于导模是实际在光波导中传播的光波，它是研究所有光波导器件的基础，因此以下将着重研究导模。

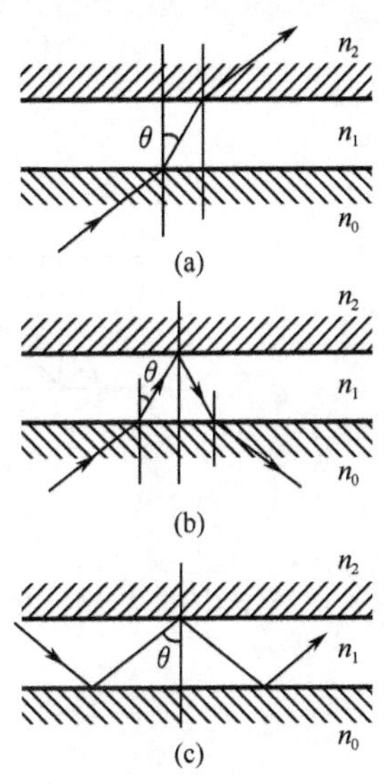

图 2.2 平板波导中的图像
(a) 辐射模的折线图像；(b) 衬底辐射模的折线图像；(c) 导模的 Z 字形图像

2.1.3 平板波导的导模

图 2.3 表示了平板波导的侧视图以及所选的坐标系，图中画出了对应于导模的 Z 字形波的波阵面。前面已指出，平板波导的导模可以用锯齿形光线图像描述，并且锯齿光线与界面法线的夹角 θ 只能取有限个离散值。下面对这个问题作进一步的分析。设波导中的光沿坐标 z 方向传播，而在 x 方向受到限制。至于在

垂直于 xz 平面的 y 方向上，由于波导的尺寸相对比较大，所以在理论上认为平板波导的几何结构和折射率分布沿 y 方向是不变的，并可进一步认为光场沿 y 方向也是均匀一致的。于是可以看出，锯齿光线实际上是两个重叠的均匀平面波的图像，一个是斜向上传播，另一个是斜向下传播的，其波阵面法线即是图 2.3 所示的锯齿形光线。设这两个平面波是单色并相干的，其角频率为 ω，自由空间的波长为 λ，则自由空间的波数为

$$k_0 = \frac{\omega}{c} = \frac{2\pi}{\lambda} \tag{2.1}$$

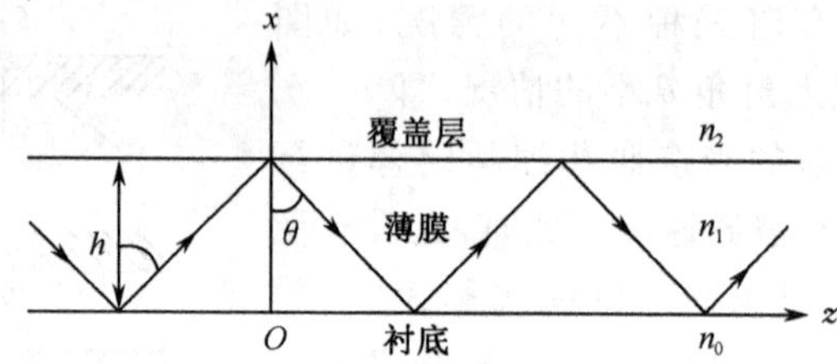

图 2.3　平板波导的侧视图

式中，c 是真空中的光速。图 2.3 所示的平面波的波矢量为

$$|\boldsymbol{k}| = k_0 n_1 \tag{2.2}$$

$$\kappa = k_0 n_1 \cos\theta \tag{2.3}$$

$$\beta = k_0 n_1 \sin\theta \tag{2.4}$$

式中，κ 和 β 分别是波矢 $\boldsymbol{k}$ 的 x 分量和 z 分量。由此可见，薄膜中的波动场按以下方式变化：

$$\exp[\mathrm{i}(\pm \kappa x + \beta z)] \tag{2.5}$$

式中，κ 前面的正负号分别对应于斜向上和斜向下传播的平面波。考察某一 z 为常数的波导截面，这时只能看到光波沿 x 方向的上下运动，因而可不考虑光波沿 z 方向的运动。以下从这个观点出发推导平板波导维持导模的条件，设一光波从薄膜下界面($x=0$)出发向上行进到薄膜上界面($x=h$)，在上界面经历全反射后返回到下界面，在下界面又经历全反射后与原先从下界面出发的光波叠加在一起，将此过程中光波所经历的相移累加起来，可以看到，为了达到相干加强(谐振)的结果，这个相移累加总和必须是 2π 的整数倍。对于厚度为 h 的薄膜，光线第一次横向穿过薄膜的相移是 κh，在薄膜-覆盖层分界面上的全反射相移是 $-2\phi_{12}$，另一次向下横穿薄膜的相移也是 κh，在薄膜-衬底分界面上的全反射相移是 $-2\phi_{10}$。因此，光波能在薄膜中传播的条件，即平板波导能维持导模的条件是

$$2\kappa h - 2\phi_{12} - 2\phi_{10} = 2m\pi \tag{2.6}$$

式中，m 为模序数，它取从零开始的有限个正整数。相移 ϕ_{10} 和 ϕ_{12} 是角度 θ 的函

数。由此可看出，只有满足方程(2.6)的入射角 θ 才为波导所接受。即波导对光线的入射角是有选择性的。在厚度 h 确定的情况下，平板波导所能维持的导模数量是有限的，因此 m 只能取有限个正整数。方程(2.6)称为平板波导的模式本征方程，该方程的未知数是 β 或 θ。对于给定的 m，一定有 β_m 或 θ_m 与之对应。β_m 叫做 m 阶导模的传播常数，θ_m 叫做 m 阶导模的模角。当然上述方程也可以表示成光频 ω 与传播常数 β 的关系，故上式也称为平板波导的色散方程。

由方程(2.6)，可得到与两种偏振态有关的平板波导模式本征方程。

对 TE 模，有

$$\kappa h = m\pi + \arctan\left(\frac{p_0}{\kappa}\right) + \arctan\left(\frac{p_2}{\kappa}\right) \tag{2.7}$$

式中

$$\kappa = (k_0^2 n_1^2 - \beta^2)^{1/2} \tag{2.8}$$

$$p_0 = (\beta^2 - k_0^2 n_0^2)^{1/2} \tag{2.9}$$

$$p_2 = (\beta^2 - k_0^2 n_2^2)^{1/2} \tag{2.10}$$

对 TM 模，有

$$\kappa h = m\pi + \arctan\left(\frac{n_1^2}{n_0^2}\frac{p_0}{\kappa}\right) + \arctan\left(\frac{n_1^2}{n_2^2}\frac{p_2}{\kappa}\right) \tag{2.11}$$

由式(2.4)和全反射条件可以看出，导模的传播常数 β 介于平面波在衬底和薄膜波数之间，即有

$$k_0 n_0 < \beta < k_0 n_1 \tag{2.12}$$

为了方便，定义波导的有效折射率 $N = \frac{\beta}{k_0} = n_1 \sin\theta$，$N$ 又可称为模折射率或模指数，根据式(2.12)，可知它的取值范围是

$$n_0 < N < n_1 \tag{2.13}$$

利用有效折射率，可将平板波导的模式本征方程改写成意义更明确的形式。

对 TE 模，有

$$(n_1^2 - N^2)^{1/2} k_0 h = m\pi + \arctan\left(\frac{N^2 - n_0^2}{n_1^2 - N^2}\right)^{1/2} + \arctan\left(\frac{N^2 - n_2^2}{n_1^2 - N^2}\right)^{1/2} \tag{2.14}$$

对 TM 模，有

$$(n_1^2 - N^2)^{1/2} k_0 h = m\pi + \arctan\left[\frac{n_1^2}{n_0^2}\left(\frac{N^2 - n_0^2}{n_1^2 - N^2}\right)^{1/2}\right] + \arctan\left[\frac{n_1^2}{n_2^2}\left(\frac{N^2 - n_2^2}{n_1^2 - N^2}\right)^{1/2}\right] \tag{2.15}$$

这些不同形式的平板波导模式本征方程可用来研究波导的各种不同性质。

2.1.4 平板波导的传播常数

为了研究光在平板波导中的传播特性，必须根据模式本征方程(2.7)和方程

(2.11)求得导模的传播常数。本小节将讨论平板波导模式本征方程的图解方法和数值分析方法,并通过一个实例说明光在平板波导中传播的图像。

1. 模式本征方程的图解方法

对于平板波导中的基模($m=0$),模式本征方程(2.7)或方程(2.11)变为

$$\kappa h = \phi_{10} + \phi_{12} \tag{2.16}$$

若波导是对称的,即 $n_0=n_2$,从而有 $\phi_{10}=\phi_{12}$,于是式(2.16)化为

$$\kappa h = 2\phi_{12} \tag{2.17}$$

图 2.4 表示对称和非对称波导基模的模式本征方程图解。图中画出了关于 θ 角的两种相移曲线。即光在薄膜中的横向穿越相移 $k_0 n_1 \cos\theta \cdot h$(图中的点线画出)和光在薄膜上下分界面上的全反射相移和($\phi_{10}+\phi_{12}$)。下面就($\phi_{10}+\phi_{12}$)的两种情况,即 $\phi_{10}=\phi_{12}$ 的对称波导(图中以实线画出)和非对称波导(图中以虚线画出)分别加以分析。对对称波导,图中实线和点线的交点给出了基模的 Z 字形路径的 θ 角量值。随着 h/λ 变得越小,Z 字形就显得越尖锐(θ 角越小)。但是,尽管薄膜厚度取得很小(或光波长很长),也总存在着一个解。这就意味着,对称平板波导的基模是不会截止的。对于非对称平板波导,从图上考察点线与虚线之间的交点,可以看到,在($\phi_{10}+\phi_{12}$)曲线中只有用阴影线表示的那一部分才大于薄膜-衬底分界面上的临界角 θ_s。于是,对于较薄的薄膜(或较长的波长),无法得到点线和虚线的交点。这意味着非对称平板波导并不总能维持导模,也就是说,即使是基模,

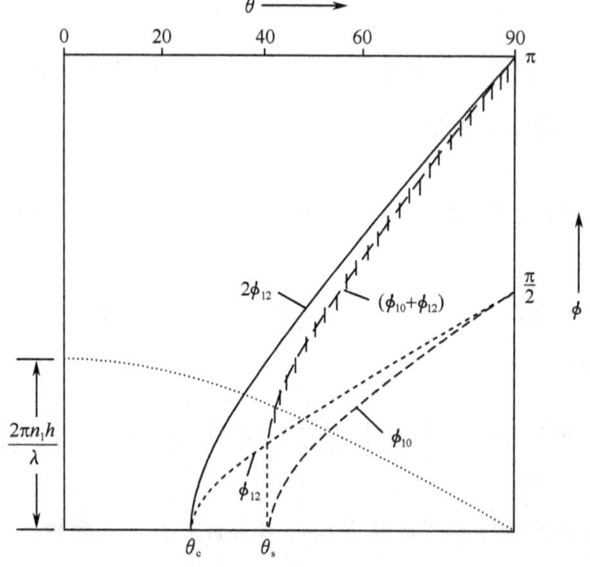

图 2.4 在对称和非对称的两种情况下,对于平板波导的基模的色散方程图解示意

也存在着截止条件。顺便指出,所谓截止条件,是指

$$\beta = k_0 n_0$$

下面研究多模的情况。以 TE 模为例,把平板波导模式本征方程(2.7)改写为

$$\tan(\kappa h) = \frac{\kappa(p_0 + p_2)}{\kappa^2 - p_0 p_2} \tag{2.18}$$

利用关系式

$$p_0 = [k_0^2(n_1^2 - n_0^2) - \kappa^2]^{1/2} \tag{2.19}$$

$$p_2 = [k_0^2(n_1^2 - n_2^2) - \kappa^2]^{1/2} \tag{2.20}$$

可将式(2.18)的右端改写为

$$F(\kappa h) = \frac{\kappa h\{[(n_1^2 - n_0^2)(k_0 h)^2 - (\kappa h)^2]^{1/2} + [(n_1^2 - n_2^2)(k_0 h)^2 - (\kappa h)^2]^{1/2}\}}{(\kappa h)^2 - [(n_1^2 - n_0^2)(\kappa_0 h)^2 - (\kappa h)^2]^{1/2}[(n_1^2 - n_2^2)(k_0 h)^2 - (\kappa h)^2]^{1/2}} \tag{2.21}$$

图 2.5 为方程(2.21)的图解,图中实线表示 $\tan\kappa h$ 和 κh 的关系,虚线表示 $F(\kappa h)$和 κh 的关系。实线与虚线的交点给出模式本征方程的解。由这些交点可以得到一系列 $\kappa_m h$ 值,再利用关系式 $\kappa_m^2 + \beta_m^2 = k_0^2 n_1^2$,可得到导模的传播常数 β_m。绘制图中这些曲线时,使用的参数为$(n_1^2 - n_0^2)^{1/2} k_0 h = 11$ 和$(n_1^2 - n_2^2)^{1/2} k_0 h = 24$,使式(2.21)的分母为零的点是曲线 $F(\kappa h)$的极点。而曲线 $F(\kappa h)$在下式解出的点上终止:

$$\kappa h = (n_1^2 - n_2^2)^{1/2} k_0 h \tag{2.22}$$

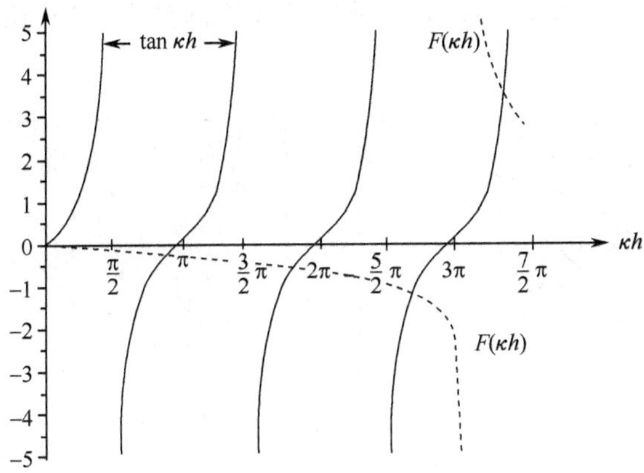

图 2.5 本征值方程(2.18)的图解

这是因为当 κh 超过式(2.22)给定的数值时,式(2.21)中两个平方根的表达式之一将变成虚数。在图 2.5 中,实线与虚线有四个交点,它们对应于波导所承载的四个 TE 模。为了更好地理解平板波导模式本征方程的性质,定义以下参量:

$$V=(n_1^2-n_2^2)^{1/2}k_0h \tag{2.23}$$

随着 V 值的减小，虚线的终止点向左移动，实线与虚线的交点数目减小，表示导模的数量减少。当 V 足够小时，虚线的终止点移向第一个正切曲线分支的左边，这时虚线与实线没有交点。这意味着，当薄膜厚度 h，光频 ω 和折射率的平方差 $(n_1^2-n_0^2)$ 都足够小时，波导不能承载导模。但对于对称平板波导，虚线的终止点落在 κh 轴上，即当 $V=\kappa h$ 时，$F(\kappa h)=0$，虚线至少与第一个正切曲线分支相交，因此至少存在一个导模。这意味着对称平板波导的基模不会截止，这与前面的结论一致。

2. 模式本征方程的数值解

平板波导的模式本征方程除了用图解法求解外，还可以用数值方法求解。根据数值解绘制出的平板波导色散特性曲线，可用来讨论光在平板波导中的传播特性，也可供波导设计和测量使用。图 2.6 是根据数值解画出的有效折射率 N 对波导薄膜厚度 h 的关系曲线。而图 2.7 是传播常数 β 对光频 ω 的关系曲线。在这两个图中，只画出了前三个低阶模的色散曲线，但都标出了截止厚度和截止频率。由图 2.6 可以看到，当 h 等于截止厚度时，有效折射率 N 等于衬底折射率 n_0。当 h 增大时，N 随着增大，但趋于一个上限值 n_1（薄膜折射率）。显然，h 增大时，模式数量随之增多。图中 h_{c0}、h_{c1}、h_{c2} 分别是 m 为 0、1、2 三个导模的截止厚度。由图 2.7 可以看到，在截止频率处，传播常数取下限值 k_0n_0。当 ω 增大时，β 趋向于上限值 k_0n_1。同样，随着频率 ω 的增大，模式数量也随之增加。ω_{c0}、ω_{c1}、ω_{c2} 分别是 m 为 0、1、2 三个导模的截止频率。图 2.7 除画出了导模的分立谱外，还画出了辐射模的连续谱。

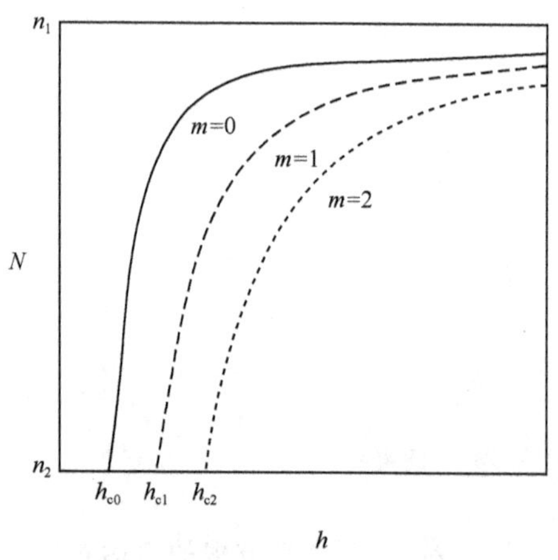

图 2.6　平板波导 N 对 h 的曲线

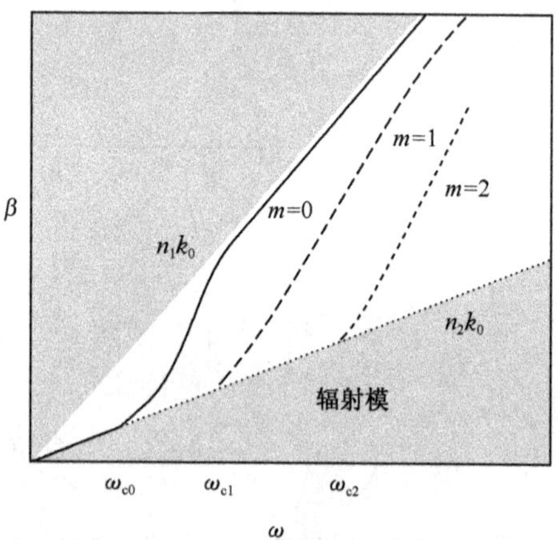

图 2.7　平板波导 β 对 ω 的曲线

3. 实例

一平板波导由一玻璃基板上沉淀一层 1.5μm 厚的 ZnS 薄膜构成。如果采用 1.06μm 的 Nd:YAG 激光波长，则该波导的参数分别为 $n_1=2.2899$，$n_0=1.5040$，$n_2=1.000$，$k_0=5.9270\times10^{-4}\text{cm}^{-1}$。在此波导中，可以承载 5 个 TE 模和 5 个 TM 模。对 TE 模，它们的模折射率按模序 $m=0$、1、2、3、4 各为 2.264、2.201、2.086、1.916 和 1.685，并分别对应入射角 $\theta_1=81.4°$、74.0°、65.6°、56.8°和 47.4°。注意 $m=0$ 的基模的模折射率和入射角，分别接近于 n_1 和 90°，而 $m=4$ 的模式的模折射率和入射角则接近于 n_2 和薄膜-衬底分界面上的全反射临界角 $\theta_s=\arcsin(n_0/n_1)=41.6°$。图 2.8 表示 ZnS 波导的模式色散曲线，图中每一条曲线表

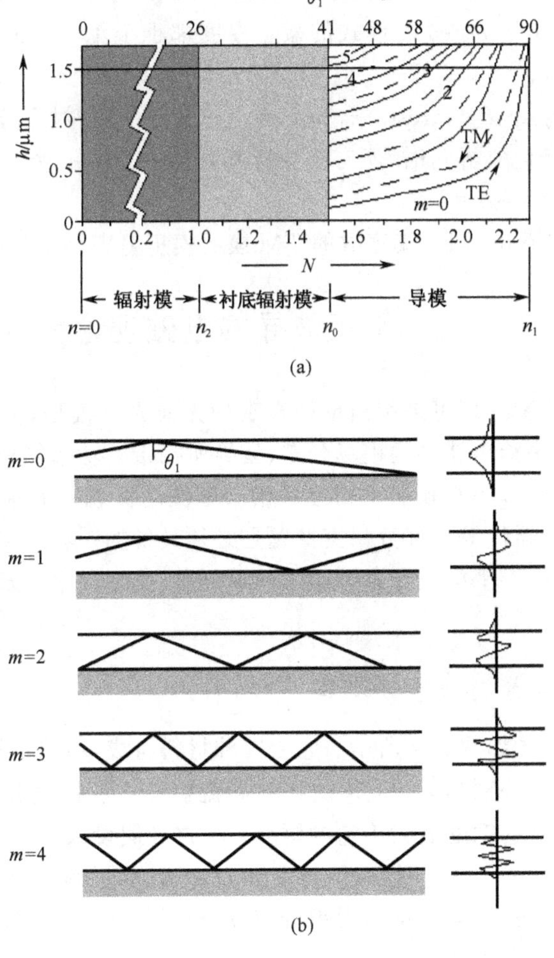

图 2.8

(a) ZnS 玻璃波导的模式色散曲线；(b) 每一模式对应的锯齿波和场分布

示一个模式，实线和虚线分别表示 TE 模和 TM 模，下面分析这些模式曲线：

(1) 从薄膜厚度 h 的任一给定值上画一水平线，此水平线与模式曲线的交点给出模折射率 N 和入射角 θ_1 的值。可以看到 $m=0$ 的模式具有最大的 N 和 θ_1，而对较高模序的模式来说，N 和 θ_1 的数值较小。

(2) 随着薄膜厚度 h 的增加，水平线将向上移动，这时将相交更多的模式曲线，表示波导将容纳更多的导模。

(3) 所有的模式曲线在左边始于 $N=n_0$，在右边终于 $N=n_1$，而且它们是单调递增的函数。因此模式曲线在 $N=n_0$ 处所对应的薄膜厚度是为了让该导模在波导中传播所要求的最小厚度，称为“截止厚度”。例如，当水平线的位置选在 $h=1.50\mu m$ 时，由于 $m=5$ 模式的截止厚度是 $1.60\mu m$，因此这一模式在该波导中是截止的。然而，所有小于 $m=5$ 的模式的截止厚度都小于 $1.50\mu m$，因而它们是该波导所能承载的模式。

(4) 在 $N=n_0$ 处，$\theta_1=\arcsin(n_0/n_1)=\theta_s$，这就是薄膜-衬底分界面上的全反射临界角。当 θ_1 小于此临界角时，所有的导模都截止。这是一个只有包层模和衬底模能够存在的区域。

(5) 从图可以看出，同一模序数的 TM 模的模折射率小于 TE 模的模折射率。

2.2　平板波导的电磁理论

平板波导的理论处理可采用简单而直观的光线光学模型，但这种理论是不完善的。首先，它无法给出波导的模场分布、波导所携带的功率等概念；其次，为解释波导中光的传播特性，还必须引入相位和相干等波动概念。而模场分布等知识对于光波导和光波导器件等大部分研究课题是必须具备的。本节将从麦克斯韦方程的边值问题出发，推导平板波导各类模式的场分布、携带功率以及模式本征方程等问题。

2.2.1　平板波导的波动方程

非对称平板波导如图 2.9 所示。它由三种材料组成，中间是折射率为 n_1 的导波层，两侧是折射率分别为 n_0 和 n_2 的衬底和覆盖层。设衬底和覆盖层分别延伸到无穷远，且导波层的宽度远大于它的厚度。在这种假设条件下，可认为平板波导中的光场只在一个方向上受到限制，将它选为 x 方向，并设平板波导的几何结构和折射率分布沿 y 方向不变，即折射率分布 $n(x)$ 只是 x 的函数，相应的模场也只是坐标 x 的函数，于是可令

$$\frac{\partial}{\partial y}=0 \tag{2.24}$$

设 h 为导波层的厚度，则折射率分布 $n(x)$ 可以写为

$$n(x)=\begin{cases}n_2, & 0<x<+\infty \\ n_1, & -h<x<0 \\ n_0, & -\infty<x<-h\end{cases} \tag{2.25}$$

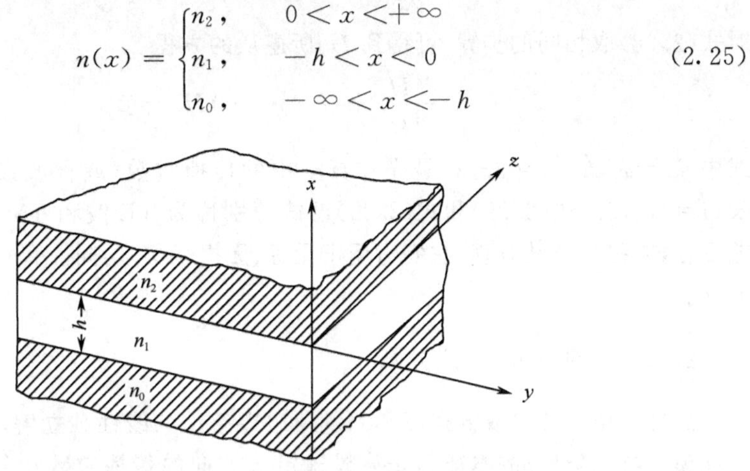

图 2.9　非对称平板波导和坐标系选择示意图

在此条件下，平板波导的麦克斯韦方程解与坐标 y 无关，并可写成如下形式：

$$\begin{cases}E(x,z,t)=E(x)\exp[\mathrm{i}(\beta z-\omega t)] \\ H(x,z,t)=H(x)\exp[\mathrm{i}(\beta z-\omega t)]\end{cases} \tag{2.26}$$

式中，β 是电磁场沿 z 方向的传播常数。式(2.26)表明，波导中的横向(x 向)电磁场以相速度 ω/β 沿波导的纵向(z 向)传播，这个沿 z 向传播的行波，就是通常所说的导波光。将式(2.26)代入式(1.20)和式(1.21)两式，并利用式(2.24)，可得

$$\begin{cases}\beta E_y=-\omega\mu H_x \\ \dfrac{\partial E_y}{\partial x}=\mathrm{i}\omega\mu H_z \\ \mathrm{i}\beta H_x-\dfrac{\partial H_z}{\partial x}=-\mathrm{i}\omega\varepsilon E_y\end{cases} \tag{2.27}$$

$$\begin{cases}\beta H_y=\omega\varepsilon E_x \\ \dfrac{\partial H_y}{\partial x}=-\mathrm{i}\omega\varepsilon E_z \\ \mathrm{i}\beta E_x-\dfrac{\partial E_z}{\partial x}=\mathrm{i}\omega\mu H_y\end{cases} \tag{2.28}$$

由上述 6 式，可以看出麦克斯韦方程分解为两组独立的方程，其中一组方程有电磁场分量 E_y、H_x 和 H_z；而另一组方程含有电磁场分量 H_y、E_x 和 E_z。前者被称为 TE 波，即电场垂直于波传播方向的模式；后者称为 TM 波，即磁场垂直于波传播方向的模式。在式(2.27)中，把第一式和第二式代入第三式中，消去 H_x 和 H_z，可得到 E_y 所遵从的方程

$$\frac{\partial^2 E_y}{\partial x^2} + (k_0^2 n_j^2 - \beta^2) E_y = 0 \tag{2.29}$$

对式(2.28)取相同的步骤,可得到 H_y 所遵从的方程

$$\frac{\partial^2 H_y}{\partial x^2} + (k_0^2 n_j^2 - \beta^2) H_y = 0 \tag{2.30}$$

式中,$k_0 = \omega\sqrt{\varepsilon_0 \mu_0} = 2\pi/\lambda$,是光在真空中的传播常数(或称波数);$\lambda$ 为真空光波长;$j=0,1,2$。式(2.29)和式(2.30)两式分别称为 TE 波和 TM 波的标量亥姆霍兹方程,或称为波动方程,它们适用于无源、无损耗、各向同性和非磁性的介质平板波导。

2.2.2 模式的定性分析

满足方程(2.29)或方程(2.30)以及边界条件的线性独立解,称为平板波导的本征模,本征模对应的本征值是该模式沿 z 方向的传播常数 β。在对方程(2.29)和方程(2.30)两方程求解之前,先对解的物理性质作以下说明。

以 TE 波为例讨论方程(2.29)。由于在波导的不同区域有着不同的折射率 n_j $(j=0,1,2)$,根据本征值 β 的不同取值范围,使得方程(2.29)具有不同形式的解,下面分别加以讨论:

(1)对于 $\beta > k_0 n_1$ 的范围(图 2.10 中的(a)范围),由方程(2.29)可直接得到在各处都有 $(1/E_y)(\partial^2 E_y/\partial x^2) > 0$,并且 E_y 在波导的三层介质中都是指数函数形式。由于 E_y 及其导数必须在两个界面连续,所以最后的场分布应该如图 2.10(a)所示。场随着离开波导两界面的距离而无限制增加,这个解在物理上是不能实现的,因此它并不对应于真实的波。

(2)对于 $k_0 n_0 < \beta < k_0 n_1$,对应于如图 2.10 中(b)和(c)两点的情况,因为 $(1/E_y)(\partial^2 E_y/\partial x^2) < 0$,由方程(2.29)可知,在导波层中的解是正弦或余弦形式的,但是在衬底和覆盖层中则是指数形式的。这样可以得到一个满足边界条件并在衬底和覆盖层中指数衰减的解。这些解如图 2.10(b)和(c)所示。由于这些模式所携带的能量基本上被限制在导波层内,因此这些模式被称为束缚模或导模。

(3)对于 $k_0 n_2 < \beta < k_0 n_0$(图 2.10 中的(d)范围),方程(2.29)的解对应于覆盖层中的指数函数、导波层和衬底中的振荡函数,如图 2.10(d)所示。这些模式称为衬底辐射模。

(4)对于 $0 < \beta < k_0 n_2$,(图 2.10 中的(e)范围),方程(2.29)的解在波导的三层介质中都是振荡函数,这类模式称为辐射模或包层模。

众所周知,光是一种横波,即 TEM 波。电场和磁场均垂直于光的传播方向。可是光进入平板波导以后,不再是 TEM 波,而是 TE 波和 TM 波的叠加,电磁场产生了纵向分量,这当然是光在平板波导这种特定结构中传播的结果。下面分析

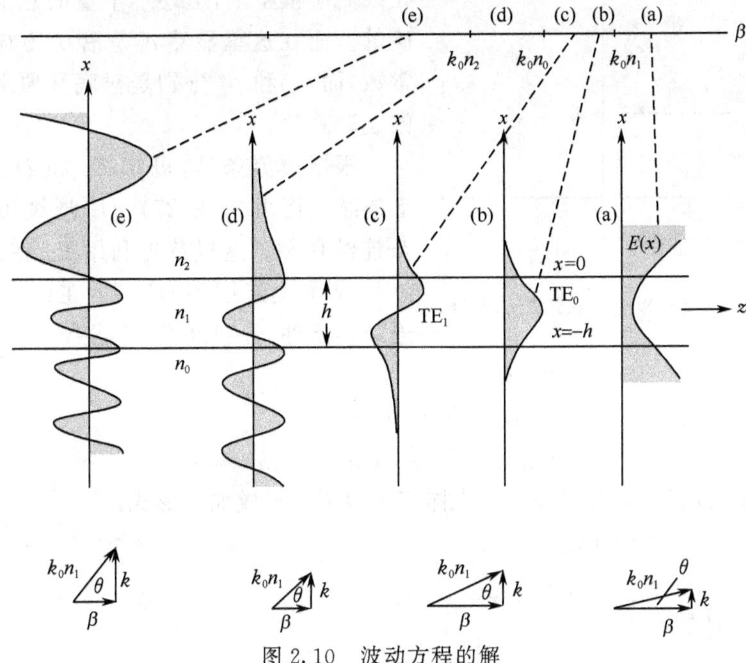

图 2.10 波动方程的解

上部:波导传播常数 β 不同的范围(a)~(e);中部:对应于不同 β 的场分布;下部:对应于不同传播范围的传播三角形

两类导模的性质。

2.2.3 TE 导模

1. TE 导模的场分布和模式本征方程

考虑如图 2.11 所示的介质平板波导。设 $n_1 > n_0 > n_2$,且导波沿 z 方向传播,传播常数为 β。根据上节的分析可知,该平板波导中 TE 导模的电磁场分量是 E_y、H_x、H_z。对导模而言,衬底和覆盖层中场呈指数形式衰减,而在导波层中的场是振荡的,是两个相反方向传播的平面波叠加的图像。因此该平板波导三个区域中的电场分布为

$$E_y = \begin{cases} A\exp(p_0 x), & -\infty < x < 0 \\ B\exp(\mathrm{i}\kappa_1 x) + C\exp(-\mathrm{i}\kappa_1 x), & 0 < x < h \\ D\exp[-p_2(x-h)], & h < x < +\infty \end{cases} \tag{2.31}$$

式中,A、B、C、D 是待定常数。若把式(2.31)代入波动方程(2.29)则可得

$$\kappa_1 = (k_0^2 n_1^2 - \beta^2)^{1/2} \tag{2.32}$$

$$p_0 = (\beta^2 - k_0^2 n_0^2)^{1/2} \tag{2.33}$$

$$p_2 = (\beta^2 - k_0^2 n_2^2)^{1/2} \tag{2.34}$$

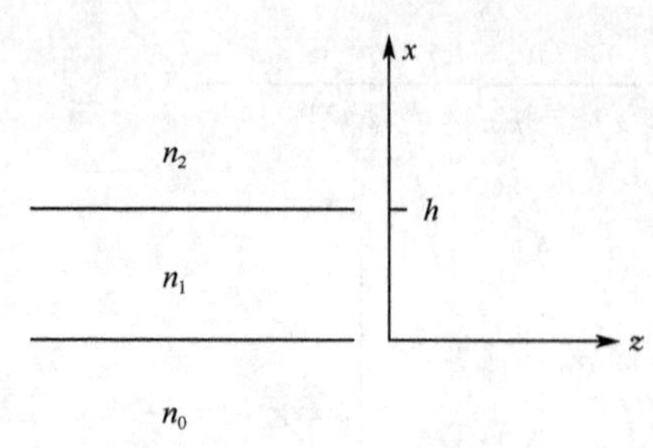

图 2.11 介质平板波导及选用的坐标

在线光学模型中，上述三个量的意义是不明确的。而在这里显然 κ_1 是沿 x 方向的传播常数，而 p_0 和 p_2 分别是衬底和覆盖层中场的衰减系数。

根据边界条件，可知 E_y 和 H_z 在边界上连续。而由式(2.27)，H_z 连续可用 $\partial E_y/\partial x$ 连续代替。这里首先利用 E_y 在 $x=0$ 和 $x=h$ 界面上连续和 $\partial E_y/\partial x$ 在 $x=0$ 界面上连续的条件，分别可得

$$\begin{cases} B+C=A \\ \mathrm{i}\kappa_1(B-C)=p_0A \\ B\exp(\mathrm{i}\kappa_1 h)+C\exp(-\mathrm{i}\kappa_1 h)=D \end{cases} \tag{2.35}$$

可见，B、C、D 都可以用 A 表示，这样 $E_y(x)$ 可表示成如下形式：

$$E_y(x)=\begin{cases} A\exp(p_0x), & -\infty<x<0 \\ \dfrac{A}{\cos\phi_{10}}\cos(\kappa_1x-\phi_{10}), & 0<x<h \\ \dfrac{A}{\cos\phi_{10}}\cos(\kappa_1h-\phi_{10})\exp[-p_2(x-h)], & h<x<+\infty \end{cases} \tag{2.36}$$

式(2.36)中只有一个待定常数 A，它可通过对场的功率归一化求出。再利用 $\partial E_y/\partial x$ 在 $x=h$ 界面上连续的条件，可得

$$-\kappa_1\frac{A}{\cos\phi_{10}}\sin(\kappa_1h-\phi_{10})=-p_2\frac{A}{\cos\phi_{10}}\cos(\kappa_1h-\phi_{10})$$

于是有

$$\tan(\kappa_1h-\phi_{10})=\frac{p_2}{\kappa_1} \tag{2.37}$$

或写成相位型方程

$$\kappa_1h=m\pi+\phi_{10}+\phi_{12},\quad m=0,1,2,\cdots \tag{2.38}$$

其中

$$\phi_{10}=\arctan\left(\frac{p_0}{\kappa_1}\right) \tag{2.39}$$

$$\phi_{12}=\arctan\left(\frac{p_2}{\kappa_1}\right) \tag{2.40}$$

由于 κ_1、p_0、p_2 都是 β 的函数，因此可通过本征方程(2.38)求出模式本征值。实际上，利用场分布式(2.31)和边界条件，容易得到以下两个方程：

$$\frac{B-C}{B+C}=-\frac{\mathrm{i}p_0}{\kappa_1} \tag{2.41}$$

$$\frac{B\exp(\mathrm{i}\kappa_1 h) - C\exp(-\mathrm{i}\kappa_1 h)}{B\exp(\mathrm{i}\kappa_1 h) + C\exp(-\mathrm{i}\kappa_1 h)} = \frac{\mathrm{i}p_2}{\kappa_1} \tag{2.42}$$

由式(2.41)可得

$$\frac{C}{B} = \exp(\mathrm{i}2\phi_{10}) \tag{2.43}$$

而由式(2.42)可得

$$\frac{C}{B} = \exp[\mathrm{i}2(\kappa_1 h - \phi_{12})] \tag{2.44}$$

于是有

$$\exp[\mathrm{i}2(\kappa_1 h - \phi_{10} - \phi_{12})] = 1 \tag{2.45}$$

由于 $\exp(\mathrm{i}2m\pi)=1$,因此方程(2.45)与方程(2.38)是等价的。为叙述方便,我们把式(2.45)称为传输型色散方程。与相位型色散方程相比,传输型色散方程的意义更加清晰。它表明光波经过一个空间周期传输后,振幅不变,而相位改变 $2m\pi$。传输型色散方程不仅提供了相位的信息,而且还提供了振幅的信息。以后会看到,在多层波导或波导存在微扰(吸收、泄漏、耦合)时,传输型色散方程将发挥更大的作用。

2. TE 导模携带的功率

利用式(2.27),可得

$$H_x = -\frac{\beta}{\omega\mu_0}E_y$$

再根据式(1.51),可得介质平板波导 TE 模在 y 方向单位间隔内沿 z 方向具有的功率为

$$P = \frac{\beta}{2\omega\mu_0}\int_{-\infty}^{\infty}[E_y(x)]^2\,\mathrm{d}x \tag{2.46}$$

把模场分布式(2.36)代入式(2.46),并利用色散方程(2.38),可得导波层、覆盖层和衬底中的功率分布,分别以 P_{core}、P_{cover}和 P_{sub}表示

$$P_{\mathrm{core}} = A^2\,\frac{\beta}{2\omega\mu}\cdot\frac{\kappa_1^2+p_0^2}{2\kappa_1^2}\left(h+\frac{p_0}{\kappa_1^2+p_0^2}+\frac{p_2}{\kappa_1^2+p_2^2}\right) \tag{2.47}$$

$$P_{\mathrm{sub}} = A^2\,\frac{\beta}{2\omega\mu}\cdot\frac{1}{2p_0} \tag{2.48}$$

$$P_{\mathrm{cover}} = A^2\,\frac{\beta}{2\omega\mu}\cdot\frac{1}{2p_2}\cdot\frac{\kappa_1^2+p_0^2}{\kappa_1^2+p_2^2} \tag{2.49}$$

而 TE 导模携带的全部功率

$$\begin{aligned} P &= P_{\mathrm{core}} + P_{\mathrm{cover}} + P_{\mathrm{sub}} \\ &= A^2\,\frac{\beta}{2\omega\mu}\cdot\frac{\kappa_1^2+p_0^2}{2\kappa_1^2}\left(h+\frac{1}{p_0}+\frac{1}{p_2}\right) \end{aligned} \tag{2.50}$$

功率归一化的条件为

$$\frac{\beta}{2\omega\mu_0}\int_{-\infty}^{\infty}[E_y(x)]^2\mathrm{d}x = 1 \tag{2.51}$$

于是可确定 TE 模的电磁场归一化系数

$$A = 2\kappa_1\left[\frac{\omega\mu_0}{\beta(\kappa_1^2+p_0^2)h_{\mathrm{eff}}}\right]^{1/2} \tag{2.52}$$

式中，$h_{\mathrm{eff}}=h+\frac{1}{p_0}+\frac{1}{p_2}$是波导有效厚度。

3. 功率约束比例因子

在半导体激光器中，导波层所占全部功率的比例是决定激光器阈值电流的关键因素。而在光波导传感器中，被探测区域的光功率所占总功率的比例对传感器的灵敏度也是至关重要的。

定义功率约束因子

$$\Gamma_{\mathrm{core}} = \frac{P_{\mathrm{core}}}{P} = \frac{h+\dfrac{p_0}{\kappa_1^2+p_0^2}+\dfrac{p_2}{\kappa_1^2+p_2^2}}{h+\dfrac{1}{p_0}+\dfrac{1}{p_2}} \tag{2.53}$$

而覆盖层和衬底的功率比例因子分别定义为

$$\Gamma_{\mathrm{cover}} = \frac{P_{\mathrm{cover}}}{P} = \frac{\kappa_1^2}{p_0(\kappa_1^2+p_2^2)\left(h+\dfrac{1}{p_0}+\dfrac{1}{p_2}\right)} \tag{2.54}$$

$$\Gamma_{\mathrm{sub}} = \frac{P_{\mathrm{sub}}}{P}\ \frac{\kappa_1^2}{p_0(\kappa_1^2+p_0^2)\left(h+\dfrac{1}{p_0}+\dfrac{1}{p_2}\right)} \tag{2.55}$$

我们计算了一对称平板波导 TE_0模的功率约束因子和功率比例因子随波导厚度的变化曲线。由图 2.12 可见，随着波导厚度的增加，功率比例因子迅速减小，而功率约束因子趋于 1。波导参数 $n_1=3.38$，$n_0=n_2=3.17$，$\lambda=0.6328\mu\mathrm{m}$。

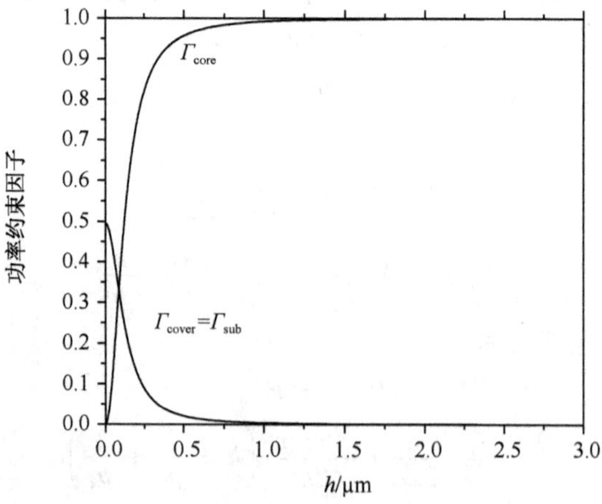

图 2.12 平板波导的功率约束因子和功率比例因子

2.2.4 TM 导模

1. TM 导模的场分布和模式本征方程

平板波导中的 TM 导模，具有 H_y、E_x 和 E_z 三个电磁场分量，类似于上节 TE 导模的分析，该平板波导三个区域中的电场分布为

$$H_y = \begin{cases} A\exp(p_0 x), & -\infty < x < 0 \\ B\exp(\mathrm{i}\kappa_1 x) + C\exp(-\mathrm{i}\kappa_1 x), & 0 < x < h \\ D\exp[-p_2(x-h)], & h < x < +\infty \end{cases} \tag{2.56}$$

根据边界条件，可知 H_y 和 E_z 在边界上连续。而由式(2.28)，可得

$$E_z = \frac{\mathrm{i}}{\omega\varepsilon_0 n^2}\frac{\partial H_y}{\partial x} \tag{2.57}$$

由于三种介质折射率不相同，因而不能简单地用 $\partial H_y/\partial x$ 代替 E_z，而必须用 $(1/n_j^2)\cdot(\partial H_y/\partial x)$ 在界面上连续的条件，j 代表 0,1,2 三种介质，把 B、C、D 用 A 表示，于是可得

$$H_y(x) = \begin{cases} A\exp(p_0 x), & -\infty < x < 0 \\ \dfrac{A}{\cos\phi_{10}}\cos(\kappa_1 x - \phi_{10}), & 0 < x < h \\ \dfrac{A}{\cos\phi_{10}}\cos(\kappa_1 h - \phi_{10})\exp[-p_2(x-h)], & h < x < +\infty \end{cases} \tag{2.58}$$

则同样有相位型色散方程为

$$\kappa_1 h = m\pi + \phi_{10} + \phi_{12}, \quad m = 0,1,2,\cdots \tag{2.59}$$

其中

$$\phi_{10} = \arctan\left(\frac{n_1^2}{n_0^2}\frac{p_0}{\kappa_1}\right) \tag{2.60}$$

$$\phi_{12} = \arctan\left(\frac{n_1^2}{n_2^2}\frac{p_2}{\kappa_1}\right) \tag{2.61}$$

当然，也可以得到传输型色散方程，但因形式与式(2.45)相同，故不再赘述。

2. TM 导模携带的功率

利用式(1.51)，并由式(2.28)可得

$$E_x = \frac{\beta}{\omega\varepsilon_0 n_j^2}H_y$$

则介质平板波导 TM 模在 y 方向单位间隔内沿 z 方向携带的功率为

$$P = \frac{\beta}{2\omega\varepsilon_0}\int_{-\infty}^{\infty}\frac{1}{n_j^2}[H_y(x)]^2\mathrm{d}x \tag{2.62}$$

通过直接计算，可得 TM 模的电磁场归一化系数

$$A = 2\kappa_1 \left[\frac{n_1^2 n_0^4 \omega \varepsilon_0}{\beta(n_0^4 \kappa_1^2 + n_1^4 p_0^2) h_{\text{eff}}} \right]^{1/2} \tag{2.63}$$

式中，TM 导模的波导有效厚度定义为

$$h_{\text{eff}} = h + \frac{n_1^2 n_2^2}{p_2} \frac{\kappa_1^2 + p_2^2}{n_2^4 \kappa_1^2 + n_1^4 p_2^2} + \frac{n_1^2 n_0^2}{p_0} \frac{\kappa_1^2 + p_0^2}{n_0^4 \kappa_1^2 + n_1^4 p_0^2} \tag{2.64}$$

2.2.5 波导的归一化参数

本节引入几个常用的归一化参数，这些无量纲参数的引入，不仅有利于对波导特性的了解，而且把波导参数减少到有限的几个，这对波导的设计是非常有利的。

1）波导的有效折射率

$$N = \frac{\beta}{k_0} \tag{2.65}$$

由于传播常数 β 的取值范围为

$$k_0 n_0 < \beta < k_0 n_1 \tag{2.66}$$

因此有效折射率的取值范围应为

$$n_0 < N < n_1 \tag{2.67}$$

波导中导模的截止是一个重要的概念。从线光学角度看，导模截止时，光线在导波层中的入射角正好等于导波层与衬底界面上的全反射临界角。而从电磁场理论分析，这时衬底中的指数衰减场正好处于向振荡场过渡的临界点。导模截止时，有

$$\beta = k_0 n_0 \tag{2.68}$$

并有

$$N = n_0 \tag{2.69}$$

2）波导的归一化频率

$$V = k_0 h (n_1^2 - n_0^2)^{1/2} \tag{2.70}$$

3）波导的归一化有效折射率

$$b = \frac{N^2 - n_0^2}{n_1^2 - n_0^1} \tag{2.71}$$

由式(2.66)可知，$0<b<1$。

4）波导的非对称参量

$$a = \frac{n_0^2 - n_2^2}{n_1^2 - n_0^2} \tag{2.72}$$

a 描述波导结构的非对称性，波导完全对称（$n_0 = n_2$）时，$a=0$；而波导极不对称（$n_1 \approx n_0, n_0 \neq n_2$）时，$a \to \infty$。

通过定义以上归一化参量，平板波导 TE 导模的模式本征方程(2.38)可改写成如下形式：

$$V\sqrt{1-b}=m\pi+\arctan\sqrt{\frac{b}{1-b}}+\arctan\sqrt{\frac{a+b}{1-b}},\quad m=0,1,2,\cdots \tag{2.73}$$

而 TM 模的模式本征方程(2.59)可改写为

$$V\sqrt{1-b}=m\pi+\arctan\left(\frac{n_1^2}{n_0^2}\sqrt{\frac{b}{1-b}}\right)+\arctan\left(\frac{n_1^2}{n_2^2}\sqrt{\frac{a+b}{1-b}}\right),\quad m=0,1,2,\cdots \tag{2.74}$$

通过数值计算,TE 模的归一化有效折射率 b 随归一化频率的变化关系,被称为归一化色散曲线,如图 2.13 所示,曲线以 a 为参数。由图可见,在对称波导($a=0$)情况下,TE_0 模不会截止。而非对称波导,存在截止频率。

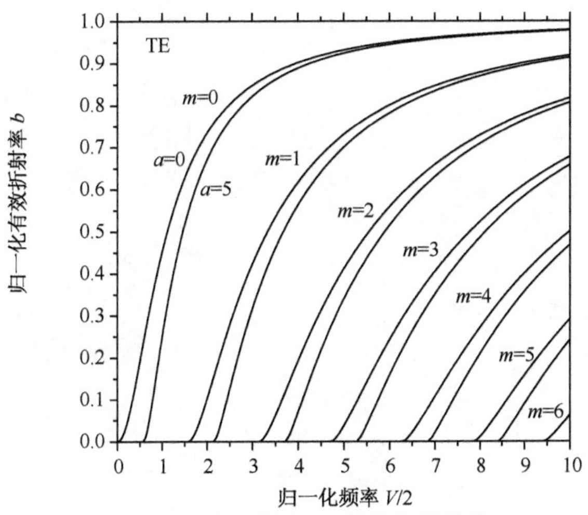

图 2.13 平板波导 TE 模的色散曲线

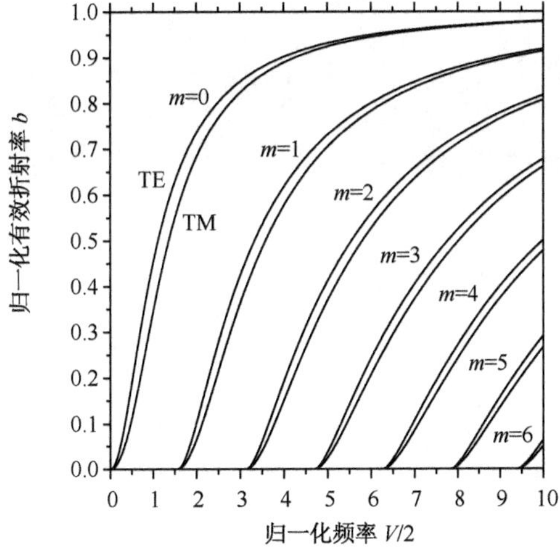

图 2.14 平板波导 TE 模和 TM 模的色散曲线

对 $n_1=3.38, n_0=n_2=3.17, \lambda=0.6328\mu\text{m}(a=0)$ 的对称平板波导，TE 模和 TM 模的色散曲线如图 2.14 所示。由图可见，对同一归一化频率，TE 模的归一化有效折射率 b_{TE} 略大于 b_{TM} 模。但从曲线相互非常接近的程度看，两者之间的差别极小。

参　考　文　献

[1] Tamir T. Integrated Optics[M]. 2nd ed. Berlin, Heidelberg, New York: Springer-Verlag. 1979.

[2] Hunsperger R G. Integrated Optics: Theory and Technology [M]. 3rd ed. New York: Springer- Verlag. 1991.

[3] Okamoto K. Fundamentals of Optical Waveguides [M]. New York: Academic Press. 2000.

第 3 章　转移矩阵理论

利用矩阵技术描述光在分层薄膜中的传播是一种简单易行的方法。例如，M. 玻恩和 E. 沃耳夫利用特性矩阵求解光通过多层介质膜时的透射率和反射率问题[1]；还有很多人曾利用光线矩阵处理光线通过透镜或似透镜介质的传输问题[2]都得到了很好的结果。本章利用文献[1]中的理论，并根据介质光波导的特点，选取了合适的波动方程的特解，构造出一种与特性矩阵不同的转移矩阵。这种转移矩阵是一个实矩阵，它具有物理意义更加明确、计算更为方便的特点。在以后几章中，我们将会看到转移矩阵处理问题的重要作用。

3.1　转移矩阵及其基本性质

本节首先利用简单的三层平板波导来建立不同偏振的转移矩阵，然后分析转移矩阵的基本性质。

3.1.1　转移矩阵的建立

本节用薄膜光学类似理论，引入介质平板波导转移矩阵概念，详细的推导可参阅薄膜光学的有关文献[1]和[3]。厚度为 h 的三层介质平板波导的折射率分布如图 3.1 所示。

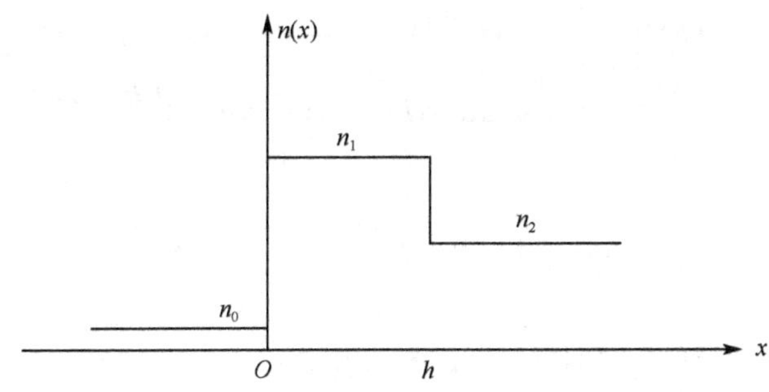

图 3.1　三层平板波导的折射率分布

以 TE 波为例，光导波满足的标量波动方程为

$$\frac{\partial^2 \psi}{\partial x^2} + (k_0^2 n_j^2 - \beta^2)\psi = 0, \quad j = 0,1,2 \tag{3.1}$$

式中，$\psi(x)$为 TE 波任一电磁场分量的场分布。选取方程(3.1)的两个特解 $\psi_1(x)$ 和 $\psi_2(x)$，使之满足边界条件

$$\psi_1(0) = \psi_2'(0) = 1 \text{ 和 } \psi_1'(0) = \psi_2(0) = 0$$

波动方程(3.1)的一般解应是 $\psi_1(x)$和 $\psi_2(x)$两特解的线性叠加，即

$$\psi(x) = C_1\psi_1(x) + C_2\psi_2(x) \tag{3.2}$$

在区间(0,h)界面上，场分布及其导数为

$$\begin{cases} \psi(0) = C_1 \\ \psi'(0) = C_2 \\ \psi(h) = C_1\psi_1(h) + C_2\psi_2(h) \\ \psi'(h) = C_1\psi_1'(h) + C_2\psi_2'(h) \end{cases} \tag{3.3}$$

上面 4 式消去 C_1 和 C_2 后，可得场分布及其导数的转移关系

$$\begin{bmatrix} \psi(h) \\ \psi'(h) \end{bmatrix} = M(h) \begin{bmatrix} \psi(0) \\ \psi'(0) \end{bmatrix} \tag{3.4}$$

式中

$$M(h) = \begin{bmatrix} \psi_1(h) & \psi_2(h) \\ \psi_1'(h) & \psi_2'(h) \end{bmatrix} \tag{3.5}$$

称为区间(0,h)的转移矩阵，容易看出，它仅与区间内的折射率分布以及模本征值有关，而与区间外的折射率分布无关。

根据上述概念，若设 $\psi(x)$为 $E_y(x)$，而选取两个特解分别为 $\cos(\kappa_1 x)$和 $\frac{1}{\kappa_1}\sin(\kappa_1 x)$，则可得矩阵方程

$$\begin{bmatrix} E_y(h) \\ E_y'(h) \end{bmatrix} = \begin{bmatrix} \cos(\kappa_1 h) & \frac{1}{\kappa_1}\sin(\kappa_1 h) \\ -\kappa_1\sin(\kappa_1 h) & \cos(\kappa_1 h) \end{bmatrix} \begin{bmatrix} E_y(0) \\ E_y'(0) \end{bmatrix} \tag{3.6}$$

式中 2×2 矩阵

$$M^{\mathrm{TE}}(h) = \begin{bmatrix} \cos(\kappa_1 h) & \frac{1}{\kappa_1}\sin(\kappa_1 h) \\ -\kappa_1\sin(\kappa_1 h) & \cos(\kappa_1 h) \end{bmatrix} \tag{3.7}$$

是对应平板波导导波层的转移矩阵，它使导波层两端 $x=0$ 和 $x=h$ 界面上的电磁场矢量建立起关系。下面将看到，利用这种传递关系——方程(3.6)，可完全确定光导波的传播特性。

利用类似的步骤，可得 TM 波满足的矩阵方程

$$\begin{bmatrix} H_y(h) \\ \frac{1}{n_2^2}H'_y(h) \end{bmatrix} = \begin{bmatrix} \cos(\kappa_1 h) & \frac{n_1^2}{\kappa_1}\sin(\kappa_1 h) \\ -\frac{\kappa_1}{n_1^2}\sin(\kappa_1 h) & \cos(\kappa_1 h) \end{bmatrix} \begin{bmatrix} H_y(0) \\ \frac{1}{n_0^2}H'_y(0) \end{bmatrix} \tag{3.8}$$

对应的 TM 波的转移矩阵为

$$M^{\mathrm{TM}}(h) = \begin{bmatrix} \cos(\kappa_1 h) & \frac{n_1^2}{\kappa_1}\sin(\kappa_1 h) \\ -\frac{\kappa_1}{n_1^2}\sin(\kappa_1 h) & \cos(\kappa_1 h) \end{bmatrix} \tag{3.9}$$

若把 TE 波和 TM 波对应导波层的转移矩阵写成统一的形式,则有

$$M(h) = \begin{bmatrix} \cos(\kappa_1 h) & \frac{f}{\kappa_1}\sin(\kappa_1 h) \\ -\frac{\kappa_1}{f}\sin(\kappa_1 h) & \cos(\kappa_1 h) \end{bmatrix} \tag{3.10}$$

式中

$$f = \begin{cases} 1, & \text{对 TE 波} \\ n_1^2, & \text{对 TM 波} \end{cases} \tag{3.11}$$

3.1.2 转移矩阵的基本性质

在利用转移矩阵分析较为复杂的光波导之前,有必要讨论一下转移矩阵的一些基本性质。为方便起见,2×2 转移矩阵可记为

$$M = \begin{bmatrix} m_{11} & m_{12} \\ m_{21} & m_{22} \end{bmatrix}$$

(1) 由式(3.7)和式(3.9)两式,容易看出,在无吸收介质中,转移矩阵是一个实系数的单位模矩阵,即有

$$\det(M) = \begin{vmatrix} m_{11} & m_{12} \\ m_{21} & m_{22} \end{vmatrix} = m_{11}m_{22} - m_{12}m_{21} = 1 \tag{3.12}$$

式中,“det”表示行列式。可以证明,单位模的物理意义是能量守恒。我们将在本书第 12 章通过一个具体例子给出详细的说明,与薄膜光学中的特性矩阵不同,转移矩阵的矩阵元都是实的。这样,更有利于对物理意义的理解和数值计算。

(2) 转移矩阵的本征值 λ 由久期方程

$$|M - \lambda E| = 0 \tag{3.13}$$

决定,式中 E 为单位矩阵,即

$$E = \begin{bmatrix} 1 & 0 \\ 0 & 1 \end{bmatrix} \tag{3.14}$$

把式(3.14)代入式(3.13),并利用转移矩阵的单位模性质,可得如下方程:

$$\lambda^2-(m_{11}+m_{22})\lambda+1=0 \tag{3.15}$$

由式(3.15)可以看出,转移矩阵的两个本征值 λ_1 和 λ_2 互为倒数,即有

$$\lambda_1\cdot\lambda_2=1$$

一般情况下,两本征值可分别写成

$$\begin{cases}\lambda_1=e^{i\kappa h}\\ \lambda_2=e^{-i\kappa h}\end{cases} \tag{3.16}$$

这里 κ 和 h 的物理意义由具体的结构确定。再根据式(3.15)显然有

$$\cos(\kappa h)=\frac{1}{2}(m_{11}+m_{22})=\frac{1}{2}\mathrm{tr}M(h) \tag{3.17}$$

"tr"表示矩阵的迹。式(3.17)是一重要公式,将在周期性波导和多量子阱波导中获得广泛的应用。

(3) 考虑图3.2所示的四层平板波导的折射率分布,其中,折射率为 n_1 的薄膜厚度为 h_1,而折射率为 n_2 的薄膜厚度为 h_2,n_0 和 n_3 分别为覆盖层和衬底的折射率。

如果 $M(h_1)$ 和 $M(h_2)$ 分别是这两层薄膜对应的转移矩阵,则由式(3.4)可得

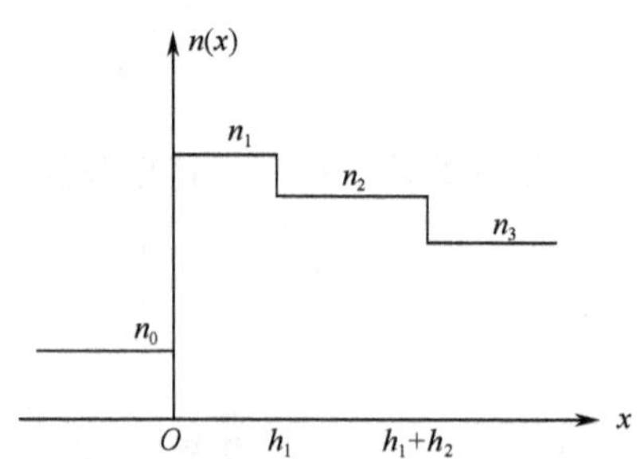

图3.2　四层平板波导的折射率分布

$$\begin{bmatrix}\psi(h_1)\\ \psi'(h_1)\end{bmatrix}=M(h_1)\begin{bmatrix}\psi(0)\\ \psi'(0)\end{bmatrix} \tag{3.18}$$

$$\begin{bmatrix}\psi(h_1+h_2)\\ \psi'(h_1+h_2)\end{bmatrix}=M(h_2)\begin{bmatrix}\psi(h_1)\\ \psi'(h_1)\end{bmatrix} \tag{3.19}$$

所以有

$$\begin{bmatrix}\psi(h_1+h_2)\\ \psi'(h_1+h_2)\end{bmatrix}=M(h_1+h_2)\begin{bmatrix}\psi(0)\\ \psi'(0)\end{bmatrix} \tag{3.20}$$

式中

$$M(h_1+h_2)=M(h_2)M(h_1) \tag{3.21}$$

注意,$M(h_2)$ 和 $M(h_1)$ 的位置不可互换。

以上结果立即可推广到厚度分别为 $h_1,h_2,\cdots,h_N$ 的 $N+2$ 层平板波导的情况,设这些薄膜对应的转移矩阵分别是

$$M(h_1),M(h_2),\cdots,M(h_N)$$

则有

$$M(h_1+h_2+\cdots+h_N)=M(h_N)M(h_{N-1})\cdots M(h_2)M(h_1) \tag{3.22}$$

(4) 一个任意的多层膜等效于一个双层膜,但一般说来,不能等效于一个单层

膜。上述等效定理可用薄膜理论中的泡利(Pauli)矩阵加以证明。以 TE 波为例，考察单层膜对应的转移矩阵式(3.7)，该矩阵可表示为

$$M = \cos\kappa h \cdot \sigma_0 + \frac{1-\kappa^2}{2\kappa}\sin\kappa h \cdot \sigma_1 - \frac{1+\kappa^2}{2\kappa}\sin\kappa h \cdot \sigma_2 \tag{3.23}$$

式中

$$\begin{cases} \sigma_0 = \begin{bmatrix} 1 & 0 \\ 0 & 1 \end{bmatrix} \\ \sigma_1 = \begin{bmatrix} 0 & 1 \\ 1 & 0 \end{bmatrix} \\ \sigma_2 = \begin{bmatrix} 0 & -1 \\ 1 & 0 \end{bmatrix} \end{cases} \tag{3.24}$$

容易看出

$$\sigma_0^2 = \sigma_1^2 = -\sigma_2^2 = \sigma_0 \tag{3.25}$$

引入一个新的矩阵

$$\sigma_3 = \begin{bmatrix} 1 & 0 \\ 0 & -1 \end{bmatrix} \tag{3.26}$$

显然有

$$\sigma_3^2 = \sigma_0 \tag{3.27}$$

并满足关系

$$\sigma_1\sigma_2 = -\sigma_2\sigma_1 = \sigma_3 \tag{3.28}$$

这里把 σ_0、σ_1、σ_2 和 σ_3 四个基本矩阵称为泡利矩阵。

一个双层膜对应的转移矩阵应是两个式(3.23)表示的矩阵的乘积，由式(3.25)和式(3.28)两式，可把这个乘积写成如下形式：

$$M_2 \cdot M_1 = a_0\sigma_0 + a_1\sigma_1 + a_2\sigma_2 + a_3\sigma_3 \tag{3.29}$$

式中，a_0、a_1、a_2 和 a_3 是泡利矩阵的系数。

由于存在关系式(3.27)以及

$$\sigma_1\sigma_3 = -\sigma_3\sigma_1 = \sigma_2$$

$$\sigma_2\sigma_3 = -\sigma_3\sigma_2 = \sigma_1$$

所以对于任意数目的转移矩阵的乘积，都可以写成如式(3.29)这样的四个泡利矩阵的线性组合。这样，我们就证明了上述的等效定理。另外，由于 σ_3 的存在，所以多层膜一般不能等效于单层膜。但在特殊情况下，多层膜可以等效于单层膜。

上述定理的证明表明：一个任意多层膜波导可等效于一个双层膜波导(即四层平板波导)。这个定理为分析多层平板波导和渐变折射率波导提供了一条新的路径。

(5) 在光学中，周期性多层薄膜结构是一种常见并极为重要的元件，所谓周期

性多层薄膜是指这个结构由某些基本单元多次重复构成的系统。设这个基本单元的厚度(即周期)为Λ,并令一个周期对应的转移矩阵为

$$M(\Lambda)=\begin{bmatrix} m_{11} & m_{12} \\ m_{21} & m_{22} \end{bmatrix} \tag{3.30}$$

按照式(3.22),并考虑周期性因素,有

$$M(N\Lambda)=\underbrace{M(\Lambda)\cdot M(\Lambda)\cdot\cdots\cdot M(\Lambda)}_{N次}=[M(\Lambda)]^{N} \tag{3.31}$$

式中,N为周期性多层薄膜结构的周期数,为了计算上述矩阵$M(N\Lambda)$的各个元素,我们利用矩阵理论中的哈密顿-凯莱定理,即任何方阵都满足它自己的久期方程。因此,按照式(3.15)可得

$$[M(\Lambda)]^2-(m_{11}+m_{22})M(\Lambda)+E=0 \tag{3.32}$$

式中E为单位矩阵。令

$$\chi=\frac{1}{2}(m_{11}+m_{22}) \tag{3.33}$$

因此式(3.32)可改写为如下形式:

$$[M(\Lambda)]^2=2\chi M(\Lambda)-E \tag{3.34}$$

用$M(\Lambda)$乘式(3.34)两边,并利用式(3.34),可得

$$[M(\Lambda)]^3=(4\chi^2-1)M(\Lambda)-2\chi E$$

再用$M(\Lambda)$乘上式两边,重复以上过程,得

$$[M(\Lambda)]^4=(8\chi^3-4\chi)M(\Lambda)-(4\chi^2-1)E$$

$$[M(\Lambda)]^5=(16\chi^4-12\chi^2+1)M(\Lambda)-(8\chi^3-4\chi)E$$

于是得到一个递推公式

$$[M(\Lambda)]^N=U_{N-1}(\chi)M(\Lambda)-U_{N-2}(\chi)E \tag{3.35}$$

式中,$U_N(\chi)$是第二类切比雪夫(Chebyshev)多项式

$$U_N(\chi)=\frac{\sin[(N+1)\arccos\chi]}{\sqrt{1-\chi^2}} \tag{3.36}$$

式(3.35)可用矩阵表示,即

$$\begin{aligned} M(N\Lambda)=[M(\Lambda)]^N&=U_{N-1}(\chi)\begin{bmatrix} m_{11} & m_{12} \\ m_{21} & m_{22} \end{bmatrix}-U_{N-2}(\chi)\begin{bmatrix} 1 & 0 \\ 0 & 1 \end{bmatrix} \\ &=\begin{bmatrix} m_{11}U_{N-1}(\chi)-U_{N-2}(\chi) & m_{12}U_{N-1}(\chi) \\ m_{21}U_{N-1}(\chi) & m_{22}U_{N-1}(\chi)-U_{N-2}(\chi) \end{bmatrix} \end{aligned} \tag{3.37}$$

设

$$M(\Lambda)=\begin{bmatrix}\cos\kappa\Lambda & \dfrac{f}{\kappa}\sin\kappa\Lambda \\ -\dfrac{\kappa}{f}\sin\kappa\Lambda & \cos\kappa\Lambda\end{bmatrix} \tag{3.38}$$

则由式(3.37)可得

$$M(N\Lambda)=\begin{bmatrix}\cos(N\kappa\Lambda) & \dfrac{f}{\kappa}\sin(N\kappa\Lambda) \\ -\dfrac{\kappa}{f}\sin(N\kappa\Lambda) & \cos(N\kappa\Lambda)\end{bmatrix} \tag{3.39}$$

(6) 转移矩阵的逆阵由下式定义,即

$$MM^{-1}=E \tag{3.40}$$

利用性质(1)和式(3.10),可知

$$m_{11}m_{22}-m_{12}m_{21}=1$$
$$m_{11}=m_{22}$$

于是有

$$M^{-1}=\begin{bmatrix}m_{22} & -m_{12} \\ -m_{21} & m_{11}\end{bmatrix} \tag{3.41}$$

利用转移矩阵的逆阵,可得到反向的传递关系。在方程(3.6)两边分别左乘一个转移矩阵 $M^{-1}(h)$,则有

$$\begin{bmatrix}E_y(0) \\ E'_y(0)\end{bmatrix}=\begin{bmatrix}\cos(\kappa h) & -\dfrac{1}{\kappa}\sin(\kappa h) \\ \kappa\sin(\kappa h) & \cos(\kappa h)\end{bmatrix}\begin{bmatrix}E_y(h) \\ E'_y(h)\end{bmatrix} \tag{3.42}$$

同样,对 TM 波也有类似的关系

$$\begin{bmatrix}H_y(0) \\ \dfrac{1}{n_0^2}H'_y(0)\end{bmatrix}=\begin{bmatrix}\cos(\kappa h) & -\dfrac{n_1^2}{\kappa}\sin(\kappa h) \\ \dfrac{\kappa}{n_1^2}\sin(\kappa h) & \cos(\kappa h)\end{bmatrix}\begin{bmatrix}H_y(h) \\ \dfrac{1}{n_2^2}H'_y(h)\end{bmatrix} \tag{3.43}$$

由于转移矩阵及其逆阵是互为逆矩阵的关系,因此在今后的应用中都称为转移矩阵,差别在于究竟是正向,还是反向传递。在某些场合下,利用反向传递关系式(3.42)和式(3.43)十分方便,这将在本书渐变折射率光波导一章中得到引证。

(7) 在金属薄膜波导和金属覆盖介质波导中,薄膜中的振荡场可转化为两个指数衰减场的叠加,横向波数 κ 转化为衰减系数 α,即有

$$\kappa=\mathrm{i}\alpha \tag{3.44}$$

利用恒等式

$$\left.\begin{aligned}\sin(\mathrm{i}x)&=\mathrm{i}\sinh(x)\\ \cos(\mathrm{i}x)&=\cosh(x)\end{aligned}\right\} \tag{3.45}$$

则转移矩阵式(3.7)转化成如下形式:

$$M(h)=\begin{bmatrix}\cosh(\alpha h) & \dfrac{1}{\alpha}\sinh(\alpha h)\\ \alpha\sinh(\alpha h) & \cosh(\alpha h)\end{bmatrix} \tag{3.46}$$

而上述转移矩阵的逆转化成如下形式:

$$M^{-1}(h)=\begin{bmatrix}\cosh(\alpha h) & -\dfrac{1}{\alpha}\sinh(\alpha h)\\ -\alpha\sinh(\alpha h) & \cosh(\alpha h)\end{bmatrix} \tag{3.47}$$

对 TM 模,也有相应的转化矩阵,这里不再列举。

3.2 模式本征方程

利用转移矩阵的不变形式,可以方便地导出三层平板波导的模式本征方程。这里只需要考虑覆盖层和衬底介质的场,而不再考虑导波层的场分布。

3.2.1 TE 导模

对于图 3.1 所示的折射率分布,波导中传输的 TE 波在 n_0 介质和 n_2 介质中的横向电场分布可由下式表示:

$$E_y(x)=\begin{cases}A\exp(p_0 x), & -\infty<x<0\\ D\exp[-p_2(x-h)], & h<x<+\infty\end{cases} \tag{3.48}$$

由上式可得

$$\begin{cases}E_y(0)=A\\ E'_y(0)=p_0 A\end{cases}\qquad \begin{cases}E_y(h)=D\\ E'_y(h)=-p_2 D\end{cases} \tag{3.49}$$

把式(3.49)代入方程(3.42),可得

$$A\begin{bmatrix}1\\ p_0\end{bmatrix}=\begin{bmatrix}\cos(\kappa_1 h) & -\dfrac{1}{\kappa_1}\sin(\kappa_1 h)\\ \kappa_1\sin(\kappa_1 h) & \cos(\kappa_1 h)\end{bmatrix}\begin{bmatrix}1\\ -p_2\end{bmatrix}D \tag{3.50}$$

上式两边同时乘以行矩阵$[-p_0\ \ 1]$,可得方程

$$[-p_0\quad 1]\begin{bmatrix}\cos(\kappa_1 h) & -\dfrac{1}{\kappa_1}\sin(\kappa_1 h)\\ \kappa_1\sin(\kappa_1 h) & \cos(\kappa_1 h)\end{bmatrix}\begin{bmatrix}1\\ -p_2\end{bmatrix}=0 \tag{3.51}$$

解之,可得

$$\tan(\kappa_1 h)=\frac{p_0+p_2}{\kappa_1\left(1-\dfrac{p_0 p_2}{\kappa_1^2}\right)} \tag{3.52}$$

式(3.52)与相位型色散方程(2.37)是完全等价的。式(3.51)可以称为矩阵形式的TE波的模式本征方程,这种形式将在多层波导和渐变折射率波导中获得广泛的应用。

3.2.2 TM导模

利用完全相似的步骤,并考虑到TM波的边界条件,可得TM波的矩阵形式的模式本征方程

$$\begin{bmatrix} -\frac{p_0}{n_0^2} & 1 \end{bmatrix} \begin{bmatrix} \cos(\kappa_1 h) & -\frac{n_1^2}{\kappa_1}\sin(\kappa_1 h) \\ \frac{\kappa_1}{n_1^2}\sin(\kappa_1 h) & \cos(\kappa_1 h) \end{bmatrix} \begin{bmatrix} 1 \\ -\frac{p_2}{n_2^2} \end{bmatrix} = 0 \tag{3.53}$$

解之,可得

$$\tan(\kappa_1 h) = \frac{n_1^2 \kappa_1 (n_2^2 p_0 + n_0^2 p_2)}{n_0^2 n_2^2 \kappa_1^2 - n_1^4 p_0 p_2} \tag{3.54}$$

式(3.54)与相位型色散方程(2.59)也是完全等价的。

参 考 文 献

[1] 玻恩 M, 沃耳夫 E. 光学原理[M]. 北京:科学出版社. 1978.

[2] Yariv A. Quantum Electronics[M]. 2nd ed. New York: Wiley & Sons. 1975.

[3] Jacobsson R. Light reflection from films of continuously varying refractive index: Progress in Optics. Wolf E. ,ed[C]. Amsterdam:North-Holland. 1966,5:2.

第4章　多层平板波导

由于多层平板波导在模场分布、模式截止和功率约束等方面具有许多独特的性质，因此，这种结构在半导体激光器、光波导定向耦合器、光波导偏振器等波导器件中有着重要的应用。本章首先分析非对称平板波导的色散性质，然后再讨论对称多层平板波导及其重要特性，最后，利用传输型色散方程和微扰理论分析平板耦合波导及其重要性质。

4.1　非对称多层平板波导

本节首先分析实用的四层平板波导，提出反射子波的概念；然后给出任意多层平板波导的分析，为渐变折射率波导的讨论提供必要的理论基础。

4.1.1　非对称四层平板波导[1]

考虑折射率分布如图4.1所示的一般四层平板波导。折射率为 n_1 的区域是约束电磁场能量的导波层，它的厚度为 h_1，当然在一定条件下，厚度和折射率分别为 h_2 和 n_2 的区域也能约束电磁场能量。覆盖层和衬底的折射率分别为 n_0 和 n_3。讨论的范围限制在 $n_1 > n_2 > n_3 > n_0$ 以及TE波的情况。

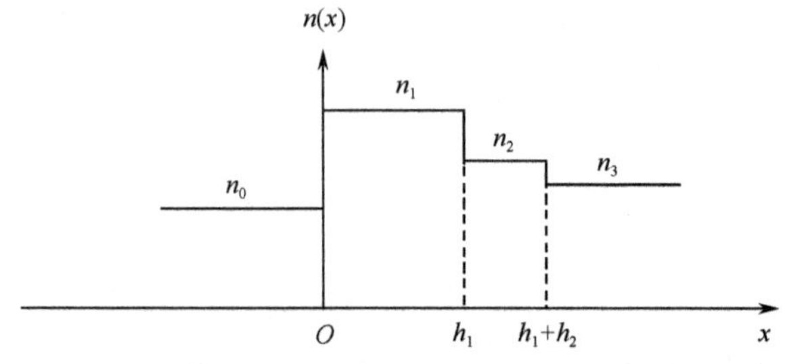

图4.1　非对称四层平板波导的折射率分布

1. 转移矩阵理论

对图4.1所示的四层平板波导，传播常数 β 有两种选择，下面分别加以讨论。

1) $k_0 n_2 > \beta > k_0 n_3$

对于这种情况，可知导波层位于 $(0, h_1 + h_2)$ 的范围，即在中间两层薄膜中电磁场都是振荡的，而在覆盖层和衬底中，电磁场是指数衰减的。根据第3章的理论，

可立刻写出矩阵形式的模式本征方程

$$[-p_0 \quad 1]M_1M_2\begin{bmatrix}1\\-p_3\end{bmatrix}=0 \tag{4.1}$$

式中

$$M_1=\begin{bmatrix}\cos(\kappa_1h_1) & -\frac{1}{k_1}\sin(\kappa_1h_1)\\ \kappa_1\sin(\kappa_1h_1) & \cos(\kappa_1h_1)\end{bmatrix} \tag{4.2}$$

$$M_2=\begin{bmatrix}\cos(\kappa_2h_2) & -\frac{1}{k_2}\sin(\kappa_2h_2)\\ \kappa_2\sin(\kappa_2h_2) & \cos(\kappa_2h_2)\end{bmatrix} \tag{4.3}$$

$$\begin{cases}\kappa_1=(k_0^2n_1^2-\beta^2)^{1/2}\\ \kappa_2=(k_0^2n_2^2-\beta^2)^{1/2}\\ p_0=(\beta^2-k_0^2n_0^2)^{1/2}\\ p_3=(\beta^2-k_0^2n_3^2)^{1/2}\end{cases} \tag{4.4}$$

由式(4.2)和式(4.3)两式，非对称四层平板波导的模式本征方程(4.1)可写成较为熟悉的形式

$$\kappa_1h_1=m\pi+\arctan\left(\frac{p_0}{\kappa_1}\right)+\arctan\left(\frac{p_2}{\kappa_1}\right),\quad m=0,1,2,\cdots \tag{4.5}$$

式中

$$p_2=\kappa_2\tan\left[\arctan\left(\frac{p_3}{\kappa_2}\right)-\kappa_2h_2\right] \tag{4.6}$$

为说明模式本征方程(4.5)的物理意义，我们做以下处理，令

$$\Phi_2=\arctan\left(\frac{p_2}{\kappa_2}\right) \tag{4.7}$$

由式(4.6)，可得

$$\kappa_2h_2+\Phi_2=m'\pi+\arctan\left(\frac{p_3}{\kappa_2}\right),\quad m'=0,1,2,\cdots \tag{4.8}$$

而

$$\arctan\left(\frac{p_2}{\kappa_1}\right)=\arctan\left[\frac{\kappa_2}{\kappa_1}\tan(\Phi_2)\right] \tag{4.9}$$

联合式(4.5)、式(4.8)和式(4.9)三式，可得下述方程：

$$\kappa_1h_1+\kappa_2h_2+\Phi(s)=m\pi+\arctan\left(\frac{p_0}{\kappa_1}\right)+\arctan\left(\frac{p_3}{\kappa_2}\right),\quad m=0,1,2,\cdots \tag{4.10}$$

式中

$$\Phi(s)=\Phi_2-\arctan\left(\frac{\kappa_2}{\kappa_1}\tan\Phi_2\right) \tag{4.11}$$

考虑方程(4.10),发现该方程与简单三层平板波导的模式本征方程(2.7)十分类似,除了一项$\Phi(s)$之外,其他各项的意义是非常清楚的。为看清$\Phi(s)$的物理意义,我们讨论$\frac{n_1^2-n_2^2}{n_1^2}\ll 1$的情况,此时显然导致$\frac{\kappa_1-\kappa_2}{\kappa_1}\ll 1$。于是,利用微分公式,可得

$$\begin{aligned}\arctan\left(\frac{\kappa_2}{\kappa_1}\tan\Phi_2\right)&=\arctan\left[\left(1-\frac{\kappa_1-\kappa_2}{\kappa_1}\right)\tan\Phi_2\right]\\&\approx\Phi_2-\frac{\kappa_1-\kappa_2}{2\kappa_1}\sin 2\Phi_2\end{aligned}\tag{4.12}$$

则由式(4.11),得到

$$\Phi(s)=\frac{\kappa_1-\kappa_2}{2\kappa_1}\sin 2\Phi_2\tag{4.13}$$

在一阶近似下,式(4.13)右边的振幅满足

$$\frac{\kappa_1-\kappa_2}{2\kappa_1}\approx\frac{\kappa_1-\kappa_2}{\kappa_1+\kappa_2}\tag{4.14}$$

而上式右边一项表示光从n_1介质射向n_2介质时的反射系数。因此,$\Phi(s)$可理解为一阶反射子波的相位贡献。当然,若利用精确的式(4.11),$\Phi(s)$则代表所有反射子波的相位贡献。显然,当$n_1=n_2$时,有$\Phi(s)=0$。由以上分析可见,$\Phi(s)$是由两种介质界面引起的一个反射量,该量的大小由两种介质的折射率差决定。折射率差大,则$\Phi(s)$也大;折射率差小,则$\Phi(s)$也小。

综合上述分析,可得以下重要结论:对多层平板波导,不仅要考虑主波的相位贡献,而且要考虑层间反射子波的相位贡献。

2) $k_0n_1>\beta>k_0n_2$

对于这种情况,可知导波层位于$(0,h_1)$的范围,即在该区域内电磁场是振荡的,而在其他区域电磁场是衰减的。模式本征方程仍取式(4.1)的形式,但式(4.3)中的κ_2可表示为

$$\kappa_2=\mathrm{i}(\beta^2-k_0^2n_2^2)^{1/2}=\mathrm{i}\alpha_2\tag{4.15}$$

相应的正弦和余弦函数相应变为双曲正弦和双曲余弦函数。即有

$$\sin(\kappa_2h_2)=\mathrm{i}\sinh(\alpha_2h_2),\cos(\kappa_2h_2)=\cosh(\alpha_2h_2)$$

转移矩阵M_2则变成如下形式:

$$M_2=\begin{bmatrix}\cosh(\alpha_2h_2) & -\dfrac{1}{\alpha_2}\sinh(\alpha_2h_2)\\-\alpha_2\sinh(\alpha_2h_2) & \cosh(\alpha_2h_2)\end{bmatrix}\tag{4.16}$$

模式本征方程与式(4.5)完全一致,不过p_2的定义式应改为以下形式:

$$p_2=\alpha_2\tanh\left[\operatorname{artanh}\left(\frac{p_3}{\alpha_2}\right)+\alpha_2h_2\right]\tag{4.17}$$

2. 场匹配理论

对于四层平板波导,由于层数不多,故仍可采用传统的场匹配法。为简单计,

仅讨论 $k_0 n_2 > \beta > k_0 n_3$ 和 TE 波的情况。设横向电场分布为

$$E_y(x) = \begin{cases} A_0 \exp(p_0 x), & -\infty < x < 0 \\ A_1 \exp(\mathrm{i}\kappa_1 x) + B_1 \exp(-\mathrm{i}\kappa_1 x), & 0 < x < h_1 \\ A_2 \exp[\mathrm{i}\kappa_2 (x - h_1)] + B_2 \exp[-\mathrm{i}\kappa_2 (x - h_1)], & h_1 < x < h_1 + h_2 \\ A_3 \exp[-p_3 (x - h_1 - h_2)], & h_1 + h_2 < x < +\infty \end{cases} \tag{4.18}$$

式中

$$\begin{cases} \kappa_1 = (k_0^2 n_1^2 - \beta^2)^{1/2} \\ \kappa_2 = (k_0^2 n_2^2 - \beta^2)^{1/2} \\ p_0 = (\beta^2 - k_0^2 n_0^2)^{1/2} \\ p_3 = (\beta^2 - k_0^2 n_3^2)^{1/2} \end{cases}$$

利用 E_y 和 $\partial E_y / \partial x$ 在 $x=0$，$x=h_1$ 和 $x=h_1+h_2$ 界面上连续的条件，可以导出传输型色散方程

$$\exp[\mathrm{i}2(\kappa_1 h_1 + \kappa_2 h_2 - \Phi_{10} - \Phi_{23})] + \frac{\kappa_1 - \kappa_2}{\kappa_1 + \kappa_2} \exp[\mathrm{i}2(\kappa_1 h_1 - \Phi_{10})]$$

$$+ \frac{\kappa_2 - \kappa_1}{\kappa_2 + \kappa_1} \exp[\mathrm{i}2(\kappa_2 h_2 - \Phi_{23})] = 1 \tag{4.19}$$

式中

$$\Phi_{10} = \arctan\left(\frac{p_0}{\kappa_1}\right) \tag{4.20}$$

$$\Phi_{23} = \arctan\left(\frac{p_3}{\kappa_2}\right) \tag{4.21}$$

为看清方程(4.19)的物理含义，考虑图 4.2 所示的光线传输图像。显然，方程(4.19)左边第一项代表四层波导中传输主波。从线光学角度分析，光线从 $x=0$ 界面出发，穿过 $x=h_1$ 界面后到达 $x=h_1+h_2$ 界面，经历全反射后，返回到 $x=0$ 界面，并再一次经历全反射的过程。而方程(4.19)中左边第二、三项前的振幅分别是主波从 n_1 介质射向 n_2 介质和主波从 n_2 介质射向 n_1 介质时的反射系数。可见这

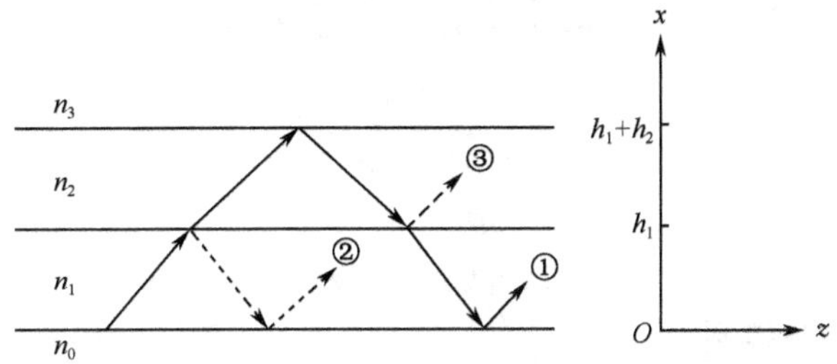

图 4.2 四层平板波导传输的主波和子波

两项代表波导传输的反射子波。主波与反射子波的相干叠加构成了四层波导中的导波,可以证明,式(4.19)可约化为如下形式:

$$\exp\{\mathrm{i}2[\kappa_1 h_1 + \kappa_2 h_2 + \Phi(s) - \Phi_{10} - \Phi_{23}]\} = 1 \tag{4.22}$$

由于

$$\exp(\mathrm{i}2m\pi) = 1, \quad m = 0,1,2,\cdots$$

方程(4.22)可复原为方程(4.10)的形式。

传输型方程(4.19)虽然比相位型方程(4.10)繁琐,但它明确地指出了四层波导中反射子波的作用,以后我们将看到,这种作用是不可忽略的。

4.1.2 非对称多层平板波导

对于如图 4.3 所示的非对称 $l+2$ 层平板波导,只要推广 4.1.1 节的结果,便可得到 TE 波的矩阵形式的模式本征方程

$$[-p_0 \quad 1]\prod_{i=1}^{l} M_i \begin{bmatrix} 1 \\ -p_{l+1} \end{bmatrix} = 0 \tag{4.23}$$

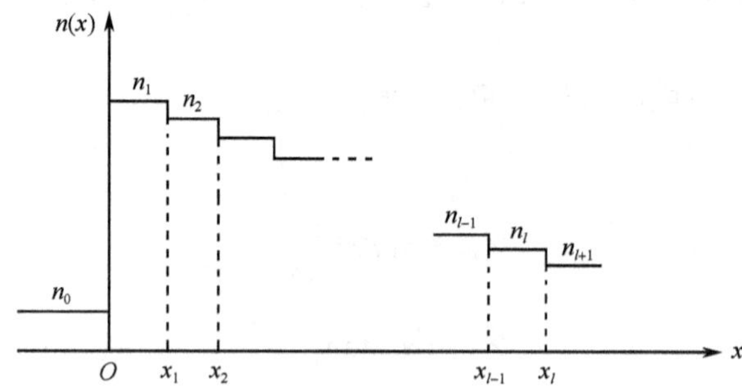

图 4.3 非对称 $l+2$ 层平板波导的折射率分布

式中,相应于第 i 层薄膜的转移矩阵 M_i 由下式表示

$$M_i = \begin{bmatrix} \cos(\kappa_i h_i) & -\dfrac{1}{\kappa_i}\sin(\kappa_i h_i) \\ \kappa_i \sin(\kappa_i h_i) & \cos(\kappa_i h_i) \end{bmatrix} \tag{4.24}$$

式中

$$\begin{cases} \kappa_i = (k_0^2 n_i^2 - \beta^2)^{1/2} \\ p_0 = (\beta^2 - k_0^2 n_0^2)^{1/2} \\ p_{l+1} = (\beta^2 - k_0^2 n_{l+1}^2)^{1/2} \end{cases}$$

化简式(4.23),容易得到

$$\kappa_1 h_1 = m\pi + \arctan\left(\frac{p_0}{\kappa_1}\right) + \arctan\left(\frac{p_2}{\kappa_1}\right), \quad m = 0,1,2,\cdots \tag{4.25}$$

式中

$$p_i = \kappa_i \tan\left[\arctan\left(\frac{p_{i+1}}{\kappa_i}\right) - \kappa_i h_i\right], \quad i = 2,3,\cdots,l \tag{4.26}$$

式(4.25)和式(4.26)两式完全确定了非对称多层平板波导的色散性质。不过,式(4.26)是一递推公式,在 p_{l+1} 已知的情况下,才可求得 p_l,并以此类推,最终才可求得 p_2。容易看出,当 $l=2$ 时,多层平板波导退化为简单的四层平板波导,而式(4.26)也退化为四层平板波导相应的公式(4.6)。

为区别主波与子波的相位关系,做类似上节的处理,令

$$\phi_i = \arctan\left(\frac{p_i}{\kappa_i}\right) \tag{4.27}$$

则根据式(4.26),可得

$$\phi_i = m_i\pi + \arctan\left(\frac{p_{i+1}}{\kappa_i}\right) - \kappa_i h_i = m_i\pi + \arctan\left(\frac{\kappa_{i+1}}{\kappa_i}\tan\phi_{i+1}\right) - \kappa_i h_i,$$

$$m_i = 0,1,2,\cdots; i = 1,2,\cdots,l-1 \tag{4.28}$$

整理式(4.28),写成如下形式:

$$\kappa_i h_i + \left[\phi_{i+1} - \arctan\left(\frac{\kappa_{i+1}}{\kappa_i}\tan\phi_{i+1}\right)\right] = m_i\pi(\phi_{i+1} - \phi_i),$$

$$m_i = 0,1,2,\cdots; i = 1,2,\cdots,l-1 \tag{4.29}$$

当 $i=l$ 时,有

$$\kappa_l h_l = m_l\pi + \arctan\left(\frac{p_{l+1}}{\kappa_l}\right) - \phi_l \tag{4.30}$$

利用式(4.29)和式(4.30)两式,并对 i 求和,可得

$$\sum_{i=1}^{l}\kappa_i h_i + \sum_{i=1}^{l-1}\left[\phi_{i+1} - \arctan\left(\frac{\kappa_{i+1}}{\kappa_i}\tan\phi_{i+1}\right)\right] = m\pi + \arctan\left(\frac{p_{l+1}}{\kappa_l}\right) - \phi_1 \tag{4.31}$$

而

$$\phi_1 = m_1\pi + \arctan\left(\frac{p_2}{\kappa_1}\right) - \kappa_1 h_1 \tag{4.32}$$

利用式(4.25),容易得到

$$\phi_1 = m_1\pi - \arctan\left(\frac{p_0}{\kappa_1}\right) \tag{4.33}$$

于是,式(4.31)变为

$$\sum_{i=1}^{l}\kappa_i h_i + \Phi(s) = m\pi + \arctan\left(\frac{p_0}{\kappa_1}\right) + \arctan\left(\frac{p_{l+1}}{\kappa_l}\right)$$

$$m = 0,1,2,\cdots \tag{4.34}$$

式中

$$\Phi(s) = \sum_{i=1}^{l-1}\left[\phi_{i+1} - \arctan\left(\frac{\kappa_{i+1}}{\kappa_i}\tan\phi_{i+1}\right)\right] \tag{4.35}$$

当 $l=2$ 时,方程(4.34)退化为四层波导的模式本征方程(4.10),而当 $l=1$ 时,方程(4.34)退化为简单三层平板波导的模式本征方程。式(4.34)是适用于任意多层平板波导的模式本征方程,它不仅具有物理意义清晰的特点,而且在推导过程中不涉及任何近似,利用它可给出精确的数值结果。

以上讨论虽然仅限于 $\beta<k_0 n_l$ 的情况,即所有薄膜层中的电磁场都是振荡的。但对于 $\beta>k_0 n_i$ 的情况,从第 i 层开始以后的薄膜中,电磁场都是衰减的。模式本征方程(4.34)仍然成立,只需将 κ_j 改为 $i\alpha_j$ 即可。对于 TM 波的情况,读者可利用第 3 章中给出的理论自行推导。

4.2　对称多层平板波导

本节在三层波导基础上,首先讨论五层平板波导,接着分析 W 型波导,最后介绍平板耦合波导的模式分裂。

4.2.1　对称三层平板波导

对称三层平板波导的折射率分布如图 4.4 所示。衬底和覆盖层的折射率均为 n_0,折射率为 n_1的导波层的厚度设为 $2h$。于是三层对称平板波导矩阵形式的模式本征方程为如下形式:

$$[-p_0 \quad 1]M\begin{bmatrix}1\\-p_0\end{bmatrix} = 0 \tag{4.36}$$

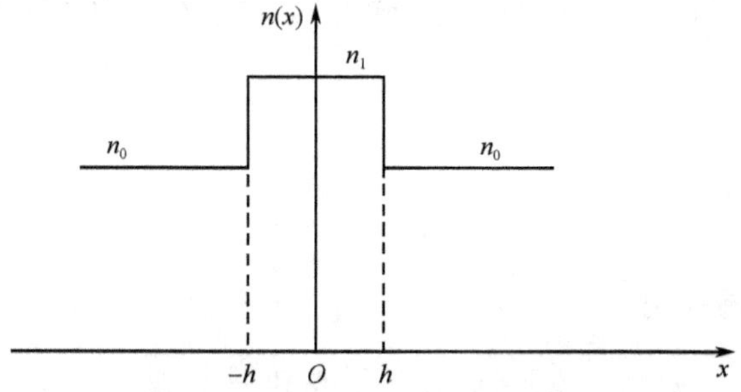

图 4.4　对称三层平板波导的折射率分布

式中

$$M = \begin{bmatrix} \cos(2\kappa_1 h) & -\dfrac{1}{\kappa_1}\sin(2\kappa_1 h) \\ \kappa_1 \sin(2\kappa_1 h) & \cos(2\kappa_1 h) \end{bmatrix} \tag{4.37}$$

而

$$p_0 = (\beta^2 - k_0^2 n_0^2)^{1/2}$$
$$\kappa_1 = (k_0^2 n_1^2 - \beta^2)^{1/2}$$

化简式(4.36),可得

$$2\kappa_1 h = m\pi + 2\arctan\left(\frac{p_0}{\kappa_1}\right), \quad m = 0,1,2,\cdots \tag{4.38}$$

对偶数阶模,式(4.38)可简化为

$$\tan(\kappa_1 h) = \frac{p_0}{\kappa_1} \tag{4.39}$$

而对奇数阶模,方程(4.38)变为

$$\cot(\kappa_1 h) = -\frac{p_0}{\kappa_1} \tag{4.40}$$

4.2.2 对称五层平板波导

对称五层平板波导的各层厚度和折射率分布如图 4.5 所示。讨论的范围限制在 $n_1 > n_2 > n_3$ 的情况,且假设 $k_0 n_2 \geqslant \beta \geqslant k_0 n_3$。根据 4.2.1 节的分析,立即可得对称五层平板波导矩阵形式的模式本征方程为

$$[-p_3 \quad 1] M_2 M_1 M_2 \begin{bmatrix} 1 \\ -p_3 \end{bmatrix} = 0 \tag{4.41}$$

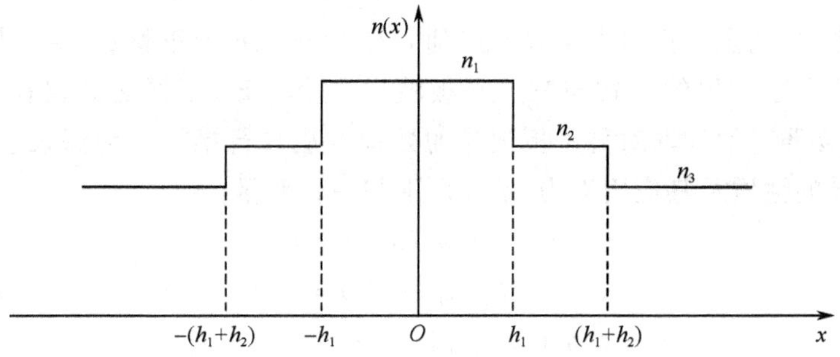

图 4.5 对称五层平板波导的折射率分布

式中

$$M_1 = \begin{bmatrix} \cos(2\kappa_1 h_1) & -\dfrac{1}{\kappa_1}\sin(2\kappa_1 h_1) \\ \kappa_1 \sin(2\kappa_1 h_1) & \cos(2\kappa_1 h_1) \end{bmatrix} \tag{4.42}$$

$$M_2 = \begin{bmatrix} \cos(\kappa_2 h_2) & -\dfrac{1}{\kappa_2}\sin(\kappa_2 h_2) \\ \kappa_2 \sin(\kappa_2 h_2) & \cos(\kappa_2 h_2) \end{bmatrix} \tag{4.43}$$

而

$$\kappa_1 = (k_0^2 n_1^2 - \beta^2)^{1/2}$$
$$\kappa_2 = (k_0^2 n_2^2 - \beta^2)^{1/2}$$
$$p_3 = (\beta^2 - k_0^2 n_3^2)^{1/2}$$

利用式(4.43),方程(4.41)可简化成如下形式:

$$[-p_2 \quad 1] M_1 \begin{bmatrix} 1 \\ -p_2 \end{bmatrix} = 0 \tag{4.44}$$

式中

$$p_2 = \kappa_2 \tan\left[\arctan\left(\frac{p_3}{\kappa_2}\right) - \kappa_2 h_2\right] \tag{4.45}$$

上述方程与对称三层平板波导的方程(4.36)完全类似,故可借用 4.2.1 节的结果,得

$$2\kappa_1 h_1 = m\pi + 2\arctan\left(\frac{p_2}{\kappa_1}\right), \quad m = 0,1,2,\cdots \tag{4.46}$$

对偶数阶模,有

$$\tan(\kappa_1 h_1) = \frac{p_2}{\kappa_1} \tag{4.47}$$

对奇数阶模,则有

$$\cot(\kappa_1 h_1) = -\frac{p_2}{\kappa_1} \tag{4.48}$$

利用上述方法,完全可把以上结果推广到对称 $2k+1$(k 为正整数)层平板波导,而且所得模式本征方程的形式与三层平板波导完全一致,不同之处仅在于 p_2 的定义,读者可参照对称和非对称平板波导的处理方法自行推导。为深入了解对称五层平板波导的性质及其应用潜力,定义以下归一化变量:

$$v^2 = k_0^2 h_1^2 (n_1^2 - n_3^2) \tag{4.49}$$

$$u^2 = k_0^2 h_1^2 (n_1^2 - N^2) = \kappa_1^2 h_1^2 \tag{4.50}$$

$$w^2 = k_0^2 h_1^2 (N^2 - n_3^2) = v^2 - u^2 = p_3^2 h_1^2 \tag{4.51}$$

$$t^2 = k_0^2 h_1^2 (n_2^2 - N^2) = u^2 - v^2 c^2 = \kappa_2^2 h_1^2 \tag{4.52}$$

式中

$$c^2 = \frac{n_1^2 - n_2^2}{n_1^2 - n_3^2} \tag{4.53}$$

$$N = \beta / k_0 \tag{4.54}$$

为简单计,以下讨论仅考虑偶阶模。利用上述归一化变量,代入方程(4.47),可得

$$u = M\pi + \arctan\left\{\frac{t}{u}\tan\left[\arctan\left(\frac{w}{t}\right) - t\left(\frac{h_2}{h_1}\right)\right]\right\},\quad M = 0,1,2,\cdots \tag{4.55}$$

上式是在 $c \leqslant u/v \leqslant 1$ 即 $k_0 n_2 \geqslant \beta \geqslant k_0 n_3$ 情况下，对称五层平板波导偶阶模的模式本征方程。通过计算，不难得到各种参数(c 和$(h_1+h_2)/h_1$)下，u 和 v 的关系曲线。

五层平板波导约束电磁场的能力在一定条件下比三层平板波导强，利用这个性质可以制成性能良好的半导体激光器。为了说明这一点，下面计算功率约束因子 Γ，即波导芯子功率占总功率的百分比。波导芯子是指厚度为 $2h_1$ 的薄膜。定义

$$\Gamma = \frac{\int_0^{h_1} |E_y|^2 \mathrm{d}x}{\int_0^{\infty} |E_y|^2 \mathrm{d}x} \tag{4.56}$$

利用第 2 章中给出的 TE 模的场分布，代入式(4.56)，并应用归一化变量，可得

$$\Gamma = \frac{u + \sin u\cos u}{u + \sin u\cos u\left(1 - \frac{u^2}{t^2}\right) + u\left(\cos^2 u + \frac{u^2}{t^2}\sin^2 u\right)\left(\frac{h_2}{h_1} + \frac{1}{w}\right)} \tag{4.57}$$

当参数 $c^2=1/3$，$(h_1+h_2)/h_1=2$、4、8 时，基模($m=0$)的功率约束因子 Γ 与归一化频率 ν 的关系曲线(实线)如图 4.6 所示，图中虚线为 $h_2=0$ 时的对称三层平板波导的 Γ-ν 曲线。从图可以看出，当 ν 较小时，五层结构的 Γ 比三层平板波导的大。这个性质对改善半导体激光器的性能是十分诱人的。由于半导体激光器的阈值电流与功率约束因子成正比，因此，利用五层结构，可降低半导体激光器的阈值电流，这对半导体激光器驱动电源的小型化是十分有利的[2]。

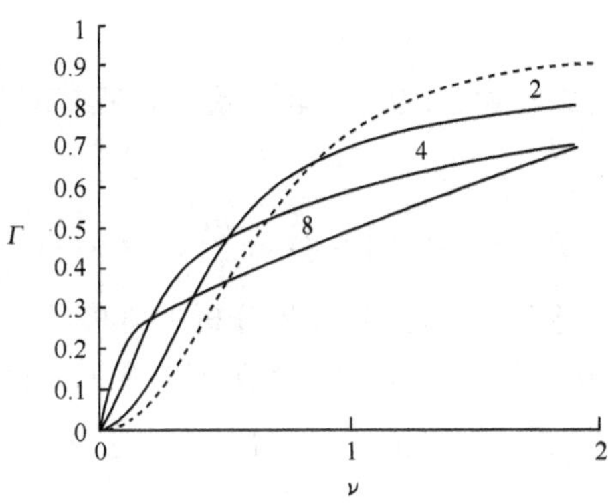

图 4.6 基模的功率约束因子 Γ 与归一化频率 ν 的关系曲线

4.2.3 “W”型波导[3]

在对称五层平板波导中，如果有 $n_1 > n_3 > n_2$，则归一化参量 $c^2 > 1$。由于这种

结构的折射率分布类似于字母 W 的形状，因此这种结构被称为“W”型波导，如图 4.7 所示。

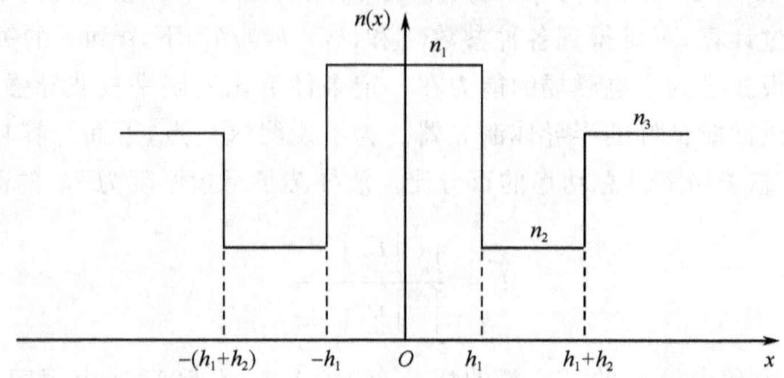

图 4.7 “W”型波导的折射率分布

“W”型波导的特殊结构决定了该波导在模截止以及功率约束等方面具有特别的性质。这种波导的传播常数满足 $k_0n_1\geqslant\beta\geqslant k_0n_3$ 的范围，用归一化参数可表示为 $0\geqslant u/\nu\geqslant c$。它的矩阵形式的模式本征方程与式(4.41)相同，但矩阵 M_2 的形式变为

$$M_2=\begin{bmatrix}\cosh(\alpha_2h_2) & -\dfrac{1}{\alpha_2}\sinh(\alpha_2h_2)\\ -\alpha_2\sinh(\alpha_2h_2) & \cosh(\alpha_2h_2)\end{bmatrix} \tag{4.58}$$

式中

$$\alpha_2=(\beta^2-k_0^2n_2^2)^{1/2} \tag{4.59}$$

化简矩阵方程，可得形式与式(4.46)完全一致的方程，不过参数 p_2 应改为如下形式：

$$p_2=\alpha_2\tanh\left[\operatorname{artanh}\left(\frac{p_3}{\alpha_2}\right)+\alpha_2h_2\right] \tag{4.60}$$

为了找出零阶模单独传输的 ν 值范围，首先分析一阶模的截止条件。利用 4.2.2 节的方法，并采用归一化参数，可以导出奇数阶模的本征方程

$$u=\left(M+\frac{1}{2}\right)\pi+\arctan\left\{\frac{s}{u}\tanh\left[\operatorname{artanh}\left(\frac{w}{s}\right)+s\frac{h_2}{h_1}\right]\right\},\quad M=0,1,2,\cdots \tag{4.61}$$

式中，M 与 m 的关系为 $m=2M+1$。而归一化变量 s 的定义为

$$s^2=k_0^2h_1^2(N^2-n_2^2)=\nu^2c^2-u^2=\alpha_2^2h_1^2 \tag{4.62}$$

一阶模($m=1,M=0$)截止时，$w=0$，$u=v_c$，而 $s=\nu_c(c^2-1)^{1/2}$，因此，方程(4.61)变为

$$-\cot\nu_c = (c^2-1)^{1/2}\tanh\left[\nu_c(c^2-1)^{1/2}\frac{h_2}{h_1}\right] \tag{4.63}$$

在各种不同的 c^2 下，"W"型波导的一阶模的截止值 ν_c 与薄膜厚度比 h_2/h_1 的关系曲线如图 4.8 所示。当薄膜厚度比 $h_2/h_1=0$ 时，类似于三层平板波导的情况，这时有 $\nu_c=\pi/2$，随着厚度比 h_2/h_1 和 c 的增加，截止值 ν_c 也单调增加。一阶模截止值的增加意味着单模传输的薄膜厚度或芯子与包层的折射率差可以适当地增加，从而减轻了制备工艺的压力。随着 h_2/h_1 的增加，ν_c 值趋于一个极限值；当 $h_2/h_1\to\infty$ 时，方程(4.48)变为

$$\cot\nu_c = -(c^2-1)^{1/2} \tag{4.64}$$

不难看出，当 $c\to\infty$ 时，截止值 ν_c 具有极大值 $\nu_c=\pi$。因此，在单模传输条件下，对于相同的芯子与包层折射率差，"W"型波导的芯子宽度可以是通常对称三层平板波导芯子宽度的两倍。

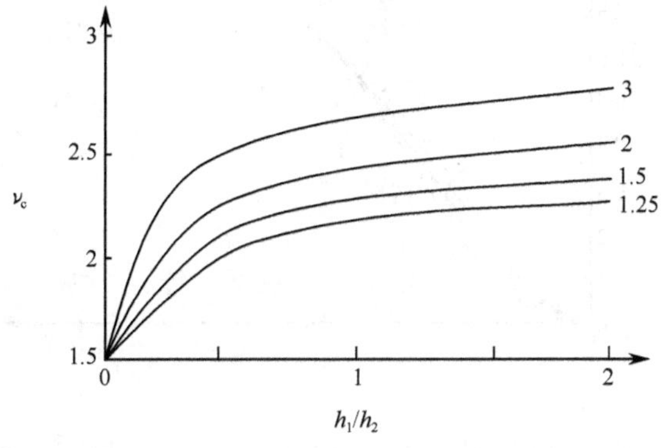

图 4.8 "W"型波导一阶模的截止值 v_c 与薄膜厚度比 h_2/h_1 的关系曲线

"W"型波导零阶模的功率约束因子也具有特殊的性质。为此我们必须导出"W"型波导偶数阶模的模式本征方程。这方程即为 $0\geqslant u/\nu\geqslant c$ 情况下，对称五层平板波导的偶数阶模的模式本征方程。不难导出

$$u = M\pi + \arctan\left\{\frac{s}{u}\tanh\left[\operatorname{artanh}\left(\frac{w}{s}\right)+s\frac{h_2}{h_1}\right]\right\},\quad M=0,1,2,\cdots \tag{4.65}$$

M 与 m 的关系为 $m=2M$。

零阶模的功率约束因子为

$$\Gamma = \frac{u+\sin u\cos u}{u+\sin u\cos u\left(1+\dfrac{u^2}{s^2}\right)+u\left(\cos^2 u-\dfrac{u^2}{s^2}\right)\left(\dfrac{h_2}{h_1}+\dfrac{1}{w}\right)} \tag{4.66}$$

利用式(4.66),可以算出当 $h_2/h_1=0.5$ 时,对于各种不同的 c^2,功率约束因子 Γ 与归一化频率 ν 的关系曲线(实线)如图 4.9 所示。为了比较,图中也画出了对称三层平板波导($h_2/h_1=0$)的 Γ-ν 关系曲线(虚线)。由图可以看出,当 ν 较小时,三层平板波导的功率约束因子 Γ 较大,这个事实说明,当 w 趋于零时,"W"型波导中的部分电磁场将由于隧道效应,从芯子层通过低折射率(n_2)的薄膜流到波导外。然而,当 ν 值大于 1 时,"W"型波导的功率约束因子 Γ 有较大的值,而且这个效应将随 c 的增加而增加。这种情况说明"W"型波导中的电磁场在低折射率层很快地衰减。如果"W"型波导的外包层是有吸收的材料,则利用这种性质可避免场能的过多损耗。

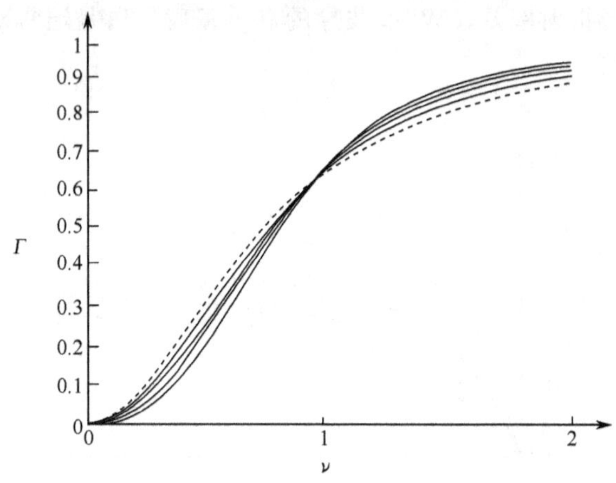

图 4.9　"W"型波导的零阶模的功率约束因子 Γ 与归一化频率 ν 的关系曲线

对于超过 5 层的对称平板波导,模截止性质和功率约束因子具有更优良的性能,限于篇幅,本书不再赘述。

4.2.4　平板耦合波导

当两个完全相同的三层平板波导的场无交叠时,这两个波导是独立的。但在两个波导相互靠近时,衬底上的场将发生交叠。这会引起光波导中一个重要现象,即模式的耦合。模式的耦合可以用耦合模理论分析,但本节不讨论模式能量的交换机理,仅讨论这种结构的一种重要现象——模式的分裂。在量子力学中,双势阱的能级分裂至今仍不失为一个重要的课题。我们利用统一的电磁理论,即把两个靠近的平板波导看作为一个整体,这种复合结构被称为平板耦合波导。由于这是一种对称结构,因此具有对称解和反对称解,这两个解被认为是单个波导相应解的分裂。当两个波导的场交叠不严重时,本节介绍一种微扰分析。这种方法物理意义清晰,数学处理简单,不涉及本征模场,是一种十分有效的技术。

平板耦合波导的折射率分布和结构如图 4.10 所示。仍以 TE 模为例,容易知道,在折射率为 n_1 的区域,电场是振荡的,是两个平面波的叠加。在折射率为 n_0 的两个区域,电场均以指数形式衰减。

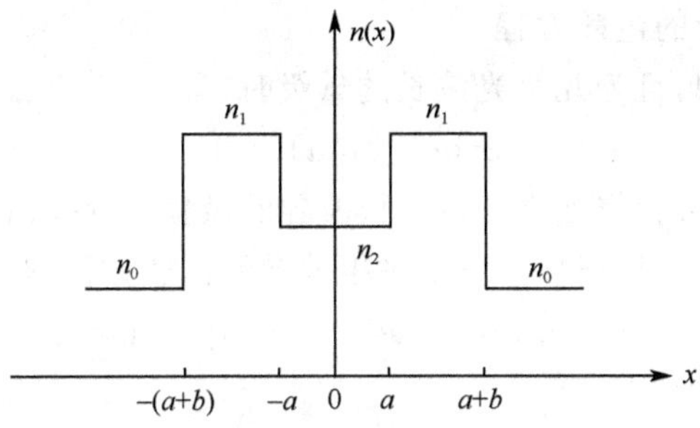

图 4.10 平板耦合波导

根据以上分析,五个区域的电场分布为

$$E_y(x)=\begin{cases}A_0\exp[p_0(x+a+b)], & -\infty<x<-a-b\\ A_1\exp[-\mathrm{i}\kappa_1(x+a)]+B_1\exp[\mathrm{i}\kappa_1(x+a)], & -a-b<x<-a\\ A_2\exp(p_2x)+B_2\exp(-p_2x), & -a<x<a\\ A_1'\exp[\mathrm{i}\kappa_1(x-a)]+B_1'\exp[-\mathrm{i}\kappa_1(x-a)], & a<x<a+b\\ A_0'\exp[-p_0(x-a-b)], & a+b<x<\infty\end{cases}\tag{4.67}$$

式中

$$\begin{cases}\kappa_1=(k_0^2n_1^2-\beta^2)^{1/2}\\ p_0=(\beta^2-k_0^2n_0^2)^{1/2}\\ p_2=(\beta^2-k_0^2n_2^2)^{1/2}\end{cases}$$

利用 E_y 和 $\partial E_y/\partial x$ 在 $x=\pm a$ 和 $x=\pm(a+b)$ 界面上连续的条件,可得如下方程:

$$\begin{aligned}&\{\exp[\mathrm{i}2(\kappa_1b-\Phi_{10}-\Phi_{12})]-1\}^2\\ &=\{\exp[\mathrm{i}2(\kappa_1b-\Phi_{10})]-\exp(-\mathrm{i}2\Phi_{12})\}^2\exp(-4p_2a)\end{aligned}\tag{4.68}$$

式中

$$\Phi_{10}=\arctan\left(\frac{p_0}{\kappa_1}\right)\tag{4.69}$$

$$\Phi_{12}=\arctan\left(\frac{p_2}{\kappa_1}\right)\tag{4.70}$$

显然,方程(4.68)可以分为以下两个方程:

$$
\begin{aligned}
&\exp[\mathrm{i}2(\kappa_1 b-\Phi_{10}-\Phi_{12})]-1\\
&=\pm\{\exp[\mathrm{i}2(\kappa_1 b-\Phi_{10})]-\exp(-\mathrm{i}2\Phi_{12})\}\exp(-2p_2 a)
\end{aligned}
\tag{4.71}
$$

为了解上述方程的意义,考虑 $a\to\infty$ 的情况,这表明两个平板波导是独立的。由于 $\exp(-2p_2a)\to 0$,因此方程(4.71)合并为一个方程

$$
\exp[\mathrm{i}2(\kappa_1 b-\Phi_{10}-\Phi_{12})]=1
$$

这就是独立三层波导的色散方程。

当 a 的线度有限,且为几个光波长的量级时,有

$$
\exp(-2p_2a)\ll 1 \tag{4.72}
$$

这时,平板耦合波导可看作独立三层平板波导的微扰,式(4.71)两个方程等式的右边可看作为一阶小量。根据独立三层平板波导的色散方程,有

$$
\exp[\mathrm{i}2(\kappa_1 b-\Phi_{10})]\approx\exp(\mathrm{i}2\Phi_{12}) \tag{4.73}
$$

于是,方程(4.71)成为

$$
\exp[\mathrm{i}2(\kappa_1 b-\Phi_{10}-\Phi_{12})]-1=\pm\,\mathrm{i}2\sin 2\Phi_{12}\exp(-2p_2a) \tag{4.74}
$$

设三层平板波导模式本征方程的本征值为 β^0,为区别微扰方程(4.74)的解 β,本征方程可改写为

$$
\exp[\mathrm{i}2(\kappa_1^0 b-\Phi_{10}^0-\Phi_{12}^0)]-1=0 \tag{4.75}
$$

利用微分公式

$$
f(\beta^0+\Delta\beta)-f(\beta^0)=\left.\frac{\mathrm{d}f}{\mathrm{d}\beta}\right|_{\beta=\beta^0}\cdot\Delta\beta
$$

可得

$$
\begin{cases}
\Delta\kappa_1=-\left.\dfrac{\beta}{\kappa_1}\right|_{\beta=\beta^0}\cdot\Delta\beta\\[2ex]
\Delta\Phi_{10}=\left.\dfrac{\beta}{\kappa_1 p_0}\right|_{\beta=\beta^0}\cdot\Delta\beta\\[2ex]
\Delta\Phi_{12}=\left.\dfrac{\beta}{\kappa_1 p_2}\right|_{\beta=\beta^0}\cdot\Delta\beta
\end{cases}
\tag{4.76}
$$

不难导出

$$
\Delta\beta=\pm\frac{\kappa_1}{\beta\left(b+\dfrac{1}{p_0}+\dfrac{1}{p_2}\right)}\sin 2\Phi_{12}\exp(-2p_2a) \tag{4.77}
$$

需要指出,为简化计,上式中表示本征值的上标“0”已忽略。于是平板耦合波导的传播常数为

$$
\beta=\beta^0+\Delta\beta \tag{4.78}
$$

由式(4.76)和式(4.77)两式可知,在平板耦合波导中,原三层平板波导的模式本征值一分为二,通常称为模式的分裂。

参 考 文 献

[1] Sun M J, Muller M W. Measurements on four-layer isotropic waveguides[J]. Applied Optics, 1977, 16: 814～815.

[2] Thompson G B, Henshall G D, Whiteaway G E A et al. Narrow-beam five-layer(GaAl) As/GaAs heterostructure lasers with low threshold and high peak power [J]. Journal of Applied Physics, 1976, 47: 1501～1514.

[3] Kawakami S, Nishid S. Characteristics of a doubly clad optical fiber with a low-index inner cladding [J]. IEEE Journal of Quantum Electronics, 1974, 10: 879～887.

第5章 渐变折射率波导

前面几章讨论了电磁波在介质平板波导中的传播特性，这种平板波导是由一个高折射率的平板夹在两个或多个低折射率的平板之间组成的。从光线光学的观点看，在这种波导中，光束在分界面上反复地做内部全反射而传播。随着分界面不规则程度的增加，光线在界面上的每次反射都将引起散射，从而使波导的传输损耗急剧增加，这是阶梯状折射率分布波导的缺陷所在，它严格地限制了低损耗波导的制作容差。为了改善波导的传输损耗，一个自然的想法是使这种阶梯状折射率分布波导改变为渐变折射率波导，在这种渐变折射率波导中，传播的光线不再是锯齿形的，而将变为连续的“弧形光线”，从而避免了因界面不规则引起的散射损耗。因此，这种波导引起了研究人员极大的兴趣。现在，已经有多种成熟的工艺过程，特别是扩散、离子交换和离子注入技术，可使介质波导具有渐变折射率分布，这种渐变折射率波导也叫做非均匀波导。利用光的电磁理论严格分析渐变折射率波导是非常困难的，到目前为止，除有限的几种折射率分布，包括线性分布、平方率分布、指数分布和对称双曲型分布，具有严格的精确解之外，绝大多数非均匀波导只能用近似法和数值法求解。数值方法可得到精度极高的结果，但由于无法导出解析公式，故看不清问题的物理意义。近似方法中，光线近似和 WKB 近似具有物理图像清晰、分析简单的特点，因而获得了广泛的应用。但它们只适用于变化缓慢的折射率分布和波导中远离截止的模式。对不符合上述条件的折射率分布和波导模式，其结果的精确度将无法接受。到目前为止，虽已发展了多种改进技术，但这些方法多数仍囿于 WKB 近似的框架之中，无法克服 WKB 近似的缺点，难以得到突破性的进展。我们从分析多层平板波导着手，利用转移矩阵这一有效的数学工具，详细研究了光线近似和 WKB 近似的实质，提出了改进的途径，得到了以下几个实质性的结论：

（1）转折点处的相移严格等于 π，而不是通常选择的 $\pi/2$ 或其他数值；

（2）导出了明确的散射子波相位贡献的表达式；

（3）给出了物理意义清晰、而且能得到精确数值结果的色散方程。

本章首先介绍光线方法和 WKB 近似法，在此基础上，用转移矩阵技术详细分析了渐变折射率波导的传输特性。最后将分析转移矩阵（ATM）方法和 WKB 法得到的场分布进行了比较。

5.1 光线近似方法

光线近似十分简单且直观，所得色散方程与 WKB 法完全相同，但光线近似方法无法给出波导的模场分布。

5.1.1 色散方程[1]

光线近似方法能简单而直观地分析非均匀波导的传播特性，可得到与 WKB 方法完全一致的模式本征方程。考虑图 5.1 所示的非均匀平板波导，它的折射率分布由下式给出：

$$n^2(x) = \begin{cases} n_2^2 + (n_1^2 - n_2^2) f(x/d), & x > 0 \\ n_0^2, & x < 0 \end{cases} \tag{5.1}$$

式中，n_0 和 n_2 分别为波导覆盖层和衬底的折射率，n_1 为波导表面的折射率，$f(x/d)$是折射率变化函数，它的取值范围在 0～1，d 是扩散深度。如图 5.1(a)所示，$n(x)$在 $x=0$ 处取最大值 n_1，而在 $x>0$ 区域从 n_1 逐渐递减，直到等于衬底折射率 n_2。在这种非对称渐变线折射率波导中，如图 5.1(b)所示，光在 $x=0$ 界面上发生全内反射，而在转折点 x_t 处发生弯曲，光线按弧形光路沿 z 方向传播。若把弧形光线分成若干个线段，与各个线段对应的横向坐标和间隔分别记作 x_i 和 Δx_i，当 Δx_i 很小时，其范围内的介质折射率可近似为 $n(x_i)$。于是，光线上任意一点的波矢量可表示为

$$|\boldsymbol{k}(x)| = k_0 n(x_i) \tag{5.2}$$

$$k_x = \kappa = k_0 n(x_i)\cos\theta_i \tag{5.3}$$

$$k_z = \beta = k_0 n(x_i)\sin\theta_i \tag{5.4}$$

式中，θ_i 是第 i 个小区域的波矢量与 x 轴的夹角，κ 和 β 分别是波矢量 $\boldsymbol{k}$ 的 x 分量和 z 分量，如图 5.1(c)所示。传播常数 β 是与 x 无关的常数。另外，由于波矢量 $\boldsymbol{k}$ 在转折点处没有 x 分量，所以有

$$\beta = k_0 n(x_t) \tag{5.5}$$

有效折射率为

$$N = \beta/k_0 = n(x_t) \tag{5.6}$$

为了建立渐变折射率波导的模式本征方程，采用类似与阶梯形折射率平板波导的方法。观察光波的横向运动所经历的相位变化，光线横越间隔 Δx_i 所经历的相移为

$$\Delta\phi_i = k_0 n(x_i)\cos\theta_i \cdot \Delta x_i = k_0 [n^2(x_i) - N^2]^{1/2} \cdot \Delta x_i \tag{5.7}$$

欲求光线从波导表面行进到转折点 x_i 处的相移，可令 $\Delta x_i \to 0$，并对式(5.7)求和，于是有

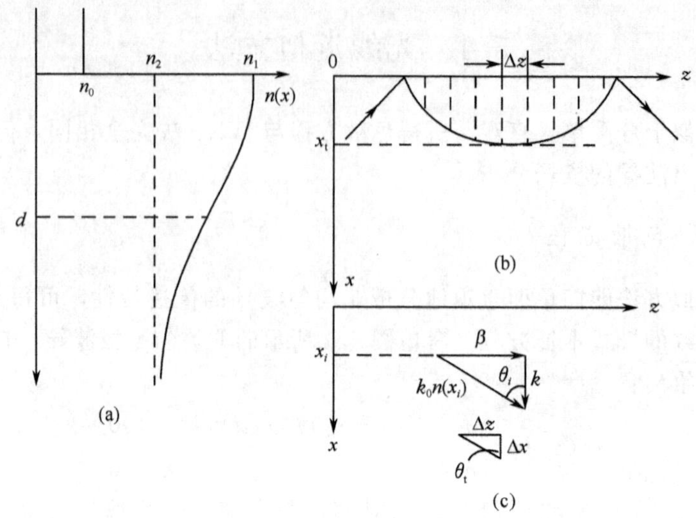

图 5.1　光线近似分析图

(a) 折射率分布;(b) 光线的轨迹;(c) 第 i 个小区域的波矢量关系

$$\lim_{\Delta x_i \to 0} \sum_i \Delta \phi_i = k_0 \int_0^{x_i} [n^2(x) - N^2]^{1/2} \mathrm{d}x \tag{5.8}$$

此外,还应考虑在界面 $x=0$ 处的全反射相移 $-2\phi_{10}$ 和转折点处的弯曲相移 $-2\phi_{12}$。容易知道,半全反射相移为

$$\phi_{10} = \arctan\left(\frac{p_0}{\kappa_1}\right) \tag{5.9}$$

式中,$p_0 = (\beta^2 - k_0^2 n_0^2)^{1/2}$;$\kappa_1 = (k_0^2 n_1^2 - \beta^2)^{1/2}$。

5.1.2　转折点处的相移[2,3]

为了分析弯曲相移,把坐标原点选在光线的转折点处(图 5.2),并且画出 $x=\delta$ 和 $x=-\delta$ 两直线。当 δ 很小时,$\delta > x > 0$ 和 $0 > x > -\delta$ 区域可近似看成是折射率分别为 $n(\delta)$ 和 $n(-\delta)$ 两个均匀介质区域,从而可把弯曲的光线看作是在 $x=0$ 界面上发生全反射的光线。

对于 TE 波,半全反射相移为

$$\phi_{12}^{\mathrm{TE}} = \arctan\sqrt{\frac{\beta^2 - k_0^2 n^2(-\delta)}{k_0^2 n^2(\delta) - \beta^2}} \tag{5.10}$$

式中,$n(\delta)$ 和 $n(-\delta)$ 分别近似为

$$n(\delta) = n(0) + \delta \frac{\mathrm{d}n(0)}{\mathrm{d}x} \tag{5.11}$$

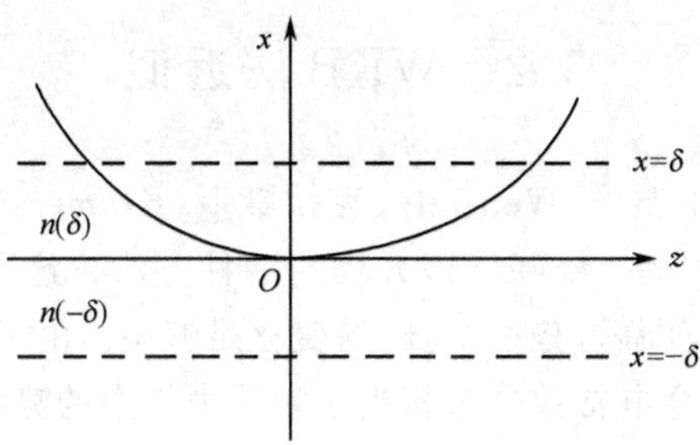

图 5.2　光线在非均匀介质中的弯曲

$$n(-\delta) = n(0) - \delta \frac{\mathrm{d}n(0)}{\mathrm{d}x} \tag{5.12}$$

由于转折点为 $x=0$，于是得到

$$\beta = k_0 n(0) \tag{5.13}$$

将式(5.11)、式(5.12)和式(5.13)三式代入式(5.10)，并取 $\delta \to 0$，从而可得

$$\phi_{12}^{\mathrm{TE}} = \arctan(1) = \frac{\pi}{4} \tag{5.14}$$

同样，对于 TM 波，也有

$$\phi_{12}^{\mathrm{TM}} = \frac{\pi}{4} \tag{5.15}$$

以上证明了光线在非均匀介质中发生弯曲时，转折点处的全反射相移是 $-\pi/2$。由以上分析可知，非对称渐变折射率波导的模式本征方程可写为

$$\int_0^{x_t} \kappa(x)\mathrm{d}x = m\pi + \arctan\left(\frac{p_0}{\kappa_1}\right) + \frac{\pi}{4}, \quad m = 0,1,2,\cdots \tag{5.16}$$

式中

$$\kappa(x) = [k_0^2 n^2(x) - \beta^2]^{1/2} \tag{5.17}$$

对图 5.3 所示的有两个转折点的非均匀光波导，模式本征方程为

$$\int_{x_{t1}}^{x_{t2}} \kappa(x)\mathrm{d}x = \left(m + \frac{1}{2}\right)\pi, \quad m = 0,1,2,\cdots \tag{5.18}$$

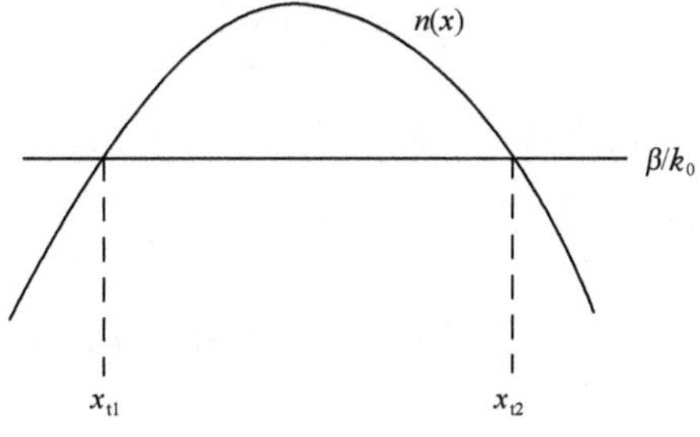

图 5.3　有两个转折点的非均匀光波导

5.2 WKB法近似

WKB近似[4,5]是由温采(Wentzel)、克拉默斯(Kramers)和布里渊(Brillouin)在量子力学中建立的求解一维薛定谔方程的一种方法。这是一种准经典近似,它要求在德布罗意波长范围内,势场$V(x)$的变化足够小。由于薛定谔方程与标量波动方程的极大相似性:介电常数分布相当于量子力学中的势函数,电磁场分量与波函数相对应。因此,毫无疑义,可把WKB方法直接应用于非均匀光波导中。只要把波函数按$\hbar(\hbar=h/2\pi, h$是普朗克常量)的幂级数展开,改为电磁场分量按$1/k_0$的幂级数展开即可。

5.2.1 场的近似表示

考虑标量波动方程

$$\frac{\mathrm{d}^2\psi}{\mathrm{d}x^2}+[k_0^2n^2(x)-\beta^2]\psi=0 \tag{5.19}$$

其中,ψ是TE波的任一电磁场分量。设试探解为

$$\psi=\psi_0\exp[\mathrm{i}k_0s(x)] \tag{5.20}$$

把$s(x)$按$1/k_0$的幂级数做渐近展开

$$s(x)=s_0(x)+\frac{1}{k_0}s_1(x)+\cdots \tag{5.21}$$

代入试探解,可得

$$\psi=\psi_0\exp[\mathrm{i}k_0s_0(x)+\mathrm{i}s_1(x)+\cdots] \tag{5.22}$$

只要在光波长数量级范围内,$n(x)$的变化足够小,则可忽略上式中的高阶项,这是WKB近似的基本假设。把式(5.22)代入标量波动方程(5.19),并使具有$1/k_0$同阶幂的项相等,便得零级和一级WKB近似

$$s_0=\frac{1}{k_0}\int[k_0^2n^2(x)-\beta^2]^{1/2}\mathrm{d}x \tag{5.23}$$

$$s_1=\frac{\mathrm{i}}{2}\ln\left|\frac{\mathrm{d}s_0}{\mathrm{d}x}\right| \tag{5.24}$$

依据$[k_0^2n^2(x)-\beta^2]$的符号,由式(5.22)~式(5.24)三式,可得以下两种类型的解:

$$\psi(x)=\frac{\psi_0}{\kappa^{1/2}}\exp\left[\pm\mathrm{i}\int\kappa\mathrm{d}x\right],\quad k_0^2n^2(x)>\beta^2 \tag{5.25}$$

$$\psi(x)=\frac{\psi_0}{p^{1/2}}\exp\left[\pm\int p\mathrm{d}x\right],\quad k_0^2n^2(x)<\beta^2 \tag{5.26}$$

其中

$$\kappa^2=-p^2=k_0^2n^2(x)-\beta^2 \tag{5.27}$$

满足导波物理性质的解由式(5.25)和式(5.26)两式的适当组合给出。由第2章介绍的内容可知,在 $k_0^2n^2(x)>\beta^2$ 区域,导波场具有振荡行为,而在 $k_0^2n^2(x)<\beta^2$ 区域,导波场是衰减的。转折点由条件

$$k_0 n(x) = \beta \tag{5.28}$$

确定。

由式(5.25)和式(5.26)两式可知,在转折点处,场是发散的,说明 WKB 近似的解不再适用。那么,在转折点处如何来连接振荡区和衰减区的场呢?正确的做法是在转折点附近,严格求解标量波动方程,并求出严格解在离开转折点较远处的渐近行为,然后与 WKB 近似解比较,就可以找出 WKB 近似解的连接公式。

5.2.2 转折点附近的近似解

设转折点的位置处于 $x=x_t$,因此有 $k_0 n(x_t)=\beta$。在转折点附近做线性近似

$$\kappa^2 = c(x_t - x) \tag{5.29}$$

式中,c 是常数。

作变量代换

$$x' = c^{1/3}(x - x_t) \tag{5.30}$$

这时,标量波动方程(5.19)变为如下形式:

$$\frac{d^2\psi}{dx'^2} - x'\psi = 0 \tag{5.31}$$

上述方程的两个独立解是艾里函数 $Ai(x')$ 和 $Bi(x')$,这两个函数在转折点 $x'=0$ 处都是连续的。因此,只要它们的渐近行为与 WKB 近似解相类似,则艾里函数可作为转折点附近的近似场分布。艾里函数的四种渐近形式为

$$Ai(x') \sim \frac{e^{-\zeta}}{2\pi^{1/2}x'^{1/4}} \tag{5.32}$$

$$Ai(-x') \sim \frac{1}{\pi^{1/2}x'^{1/4}}\sin\left(\zeta + \frac{\pi}{4}\right) \tag{5.33}$$

$$Bi(x') \sim \frac{e^{\zeta}}{\pi^{1/2}x'^{1/4}} \tag{5.34}$$

$$Bi(-x') \sim \frac{1}{\pi^{1/2}x'^{1/4}}\cos\left(\zeta + \frac{\pi}{4}\right) \tag{5.35}$$

其中

$$\zeta = \frac{2}{3}x'^{3/2} \tag{5.36}$$

利用上述方程,可得连接公式,下面分两种情况讨论:

(1) 转折点右边为低折射率区域。

如图 5.4 所示，转折点右边是低折射率区域。

当 $x<x_t$ 时，有 $k_0^2n^2(x)>\beta^2$，近似解呈振荡形式

$$\psi \sim \frac{1}{\kappa^{1/2}}\cos\left(\int_x^{x_t}\kappa \mathrm{d}x-\frac{\pi}{4}\right) \tag{5.37}$$

当 $x>x_t$ 时，有 $k_0^2n^2(x)<\beta^2$，近似解为指数衰减形式

$$\psi \sim \frac{1}{2p^{1/2}}\exp\left(-\int_{x_t}^{x}p\mathrm{d}x\right) \tag{5.38}$$

连接公式为

$$\frac{1}{2p^{1/2}}\exp\left(-\int_{x_t}^{x}p\mathrm{d}x\right)\Leftrightarrow\frac{1}{\kappa^{1/2}}\cos\left(\int_x^{x_t}\kappa \mathrm{d}x-\frac{\pi}{4}\right) \tag{5.39}$$

当 $x=x_t$ 右边是指数上升的解时，连接公式变为

$$\frac{1}{p^{1/2}}\exp\left(\int_{x_t}^{x}p\mathrm{d}x\right)\Leftrightarrow\frac{1}{\kappa^{1/2}}\cos\left(\int_x^{x_t}\kappa \mathrm{d}x+\frac{\pi}{4}\right) \tag{5.40}$$

以上情况通常发生在衰减区为有限区域时，这时，合理的解应是指数衰减与指数上升解的叠加。

(2) 转折点左边为低折射率区域。

如图 5.5 所示，转折点左边是低折射率区域。

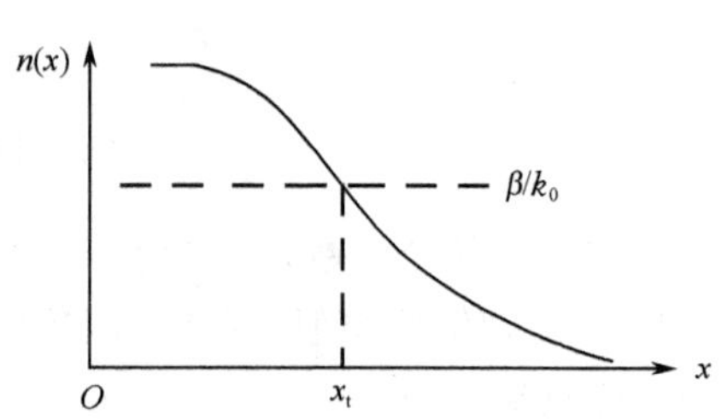

图 5.4　转折点右边是低折射率区域

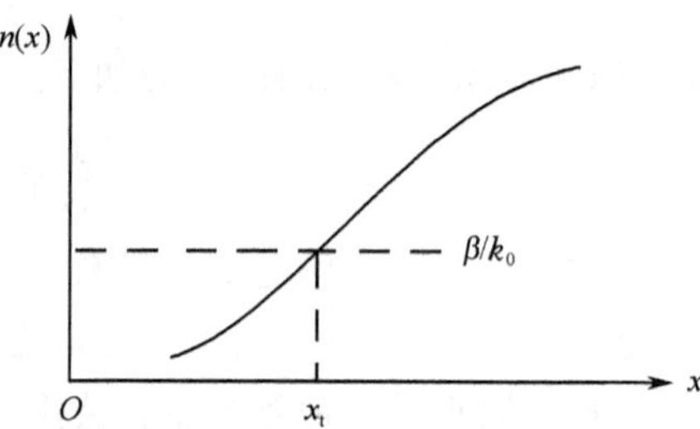

图 5.5　转折点左边是低折射率区域

按照 x_t 左边近似解是指数衰减或指数上升的两种不同情况，可得以下连接公式：

$$\frac{1}{2p^{1/2}}\exp\left(-\int_x^{x_t}p\,\mathrm{d}x\right)\Leftrightarrow\frac{1}{\kappa^{1/2}}\cos\left(\int_{x_t}^{x}\kappa \mathrm{d}x-\frac{\pi}{4}\right) \tag{5.41}$$

$$\frac{1}{p^{1/2}}\exp\left(\int_x^{x_t}p\,\mathrm{d}x\right)\Leftrightarrow\frac{1}{\kappa^{1/2}}\cos\left(\int_{x_t}^{x}\kappa \mathrm{d}x+\frac{\pi}{4}\right) \tag{5.42}$$

5.2.3　存在两个转折点时的解

对于存在两个转折点的情况，非均匀光波导中导模的行为如图 5.6 所示。x_{t1} 和 x_{t2} 是两个转折点，容易看清在区域 $x_{t1}<x<x_{t2}$ 中，有 $k_0^2n^2(x)>\beta^2$，因此场呈振

荡形式，而在其他区域（$x<x_{t1}$ 和 $x>x_{t2}$），场是衰减的。

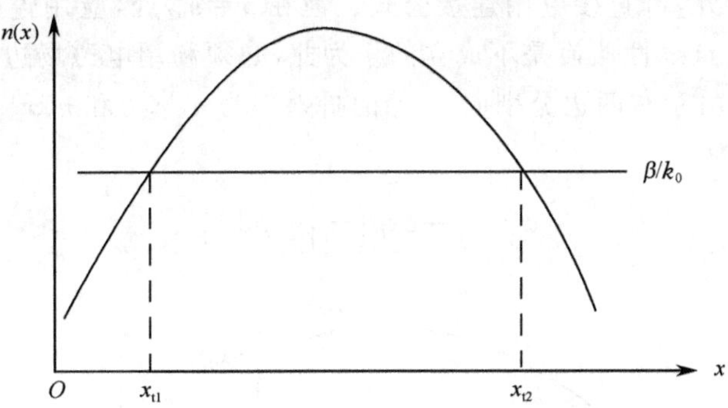

图 5.6 存在两个转折点的非均匀光波导

在转折点 $x=x_{t1}$ 处，为了与 $x\to-\infty$ 时的衰减解匹配，连接公式(5.41)要求 $x>x_{t1}$ 处的解应呈振荡形式，即

$$\psi\sim\frac{1}{\kappa^{1/2}}\cos\left(\int_{x_{t1}}^{x}\kappa\mathrm{d}x-\frac{\pi}{4}\right)\tag{5.43}$$

在另一转折点 $x=x_{t2}$ 处，为了与 $x\to\infty$ 时的衰减解匹配，连接公式(5.39)要求 $x<x_{t2}$ 处的解为

$$\psi\sim\frac{1}{\kappa^{1/2}}\cos\left(\int_{x}^{x_{t2}}\kappa\mathrm{d}x-\frac{\pi}{4}\right)=\frac{1}{\kappa^{1/2}}\cos\left(\int_{x_{t1}}^{x}\kappa\mathrm{d}x-\int_{x_{t1}}^{x_{t2}}\kappa\mathrm{d}x+\frac{\pi}{4}\right)\tag{5.44}$$

为了使同一区域内由式(5.43)和式(5.44)给出的两种形式的振荡解能平滑地匹配，必须要求余弦函数的宗量相等或差 $m\pi=(m=0,1,2,\cdots)$，即要求

$$\int_{x_{t1}}^{x_{t2}}\kappa\mathrm{d}x=\left(m+\frac{1}{2}\right)\pi,\quad m=0,1,2,\cdots\tag{5.45}$$

方程(5.45)即为 WKB 近似导出的渐变折射率波导的模式本征方程，或称色散方程。利用该式可求出渐变折射率波导的 m 个导模的传播常数 β_m。可以看出式(5.45)与式(5.18)完全一致，说明光线近似与 WKB 近似的一致性。但 WKB 近似比光线近似的优越之处在于：不需要经过麻烦的数值计算就能得到较为精确的场分布，而光线近似仅给出本征值而已。另外，需要指出，仅当两转折点离开足够远时，方程(5.45)才成立。在两转折点靠得很近时，线性近似式(5.29)是不成立的，应用方程(5.45)将产生极大的误差。

5.2.4 存在突变折射率时的解[6]

考虑在转折点 x_{t2} 处存在折射率突变的情况，而在转折点 x_{t1} 处，折射率变化是平滑的。由图 5.7 所示，在 $x_{t1}<x<x_{t2}$ 区域，有 $k_0^2n^2(x)>\beta^2$，可见场呈振荡形式。可由式(5.43)表示。而在其他区域,由 $k_0^2 n^2(x) < \beta^2$,故场是衰减的。毫无疑问,在 $x = x_{t1}$ 处,可直接应用连接公式。但在 $x = x_{t2}$ 处,应用连接公式是不合适的,因为在该点线性假设是不成立的。为此,必须利用电磁场边界条件。如图 5.7 所示,假设由左右两边分别向 x_{t2} 趋的折射率为 $n(x_{t2}^-)$ 和 $n(x_{t2}^+)$,则在该区域中的场可表示为

$$\psi \sim \frac{1}{p^{1/2}} \exp\left(-\int_{x_{t2}^+}^{x} p \mathrm{d}x\right) \tag{5.46}$$

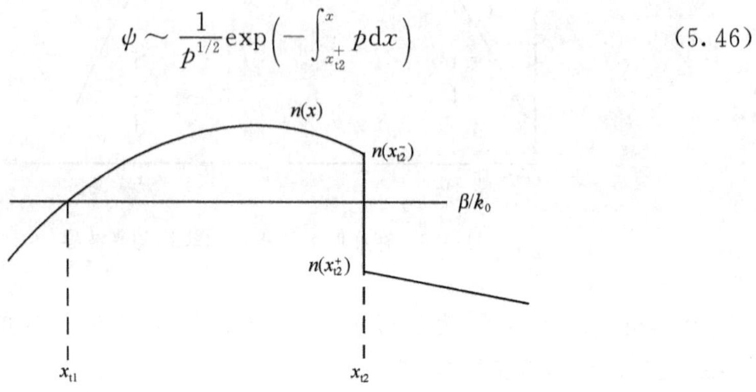

图 5.7 在转折点 x_{t2} 处存在折射率突变的情况

接下来的工作是使转折点两边的场以及它们的一阶导数在 $x = x_{t2}$ 处连续。考察式(5.43)和式(5.46)两式可知,每个区域的场的一阶导数都由两项组成,其中一项包含系数的导数,而另一项包含三角函数或指数函数宗量的导数。实际上,根据 WKB 近似的原则,我们在场函数中仅包含了展开式(5.21)中的一阶项,而对 $s_1(x)$ 的导数仅对高阶项产生影响,故可不予考虑。由此可得场的导数的连续性条件为

$$\kappa^{1/2}(x_{t2}^-) \sin\left(\int_{x_{t1}}^{x_{t2}^-} \kappa \mathrm{d}x - \frac{\pi}{4}\right) = p^{1/2}(x_{t2}^+) \tag{5.47}$$

而场连续性条件为

$$\frac{1}{\kappa^{1/2}(x_{t2}^-)} \cos\left(\int_{x_{t1}}^{x_{t2}^-} \kappa \mathrm{d}x - \frac{\pi}{4}\right) = \frac{1}{p^{1/2}(x_{t2}^+)} \tag{5.48}$$

联合式(5.47)和式(5.48)两式,可得在转折点处存在折射率突变情况的模式本征方程

$$\int_{x_{t1}}^{x_{t2}} \kappa \mathrm{d}x = m\pi + \frac{\pi}{4} + \arctan\left[\sqrt{\frac{\beta^2 - k_0^2 n^2(x_{t2}^+)}{k_0^2 n^2(x_{t2}^-) - \beta^2}}\right], \quad m = 0,1,2,\cdots \tag{5.49}$$

显然,方程(5.49)也可由光线近似方法导出。

5.2.5 突变折射率附近的"埋入"模[7]

考虑图 5.8 所示的在转折点 x_{t2} 附近存在折射率突变的情况。设突变点处于

$x=a$。显然,在 $x_{t1}<x<x_{t2}$ 区域,场呈振荡行为,而在 $x<x_{t1}$ 和 $x>a$ 区域,场是衰减的。在区域 $x_{t2}<x<a$,应是指数衰减场和指数上升场的叠加。根据连接公式(5.39)和公式(5.40),三个区域的场分布可由下式给出:

$$\psi\sim\begin{cases}\dfrac{1}{\kappa^{1/2}}\cos\left(\displaystyle\int_{x_{t1}}^{x}\kappa\mathrm{d}x-\dfrac{\pi}{4}\right), & x_{t1}<x<x_{t2}\\ \dfrac{1}{p^{1/2}}\left[\cos\left(\displaystyle\int_{x_{t1}}^{x_{t2}}\kappa\mathrm{d}x\right)\exp\left(\displaystyle\int_{x_{t2}}^{x}p\mathrm{d}x\right)+\dfrac{1}{2}\sin\left(\displaystyle\int_{x_{t1}}^{x_{t2}}\kappa\mathrm{d}x\right)\exp\left(-\displaystyle\int_{x_{t2}}^{x}p\mathrm{d}x\right)\right], & x_{t2}<x<a\\ \dfrac{1}{p^{1/2}}\exp\left(-\displaystyle\int_{a}^{x}p\mathrm{d}x\right), & x>a\end{cases}\tag{5.50}$$

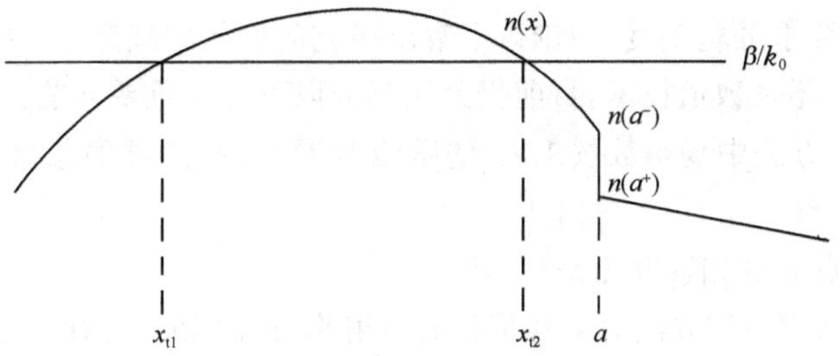

图 5.8 在转折点 x_{t2} 附近存在折射率突变的情况

若用 $n(a^-)$ 和 $n(a^+)$ 分别表示左右两边趋近 $x=a$ 点的折射率,则由场在 $x=a$ 处的连续性条件可得

$$\cos\left(\int_{x_{t1}}^{x_{t2}}\kappa\mathrm{d}x\right)\exp\left(\int_{x_{t2}}^{a^-}p\mathrm{d}x\right)+\frac{1}{2}\sin\left(\int_{x_{t1}}^{x_{t2}}\kappa\mathrm{d}x\right)\exp\left(-\int_{x_{t2}}^{a^-}p\mathrm{d}x\right)=\left[\frac{p(a^-)}{p(a^+)}\right]^{1/2}\tag{5.51}$$

同样,注意到 5.2.4 节中关于场的一阶导数的叙述,可得场的一阶导数在 $x=a$ 处的连续性条件为

$$\cos\left(\int_{x_{t1}}^{x_{t2}}\kappa\mathrm{d}x\right)\exp\left(\int_{x_{t2}}^{a^-}p\mathrm{d}x\right)-\frac{1}{2}\sin\left(\int_{x_{t1}}^{x_{t2}}\kappa\mathrm{d}x\right)\exp\left(-\int_{x_{t2}}^{a^-}p\mathrm{d}x\right)=-\left[\frac{p(a^+)}{p(a^-)}\right]^{1/2}\tag{5.52}$$

联合式(5.51)和式(5.52)两式,可得此类"埋入"模的模式本征方程

$$\int_{x_{t1}}^{x_{t2}}\kappa\mathrm{d}x=m\pi+\arctan\left\{2\left[\frac{p(a^-)+p(a^+)}{p(a^-)-p(a^+)}\right]\exp\left(2\int_{x_{t2}}^{a^-}p\mathrm{d}x\right)\right\},\quad m=0,1,2,\cdots\tag{5.53}$$

在突变趋于零的极限下,即当 $n(a^-)\rightarrow n(a^+)$ 时,方程(5.53)还原为折射率连续变化的模式本征方程(5.45)。

5.2.6 WKB 方法的近似实质

5.2.5 节介绍了 WKB 方法在渐变折射率光波导中的应用，从各类光波导的相位积分形式的模式本征方程可见，WKB 方法具有形式简单、物理意义明确的特点，因而不仅在量子力学中，而且在物理学的其他分支中都获得了广泛的应用。但 WKB 方法存在严重的缺陷，它不适用于快速变化的折射率分布，在转折点附近的解误差较大。所以，伴随着 WKB 方法的建立，它的精确度的问题也随之产生。到目前为止，已建立多种改进的 WKB 方法，有的从计入被 WKB 方法忽略的高阶项出发，求解标量波动方程；还有的从改进转折点处的相移出发，认为相移可以从短波近似下的 $\pi/2$ 到长波近似下的 π 之间变化。另外，在探索近似方法的同时，还建立了一系列的数值计算方法，例如，有限元技术、数值矩阵计算、级数方法等。数值方法可给出所要求的精确度，但难以了解所研究问题的物理意义。据我们所知，不管是近似方法，还是数值技术，目前仍无法解释以下几个重要问题：

(1) WKB 方法中场函数按 $1/k_0$ 的幂级数展开，高阶项的忽略在物理上的意义是什么？

(2) 转折点处的相移究竟是什么？

(3) 为什么 WKB 方法对某些特殊的折射率分布（如平方律分布）可给出精确的模式本征值？

为揭示 WKB 方法的近似实质，考虑图 5.9 所示的渐变折射率光波导，图中 n_0 和 n_2 分别是覆盖层和衬底的折射率，n_1 是波导表面 $x=0$ 处的折射率，设 x_t 是转折点，则由 5.2.5 节的分析可知，在 $0<x<x_t$ 区域，有 $k_0^2n^2(x)>\beta^2$，场呈振荡形式；而在其他区域，有 $\beta^2>k_0^2n^2(x)$，场是衰减的。根据光线近似方法或 WKB 方法，可得该渐变折射率光波导的模式本征方程

$$\int_0^{x_t}\kappa\mathrm{d}x = m\pi + \arctan\left(\frac{p_0}{\kappa_1}\right) + \frac{\pi}{4}, \quad m = 0,1,2,\cdots \tag{5.54}$$

式中

$$\kappa = [k_0^2n^2(x) - \beta^2]^{1/2}$$
$$\kappa_1 = (k_0^2n_1^2 - \beta^2)^{1/2}$$
$$p_0 = (\beta^2 - k_0^2n_0^2)^{1/2}$$

构造一新的如图 5.9 中实线所示的 $l+2$ 层光波导。即把渐变波导的原振荡区分割成 l 层，设第 i 层的厚度为 $x_{i+1}-x_i=h_i(i=1,2,\cdots,l)$，且有 $x_1=0$ 和 $x_{l+1}=x_t$。则第 i 层的折射率为 $n(x_i)$。根据第 3 章的分析可知，若有 $k_0^2n^2(x_l)>\beta^2$ 时，该 $(l+2)$ 层光波导的模式本征方程由式(4.34)和式(4.35)两式表示。当分割的层数趋向无穷大时，即 $l\to\infty, h_i\to 0$ 时，$n(x_l)\to n(x_t)$，从而转折点处的半相移为

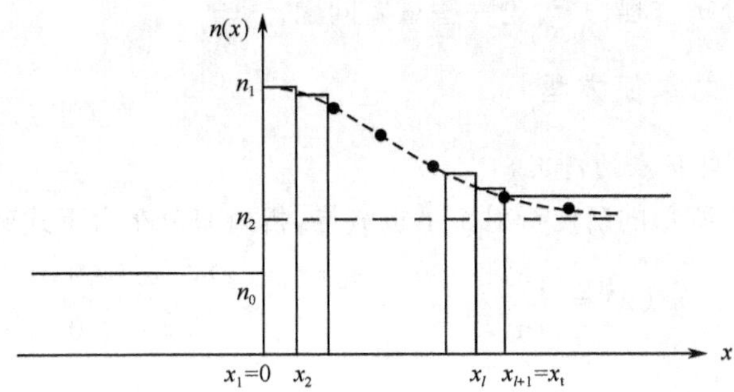

图 5.9 渐变折射率光波导

$$\arctan\left(\frac{p_{l+1}}{\kappa_1}\right)=\arctan\sqrt{\frac{\beta^2-k_0^2n^2(x_{l+1})}{k_0^2n^2(x_l)-\beta^2}}\rightarrow\frac{\pi}{4} \tag{5.55}$$

于是可得到下述形式的模式本征方程：

$$\int_0^{x_t}\kappa\mathrm{d}x+\Phi(s)=m\pi+\arctan\left(\frac{p_0}{\kappa_1}\right)+\frac{\pi}{4},\quad m=0,1,2,\cdots \tag{5.56}$$

若忽略散射子波的相位贡献 $\Phi(s)$，则方程(5.56)退化为 WKB 方法的模式本征方程(5.54)。

由以上分析可知，WKB 方法的近似实质是：

(1) 用转折点处的折射率 $n(x_t)$ 代替转折点外的折射率，从而得到转折点处的相移为 $\pi/2$ 的结论；

(2) 忽略了散射子波的相位贡献。

由于转折点附近的解对转折点外的折射率分布比远离转折点的解具有更紧密的关系，而 WKB 方法不适当地以 $n(x_t)$ 取代转折点外的实际折射率分布，说明了 WKB 方法只适用于远离转折点处解的原因。另外，由散射子波相位贡献的表达式(3.30)可见，折射率变化越剧烈，则 $\Phi(s)$ 也越大；而折射率变化越慢，则 $\Phi(s)$ 越小。从而解释了 WKB 方法仅适用于变化缓慢的折射率分布的原因。

5.3 分析转移矩阵(ATM)方法[8]

由于转折点处的相移不仅是影响 WKB 方法精确度的一个重要因素，而且牵涉到物理中的一些基本问题，因此，多年来一直引起广泛的重视，已建立各种改进的 WKB 方法，例如，修改 WKB 方法匹配条件的近似[9]，有效折射率接近截断点时的近似[10]，折射率分布存在不连续点时的近似[11]，以及利用格林函数的非整数 Maslov 指数方法[12]等。但这些工作都是在 WKB 近似的框架中进行的，除了能提高 WKB 方法的精度之外，无法在物理上有所突破。本节在 5.2 节所得结果基础上，推导精确的分析方程，并讨论一些重要问题。

5.3.1　模式本征方程

1. 存在一个转折点的情况

考虑图 5.10 所示的渐变折射率平板波导，折射率分布由下式确定：

$$n^2(x) = \begin{cases} n_2^2 + (n_1^2 - n_2^2) f(x/d), & x > 0 \\ n_0^2, & x < 0 \end{cases} \tag{5.57}$$

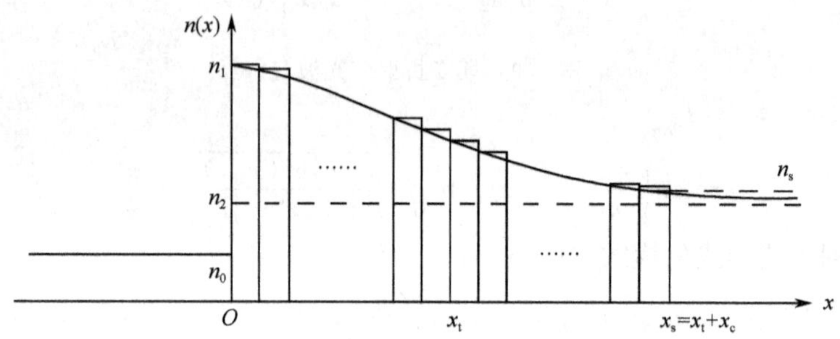

图 5.10　存在一个转折点渐变折射率波导

为了用转移矩阵求解，首先在远离转折点的 $x_s = x_t + x_c$ 处截断，在 x_s 处假设场足够小，且在 $x > x_s$ 处设有 $n(x) = n_s$。然后分割区域$(0, x_t)$和(x_t, x_s)分别为 l 和 m 等份，每层的厚度均为 h，即有 $x_t = lh$ 和 $x_c = mh$。则对 TE 波，相应每一小层的转移矩阵分别为

$$M_i = \begin{bmatrix} \cos(\kappa_i h) & -\dfrac{1}{\kappa_i}\sin(\kappa_i h) \\ \kappa_i \sin(\kappa_i h) & \cos(\kappa_i h) \end{bmatrix}, \quad i = 1, 2, \cdots, l \tag{5.58}$$

$$M_j = \begin{bmatrix} \cosh(\alpha_j h) & -\dfrac{1}{\alpha_j}\sinh(\alpha_j h) \\ -\alpha_j \sinh(\alpha_j h) & \cosh(\alpha_j h) \end{bmatrix}, \quad j = l+1, l+2, \cdots, l+m \tag{5.59}$$

其中

$$\begin{aligned} \kappa_i &= [k_0^2 n^2(x_i) - \beta^2]^{1/2} \\ \alpha_j &= [\beta^2 - k_0^2 n^2(x_j)]^{1/2} \end{aligned} \tag{5.60}$$

由转移矩阵理论可得矩阵方程

$$\begin{bmatrix} E_y(0) \\ E'_y(0) \end{bmatrix} = \left[\prod_{i=1}^{l} M_i\right]\left[\prod_{j=l+1}^{l+m} M_j\right]\begin{bmatrix} E_y(x_s) \\ E'_y(x_s) \end{bmatrix} \tag{5.61}$$

容易知道，在 $x < 0$ 和 $x > x_s$ 区域是指数衰减场，即有

$$E_y(x)=\begin{cases}A_0\exp(p_0x), & x<0\\ A_s\exp[-p_s(x-x_s)], & x>x_s\end{cases}\tag{5.62}$$

其中

$$\begin{aligned}p_0&=(\beta^2-k_0^2n_0^2)^{1/2}\\ p_s&=(\beta^2-k_0^2n_s^2)^{1/2}\end{aligned}\tag{5.63}$$

利用式(5.62),方程(5.61)可写成

$$(-p_0\quad 1)\left(\prod_{i=1}^{l}M_i\right)\left(\prod_{j=l+1}^{l+m}M_j\right)\begin{pmatrix}1\\-p_s\end{pmatrix}=0\tag{5.64}$$

经过简单的代数运算,方程(5.64)变成

$$(-p_0\quad 1)\left(\prod_{i=1}^{l}M_i\right)\begin{pmatrix}1\\-p_t\end{pmatrix}=0\tag{5.65}$$

式中

$$p_t=p_{l+1}\tag{5.66}$$

$$\begin{cases}p_j=\alpha_j\dfrac{\sinh(\alpha_jh)+\dfrac{p_{j+1}}{\alpha_j}\cosh(\alpha_jh)}{\cosh(\alpha_jh)+\dfrac{p_{j+1}}{\alpha_j}\sinh(\alpha_jh)},\\ j=l+1,l+2,\cdots,l+m\\ p_{l+m+1}=p_s\end{cases}\tag{5.67}$$

由式(5.65)~式(5.67)的推导,可知转折点外的场可用一衰减系数为 p_t 的指数场等效,即有

$$E_y(x)=A_t\exp[-p_t(x-x_t)],\quad x>x_t\tag{5.68}$$

对$(0,x_t)$的区域,采用第3章中多层波导的推导方法,可得到方程

$$\sum_{i=1}^{l}\kappa_ih+\Phi(s)=m\pi+\arctan\left(\frac{p_0}{\kappa_1}\right)+\arctan\left(\frac{p_t}{\kappa_l}\right),\quad m=0,1,2,\cdots\tag{5.69}$$

式中

$$\Phi(s)=\sum_{i=1}^{l-1}\left[\phi_{i+1}-\arctan\left(\frac{\kappa_{i+1}}{\kappa_i}\tan\phi_{i+1}\right)\right]\tag{5.70}$$

$$\Phi_i=\arctan\left(\frac{p_i}{\kappa_i}\right)\tag{5.71}$$

而

$$p_i=\kappa_i\tan\left[\arctan\left(\frac{p_{i+1}}{\kappa_i}\right)-\kappa_ih\right],\quad i=1,2,\cdots,l\tag{5.72}$$

显然,当 $l\to\infty(h\to 0)$时,式(5.69)转变为相位积分的简单形式

$$\int_0^{x_t}\kappa\mathrm{d}x+\Phi(x)=m\pi+\arctan\left(\frac{p_0}{\kappa_1}\right)+\arctan\left(\frac{p_t}{\kappa_l}\right),\quad m=0,1,2,\cdots\tag{5.73}$$

2. 存在两个转折点的情况

考虑图 5.11 所示的存在两个转折点 x_{t1} 和 x_{t2} 的渐变折射率平板波导，假设折射率分布 $n(x)$ 在 x_C 和 x_D 两点处截断，并把区域 (x_C, x_{t1})、(x_{t1}, x_{t2}) 和 (x_{t2}, x_D) 分别分为 l、m 和 n 等份，每层的厚度均为 h，则利用分析转移矩阵方法，可得色散方程

$$\int_{x_{t1}}^{x_{t2}} \kappa \mathrm{d}x + \Phi(s) = m\pi + \arctan\left(\frac{p_l}{\kappa_{l+1}}\right) + \arctan\left(\frac{p_{l+m+1}}{\kappa_{l+m}}\right), \quad m = 0,1,2,\cdots \tag{5.74}$$

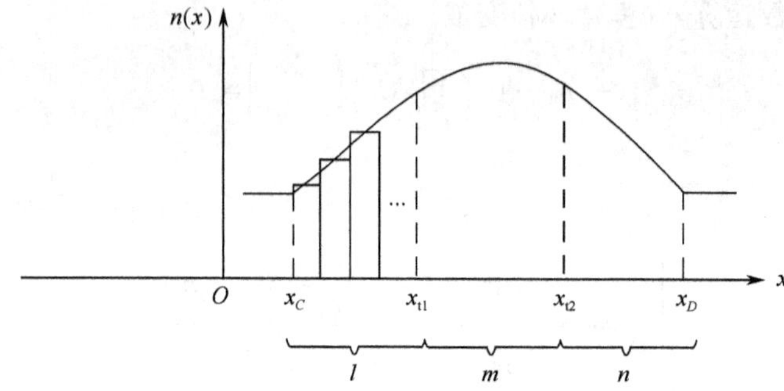

图 5.11　存在两个转折点的渐变折射率波导

式中

$$\Phi(s) = \sum_{j=l+1}^{l+m-1}\left[\Phi_{j+1} - \arctan\left(\frac{\kappa_{j+1}}{\kappa_j}\tan\Phi_{j+1}\right)\right] \tag{5.75}$$

$$\Phi_j = \arctan\left(\frac{p_j}{\kappa_j}\right) \tag{5.76}$$

p_l 和 p_{l+m+1} 分别对应于区域 $x < x_{t1}$ 和 $x > x_{t2}$ 的等效衰减系数，它们由以下两式确定：

$$p_i = \alpha_i \frac{\sinh(\alpha_i h) + \dfrac{p_{i-1}}{\alpha_i}\cosh(\alpha_i h)}{\cosh(\alpha_i h) + \dfrac{p_{i-1}}{\alpha_i}\sinh(\alpha_i h)}, \quad i = 1,2,\cdots,l \tag{5.77}$$

其中，$p_0 = p_C$，而 $p_C = [\beta^2 - k_0^2 n^2(x_C)]^{1/2}$。

$$p_k = \alpha_k \frac{\sinh(\alpha_k h) + \dfrac{p_{k+1}}{\alpha_k}\cosh(\alpha_k h)}{\cosh(\alpha_k h) + \dfrac{p_{k+1}}{\alpha_k}\sinh(\alpha_k h)}, \quad k = l+m+1, l+m+2, \cdots, l+m+n \tag{5.78}$$

其中，$p_{l+m+n+1} = p_D$，而 $p_D = [\beta^2 - k_0^2 n^2(x_D)]^{1/2}$。

5.3.2 转折点处的相移[13]

由 5.3.1 节的分析可知,转折点外的场是衰减的且可用一指数衰减系数为 p_t 的场等效。这说明转折点外的渐变折射率分布,可用一恒定的、小于 $n(x_t)$ 的折射率 n_{eq} 等效,如图 5.12 所示。与图 5.9 比较,可以看出两者本质上的不同之处:WKB 方法是用一恒定的折射率 $n(x_t)$ 代替转折点外的渐变折射率分布;而分析矩阵方法中的 $n_{eq}<n(x_t)$。根据以上分析,可得等效指数衰减系数

$$p_t = (\beta^2 - k_0^2 n_{eq}^2)^{1/2} \tag{5.79}$$

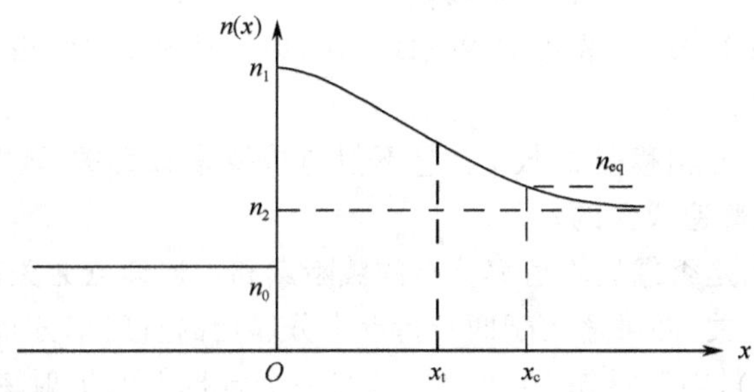

图 5.12 用等效折射率 n_{eq} 代替转折点外的渐变折射率分布

在无泄漏情况下,由以下推导可以知道 p_t 一定是有限的正实数。

(1) 对 $j=l+m$,则由式(5.60)、式(5.63)和式(5.67),有

$$p_c = p_{l+m+1} > \alpha_{l+m}$$

由于 α_j 和 h 都是正的实数,因此有

$$\cosh(\alpha_{l+m}h) > \sinh(\alpha_{l+m}h)$$

于是从式(5.67)可见

$$p_{l+m} > \alpha_{l+m}$$

重复以上步骤,可得

$$p_{l+1} > \alpha_{l+1} \tag{5.80}$$

(2) 重新整理式(5.67),改为以下形式:

$$p_j = p_{j+1}\frac{\cosh(\alpha_j h) + \dfrac{\alpha_j}{p_{j+1}}\sinh(\alpha_j h)}{\cosh(\alpha_j h) + \dfrac{p_{j+1}}{\alpha_j}\sinh(\alpha_j h)} \tag{5.81}$$

显然有 $p_j<p_{j+1}$,从而导致

$$p_t = p_{l+1} < p_{l+m+1} = p_c \tag{5.82}$$

(3) 根据式(5.80)和式(5.82)两式,可得

$$\alpha_{l+1} < p_t < p_c \tag{5.83}$$

说明 p_t 是一个有限的正实数,再由式(5.60)可知,当 $l\to\infty(h\to 0)$ 时,有

$$\kappa_l=[k_0^2n^2(x_l)-\beta^2]^{1/2}\to[k_0^2n^2(x_t)-\beta^2]^{1/2}=0 \tag{5.84}$$

则转折点处的半相移为

$$\arctan\left(\frac{p_t}{k_l}\right)=\arctan\sqrt{\frac{\beta^2-k_0^2n_{eq}^2}{k_0^2n^2(x_l)-\beta^2}}\to\frac{\pi}{2},\quad l\to\infty \tag{5.85}$$

以上结果正好是 WKB 法所得结果的两倍,在 WKB 法中,转折点外折射率分布的尾部是用 $n(x_{l+1})$ 代替,因而导致

$$\arctan\sqrt{\frac{\beta^2-k_0^2n^2(x_{l+1})}{k_0^2n^2(x_l)-\beta^2}}\to\frac{\pi}{4}(l\to\infty) \tag{5.86}$$

与传统的 WKB 方法、改进的 WKB 方法,以及非整数 Maslov 指数等方法比较,以上结果有如下特点:

(1) 转折点处的相移是常数 π。它不但与传播常数无关,而且与折射率分布的形状也无关,是普遍成立的;

(2) 与转折点是否靠近折射率分布的截断点和不连续点无关;

(3) 与波长无关,即可适用于两转折点十分靠近的折射率分布。

利用式(5.85),则对图 5.10 所示的具有一个转折点的折射率分布,式(5.73)转变为如下形式:

$$\int_0^{x_t}\kappa\mathrm{d}x+\Phi(s)=m\pi+\arctan\left(\frac{p_0}{\kappa_1}\right)+\frac{\pi}{2},\quad m=0,1,2,\cdots \tag{5.87}$$

其中散射子波的相位贡献由式(5.70)给出。对图 5.11 所示的存在两个转折点的折射率分布,方程(5.74)变为

$$\int_{x_{t1}}^{x_{t2}}k\mathrm{d}x+\Phi(s)=(m+1)\pi,\quad m=0,1,2,\cdots \tag{5.88}$$

我们从完全不同于 WKB 近似的路径出发,得到了物理意义十分清楚的模式本征方程。与 WKB 方法比较,方程(5.87)和方程(5.88)不但保持了相位积分方程简单的形式,而且可给出精确的模式本征值和转折点处的相移。同样重要的是:提出了散射子波相位贡献的概念,而在 WKB 方法和改进的 WKB 方法中,散射子波的相位贡献是被忽略的。需要指出的是,正切函数在宗量趋向 π/2 过程中变化极快,这意味着,要使式(5.85)在设定的精度下成立,分层数 l 必须足够大。这就极大地增加了计算机的计算时间。实际的计算过程表明:利用方程(5.73),虽然需计算等效衰减系数 p_t 和最接近转折点处横向波矢 κ_l,但分层数 l 只要取数百即能达到理想的结果。因此,在处理实际问题时,使用方程(5.73)比使用式(5.87)更节省计算机时间。同样的情况也适用于方程(5.74)和方程(5.88)。

5.3.3 折射率不连续平板波导的计算实例[14]

对于折射率不连续或导数不连续分布的平面波导,WKB 方法不能给出合理

的结果，计算误差很大[7]。为了解决这一问题，F. Xiang[11]和 R. Srivastava[10]提出了改进的 WKB 方法(MWKB)。这两种方法的实质是对 WKB 方法中转折点处的相移做修正，他们的结论是：转折点处的相移不是 $\pi/2$，而是一个与折射率分布、导模传播常数和模序数有关的数。通过对转折点处相移的修正，他们得到了较 WKB 方法精确的计算结果。但是，由于这种修改的基础是 WKB 近似理论，并未脱离 WKB 近似框架。因此无法得到精确的计算结果是可以预料的。

为了验证 ATM 方法的可靠性，考虑图 5.13 所示的折射率不连续的平板波导，其折射率分布为

$$n^2(x)=\begin{cases}\{n_2+\delta n\exp[-(x-d)^2/a^2]\}^2, & x\geqslant 0\\ n_0^2, & x<0\end{cases} \tag{5.89}$$

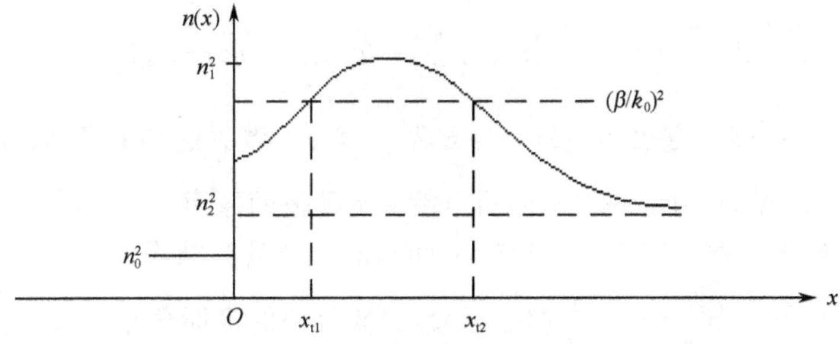

图 5.13 折射率不连续的渐变折射率波导

式中，所用的波导参数如下：$n_0=1$，$n_2=1.512$，$\delta n=n_1-n_2=0.0833$，$d=2.60\mu\text{m}$，$a=2.66\mu\text{m}$。

我们利用 ATM 方法计算了上述折射率不连续波导的有效折射率(β/k_0)，并与 WKB 方法、MWKB 方法以及精确的数值方法进行比较，所得结果如表 5.1 所示。通过比较，可知 ATM 方法比 MWKB 方法更为有效。实际上，当分层数越大时，ATM 法的精度越高，最后可达到精确值。

表 5.1 由 ATM 法、WKB 法、MWKB 法计算所得的有效折射率(β/k_0)与精确值的比较

N(模序数)	β/k_0			
	EXACT	ATM	WKB	MWKB
0	1.58935	1.58934	1.58925	1.58926
1	1.57775	1.57774	1.57765	1.57765
2	1.56680	1.56678	1.56670	1.56668
3	1.55635	1.55633	1.55650	1.55625
4	1.54620	1.54619	1.54705	1.54611
5	1.53625	1.53625	1.53580	1.53618
6	1.52680	1.52678	1.52655	1.52672
7	1.51850	1.51848	1.51830	1.51839

5.3.4 线性谐振子“事件”

在量子力学中，对特定的线性谐振子的势函数，WKB 近似可给出精确的能量本征值。这一结果被看作一次意外的“事件”[15]。发生这一“事件”的原因却不清楚。为解释这一似乎矛盾的现象，对折射率为平方律分布(线性谐振子势在光波导中的类比)的光波导，利用方程(5.88)进行了数值计算。发现对这一特定的分布，散射子波的相位贡献 $\Phi(s)$ 正好等于 $\pi/2$，于是方程(5.88)与 WKB 近似的色散方程(5.45)完全一致。这个例子从另一方面反映了 WKB 方法的近似实质：在方程(5.45)左边忽略了散射子波的相位贡献，而在方程的右边错误地用相移 $\pi/2$ 代替正确的相移 π。

若把方程(5.88)写成如下形式：

$$\int_{x_{t1}}^{x_{t2}} \kappa \mathrm{d}x = \left(m + \frac{1}{2}\right)\pi + \left[\frac{\pi}{2} - \Phi(s)\right], \quad m = 0,1,2,\cdots \tag{5.90}$$

仅当 $\frac{\pi}{2} - \Phi(s) = 0$ 时，方程(5.90)才与方程(5.45)一致。遗憾的是 $\Phi(s)$ 一般不等于 $\pi/2$，这就是 WKB 方法一般不能给出精确本征值的原因。

表 5.2 给出三种不同折射率分布的 $\Phi(s)$ 的数值计算结果。从表中可以看出，变化缓慢的指数分布，$\Phi(s)$ 与 $\frac{\pi}{4}$ 相差不大，但变化快的高斯分布，$\Phi(s)$ 与 $\frac{\pi}{4}$ 相差很大，这也解释了 WKB 法不能适用于快变折射率分布的原因。

表 5.2 $\Phi(s)$ 的数值结果

	$\Phi(s)$	$\pi/4$
指数分布	0.749823	0.785398
高斯分布	0.940729	0.785398
平方率分布	0.785398	0.785398

5.3.5 积分形式的散射子波相位贡献[16,17]

在精确的本征方程(5.87)和方程(5.88)中，散射子波的相位贡献 $\Phi(s)$ 是以求和形式出现的，这说明方程的精确度尚依赖于分析中的薄膜分割这一中间过程，而且积分式与求和式同处于一个公式中，理论缺乏自洽性。本节的工作是对求和形式的 $\Phi(s)$ 进行改造，以便得到一个完全解析的公式。

我们从以下矩阵方程出发：

$$\begin{bmatrix} E_y(0) \\ E'_y(0) \end{bmatrix} = \left[\prod_{i=1}^{l} M_i\right] \begin{bmatrix} E_y(x_t) \\ E'_y(x_t) \end{bmatrix} \tag{5.91}$$

定义以下参数：

$$\begin{cases} q_0 = -E'_y(0)/E_y(0) \\ q_t = -E'_y(x_t)/E_y(x_t) \\ q_i = -E'_y(x_i)/E_y(x_i) \end{cases} \tag{5.92}$$

则式(5.91)可以改写为

$$(q_0 \quad 1)\left(\prod_{i=1}^{l} M_i\right)\begin{pmatrix} 1 \\ -q_t \end{pmatrix} = 0 \tag{5.93}$$

于是可得

$$\sum_{i=1}^{l} \kappa_i h + \Phi(s) = m\pi + \arctan\left(\frac{q_t}{\kappa_l}\right) - \arctan\left(\frac{q_0}{\kappa_1}\right) \tag{5.94}$$

式中

$$\Phi(s) = \sum_{i=1}^{l-1}\left[\Phi_{i+1} - \arctan\left(\frac{\kappa_{i+1}}{\kappa_i}\tan\Phi_{i+1}\right)\right] \tag{5.95}$$

$$\Phi_i = \arctan\left(\frac{q_i}{\kappa_i}\right) \tag{5.96}$$

而

$$q_i = \kappa_i \tan\left[\arctan\left(\frac{q_{i+1}}{\kappa_i}\right) - \kappa_i h\right] \tag{5.97}$$

当 $l \to \infty (h \to 0)$ 时

$$\begin{aligned} \Phi(s) &= \lim_{l\to\infty}\sum_{i=1}^{l-1}\left[\Phi_{i+1} - \arctan\left(\frac{\kappa_{i+1}}{\kappa_i}\tan\Phi_{i+1}\right)\right] \\ &= \lim_{l\to\infty}\sum_{i=1}^{l-1}\frac{(\kappa_i - \kappa_{i+1})}{\kappa_{i+1}^2 + q_{i+1}^2}q_{i+1} = \int_0^{x_t}\frac{q}{\kappa^2+q^2}\frac{\mathrm{d}\kappa}{\mathrm{d}x}\mathrm{d}x \end{aligned} \tag{5.98}$$

再由式(5.97)，可得

$$\kappa_i h = \arctan\left(\frac{q_{i+1}}{\kappa_i}\right) - \arctan\left(\frac{q_i}{\kappa_i}\right)$$

在 $l \to \infty (h \to 0)$ 的极限下，可得以下关于 $q(x)$ 的微分方程，即

$$\frac{\mathrm{d}q(x)}{\mathrm{d}x} = \kappa(x)^2 + q(x)^2 \tag{5.99}$$

再考虑到转折点处的半相移 $\arctan(q_t/\kappa_l) \to \pi/2$，于是方程(5.94)可写成

$$\int_0^{x_t}\kappa\mathrm{d}x + \int_0^{x_t}\frac{q}{\kappa^2+q^2}\frac{\mathrm{d}\kappa}{\mathrm{d}x}\mathrm{d}x = (m+1/2)\pi - \arctan\left(\frac{q_0}{\kappa_1}\right) \tag{5.100}$$

注意这里的 q_0 正好与 p_0 差一个负号。

在存在两个转折点的情况下，则有

$$\int_{x_{t1}}^{x_{t2}}\kappa\mathrm{d}x + \int_{x_{t1}}^{x_{t2}}\frac{q}{\kappa^2+q^2}\frac{\mathrm{d}\kappa}{\mathrm{d}x}\mathrm{d}x = (m+1)\pi \tag{5.101}$$

显然，方程(5.100)和方程(5.101)左边第一项对应于主波相位的贡献，而第二项对

应于子波相位的贡献。

若定义总波矢

$$K=\kappa+\frac{q}{\kappa^2+q^2}\frac{\mathrm{d}\kappa}{\mathrm{d}x} \tag{5.102}$$

则方程(5.100)和方程(5.101)变为十分简洁的形式

$$\int_0^{x_t}K\mathrm{d}x=\left(m+\frac{1}{2}\right)\pi-\arctan\left(\frac{q_0}{\kappa_1}\right) \tag{5.103}$$

和

$$\int_{x_{t1}}^{x_{t2}}K\mathrm{d}x=(m+1)\pi \tag{5.104}$$

与 WKB 方法比较,方程(5.103)和方程(5.104)不但保持了相位积分方程简单的形式,而且可以给出精确的模式本征值和转折点处的相移,重要的是:提出了散射子波的相位贡献,而在 WKB 方法和改进的 WKB 方法中,散射子波的相位贡献是被忽略的。

5.3.6 场分布的计算[18]

考虑图 5.12 所示的渐变折射率波导,为方便计算,把矩阵方程(5.61)改为如下统一的形式:

$$\begin{bmatrix}E_y(0)\\E'_y(0)\end{bmatrix}=\prod_{j=1}^{l+m}M_j\begin{bmatrix}E_y(x_c)\\E'_y(x_c)\end{bmatrix} \tag{5.105}$$

在振荡区内,M_j 由式(5.58)表示,而在衰减区内,M_j 由式(5.59)表示。而

$$p_0=(\beta^2-k_0^2n_0^2)^{1/2} \tag{5.106}$$

$$p_c=(\beta^2-k_0^2n_c^2)^{1/2} \tag{5.107}$$

若设 $A_c=1$,则波导中任意一点 $j=q(0\leqslant q\leqslant l+m)$处的电场可以由下式确定:

$$\begin{bmatrix}E_y(x_q)\\E'_y(x_q)\end{bmatrix}=\prod_{j=q+1}^{l+m}M_j\begin{bmatrix}1\\-p_c\end{bmatrix} \tag{5.108}$$

在折射率分布和 β 已知的情况下,波导中任意一点的场可由式(5.108)($x>0$)和式(5.107)($x<0$)计算确定。为说明方法的可靠性,以高斯折射率分布

$$n(x)=\begin{cases}1.512+0.0833\exp[-(x-2.6)^2/2.66^2], & x>0\\1.0, & x<0\end{cases} \tag{5.109}$$

为例,波导可容纳 8 个 TE 导模,精确的本征值由分析转移矩阵方法计算,则有公式(5.58)、公式(5.59)、公式(5.106)、公式(5.107)和公式(5.108)容易得到各个 TE 导模的场分布,其中 0、1、2 和 7 模的场分布分别由图 5.14(a)、5.14(b)、5.14(c)、5.14(d)表示。

由图 5.14 可以看出,分析转移矩阵计算的场分布与有限元法的结果完全一

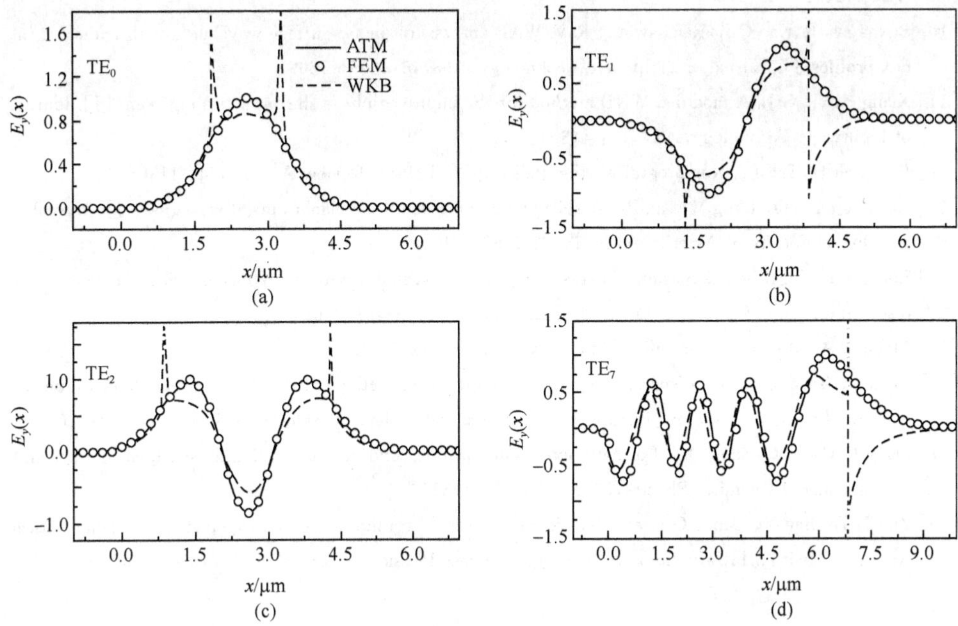

图 5.14 由分析转移矩阵方法、有限元法和 WKB 法计算的渐变折射率波导的场分布

致，而与 WKB 法的结果有较大的偏差，尤其在转折点处，WKB 法的结果是发散的。

参 考 文 献

[1] Adams M J. An Introduction to Optical Waveguides [M]. Binghamton:John Wiley & Sons,1981.

[2] Marcuse D. Elementary derivation of the phase shift at a caustic [J]. Appl. Opt. ,1976,15: 2949～2950.

[3] Hocker G B,Burns W K. Modes in diffused optical waveguides of arbitrary index profile [J]. IEEE Journal of Quantum Electronics,1975,11: 270～276.

[4] Schiff L I. Quantum Mechanics [M]. New York:McGraw-Hill,1955.

[5] Gedeon A. Comparison between rigorous and WKB-analysis of modes in graded-index waveguides [J]. Optics Communications,1974,12: 329～332.

[6] Ramaswamy R V,Lagu R K. Numerical field solution for an arbitrary asymmetrical graded-index planar waveguide[J]. Journal of Lightwave Technology,1983,3:408～416.

[7] Janta J,Ctyroky J. On the accuracy of WKB analysis of TE and TM modes. Optics Communications,1978,25:49～52.

[8] Cao Z Q,Jiang Y,Shen Q S et al. Exact analytical method of planar optical waveguides with arbitrary index profile [J]. Journal of the Optical Society of America A,1999,16: 2209～2212.

[9] Popov V S,Karnakov B M,Mur V D. On matching conditions in the WKB method [J]. Physics Letters

A,1996,210：402～408.

[10] Srivastava R,Kao C K,Ramaswamy R V. WKB analysis of planar surface waveguide with truncated index profiles[J]. Journal of Lightwave Technology, 1987,5:1605～1609.

[11] Xiang F,Yip G L. A modified WKB method for the improved phase shift at a turning point [J]. Journal of Lightwave Technology,1994,12：443～452.

[12] Friedrich H,Trost J. Nonintegral Maslov indices [J]. Physics Review A,1996,54：1136～1145.

[13] Cao Z Q, Liu Q, Jiang Y et al. Phase shift at a turning point in a planar optical waveguide[J]. Journal of the Optical Society of America A,2001,18：2161～2163.

[14] Liu Q,Cao Z Q,Shen Q S et al. Analysis of planar waveguides with index discontinuity or index slope discontinuity [J]. Optics and Quantum Electronics,2001,33:675～683.

[15] Messiah A. Quantum Mechanics [M]. New York：Dover,1964.

[16] Zhan L,Cao Z Q. Exact dispersion equation of a graded refractive-index optical waveguide based on the equivalent attenuated vector [J]. Journal of the Optical Society of America A,1998,15,713～716.

[17] Ou Y C,Cao Z Q,Shen Q S. Formally exact quantization condition for nonrelativistic quantum systems [J]. Journal of Chemical Physics,2004,121：8175～8178.

[18] Zhu H D,Ding Y, Cao Z Q et al. Determination of field configuration and eigenvalues of planar optical waveguides with arbitrary index profiles [J]. Chinese Physics Letters,2005,22:1580～1582.

第6章　泄露波导

由于波导薄膜的折射率大于覆盖层和衬底介质的折射率，因而光导波是一种慢波。这表明在衬底和覆盖层介质中的光波不可能直接进入波导薄膜成为光导波；反过来，光导波也不可能成为衬底和覆盖层介质中的辐射波。按照波导的势阱模型[1]，波导薄膜对应于势阱，而覆盖层和衬底对应于势垒，这两个向无限远伸展的势垒保证了光导波无损耗(不考虑介质的吸收和散射)地传输。但在集成光路中，由于光的耦合、器件制备的需要以及光路方向的改变等原因，必然引起波导结构的变化，而某些波导结构的变化往往会引发波导内模式的耦合。导模和导模之间的耦合只涉及导模间能量的交换，而导模与辐射模的耦合将引起波导能量的泄漏。例如，棱镜耦合器和弯曲波导，由于这两种结构破坏了向无限远伸展的势垒的形态，使波导内的能量向周围空间辐射。我们把这两类结构称为泄漏波导。严格地说，这两类结构中已不存在真正的导模，只有当波导中能量泄漏极为微小时，才能在微扰的意义上分析这两类结构中光导波的传输。本章首先介绍四层泄露波导的微扰处理，并在此基础上，分析弯曲波导中能量的辐射。

6.1　四层泄露波导

若在波导的覆盖层上再加一层高折射率的材料，这时覆盖层中的迅衰场将在高折射率介质与覆盖层的界面上发生反射，从而引起导模与辐射模的耦合，构成四层泄露波导。

6.1.1　泄露波导的色散方程

考虑图6.1所示的四层泄露波导的光线图。相对于波导薄膜来说，棱镜可看作为无穷大介质。如前所述，由于棱镜的折射率高于波导薄膜，故该系统是一典型的泄漏波导。因此，在波导中传播模式的能量是逐渐衰减的。故不存在真正的导模，只有当空气间隙 s 足够大时，从波导中向外辐射的能量很少，导模的功率衰减很慢，才仍然可认为这种衰减模是导模，或称为“伪导模”。实际上，可将这种棱镜-波导耦合系统看作为自由波导的微扰系统。其意义是由于棱镜的存在而使自由波导的模式本征方程发生变化。可以推断，这种微扰系统的模式本征值一定是复量，其实部代表传播常数，而虚部代表振幅衰减系数。下面用微扰技术推导这种泄漏波导的色散方程和模式本征值相对自由波导的变化。

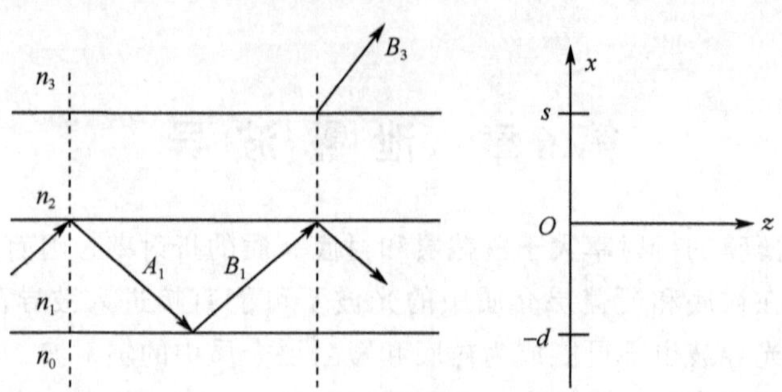

图 6.1 四层泄露波导

在以下的分析中，对符号的下标作如下规定：数 3 代表棱镜介质中的物理量；数 2 代表空气间隙中的物理量；数 1 代表薄膜中的物理量；而数 0 代表衬底介质中的物理量。若用两个数作下标，则代表相应的两种介质界面上的物理量。另外，设波导薄膜厚度为 d，空气间隙的厚度为 s。为简单计，以下只讨论 TE 波。选择如图 6.1 的坐标系，假设电磁场在 y 方向是均匀的，同时设电磁场的传播因子为 $\exp[\mathrm{i}(\beta z-\omega t)]$，则电磁场满足的波导方程为

$$\frac{\partial^2 E_y}{\partial x^2}+(k_0^2 n_j^2-\beta^2)E_y=0,\quad j=0,1,2,3 \tag{6.1}$$

根据四层泄露波导系统的物理图像，可写出各个区域的电场分布为

$$E_y(x)=\begin{cases}B_3\exp[\mathrm{i}\kappa_3(x-s)], & s<x<+\infty\\ A_2\exp(p_2 x)+B_2\exp(-p_2 x), & 0<x<s\\ A_1\exp(-\mathrm{i}\kappa_1 x)+B_1\exp(\mathrm{i}\kappa_1 x), & -d<x<0\\ A_0\exp[p_0(x+d)], & -\infty<x<-d\end{cases} \tag{6.2}$$

把式(6.2)代入方程(6.1)，可得

$$\begin{cases}\kappa_3=(k_0^2 n_3^2-\beta^2)^{1/2}\\ \kappa_1=(k_0^2 n_1^2-\beta^2)^{1/2}\\ p_2=(\beta^2-k_0^2 n_2^2)^{1/2}\\ p_0=(\beta^2-k_0^2 n_0^2)^{1/2}\end{cases} \tag{6.3}$$

利用边界条件，可得传输型色散方程

$$\begin{aligned}&\exp[\mathrm{i}2(\kappa_1 d-\phi_{10}-\phi_{12})]-1\\ &=\{\exp[\mathrm{i}2(\kappa_1 d-\phi_{10})]-\exp(-2\mathrm{i}\phi_{12})\}\cdot\exp(-2\mathrm{i}\phi_{32})\cdot\exp(-2p_2 s)\end{aligned} \tag{6.4}$$

式中

$$\begin{cases}\phi_{10} = \arctan\left(\dfrac{p_0}{\kappa_1}\right) \\ \phi_{12} = \arctan\left(\dfrac{p_2}{\kappa_1}\right) \\ \phi_{32} = \arctan\left(\dfrac{p_2}{\kappa_3}\right)\end{cases} \tag{6.5}$$

显然，当间隙 $s \to \infty$ 时，方程(6.4)还原为三层自由波导的模式本征方程

$$\exp[i2(\kappa_1^\circ d - \phi_{10}^\circ - \phi_{12}^\circ)] = 1 \tag{6.6}$$

6.1.2 传播常数的变化

在弱耦合情况下，s 为波长量级，这时，应有

$$\exp(-2p_2 s) \ll 1 \tag{6.7}$$

则可应用第 4 章中使用的微扰理论，可得因能量辐射而产生的传播常数相对模式本征值的变化

$$\Delta\beta^L = -\frac{\kappa_1}{\beta d_{\text{eff}}}\sin 2\phi_{12} \cdot \exp(-i2\phi_{32})\exp(-2p_2 s) \tag{6.8}$$

式中

$$d_{\text{eff}} = d + \frac{1}{p_0} + \frac{1}{p_2} \tag{6.9}$$

为简单计,式(6.8)和式(6.9)中,已省略表示自由波导参数的上标“°”。比较式(4.77)和式(6.8),发现两者有一本质的差别,式(4.77)中的 $\Delta\beta$ 是一实数,表明平板耦合波导中的模式,相对于三层自由波导中的本征值有一移动,但没有能量的损耗,但在式(6.8)中,$\Delta\beta^L$ 是一复数,表明除了模式的移动之外,还有能量的损耗,这种损耗不是因吸收、而是由能量的泄露而引起。模式本征值的移动为

$$\text{Re}(\Delta\beta^L) = -\frac{\kappa_1}{\beta d_{\text{eff}}}\sin 2\phi_{12}\cos 2\phi_{32}\exp(-2p_2 s) \tag{6.10}$$

而表征泄露的传播常数的虚部为

$$\text{Im}(\Delta\beta^L) = \frac{\kappa_1}{\beta d_{\text{eff}}}\sin 2\phi_{12}\sin 2\phi_{32}\exp(-2p_2 s) \tag{6.11}$$

由式(6.11)可见,能量的泄露与耦合间隙 s 密切相关,s 越大,泄露越小;s 越小,则泄露越大。因此,四层泄露波导的传播常数为

$$\beta^L = \beta^\circ + \Delta\beta^L \tag{6.12}$$

6.1.3 转移矩阵理论[2]

利用转移矩阵理论,也可以得到上述结果。根据图 6.1 所示泄露波导,立刻可得矩阵方程

$$\begin{bmatrix} E_y(-d) \\ E'_y(-d) \end{bmatrix} = M_1 \cdot M_2 \begin{bmatrix} E_y(s) \\ E'_y(s) \end{bmatrix} \tag{6.13}$$

式中

$$M_1 = \begin{bmatrix} \cos(\kappa_1 d) & -\frac{1}{\kappa_1}\sin(\kappa_1 d) \\ \kappa_1 \sin(\kappa_1 d) & \cos(\kappa_1 d) \end{bmatrix} \tag{6.14}$$

$$M_2 = \begin{bmatrix} \cosh(p_2 s) & -\frac{1}{p_2}\sinh(p_2 s) \\ -p_2 \sinh(p_2 s) & \cosh(p_2 s) \end{bmatrix} \tag{6.15}$$

利用式(6.2),则方程(6.13)变为

$$(-p_0 \quad 1) M_1 M_2 \begin{pmatrix} 1 \\ \mathrm{i}\kappa_3 \end{pmatrix} = 0 \tag{6.16}$$

化简方程(6.16),可得四层泄露波导的相位型色散方程

$$\kappa_1 d = m\pi + \phi_{10} + \phi'_{12}, \quad m = 0,1,2,\cdots \tag{6.17}$$

式中

$$\phi'_{12} = \arctan\left(\frac{p'_2}{\kappa_1}\right) \tag{6.18}$$

而

$$\begin{aligned} p'_2 &= p_2 \frac{\sinh(p_2 s) - \frac{\mathrm{i}\kappa_3}{p_2}\cosh(p_2 s)}{\cosh(p_2 s) - \frac{\mathrm{i}\kappa_3}{p_2}\sinh(p_2 s)} \\ &= p_2 \frac{1 + \exp(-\mathrm{i}2\phi_{32}) \cdot \exp(-2p_2 s)}{1 - \exp(-\mathrm{i}2\phi_{32}) \cdot \exp(-2p_2 s)} \end{aligned} \tag{6.19}$$

在满足弱耦合条件式(6.7)时

$$p'_2 \approx p_2[1 + 2\exp(-2\mathrm{i}\phi_{32})\exp(-2p_2 s)] \tag{6.20}$$

于是,利用微分公式可得

$$\begin{aligned} \phi'_{12} &= \arctan\left(\frac{p'_2}{\kappa_1}\right) \\ &= \arctan\left(\frac{p_2}{\kappa_1}\right) + \frac{2p_2/\kappa_1}{1 + (p_2/\kappa_1)^2}\exp(-\mathrm{i}2\phi_{32}) \cdot \exp(-2p_2 s) \\ &= \phi_{12} + \sin 2\phi_{12} \exp(-\mathrm{i}2\phi_{32})\exp(-2p_2 s) \end{aligned} \tag{6.21}$$

因此,式(6.17)可改写为

$$\kappa_1 d = m\pi + \phi_{10} + \phi_{12} + \sin 2\phi_{12}\exp(-\mathrm{i}2\phi_{32})\exp(-2p_2 s), \quad m = 0,1,2,\cdots \tag{6.22}$$

再利用微扰理论,把四层泄露波导的传播常数 β 用三层平板波导的模式本征值 β° 展开,可得与式(6.8)完全一致的结果。

6.2 弯曲波导

在集成光路中，光路方向的改变是一个不可避免的问题，而光路方向的改变必然涉及波导的弯曲。因此，在导波光学中，弯曲波导的研究已成为一个异常活跃的领域。光在弯曲波导中传输时，因光波能量从波导弯曲处辐射到周围空间中而产生辐射损耗。这种损耗与波导参数有关，在波导参量确定的情况下，与弯曲波导的曲率半径密切相关，曲率半径越小，辐射损耗越大。所以，在设计这类波导时，曲率半径是需要首先考虑的参数。为了便于比较，本节先介绍马库斯(Marcuse)的直波导等效法[3]，然后用四层泄漏波导的理论处理波导的弯曲损耗，最后利用保角变换，把阶跃折射率分布的弯曲波导变换成渐变折射率分布的直波导，再利用第 4 章的处理方法，得到了理想的结果。

6.2.1 直波导等效法

非对称平板波导的弯曲损耗公式是由马库斯(Marcuse)于 1971 年导出的，他所用的近似理论可称为“直波导近似法”。这种方法的基础是：利用圆柱坐标系统描述弯曲波导。因此，除了一个未确定的振幅因子和柱函数的阶数以外，弯曲波导的场分布是已知的。在弯曲半径足够大的情况下，如果用直波导相应区域的场去代替弯曲波导外侧附近的场分布，就可确定这两个未知参数。利用这个近似解便可计算由于波导弯曲而引起的辐射损耗。

1. 弯曲波导的场分布

考虑图 6.2 所示的非对称弯曲平板波导。设波导薄膜的厚度为 $2d$，波导中心轴的弯曲半径为 R，为简单起见，这里仅限于讨论 TE 波，采用极坐标(ρ,θ)系统，径向距离 ρ 从曲率中心起算，且假定与(ρ,θ)平面垂直的方向上场是均匀的。在波导外侧$(R+d)<\rho<\infty$区域中，麦克斯韦方程的解由下列各式给出：

$$E_y = B\mathrm{H}_m^{(1)}(k_0 n_2 \rho)\mathrm{e}^{\mathrm{i}(m\theta-\omega t)} \tag{6.23}$$

$$H_\rho = B\frac{\omega\varepsilon_0}{k_0^2}\frac{m}{\rho}\mathrm{H}_m^{(1)}(k_0 n_2 \rho)\mathrm{e}^{\mathrm{i}(m\theta-\omega t)} \tag{6.24}$$

$$H_\theta = -\mathrm{i}B\frac{n_2\omega\varepsilon_0}{k_0}\mathrm{H}_m^{(1)\prime}(k_0 n_2 \rho)\mathrm{e}^{\mathrm{i}(m\theta-\omega t)} \tag{6.25}$$

式中，第一类汉开尔(Hankel)函数和阶数 m 是图 6.2 所示柱坐标系统的麦克斯韦方程精确解，上标“′”表示对宗量的一阶导数。在波导薄膜$(R-d<\rho<R+d)$中，麦克斯韦方程的解是贝塞尔(Bessel)函数与诺依曼(Neumann)函数的线性叠加；而在波导内侧$(0<\rho<R-d)$区域，由于存在奇点 $\rho=0$，因此麦克斯韦方程的解只可能是贝塞尔函数。在弯曲波导中，柱函数的阶数 m 不一定取整数，因为这时不

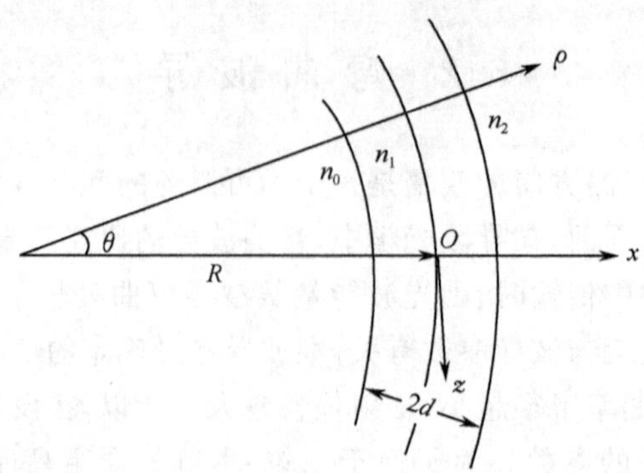

图 6.2　非对称弯曲平板波导

需要满足周期性的边界条件。根据波导弯曲引起辐射模损耗的定性分析，可知在弯曲波导外侧，电磁场必须满足以下两个要求：① 当 $\rho>R+d$，但小于某个临界长度时，场的形式必须是指数衰减函数；② 当 ρ 大于这一临界长度时，场的形式必须是辐射函数。第一类汉开尔函数在时间变化因子为 $\exp(-\mathrm{i}\omega t)$ 时恰好满足上述两个要求。设弯曲波导附近的场可用直波导相应区域的场来近似。如果用直波导的坐标系统来描述弯曲波导，则直波导系统的 z 轴是弯曲的，于是得到如下关系：

$$z=R\theta \tag{6.26}$$

函数 $\exp(\mathrm{i}m\theta)$ 等效于直波导的传播因子 $\exp(\mathrm{i}\beta z)$，由此可得到近似关系

$$\beta=\frac{m}{R} \tag{6.27}$$

因为 R 远大于光波长，故 m 是一个很大的数。为了建立振幅因子与导模携带功率之间的关系，需对第一类汉开尔函数加以简化，对于 $m>k_0n_2\rho$ 区域，第一类汉开尔函数可近似为

$$\mathrm{H}_m^{(1)}(k_0n_2\rho)=\mathrm{i}\,\frac{\mathrm{e}^{m(\alpha-\tanh\alpha)}}{\sqrt{\dfrac{\pi}{2}m\tanh\alpha}} \tag{6.28}$$

式中

$$\cosh\alpha=\frac{m}{k_0n_2\rho} \tag{6.29}$$

而双曲正切函数由下式给出：

$$u=\tanh\alpha=\frac{(\cosh^2\alpha-1)^{1/2}}{\cosh\alpha}=\frac{\left[\beta^2-\left(k_0n_2\dfrac{\rho}{R}\right)^2\right]^{1/2}}{\beta} \tag{6.30}$$

在波导轴附近，利用近似式 $\rho/R\approx1$，以及 p_2 的定义式(6.3)和式(6.27)，可得如下关系：

$$m\tanh\alpha = p_2 R \tag{6.31}$$

上式给出了式(6.28)中分母的近似关系。下面考虑该式中指数函数，为此采用 x 坐标系来表示离开波导薄膜中心轴的距离，即有

$$\frac{\rho}{R} = 1 + \frac{x}{R} \tag{6.32}$$

利用式(6.3)和式(6.30)，得到

$$u \approx \frac{\left[p_2^2 - 2(k_0 n_2)^2 \dfrac{x}{R}\right]^{1/2}}{\beta} \approx \frac{p_2}{\beta}\left[1 - \left(\frac{k_0 n_2}{p_2}\right)^2 \frac{x}{R}\right] \tag{6.33}$$

利用反双曲正切函数与自然对数之间关系，可得

$$\alpha = \operatorname{artanh} u = \frac{1}{2}\ln\left(\frac{1+u}{1-u}\right) \tag{6.34}$$

再把对数函数展开为无限级数，得到

$$\alpha = u + \frac{1}{3}u^3 + \frac{1}{5}u^5 + \frac{1}{7}u^7 + \cdots \tag{6.35}$$

另外，根据式(6.33)，可得近似

$$u^l = \left(\frac{p_2}{\beta}\right)^l - l\left(\frac{k_0 n_2}{p_2}\right)^2 \frac{x}{R}\left(\frac{p_2}{\beta}\right)^l \tag{6.36}$$

把式(6.36)代入式(6.35)，有

$$\begin{aligned}\alpha = &\frac{p_2}{\beta} + \frac{1}{3}\left(\frac{p_2}{\beta}\right)^3 + \frac{1}{5}\left(\frac{p_2}{\beta}\right)^5 + \cdots \\ &- \left(\frac{k_0 n_2}{p_2}\right)^2 \frac{x}{R} \cdot \frac{p_2}{\beta}\left[1 + \frac{p_2^2}{\beta^2} + \left(\frac{p_2^2}{\beta^2}\right)^2 + \left(\frac{p_2^2}{\beta^2}\right)^3 + \cdots\right]\end{aligned} \tag{6.37}$$

式(6.37)中第一个级数可以用一个对数函数表示，第二部分中包含一个简单的几何级数，于是可得以下关系：

$$\alpha = \frac{1}{2}\ln\left(\frac{1 + \dfrac{p_2}{\beta}}{1 - \dfrac{p_2}{\beta}}\right) - \frac{(k_0 n_2)^2}{p_2 \beta} \frac{1}{1 - \dfrac{p_2^2}{\beta^2}} \frac{x}{R} \tag{6.38}$$

利用式(6.33)和式(6.38)两式，容易得到

$$\alpha - \tanh\alpha = \alpha - u = \frac{1}{2}\left(\frac{1 + \dfrac{p_2}{\beta}}{1 - \dfrac{p_2}{\beta}}\right) - \frac{p_2}{\beta} - \frac{p_2}{\beta}\frac{x}{R} \tag{6.39}$$

根据近似关系式(6.27)、式(6.28)、式(6.31)和式(6.39)，可把电磁分量 E_y 写成如下形式：

$$E_y = \mathrm{i}B \frac{\exp\left\{\left[\frac{1}{2}\frac{\beta}{p_2}\ln\left(\frac{1+\frac{p_2}{\beta}}{1-\frac{p_2}{\beta}}\right)-1\right]p_2 R\right\}}{\sqrt{\frac{\pi}{2}p_2 R}} \mathrm{e}^{-p_2 x}\mathrm{e}^{\mathrm{i}\beta z} \tag{6.40}$$

在 $R\to\infty$ 的极限情况下，直波导 TE 模在 $d<x<\infty$ 区域中场的形式为

$$E_y = A\mathrm{e}^{-p_2(x-d)} \tag{6.41}$$

式中，指数衰减场的振幅因子可以由场所携带的功率 P 来表示

$$A = 2\kappa_1\left[\frac{\omega\mu_0 P}{\beta\left(2d+\frac{1}{p_0}+\frac{1}{p_2}\right)(\kappa_1^2+p_2^2)}\right]^{1/2} \tag{6.42}$$

由此可见，式(6.40)和式(6.41)两式对坐标 x 的依赖关系是一致的。需要指出的是式(6.41)中的相位传播因子 $\exp(\mathrm{i}\beta z)$ 已被省略。在 R 很大的情况下，使弯曲波导外侧、靠近薄膜处的场近似用直波导相应区域的场来代替。比较式(6.40)和式(6.41)，并利用式(6.42)，可以确定场的振幅系数

$$B = -2\mathrm{i}\kappa_1\mathrm{e}^{p_2 d}\left[\frac{\frac{\pi}{2}\omega\mu_0 p_2 RP}{\beta\left(2d+\frac{1}{p_0}+\frac{1}{p_2}\right)(\kappa_1^2+p_2^2)}\right]^{1/2} \cdot \exp\left[-\left(\frac{1}{2}\frac{\beta}{p_2}\ln\left[\frac{1+\frac{p_2}{\beta}}{1-\frac{p_2}{\beta}}\right]-1\right)p_2 R\right] \tag{6.43}$$

对于远离波导薄膜 $\rho\gg R$ 的区域，第一类汉开尔函数可表示为大宗量的近似形式，于是，根据式(6.23)表示的场分量可写成如下形式：

$$E_y = B\sqrt{\frac{2}{\pi k_0 n_2 \rho}}\mathrm{e}^{\mathrm{i}k_0 n_2\rho}\mathrm{e}^{-\mathrm{i}(2m+1)\pi/4}\cdot\mathrm{e}^{\mathrm{i}\beta z} \tag{6.44}$$

上式表明，在远离波导薄膜区域，弯曲波导和直波导的场是完全不同的。弯曲波导外侧的场由指数衰减形式变为完全辐射的形式，这种性质解释了弯曲波导因辐射而损失功率的原因。

2. 弯曲损耗系数的公式

由于已经导出了远离波导薄膜处辐射场的具体形式，因此计算由辐射引起的功率损耗就成为一个比较容易的问题了。功率损耗系数是单位长度波导无限远处辐射场的功率贡献除以导模所承载的功率。即

$$2\alpha = \frac{LS_{\rho\to\infty}}{P} \tag{6.45}$$

因为 α 是振幅衰减系数，因此功率损耗系数应为 2α。上式中 L 是图 6.3 中 A、B 两

点的弧长，A、B 两点与曲率中心连线与波导中心轴的交点为 a 和 b，设 a、b 之间的弧长为单位弧长。根据图 6.3 所示的几何关系，显然有

$$L=\rho\theta=\frac{\rho}{R} \tag{6.46}$$

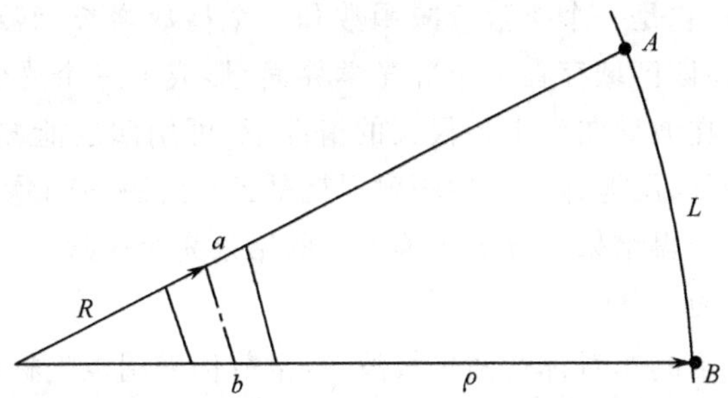

图 6.3 计算弯曲损耗的几何关系

功率密度矢量在 ρ 方向的分量为

$$S_\rho=-\frac{1}{2}E_yH_\theta^*=\frac{1}{2}n_2\sqrt{\frac{\varepsilon_0}{\mu_0}}\,|E_y|^2 \tag{6.47}$$

利用式(6.43)、式(6.44)、式(6.46)和式(6.47)，并根据式(6.45)，可得功率损耗系数公式

$$2\alpha=\frac{2p_2\kappa_1^2\mathrm{e}^{2p_2d}\mathrm{e}^{-U}}{k_0^2(n_1^2-n_2^2)\beta\left(2d+\dfrac{1}{p_0}+\dfrac{1}{p_2}\right)} \tag{6.48}$$

式中

$$U=\left[\frac{\beta}{p_2}\ln\left(\frac{1+\dfrac{p_2}{\beta}}{1-\dfrac{p_2}{\beta}}\right)-2\right]p_2R\approx\frac{2}{3}\frac{p_2^3}{\beta^2}R \tag{6.49}$$

近似式(6.49)仅在 $p_2/\beta\ll1$ 的情况下成立。另外，在推导式(6.48)过程中，已应用了关系式 $\kappa_1^2+p_2^2=k_0^2(n_1^2-n_2^2)$。需要注意的是，这里还应用了一个近似假设，即导模在弯曲波导中传播时，场的振幅不随坐标 z 变化，这个近似假设在一阶微扰理论中是典型的。

马卡提里(Marcatili)利用复本征方程的近似解计算弯曲损耗[4]的结果表明，两种理论的曲线符合得很好，但直波导等效法所得公式要比文献[4]的结果简单得多。另外，虽然本小节所采用的方法难以推广到介质圆柱波导(光纤)的弯曲损耗问题，但实验表明，如果用光纤波导的参数代替式(6.48)中平板波导的参数，则用该公式可计算弯曲光纤的功率损耗，并与实验结果相当一致[5]。

6.2.2 四层波导近似法

非对称平板波导的弯曲损耗也可通过四层波导近似法[6,7]处理。这种近似法的依据是第一类汉开尔函数在弯曲波导外侧靠近波导薄膜处,可用德拜(Debye)渐近表达式来代替,它是一个指数衰减函数和一个指数增长函数的线性叠加。这种函数形式表明,在该区域存在一个准光学界面,形成了一个光学隧道,从而引起波导能量的泄漏。在波导曲率半径很大的情况下,可用四层泄漏波导结构近似代替三层弯曲波导,而四层泄漏波导的辐射损耗是已经解决的问题。令人惊异的是,用四层波导近似法所得结果与直波导等效法的结果完全一致。

1. 德拜近似表达式[8]

考虑图 6.2 所示的非对称弯曲平板波导,本节仍采用极坐标(ρ,θ)系统。根据 6.2.1 节的分析,容易写出非对称弯曲平板波导三个区域中麦克斯韦方程的解,在仅考虑 TE 波的情况下,有

$$E_y=\begin{cases}B_0\mathrm{J}_m(k_0n_0\rho)\mathrm{e}^{\mathrm{i}(m\theta-\omega t)}, & 0<\rho<R-d\\ [B_1\mathrm{J}_m(k_0n_1\rho)+A_1\mathrm{N}_m(k_0n_0\rho)]\mathrm{e}^{\mathrm{i}(m\theta-\omega t)}, & R-d<\rho<R+d\\ B_2\mathrm{H}_m^{(1)}(k_0n_2\rho)\mathrm{e}^{\mathrm{i}(m\theta-\omega t)}, & R+d<\rho<\infty\end{cases}\tag{6.50}$$

当R很大,且满足$d<x\ll R$时,即在弯曲平板波导的外侧附近,第一类汉开尔函数可用德拜渐近表达式[8]

$$\exp[-p_2(x-d)]+A\exp[p_2(x-d)]\tag{6.51}$$

代替。式中

$$A=\frac{\mathrm{i}}{2}\exp\left[2p_2d-2R\left(\beta\ln\frac{p_2+\beta}{\kappa_0n_2}-p_2\right)\right]\tag{6.52}$$

在$0<\rho<R-d$和$R-d<\rho<R+d$区域内,如果用直波导对应区域的场作为零级近似代替弯曲波导的场,则式(6.50)可改写为如下形式:

$$E_y=\begin{cases}B_0\mathrm{e}^{p_0(x+d)}, & -\infty<x<-d\\ B_1\mathrm{e}^{-\mathrm{i}\kappa_1(x-d)}+A_1\mathrm{e}^{\mathrm{i}\kappa_1(x-d)}, & -d<x<d\\ B_2\mathrm{e}^{-p_2(x-d)}+A_2\mathrm{e}^{p_2(x-d)}, & d<x\ll R\end{cases}\tag{6.53}$$

根据式(6.51),可知

$$\frac{A_2}{B_2}=A\tag{6.54}$$

由式(6.53)可以看出,在$x>d$,但离波导外侧很近的区域内,迅衰场因波导的弯曲而发生畸变,变为两个方向相反的迅衰场的叠加。这说明该区域内存在着一个准光学界面。由于这界面的存在,引起迅衰波的反射。而在这界面的外侧,由 6.2.1

节分析可知是辐射场。由弯曲波导的场分布可知,这种结构实际上构成了一个光学隧道,说明了能量辐射的物理原因。

2. *四层波导*

考虑图 6.4 所示的四层结构的波导。光导波在折射率为 n_1 的介质中传播,该介质层的厚度为 $2d$,折射率为 n_2 的介质层厚度为 s;而折射率为 n_0 和 n_3 的介质的厚度为半无限大。设各介质的折射率满足关系

$$n_3 > n_1 > n_0 > n_2$$

容易看出,该结构与棱镜-波导耦合系统的结构是完全一致的。因此,在处理能量辐射问题时,完全可利用棱镜-波导耦合系统的结果。

图 6.4 四层结构的泄漏波导

四层结构的场分布由式(6.2)给出,而式中各参数的意义由式(6.3)和式(6.4)给出。由 $E_y(x)$ 和 $\partial E_y(x)/\partial x$ 在 $x=s+d$ 处连续的条件,可得如下关系:

$$\frac{A_2}{B_2}=-\mathrm{e}^{-2p_2 s}\mathrm{e}^{-\mathrm{i}2\phi_{32}} \tag{6.55}$$

另外,该结构的振幅衰减系数由式(6.11)给出,考虑到 ϕ_{12} 和 ϕ_{32} 的定义式(6.5),则振幅衰减系数可写成如下形式:

$$\begin{aligned}\alpha=\mathrm{Im}(\Delta\beta)&=\frac{\kappa_1}{\beta(2d)_{\text{eff}}}\sin 2\phi_{12}\sin 2\phi_{32}\mathrm{e}^{-2p_2 s}\\&=\frac{4\kappa_1^2\kappa_3 p_2^2\mathrm{e}^{-2p_2 s}}{(\kappa_1^2+p_2^2)(\kappa_3^2+p_2^2)(2d)_{\text{eff}}}\end{aligned} \tag{6.56}$$

3. *弯曲波导功率损耗系数的确定*

由式(6.53)中的第三式可知,如果两个指数函数的系数之比

$$A=-\mathrm{e}^{-2p_2 s}\mathrm{e}^{-\mathrm{i}2\phi_{32}} \tag{6.57}$$

则弯曲波导在三个区域中的场将完全与四层波导对应的三个区域中的场相一致。由 6.2.1 节的分析可知,在 ρ 很大的情况,大宗量的第一类汉开尔函数由式(6.44)表示。这说明弯曲波导在 ρ 很大处是辐射场,这也与四层波导在 n_3 介质中的场相类似。因此,可以设想用四层结构的波导来等效弯曲波导,这样,就能自然地得到

振幅衰减系数。不过,要把弯曲波导变换成四层结构的波导,还必须确定参数 s 和 n_3,而这两个参数可由式(6.57)来确定。由式(6.52)和式(6.57)两式,有

$$\frac{\mathrm{i}}{2}\exp\left[2p_2d-2R\left(\beta\ln\frac{p_2+\beta}{k_0n_2}-p_2\right)\right]=-\mathrm{e}^{-2p_2s}\mathrm{e}^{-2\mathrm{i}\phi_{32}} \tag{6.58}$$

根据两复数相等的原则,可得到

$$\phi_{32}=\frac{\pi}{4} \tag{6.59}$$

和

$$\frac{1}{2}\exp\left[2p_2d-2R\left(\beta\ln\frac{p_2+\beta}{k_0n_2}-p_2\right)\right]=\exp(-2p_2s) \tag{6.60}$$

由式(6.5)和式(6.59)两式,可得

$$p_2=\kappa_3 \tag{6.61}$$

由式(6.61)可确定 n_3。

利用式(6.60),可得

$$-2p_2s=2p_2d-2R\left(\beta\ln\frac{p_2+\beta}{k_0n_2}-p_2\right)-\ln2 \tag{6.62}$$

利用式(6.3),有

$$\ln\frac{p_2+\beta}{k_0n_2}=\frac{1}{2}\ln\frac{(p_2+\beta)^2}{\beta^2-p_2^2}=\frac{1}{2}\ln\left(\frac{1+\frac{p_2}{\beta}}{1-\frac{p_2}{\beta}}\right) \tag{6.63}$$

将对数展开为级数

$$\frac{1}{2}\ln\left(\frac{1+\frac{p_2}{\beta}}{1-\frac{p_2}{\beta}}\right)=\frac{p_2}{\beta}+\frac{1}{3}\left(\frac{p_2}{\beta}\right)^3+\frac{1}{5}\left(\frac{p_2}{\beta}\right)^5+\cdots \tag{6.64}$$

在 $p_2\ll\beta$ 的情况下,有

$$2\ln\frac{p_2+\beta}{k_0n_2}\approx2\frac{p_2}{\beta}+\frac{2}{3}\left(\frac{p_2}{\beta}\right)^3 \tag{6.65}$$

将式(6.65)代入式(6.62),可得

$$-2p_2s\approx2p_2d-\frac{2}{3}\left(\frac{p_2}{\beta}\right)^2p_2R-\ln2 \tag{6.66}$$

令

$$U=\frac{2}{3}\left(\frac{p_2}{\beta}\right)^2p_2R \tag{6.67}$$

便可得到以下关系式:

$$-2p_2s=2p_2d-U-\ln2 \tag{6.68}$$

这样,就完成了由弯曲波导到四层波导的变换。

只要把式(6.61)和式(6.68)两式代入四层波导振幅衰减系数式(6.56)中,即可得到弯曲波导的振幅衰减系数

$$\alpha = \frac{p_2\kappa_1^2 e^{2p_2 d} e^{-U}}{(\kappa_1^2 + p_2^2)\beta\left(2d + \frac{1}{p_0} + \frac{1}{p_2}\right)} \tag{6.69}$$

应用关系式

$$\kappa_1^2 + p_2^2 = k_0^2(n_1^2 - n_2^2) \tag{6.70}$$

即可得到弯曲波导的功率损耗系数

$$2\alpha = \frac{2p_2\kappa_1^2 e^{2p_2 d} e^{-U}}{k_0^2(n_1^2 - n_2^2)\beta\left(2d + \frac{1}{p_0} + \frac{1}{p_2}\right)} \tag{6.71}$$

令人惊异的是:四层波导近似法所得式(6.71)与直波导等效法的结果式(6.48)完全一致。

本节用场近似的方法,把弯曲波导等效成四层结构的波导,然后求出了弯曲波导的功率损耗系数。在这种近似方法中,不需要推导场的振幅系数和波导携带的功率,而且光波的振幅合乎情理地随着传输距离的增长而衰减。但在马库斯的近似理论中,必须假设光波的振幅不随坐标 z 变化。

6.2.3 保角变换矩阵分析方法[9]

这一节,我们首先利用保角变换,把阶跃折射率分布的弯曲波导,变换成折射率渐变的直波导。由于对应弯曲波导外侧的折射率可高于波导中准模的有效折射率,因而在该区域构成辐射场,从而引起能量的泄漏。

1. 保角变换法

考虑图 6.5 所示的薄膜厚度为 $2d$ 的对称弯曲波导,仍采用圆柱坐标(ρ,θ)系统,假设标量波动方程的解为

$$\psi(\rho,\theta) = \psi(\rho)e^{-i\beta R\theta} \tag{6.72}$$

同样有 $R\theta = z$,而 $\psi(\rho)$满足

$$\frac{1}{\rho}\frac{d}{d\rho}\left(\rho\frac{d\psi}{d\rho}\right) - \frac{\beta^2 R^2}{\rho^2}\psi + k_0^2 n^2(\rho)\psi = 0 \tag{6.73}$$

令

$$\psi = \rho^{-1/2}u(\rho) \tag{6.74}$$

$$x = \rho - R \tag{6.75}$$

在 $R \gg d$ 条件下,方程(6.73)变成

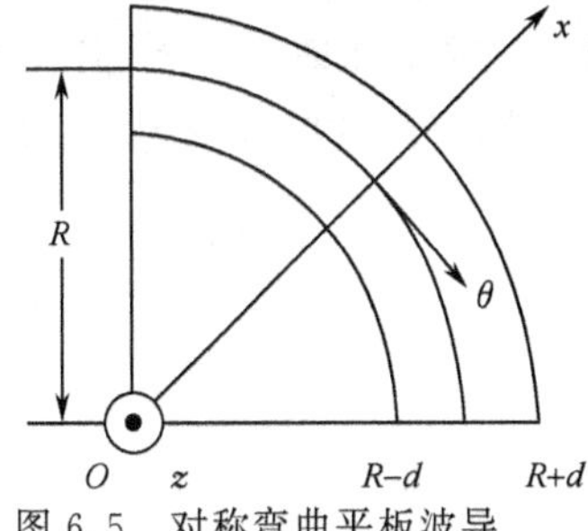

图 6.5 对称弯曲平板波导及坐标系统

$$\frac{d^2 u}{dx^2} + \left[k_0^2 n^2(x) - \beta^2\left(1 - \frac{2x}{R}\right)\right.$$

$$+\frac{1}{4R^2}\left(1-\frac{2x}{R}\right)\Big]u=0 \tag{6.76}$$

构造一新的折射率分布

$$N^2(x)=n^2(x)+\frac{1}{4k_0^2R^2}+\frac{2x}{R}\left(\frac{\beta^2}{k_0^2}-\frac{1}{4k_0^2R^2}\right) \tag{6.77}$$

则方程(6.76)变为

$$\frac{\mathrm{d}^2u}{\mathrm{d}x^2}+[k_0^2N^2(x)-\beta^2]u=0 \tag{6.78}$$

于是，弯曲波导的阶跃折射率分布 $n^2(x)$ 可用一直波导的折射率分布 $N^2(x)$ 等效，由图 6.6 可见，$N^2(x)$ 是线性分布函数。

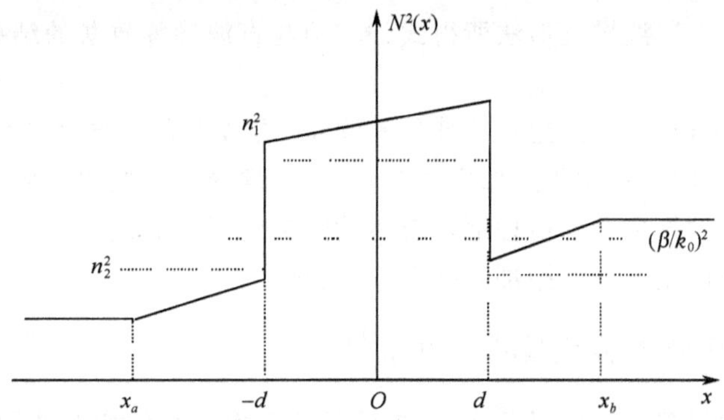

图 6.6　弯曲波导的等效折射率分布 $N^2(x)$（实线）与它的实际折射率分布（虚线）

2. 复本征方程的推导

为便于分析，令 $-x_a$ 和 x_b 两点分别为等效折射率分布 $N^2(x)$ 的截断点，假设 $x<-x_a$ 时，有 $N^2(x)=N_a^2$，而 $x>x_b$ 时，有 $N^2(x)=N_b^2$。截断点选取的原则是离波导中心和转折点 x_t 足够远，不会因截断点的选取而影响设定的精度要求。为了利用转移矩阵理论求解，把区域 $(-x_a,-d)$、$(-d,d)$ 和 (d,x_b) 分别分割成 l、m 和 n 等份，每层的厚度均为 h。对沿 z 方向传输的 TE 波，假设电场分量为

$$E_y(x)=\begin{cases}A_a\exp[p_a(x+x_a)], & x<-x_a\\ A_b\exp[-p_b(x-x_b)], & x>x_b\end{cases} \tag{6.79}$$

式中

$$\begin{aligned}p_a&=(\beta^2-k_0^2N_a^2)^{1/2}\\ p_b&=(\beta^2-k_0^2N_b^2)^{1/2}\end{aligned} \tag{6.80}$$

实际上，由于截断点选在转折点外，即有 $N_b^2>(\beta/k_0)^2$，因此在 $x>x_b$ 区域，场是辐射型的，根据式(6.80)，P_b 是虚数。当然，可把式(6.79)中的衰减型函数改成辐射

型函数，但在推导过程中会带来一些麻烦，不如用式(6.79)简洁。

根据转移矩阵理论，可得矩阵方程

$$\begin{bmatrix} E_y(-x_a) \\ E'_y(-x_a) \end{bmatrix} = \left(\prod_{j=1}^{l} M_j\right)\left(\prod_{q=l+1}^{l+m} M_q\right)\left(\prod_{s=l+m+1}^{l+m+n} M_s\right)\begin{bmatrix} E_y(x_b) \\ E'_y(x_b) \end{bmatrix} \tag{6.81}$$

式中

$$\begin{cases} M_j = \begin{bmatrix} \cosh(\alpha_j h) & -\dfrac{1}{\alpha_j}\sinh(\alpha_j h) \\ -\alpha_j \sinh(\alpha_j h) & \cosh(\alpha_j h) \end{bmatrix} \\ \alpha_j = [\beta^2 - k_0^2 N^2(x_j)]^{1/2}, \quad j = 1,2,\cdots,l \end{cases} \tag{6.82}$$

$$\begin{cases} M_q = \begin{bmatrix} \cos(\kappa_q h) & -\dfrac{1}{\kappa_q}\sin(\kappa_q h) \\ \kappa_q \sin(\kappa_q h) & \cos(\kappa_q h) \end{bmatrix} \\ \kappa_q = [k_0^2 N^2(x_q) - \beta^2]^{1/2}, \quad q = l+1, l+2, \cdots, l+m \end{cases} \tag{6.83}$$

$$\begin{cases} M_s = \begin{bmatrix} \cosh(\alpha_s h) & -\dfrac{1}{\alpha_s}\sinh(\alpha_s h) \\ -\alpha_s \sinh(\alpha_s h) & \cosh(\alpha_s h) \end{bmatrix} \\ \alpha_s = [\beta^2 - k_0^2 N^2(x_s)]^{1/2}, \quad s = l+m+1, l+m+2, \cdots, l+m+n \end{cases} \tag{6.84}$$

当 $x > x_t$ 时，显然有 $\beta^2 < k_0^2 N^2(x_s)$，α_s 变为虚数。这时，只要利用恒等式，$\sinh(\mathrm{i}x) = \mathrm{i}\sin x$，$\cosh(\mathrm{i}x) = \cos x$，把式(6.84)的矩阵换成适当的形式即可。根据第 5 章中建立的方法，在 l、m 和 $n \to \infty (h \to 0)$ 时，可得以下较为简洁的方程：

$$\int_{-d}^{d} \kappa \mathrm{d}x + \Phi(s) = M\pi + \arctan\left(\frac{p_l}{\kappa_{l+1}}\right) + \arctan\left(\frac{p_{l+m+1}}{\kappa_{l+m}}\right), \quad M = 0,1,2,\cdots \tag{6.85}$$

其中 p_l 由下式确定：

$$\begin{cases} p_j = \alpha_j \dfrac{\sinh(\alpha_j h) + \dfrac{p_{j-1}}{\alpha_j}\cosh(\alpha_j h)}{\cosh(\alpha_j h) + \dfrac{p_{j-1}}{\alpha_j}\sinh(\alpha_j h)}, \quad j = 1,2,\cdots,l \\ p_0 = p_a \end{cases} \tag{6.86}$$

p_{l+m+1} 由下式确定：

$$\begin{cases} p_s = \alpha_s \dfrac{\sinh(\alpha_s h) + \dfrac{p_{s+1}}{\alpha_s}\cosh(\alpha_s h)}{\cosh(\alpha_s h) + \dfrac{p_{s+1}}{\alpha_s}\sinh(\alpha_s h)}, \quad s = l+m+1, l+m+2, \cdots, l+m+n \\ p_{l+m+n+1} = p_b \end{cases} \tag{6.87}$$

而散射子波的相位贡献为

$$
\begin{cases}
\Phi(s) = \displaystyle\sum_{q=l+1}^{l+m+1}\left[\Phi_{q+1} - \arctan\left(\frac{\kappa_{q+1}}{\kappa_q}\tan\Phi_{q+1}\right)\right] \\
\Phi_q = \arctan\left(\dfrac{p_q}{\kappa_q}\right)
\end{cases}
\tag{6.88}
$$

由式(6.86)可知,由于 $\alpha_j(j=1,2,\cdots,l)$ 始终是实数,故等效衰减系数 p_l 也是实的,说明在 $x<-d$ 区域,可用一指数衰减场等效。而在 $x>d$ 区域,情况稍有不同。在 $d<x<x_t$ 区域内 $\alpha_s(s=l+m+1,l+m+2,\cdots,l+m+n)$ 是实数,而在 $x>x_t$ 区域,α_s 是虚数,则由式(6.87)可推断,p_{l+m+1} 是复数。因此,模式本征方程(6.85)是一个复方程,所得模式本征值也是复数,其实部代表准模的传播常数(用 β_r 表示)。而虚部(用 Γ 表示)代表这种结构的泄漏,即波导的弯曲损耗。

3. 数值比较

在方程(6.85)的推导过程中,唯一使用的近似是要求弯曲半径远大于波导本身的厚度,即 $R\gg d$,而该要求一般是容易实现的。为说明方程(6.85)的精确度,考虑以下参数表示的弯曲波导:

$$
n(x) = \begin{cases} n_1 = 1.503, & |x|<d \\ n_2 = 1.500, & |x|>d \end{cases}
\tag{6.89}
$$

$$
d = 2\mu\text{m}, \quad \lambda_0 = 1\mu\text{m}
$$

在各种不同的弯曲半径下,计算了弯曲损耗,并与高精度的艾里函数数值方法[10]、马库斯的直波导近似法[7]和 Takuma 方法[11]做了比较,结果由表 6.1 给出。

表 6.1 归一化弯曲损耗和有效折射率

R/d	β_r/k_0	$2\Gamma d$			
		Airy function	Present	Marcuse	Takuma
0.5×10^4	1.501637705	9.10×10^{-5}	9.10×10^{-5}	1.24×10^{-4}	1.31×10^{-4}
0.7×10^4	1.501615377	8.62×10^{-6}	8.62×10^{-6}	1.07×10^{-5}	1.10×10^{-5}
0.9×10^4	1.501606677	7.76×10^{-7}	7.76×10^{-7}	9.18×10^{-7}	9.26×10^{-7}
1.0×10^4	1.501604253	2.30×10^{-7}	2.30×10^{-7}	2.69×10^{-7}	2.70×10^{-7}
1.1×10^4	1.501602492	6.82×10^{-8}	6.82×10^{-8}	7.90×10^{-8}	7.85×10^{-8}
1.3×10^4	1.501600151	5.93×10^{-9}	5.93×10^{-9}	6.80×10^{-9}	6.67×10^{-9}
1.5×10^4	1.501598704	5.13×10^{-10}	5.13×10^{-10}	5.85×10^{-10}	5.67×10^{-10}

由表 6.1 可见,方程(6.85)给出的结果与高精度的艾里函数数值计算结果完全一致。图 6.7 表示弯曲损耗与弯曲半径的变化关系,弯曲波导的参数仍由式(6.89)确定。

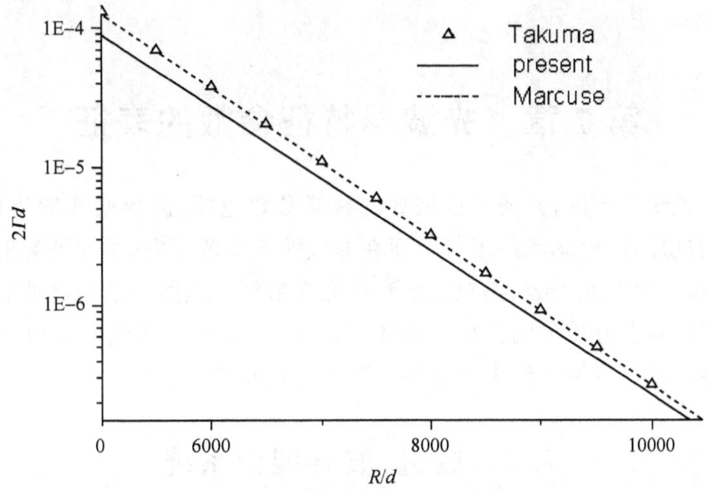

图 6.7 弯曲损耗随弯曲半径的变化

图 6.7 中，Marcuse 与 Takuma 的结果明显偏大，而方程(6.85)计算的曲线和高精度的艾里函数数值方法完全重合，这说明了本节建立的方法有效。

参 考 文 献

[1] Tien P K. Integrated optics and new wave phenomena in optical waveguides [J]. Reviews of Modern Physics,1977,49: 361～420.

[2] Cao Z Q,Liu Q,Shen Q S. Simplified analysis for leaky modes in planar optical waveguides[J],Chinese Physics Letters,1999,16: 413～414.

[3] Marcuse D. Bending losses of the asymmetric slab waveguide[J]. Bell System Technology Journal,1971,50: 2551～2563.

[4] Marcatili E A J. Bends in optical dielectric Guides [J]. Bell System Technology Journal,1969,48: 2103～2132.

[5] Kapron F P,Keck D B,Maurer R D. Radiation losses in glass optical waveguides [J]. Applied Physics Letters,1970,17: 423～425.

[6] 曹庄琪,方俊鑫. 非对称平板波导的辐射损耗分析 [J]. 上海交通大学学报，1984,18: 25～32.

[7] 曹庄琪,杨傅子,方俊鑫. 非对称弯曲波导的辐射损耗特性 [J]. 光学学报,1986,6: 25～30.

[8] Lewin L. Radiation from curved dielectric slabs and fibers[J]. IEEE Transactions on Microwave Theory and Techniques,1974,22: 718～727.

[9] Liu Q,Cao Z Q,Shen Q S et al. Analytic matrix method for the study of propagation characteristics of a bent planar waveguide [J]. Chinese Physics Letters,2000,17:349～351.

[10] Thyagarajan K,Shenoy M R,Ghatak K. Accurate numerical method for the calculation of bending loss in optical waveguides using a matrix approach[J]. Optics Letters,1987,12: 296～298.

[11] Takuma T,Miyagi M, Kawakami S. Bent asymmetric dielectric slab waveguides: a detailed analysis [J]. Applied Optics,1981,29: 2291～2298.

第 7 章 光波导特征参数的表征

在线性光学范围内，介质平面波导的特征参数包括：波导模式的传播常数、传输损耗、导波层的折射率和厚度等。而在非线性光学范围内，平面波导的特征参数包括：线性和二次电光系数、倍频系数和热光系数等。这些参数在光波导器件的制备和设计中起着十分重要的作用。因此，对这些特征参数的测量就成为导波光学的一项重要任务。本章介绍表征这些参数的原理和实验方法。

7.1 棱镜-波导耦合系统

用折射率较高的棱镜把光束耦合到平面结构中去的问题在介质光波导出现之前很久就已进行了研究。例如，奥斯特伯格（Osterberg）和史密斯（Smith）[1] 在 1964 年就报道过用棱镜耦合的实验。在 1968 年，奥托（Otto）[2] 开始了在金属薄膜中用棱镜激发表面等离子体激元的一系列工作。然而，只是在 1969 年，才由贝尔电话实验室田炳耕教授领导的研究小组[3]用实验证明了能用棱镜高效率地激发介质光波导中的光导波。

7.1.1 工作原理和 m 线光谱学[3]

棱镜-波导耦合系统的结构如图 7.1 所示，它是用一折射率高于波导薄膜的三角棱镜压在介质平板波导上构成的。在棱镜的底部和波导薄膜的表面之间有一层很窄的空气间隙。从激光器射来的光束进入棱镜后，在棱镜底部发生全反射，在空

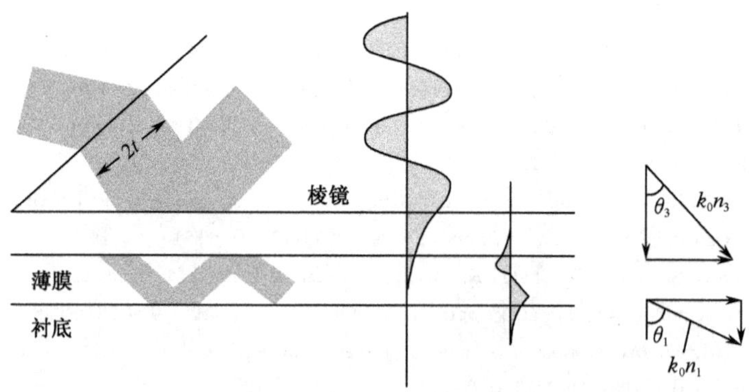

图 7.1 棱镜-波导耦合系统

气间隙中产生迅衰场。由于空气间隙层很薄，约有几分之一个激光波长，因此迅衰场的尾部可以到达空气-薄膜界面，由于反射作用，在空气-薄膜界面形成一相反的迅衰场。正是由于这两个相反方向的迅衰场的相应作用，才使入射光耦合进波导。当然，这一过程是可逆的。即介质波导中的导模功率也能转化为棱镜介质中的空间光束，这就是导模与辐射模之间的能量交换过程。类比于量子力学中微观粒子穿透势垒的行为，这个过程称为光学隧道效应。实际上，由于光波导的标量波动方程类似于薛定谔方程，折射率分布相当于势函数。折射率高的部分相当于势阱，而折射率低的部分相当于势垒，因此光波导可用图 7.2 所示的势阱来类比。由于对应势垒的衬底和覆盖层伸展于无限远，光波导的能量只能约束在波导中。

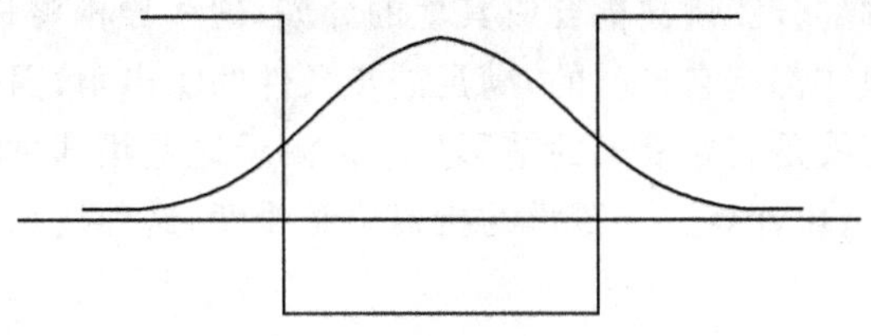

图 7.2　光波导的势阱模型

图 7.3 所示的棱镜-波导耦合系统则不然，由于棱镜的折射率高于波导薄膜，故棱镜介质和波导薄膜中的光波可通过光学隧道互相耦合。但是，值得注意的是上述耦合效应不是在任何情况下都会发生的，只有在满足相位匹配的条件下才能发生。这就是要求棱镜中沿 z 轴方向的光波波矢必须与波导中导波的传播常数相等，即必须满足

$$k_0 n_3 \sin\theta_3 = \beta \tag{7.1}$$

式(7.1)也称为同步条件，而 θ_3 称为同步角。

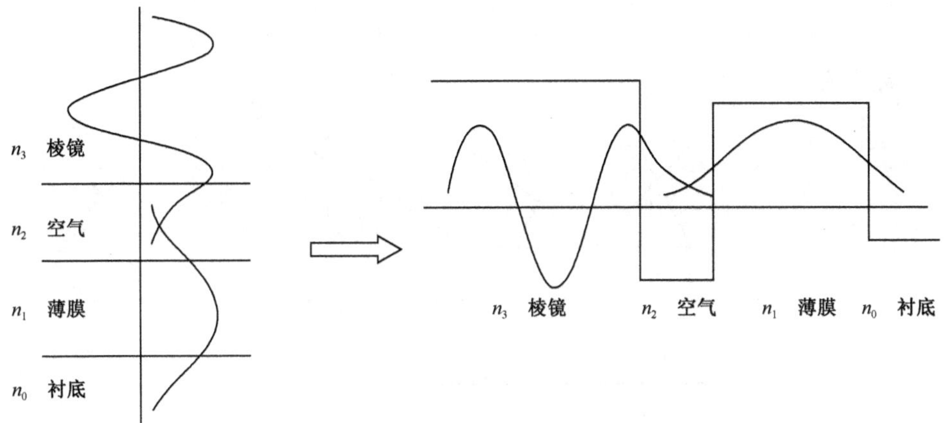

图 7.3　棱镜-波导耦合系统与势阱模型

图 7.4 是田炳耕[3]等用来观察 m 线的实验装置。在这个实验中，用一等腰棱镜使激光束从一腰耦合进光波导，然后从另一腰耦合输出，右方屏幕用来显示从棱

镜输出的光。实验者调节入射激光束的方向,使得同步条件得以满足,在波导中激发出某一导模。由于实际波导绝不可能是理想的,总是存在光散射,于是这个导模的部分能量被耦合成其他的导模,这些导模将以不同的方向耦合出棱镜。每一个模式都有它自己的,满足同步条件的输出角,因此,在屏幕上可看到一组亮线,这些亮线是波导模式的精彩显示。测量这些模式的同步角,并利用波导的模式本征方程,可计算波导薄膜的折射率和厚度,这种技术叫做 m 线光谱法。

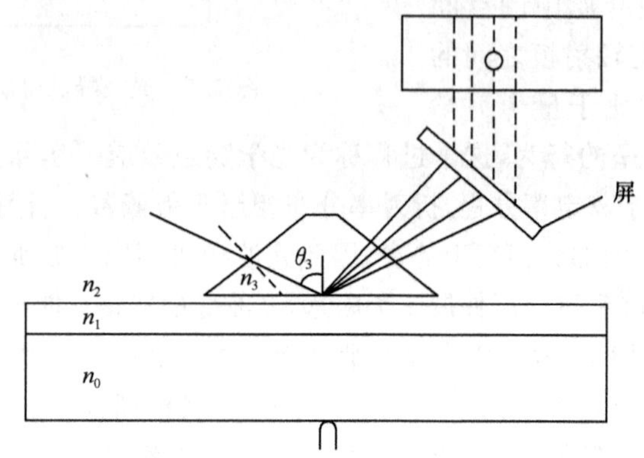

图 7.4　观察 m 线的实验装置

7.1.2　反射率公式与衰减全反射(ATR)谱

1. 反射率公式

为了推导如图所示实验装置的反射率,必须先确定如图 7.5 所示的结构参数和坐标系统。

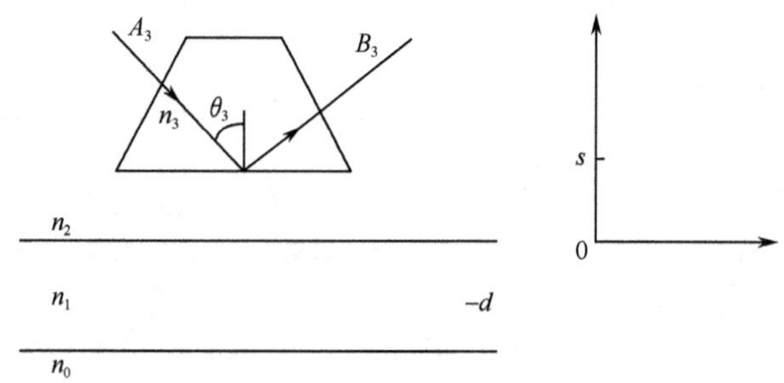

图 7.5　计算反射率的系统模型

由工作原理分析可知,该系统中的场分布与四层泄漏波导稍有不同。这里,棱镜中有入射光和反射光,而四层泄漏波导中,n_3 介质中仅有泄漏光线,而其他区域的场

分布完全相同。因此，对 TE 波，棱镜-波导耦合系统的横向电场分布为

$$E_y(x)=\begin{cases}A_3\exp[-\mathrm{i}\kappa_3(x-s)]+B_3\exp[\mathrm{i}\kappa_3(x-s)], & s<x<+\infty\\ A_2\exp(-p_2x)+B_2\exp(p_2x), & 0<x<s\\ A_1\exp(-\mathrm{i}\kappa_1x)+B_1\exp(\mathrm{i}\kappa_1x), & -d<x<0\\ A_0\exp[p_0(x+d)], & -\infty<x<-d\end{cases}\tag{7.2}$$

式中，κ_3、κ_1、p_2、p_0 等参数仍由式(6.3)定义。

利用边界条件，可得反射系数

$$r=\frac{B_3}{A_3}=\frac{r_{32}+r_{210}\exp(-2p_2s)}{1+r_{32}r_{210}\exp(-2p_2s)}\tag{7.3}$$

式中

$$r_{32}=\exp(-\mathrm{i}2\phi_{32})\tag{7.4}$$

$$r_{210}=\frac{\exp(-\mathrm{i}2\phi_{12})-\exp[\mathrm{i}2(\kappa_1d-\phi_{10})]}{\exp[\mathrm{i}2(\kappa_1d-\phi_{10}-\phi_{12})]-1}\tag{7.5}$$

$$\phi_{10}=\arctan\left(\frac{p_0}{\kappa_1}\right)\tag{7.6}$$

$$\phi_{12}=\arctan\left(\frac{p_2}{\kappa_1}\right)\tag{7.7}$$

$$\phi_{32}=\arctan\left(\frac{p_2}{\kappa_3}\right)\tag{7.8}$$

由入射角确定的波导模式传播常数

$$\beta=k_0n_3\sin\theta_3\tag{7.9}$$

θ_3 称为同步角，即在同步角，入射光能量才能转移到波导中。容易知道反射率

$$R=rr^*=|r|^2\tag{7.10}$$

2. 理想系统

所谓理想体统，即系统中不存在散射和吸收，四种介质的折射率都不存在虚部的情况。因而可知 β 和 κ_3、κ_1、p_2、p_0 都是实数，从而，ϕ_{10}、ϕ_{12} 和 ϕ_{32} 也是实数。这时，显然有

$$r_{32}^*=\exp(\mathrm{i}2\phi_{32})=1/r_{32}\tag{7.11}$$

$$\begin{aligned}r_{210}^*&=\frac{\exp(\mathrm{i}2\phi_{12})-\exp[-\mathrm{i}2(\kappa_1d-\phi_{10})]}{\exp[-\mathrm{i}2(\kappa_1d-\phi_{10}-\phi_{12})]-1}\\&=\frac{\exp[\mathrm{i}2(\kappa_1d-\phi_{10})]-\exp(-\mathrm{i}2\phi_{12})}{1-\exp[\mathrm{i}2(\kappa_1d-\phi_{10}-\phi_{12})]}=r_{210}\end{aligned}\tag{7.12}$$

于是

$$r^*=\frac{r_{32}^*+r_{210}^*\exp(-2p_2s)}{1+r_{32}^*r_{210}^*\exp(-2p_2s)}=\frac{r_{32}^{-1}+r_{210}\exp(-2p_2s)}{1+r_{32}^{-1}r_{210}\exp(-2p_2s)}=\frac{1}{r}\tag{7.13}$$

从而有

$$R = rr^* = 1 \tag{7.14}$$

这表明：在理想情况下，即使入射角满足同步条件，入射光的能量也不可能转移到波导中。但当系统（棱镜和波导）存在损耗（吸收和散射）时，式(7.11)、式(7.12)和式(7.13)不再成立，因而式(7.14)也不再成立。换句话说，系统的损耗也是能量耦合的必要条件。

3. 满足同步条件时的反射率公式[4]

无入射光时，$A_3 = 0$，棱镜波导耦合系统退化为四层泄漏波导。根据式(7.3)，有

$$1 + r_{32} r_{210} \exp(-2p_2 s) = 0 \tag{7.15}$$

利用式(7.4)和式(7.5)，不难看出，方程(7.15)即是四层泄漏波导的方程(6.4)。因此，棱镜-波导耦合系统可看作为入射光作用于四层泄漏波导的系统。

下面考虑一实际的结构，即棱镜无吸收，n_3 是实数，而波导存在损耗，其传播常数 β^0 是复数的情况。这时，由式(6.12)，四层泄漏波导的传播常数可写为

$$\beta^L = \beta^0 + \Delta\beta^L = [\mathrm{Re}(\beta^0) + \mathrm{Re}(\Delta\beta^L)] + \mathrm{i}[\mathrm{Im}(\beta^0) + \mathrm{Im}(\Delta\beta^L)] \tag{7.16}$$

而棱镜中入射光的波矢是实数，因而两个波矢是不可能匹配的，仅当 β^L 的虚部很小时，才有近似的匹配。这时近似的同步条件为

$$\beta = \mathrm{Re}(\beta^0) + \mathrm{Re}(\Delta\beta^L) \tag{7.17}$$

而 β 由式(7.9)确定。

考察反射系数

$$\begin{aligned} r &= \frac{r_{32} + r_{210}\exp(-2p_2 s)}{1 + r_{32} r_{210}\exp(-2p_2 s)} = r_{32}\frac{1 + r_{32}^{-1} r_{210}\exp(-2p_2 s)}{1 + r_{32} r_{210}\exp(-2p_2 s)} \\ &= r_{32}\frac{\{\exp[\mathrm{i}2(\kappa_1 d - \phi_{10} - \phi_{12})] - 1\} + \{\exp(-2\phi_{12}) - \exp[\mathrm{i}2(\kappa_1 d - \phi_{10})]\} r_{32}^{-1}\exp(-2p_2 s)}{\{\exp[\mathrm{i}2(\kappa_1 d - \phi_{10} - \phi_{12})] - 1\} + \{\exp(-2\phi_{12}) - \exp[\mathrm{i}2(\kappa_1 d - \phi_{10})]\} r_{32}\exp(-2p_2 s)} \end{aligned} \tag{7.18}$$

在弱耦合条件下，有

$$\exp(-2p_2 s) \ll 1$$

则在同步角近似下，式(7.18)中的 β 可用三层波导的 β^0 展开，从而可得

$$r = r_{32}\frac{(\beta - \beta^0) - \dfrac{\mathrm{i}\kappa_1}{2\beta d_{\mathrm{eff}}}\{\exp[\mathrm{i}2(\kappa_1 d - \phi_{10}) - \exp(-\mathrm{i}2\phi_{12})]\} r_{32}^{-1}\exp(-2p_2 s)}{(\beta - \beta^0) - \dfrac{\mathrm{i}\kappa_1}{2\beta d_{\mathrm{eff}}}\{\exp[\mathrm{i}2(\kappa_1 d - \phi_{10}) - \exp(-\mathrm{i}2\phi_{12})]\} r_{32}\exp(-2p_2 s)} \tag{7.19}$$

根据式(6.8)，不难看出式(7.19)分母中第二项即为 $\Delta\beta^L$。又因为

$$\mathrm{Re}(r_{32}^{-1}) = \mathrm{Re}(r_{32})$$

$$\mathrm{Im}(r_{32}^{-1}) = -\mathrm{Im}(r_{32})$$

所以,式(7.18)变为

$$r = r_{32}\frac{\beta-[\mathrm{Re}(\beta^0)+\mathrm{Re}(\Delta\beta^L)]-i[\mathrm{Im}(\beta^0)-\mathrm{Im}(\Delta\beta^L)]}{\beta-[\mathrm{Re}(\beta^0)+\mathrm{Re}(\Delta\beta^L)]-i[\mathrm{Im}(\beta^0)+\mathrm{Im}(\Delta\beta^L)]} \tag{7.20}$$

反射率可改写为

$$\begin{aligned}R&=|r_{32}|^2\frac{\{\beta-[\mathrm{Re}(\beta^0)+\mathrm{Re}(\Delta\beta^L)]\}^2+[\mathrm{Im}(\beta^0)-\mathrm{Im}(\Delta\beta^L)]^2}{\{\beta-[\mathrm{Re}(\beta^0)+\mathrm{Re}(\Delta\beta^L)]\}^2+[\mathrm{Im}(\beta^0)+\mathrm{Im}(\Delta\beta^L)]^2}\\&=|r_{32}|^2\left(1-\frac{4\mathrm{Im}(\beta^0)\mathrm{Im}(\Delta\beta^L)}{\{\beta-[\mathrm{Re}(\beta^0)+\mathrm{Re}(\Delta\beta^L)]\}^2+[\mathrm{Im}(\beta^0)+\mathrm{Im}(\Delta\beta^L)]^2}\right)\end{aligned} \tag{7.21}$$

满足同步条件式(7.17)时,反射率取极小值,即有

$$R_{\min}=|r_{32}|^2\left\{1-\frac{4\mathrm{Im}(\beta^0)\mathrm{Im}(\Delta\beta^L)}{[\mathrm{Im}(\beta^0)+\mathrm{Im}(\Delta\beta^L)]^2}\right\} \tag{7.22}$$

式(7.22)对损耗的测量和传感器中待测介质对光的吸收等课题,具有重要的指导意义。不难看出,当波导的本征损耗与泄漏损耗相等时,即

$$\mathrm{Im}(\beta^0)=\mathrm{Im}(\Delta\beta^L) \tag{7.23}$$

有

$$R_{\min}=0 \tag{7.24}$$

7.1.3 光波导薄膜厚度和折射率的测量[5]

根据全反射公式可知,若连续改变入射角 θ_3,则反射率 R 对 θ_3 的曲线上将呈一系列衰减全反射吸收峰。吸收峰的位置对应的入射角即为同步角。在泄漏损耗可忽略不计的情况下,由式(7.17)可知,同步角对应的入射光线在传播方向的波矢分量 β 即是待测波导模式的传播常数。这就是棱镜-波导耦合器测量波导模式传播常数的工作原理。

利用计算机控制实现衰减全反射(ATR)谱测量装置如图 7.6 所示,它由半导体激光器、起偏器、探测器、θ-2θ 仪、计算机组成。由半导体激光器发出的准直光经起偏器后直接入射于放于 θ-2θ 仪中心平台上的棱镜-波导耦合系统,该平台每转动 1°,放探测器的外盘转动 2°,这样可保证探测器时刻跟踪反射光。角度扫描通过步进马达由计算机控制,探测器接收的信号放大后经 A/D 卡进入计算机,在屏幕上得到扫描曲线。

利用反射率公式,可用计算机模拟激发能量通过棱镜耦合进入波导的角度扫描过程,反射率随入射角的变化曲线也称为衰减全反射(ATR)谱,图 7.7 表示某一波导 TE 或 TM 模的 ATR 谱。

已知该波导模式满足的色散方程为

$$\kappa_1 h = m\pi+\arctan\left(\frac{f_1}{f_0}\frac{p_0}{\kappa_1}\right)+\arctan\left(\frac{f_1}{f_2}\frac{p_2}{\kappa_1}\right),m=0,1,2,\cdots \tag{7.25}$$

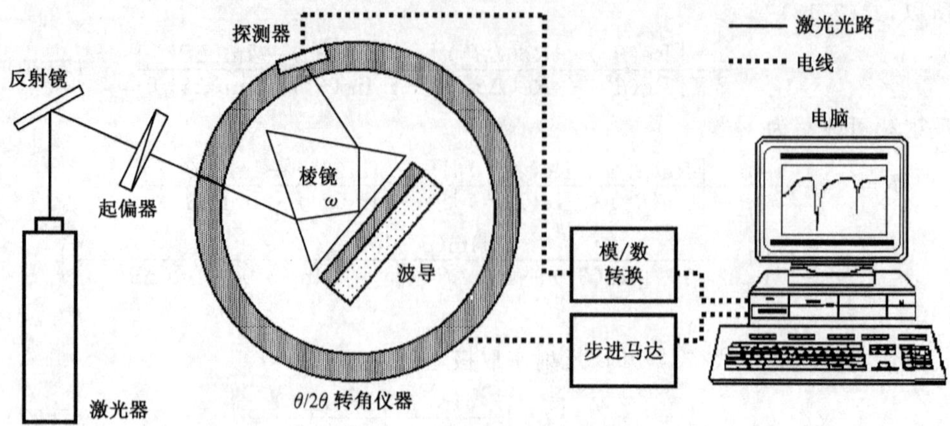

图 7.6　衰减全反射(ATR)谱测量装置

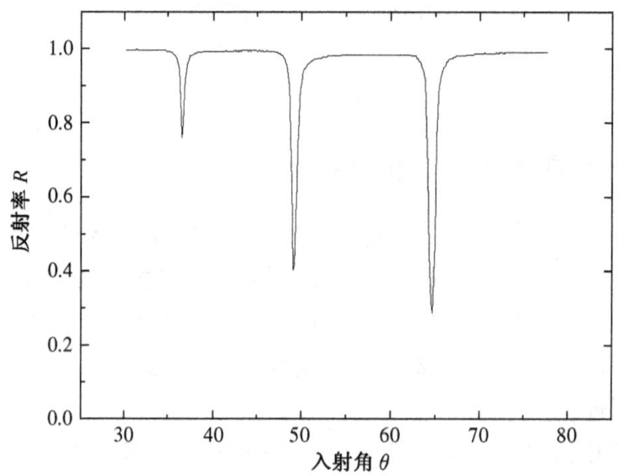

图 7.7　衰减全反射(ATR)谱

式中

$$\begin{cases}\kappa_1 = (k_0^2 n_1^2 - \beta^2)^{1/2} \\ p_0 = (\beta^2 - k_0^2 n_0^2)^{1/2} \\ p_2 = (\beta^2 - k_0^2 n_2^2)^{1/2}\end{cases} \tag{7.26}$$

而

$$f_j = \begin{cases}1, \\ n_j^2,\end{cases} \quad j = 0,1,2 \tag{7.27}$$

$f_j=1$ 对应 TE 模式；而 $f_j=n_j^2$ 对应 TM 模式。其中 β 为传播常数，$k_0=2\pi/\lambda$ 为真

空中的波矢，λ 为实验中所用激光的波长。n_0、n_1、n_2 分别为衬底、波导薄膜、衬底和空气隙的折射率，h 为薄膜厚度。导模有效折射率 n_{eff} 定义为

$$n_{\text{eff}} = \beta/k_0 \tag{7.28}$$

通过测量同步角便可得到 n_{eff} 和传播常数 β。对于多模波导，若知道了三个模的 β_{m-1}、β_m、β_{m+1}，便可联立模序数分别为 $m-1$、m、$m+1$ 的超越方程

$$\begin{cases} \kappa_1^{m-1}h = (m-1)\pi + \arctan\left(\dfrac{f_1}{f_0}\dfrac{p_0^{m-1}}{\kappa_1^{m-1}}\right) + \arctan\left(\dfrac{f_1}{f_2}\dfrac{p_2^{m-1}}{\kappa_1^{m-1}}\right) \\ \kappa_1^{m}h = m\pi + \arctan\left(\dfrac{f_1}{f_0}\dfrac{p_0^{m}}{\kappa_1^{m}}\right) + \arctan\left(\dfrac{f_1}{f_2}\dfrac{p_2^{m}}{\kappa_1^{m}}\right) \\ \kappa_1^{m+1}h = (m+1)\pi + \arctan\left(\dfrac{f_1}{f_0}\dfrac{p_0^{m+1}}{\kappa_1^{m+1}}\right) + \arctan\left(\dfrac{f_1}{f_2}\dfrac{p_2^{m+1}}{\kappa_1^{m+1}}\right) \end{cases} \tag{7.29}$$

由式(7.29)可求出波导薄膜的厚度 h 和折射率 n_1。

严格地说，利用三层平面波导的色散方程(7.28)和(7.29)来确定 h 和 n_1 并不正确，正确的方程应是式(6.4)或式(6.22)。但在这两式中，间隙 s 的精确测量是非常困难的。不过在弱耦合情况下，可完全忽略棱镜的影响，利用三层平面波导的色散方程只会产生很小的误差。

7.2 光波导传输损耗的测量

波导薄膜中导波光的传输损耗是评价介质光波导的一个重要参数。制约波导能量传输效率的主要有以下因素：

(1) 由折射率分布不均匀或波导界面的粗糙度引起的散射损耗；

(2) 光波导材料点阵离子、杂质离子或电子吸收引起的吸收损耗；

(3) 由波导弯曲或光学隧道引起的辐射损耗。

对于这三种损耗，可用统一的衰减系数 $\alpha(\text{cm}^{-1})$ 或损耗 $\xi(\text{dB/cm})$ 来描述。设导波光从 z_1 传输到 z_2 处，光功率从 p_1 下降到 p_2，则有

$$\alpha = -\frac{1}{z_2 - z_1}\ln\left(\frac{p_2}{p_1}\right) \tag{7.30}$$

而

$$\xi = -\frac{10}{z_2 - z_1}\lg\left(\frac{p_2}{p_1}\right) \tag{7.31}$$

7.2.1 光波导传输损耗的微扰计算

若已知波导各层薄膜的复折射率，则可利用数值方法计算光波导传输损耗，并可获得相对高精度的计算结果，但无法给出解析表达式，且计算过程难以准确反映物理参数的变化，因而近似计算方法引起了较大的关注。近似方法中使用较多的

是光线方法。这种近似图像直观，方法简单，但计算误差较大。本节仍采用第4章中的微扰法，把有损耗的波导(复折射率表征)看作是理想波导(实折射率表征)的微扰。通常情况下，实际波导介质折射率的虚部相对其实部来说，是极其微小的。因而，利用这种微扰法计算光波导传输损耗可获得极好的效果。因第6章中已讨论了因泄漏引起的波导损耗，因此，本节以复折射率导波层为例，计算光波导传输损耗。对复折射率覆盖层或衬底，或几层同时为复折射率的情况，读者可参照上述理论自行处理。

导波层存在吸收的波导结构如图7.8所示。图中衬底和覆盖层的折射率 n_0 和 n_2 是实数，而

$$n_1 = n_{1r} + \mathrm{i}n_{1i} \tag{7.32}$$

且有

$$n_{1i} \ll n_{1r} \tag{7.33}$$

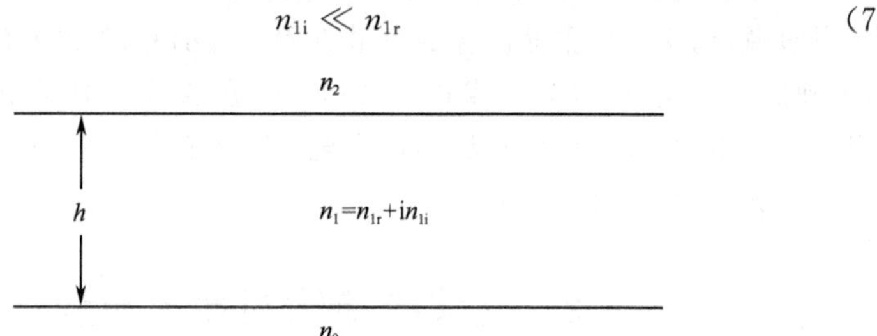

图7.8 存在吸收的介质平板波导

模式本征方程为

$$\kappa_1 h = m\pi + \arctan\left(\frac{p_0}{\kappa_1}\right) + \arctan\left(\frac{p_2}{\kappa_1}\right) \tag{7.34}$$

式中，p_0 和 p_2 仍由式(2.9)和式(2.10)给出，而

$$\kappa_1 = (k_0^2 n_1^2 - \beta^2)^{1/2} \approx \kappa_{1r} + \mathrm{i}\kappa_{1i} \tag{7.35}$$

其中

$$\kappa_{1r} = \sqrt{k_0^2 n_{1r}^2 - \beta^2} \tag{7.36}$$

$$\kappa_{1i} = \frac{k_0^2 n_{1r} n_{1i}}{\sqrt{k_0^2 n_{1r}^2 - \beta^2}} \tag{7.37}$$

于是有

$$\arctan\left(\frac{p_0}{\kappa_1}\right) = \arctan\left(\frac{p_0}{\kappa_{1r} + \mathrm{i}\kappa_{1i}}\right) = \arctan\left(\frac{p_0}{\kappa_{1r}}\right) - \mathrm{i}\,\frac{p_0\kappa_{1i}}{\kappa_{1r}^2 + p_0^2} \tag{7.38}$$

$$\arctan\left(\frac{p_2}{\kappa_1}\right) = \arctan\left(\frac{p_2}{\kappa_{1r} + \mathrm{i}\kappa_{1i}}\right) = \arctan\left(\frac{p_2}{\kappa_{1r}}\right) - \mathrm{i}\,\frac{p_2\kappa_{1i}}{\kappa_{1r}^2 + p_2^2} \tag{7.39}$$

微扰波导的模式本征方程可表示为

$$\kappa_{1r}h = m\pi + \arctan\left(\frac{p_0}{\kappa_{1r}}\right) + \arctan\left(\frac{p_2}{\kappa_{1r}}\right) - i\kappa_{1i}\left(h + \frac{p_0}{\kappa_{1r}^2 + p_0^2} + \frac{p_2}{\kappa_{1r}^2 + p_2^2}\right),$$
$$m = 0,1,2,\cdots \tag{7.40}$$

定义

$$h_{\text{loss}} = h + \frac{p_0}{\kappa_{1r}^2 + p_0^2} + \frac{p_2}{\kappa_{1r}^2 + p_2^2} \tag{7.41}$$

根据式(7.40)，κ_{1i}是横向衰减系数，而h_{loss}可认为是横向衰减长度。

设理想波导的传播常数为β^0，把微扰波导的传播常数β在β^0处展开，利用式(4.75)，可得传播常数的变化为

$$\Delta\beta = i\frac{k_0^2 n_{1r} n_{1i}}{\beta} \cdot \frac{h + \dfrac{p_0}{\kappa_{1r}^2 + p_0^2} + \dfrac{p_2}{\kappa_{1r}^2 + p_2^2}}{h + \dfrac{1}{p_0} + \dfrac{1}{p_2}} = i\frac{k_0^2 n_{1r} n_{1i}}{\beta} \cdot \frac{h_{\text{loss}}}{h_{\text{eff}}} \tag{7.42}$$

为简单计，式(7.42)中表示本征值的上标“0”均已省略。

根据式(7.16)，有

$$\Delta\beta = i\text{Im}(\beta) \tag{7.43}$$

由此可得重要结论：在一阶近似下，导波层的吸收仅影响波导的损耗特性，而对其他特性无影响。

为验证微扰方法的精确度，利用式(7.31)计算了一实际波导 TE_0 模的传输损耗，并与传输矩阵数值方法的结果进行了比较。所得结果如图 7.9 所示。实际波导的参数为

$$n_{1r} = 1.56,\quad n_0 = 1.49,\quad n_2 = 1.33,\quad h = 0.4\mu\text{m},\quad \lambda = 0.55\mu\text{m}$$

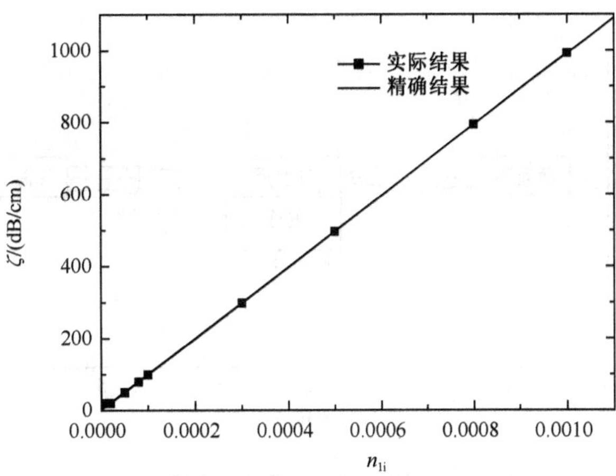

图 7.9 传输损耗与消光系数的关系

由图可见，在消光系数为 0.001 时，微扰法与数值方法的结果仍能保持一致。而在实际情况下，导波层消光系数大于 10^{-3} 的波导是无法使用的。因此，利用微扰计算波导的损耗是十分可靠的。

7.2.2　端面耦合法

用端面耦合方法[6]测量波导传输损耗的原理如图 7.10 所示。用透镜把激光束会聚到波导端面，使用不同长度的波导样品，使光从波导的另一端面出射，并测量输入和输出光的功率 P_1 和 P_2，利用式(7.30)或式(7.31)，就可确定波导的损耗。由于耦合损耗的存在，测量时要对具有不同长度而其他条件都相同的多个波导样品重复进行。这一系列的测量通常是从一块较长的波导样品开始，而后通过切割把样品截短，并进行端面抛光。在每次测量前，为维持每次测量的耦合状态不变，必须使激光束对准波导端面，以达到最佳耦合，使输出功率为最大。通过多次的测量，得到的衰减系数的数据将分布在对数坐标上一直线附近，数据点的分散程度是耦合损耗一致性的度量，它取决于样品端面的制备，也取决于激光束与样品端面的对准程度。如果这些参数不恒定，则数据点将相互分散，所得结果不可能有满意的精度。但是，如果数据点能相当好地落在直线上，说明每次测量具有足够的一致性，耦合损耗对测量的影响已在多次测量中被消除。

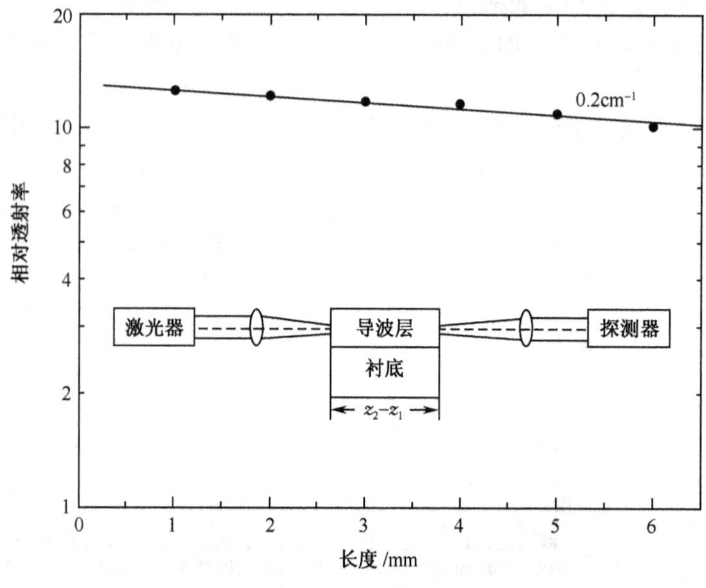

图 7.10　测量波导损耗的端面耦合法

对于平板波导，光在传输过程中会沿平面方向扩展。对于长的波导样品，光到达输出端时,光束的扩展可能使输出耦合棱镜不能把光很好地会聚起来,造成测量误差。另外,这种方法需要制作许多不同长度的样品,而每个样品的端面质量难于做到完全一样,使各样品的耦合效率不尽相同。即使用一个很长的样品,在测量过程中不断地分割,但由于是多次测量,难以保持相同的耦合状态。

7.2.3 滑动棱镜法[7]

一种较好的测试方法是采用棱镜耦合器把光耦合入波导,用另一棱镜把光从波导中耦合出来,如图 7.11 所示。测量时,输入棱镜与波导的相对位置保持固定,而输出棱镜和波导中间加入少量折射率匹配液(其折射率等于或稍低于棱镜折射率),使该棱镜能相对输入棱镜做机械平移。测量作为二棱镜间的相对长度函数的输出功率,便能确定波导的传输损耗。

与端面耦合法相比,滑动棱镜法具有较大的优势。例如,这种方法是非破坏性的,也不需要进行端面抛光工艺等。但这种方法难以达到高的精度,因为当输出棱镜滑动时,很难保持棱镜与波导间隙的恒定,但该参数是影响输出耦合的关键因素。为了克服上述棱镜与波导间耦合效率的变化对损耗测量精度的影响,有人提出了三棱镜法,这种方法可有效消除耦合效率的影响,但要求长的波导样品,测量时技术要求较高,因此难以广泛应用。

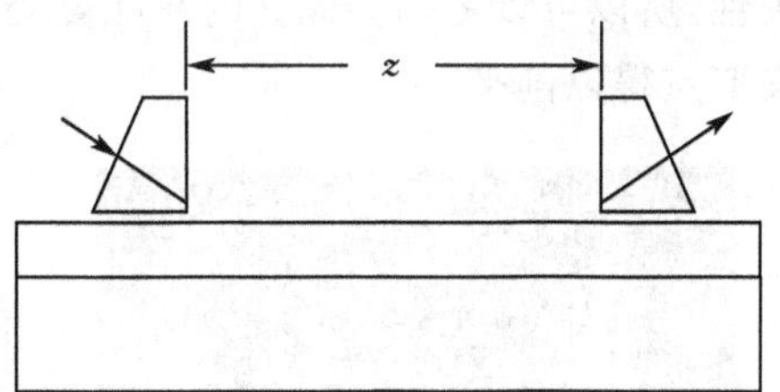

图 7.11 滑动棱镜法测量波导损耗

7.2.4 数字化散射方法[8]

理想的平板波导是不存在外部散射光的,而实际波导由于界面不平整以及波导内部杂质的散射,使导模转变为辐射模。可以认为从某一位置辐射出来的光强主要受到该点的传输光强、界面不平整程度和杂质多少的影响,即使由于杂质大小有涨落而出现某点散射光特别强,也可以在后期的图像处理中采用数字滤波技术加以消除。因此,散射光强将只与该处的实际传输光强线性相关。据此,可采用数字成像器件 CCD 对传输线上各点的散射光强进行一次性拍摄,记录并转换成内部传输光强,拟合出传输损耗曲线,即可计算出传输损耗的大小。

数字化散射方法的光路图如图 7.12 所示。与使用光纤探针和电视摄像机的扫描方法不同,数字化散射方法的 CCD 探头距离波导较远,一般大于 5cm。因此可进行一次性拍摄,既避免了扫描过程中探针与波导距离不同而产生的误差,也避免了探针存在对波导模式产生的扰动。

对一具体的传输损耗很大的聚合物薄膜波导进行拍摄,所得照片及通过 A/D

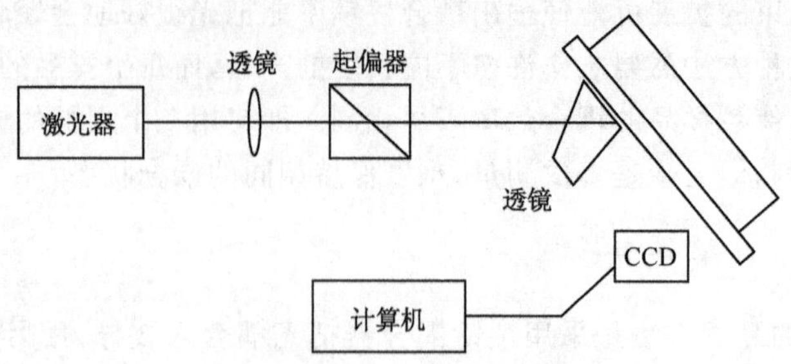

图 7.12　数字化散射方法的光路图

转换所得光强分布曲线如图 7.13 所示。从图 7.13(b)可以看到,图像的噪声必须消除,否则无法进行曲线拟合。为此采用了数字图像处理中的中值滤波技术。中值滤波算法的原理是选择性滤波。因为噪声是随机性的,往往与邻近各点没有相关性,所以可以将那些孤立的灰度突变点选出,并以其窗口内等值来代替,从而使突变点得以削平。

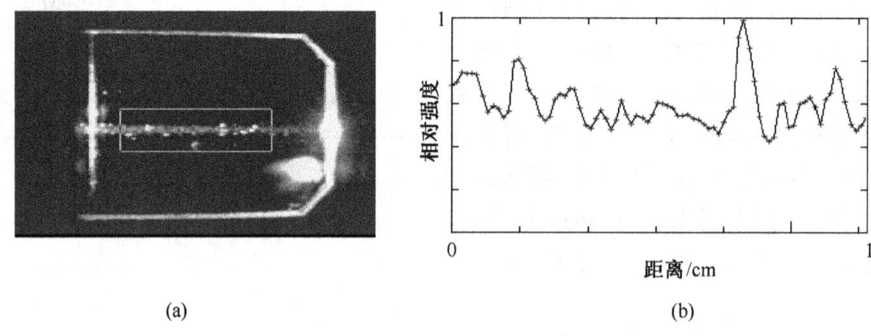

图 7.13　CCD 拍摄原始图和光强分布曲线

(a) 原始照片;(b) 传播路径上的散射光强分布

中值滤波算法属于空间卷积法,相当于对图像数据做如下卷积运算:

$$F(x,y)=\sum_{m}\sum_{n}f(x-m,y-n)W(m,n) \tag{7.44}$$

式中 $f(x-m,y-n)$和 $F(x,y)$分别是处理前和处理后的图像,窗口函数 $W(m,n)$完全挑选中值的函数运算功能。经中值滤波后的图像传输光强分布曲线如图 7.14 所示。由图可见,中值滤波对于消除图像中的尖锐噪声非常有效,但却付出了牺牲图像细节的代价。

导模功率随传播距离的衰减可表示为

$$P=P_0\exp(-\alpha z) \tag{7.45}$$

因此,所需拟合的是一条指数衰减曲线。利用最小二乘法进行拟合便可得到衰减

系数 α 和损耗 ξ。

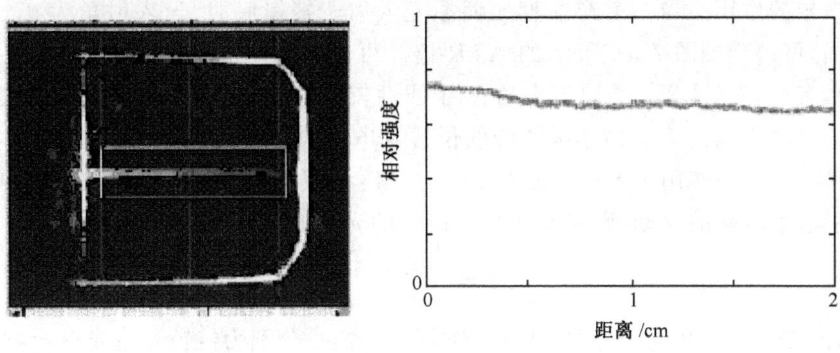

图 7.14 经中值滤波后的图像与光强分布曲线

7.3 光波导非线性光学参数的测量

由于光波导具有约束光能量在狭小区域传输的能力,可在波导中形成极强的光功率密度,从而使非线性导波光学的研究受到广泛的关注。本节简要介绍利用棱镜-波导耦合系统测量薄膜电光系数和热光系数的原理和实验方法。由于篇幅的限制,关于倍频、光开关和压电系数的测量等工作,本书不再赘述,感兴趣的读者可参考相关文献[9]~[15]。

7.3.1 极化聚合物薄膜电光系数的测量

掺杂或链接染料分子的聚合物薄膜经极化工艺后,染料分子成定向排列,破坏了系统的中心对称性,从而使聚合物薄膜具备了二阶非线性光学效应。目前已发展了多种测量薄膜线性电光系数的方法,包括椭偏仪方法[16]、干涉法[17]和法布里-珀罗微腔法[18]等。我们建立了一种衰减全反射方法[19],如图 7.15 所示的样品包括高折射率棱镜及依次镀于棱镜底面的金属薄膜、极化聚合物薄膜、隔离层和下电极,构成一棱镜-金属包覆聚合物波导耦合系统。金属薄膜既是耦合层,又是

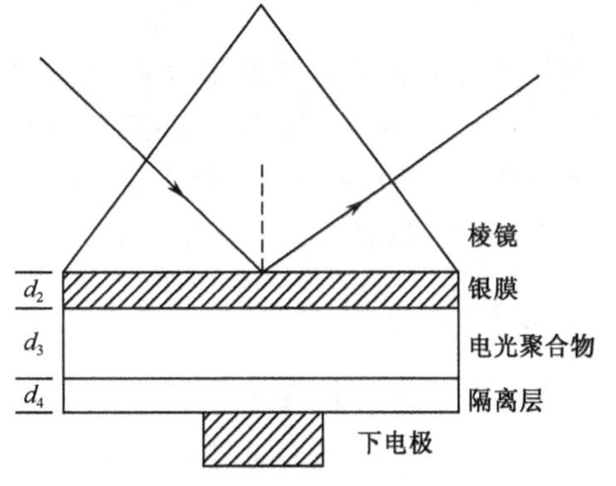

图 7.15 测量极化聚合物薄膜线性电光系数的样品

波导的覆盖层,同时,又用作为上电极。而隔离层既是波导的衬底,又起到保护聚合物波导的作用。当一束经准直的偏振光入射于棱镜底时,设入射角为 θ。经角度扫描,可得到如图 7.16 所示的 ATR 谱。可以看到,导波的吸收峰的上升或下降沿具有很好线性区。选取工作角 θ_0 于线性较好的吸收峰下降沿的中点附近,设对应的反射光强为 I_0。由于吸收峰的位置是电光聚合物折射率的灵敏函数,因此当样品上下电极作用一定的电压差 ΔV 时,聚合物因电光效应而产生 Δn_3 的变化。从而引起吸收峰的移动,则在工作角处产生的光强变化[20]为

$$\Delta I = -\frac{\gamma_{33} k n_3^3 E}{2n_1 \cos\theta} \tag{7.46}$$

式中,γ_{33} 是聚合物的电光系数,θ 为工作角,n_1 和 n_3 分别为棱镜和电光聚合物的折射率,E 是作用电场,可通过作用电压和电极之间的膜厚估算。$k=\Delta I/\Delta\theta$ 是吸收峰下降沿的斜率。由实验测出光强的变化,便可计算电光系数 γ_{33}。

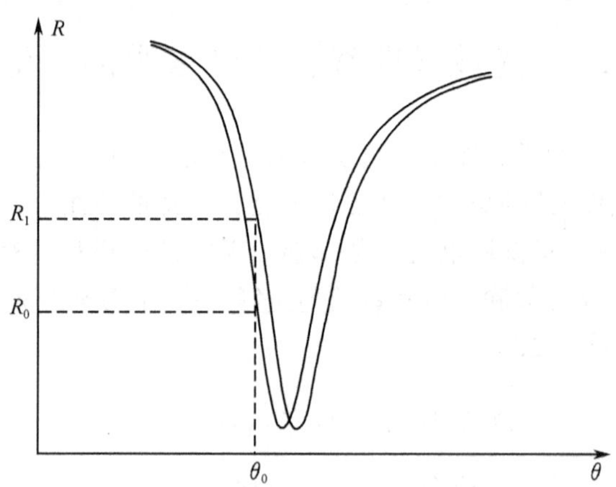

图 7.16 衰减全反射吸收峰(ATR)移动时反射率的变化

利用这种方法还可测量聚合物薄膜的二次电光系数(quadratic electro-optic coefficient)[20]。由于二次电光效应是一种三阶非线性光学效应,因此聚合物薄膜不需要极化,薄膜折射率的变化不是与电场的一次方成正比,而与电场的二次方成正比。感兴趣的读者可参阅文献[20]。

7.3.2 聚合物薄膜热光系数的测量

传统的测量聚合物薄膜热光系数的方法是阿贝折射计法,它是利用阿贝折射计测量聚合物薄膜的在不同温度下的折射率,然后用线性拟合的方法来得到聚合物材料的热光系数。这种方法存在着一定局限性:① 阿贝折射计由于光源的缘故使得测量的波长单色性比较差;② 用阿贝折射计方法无法对 TM 波和 TE 波两种

偏振态进行分别的测量，也就是说无法研究聚合物薄膜热光系数的偏振特性；③ 用阿贝折射计无法在波导的环境中去研究聚合物薄膜的性质。为此，我们提出了用非对称金属包覆介质波导的衰减全反射结构来测量聚合物薄膜的热光系数[21,22]。测量装置的结构如图 7.17 所示。

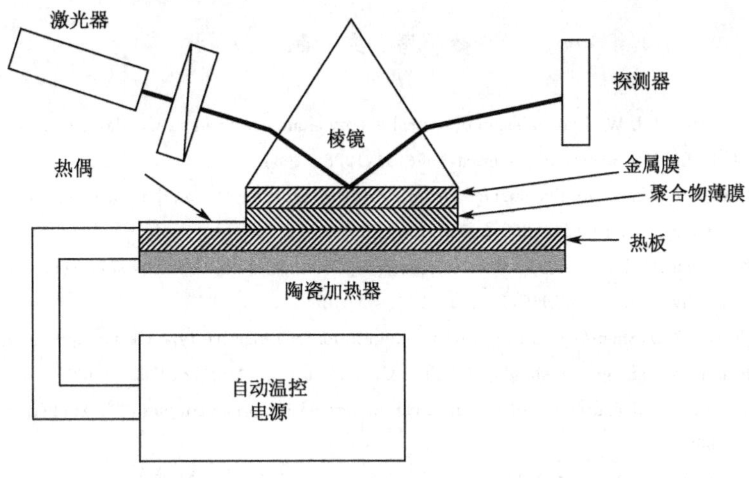

图 7.17 自动温控的衰减全反射装置

整个装置由两部分构成：上半部分是由棱镜、金属薄膜和聚合物薄膜构成；下半部分是一个自动温控加热装置。两部分紧贴在一起，组成了一个衰减全反射结构。自动温控装置由加热金属板、陶瓷加热电阻、测温热电偶、自动温控继电器和一个可调谐直流电源构成。将这个装置安放在改进后的 m 线测量仪上，测量不同温度下聚合物薄膜的折射率，然后通过最小二乘法拟合的方法来测量聚合物薄膜

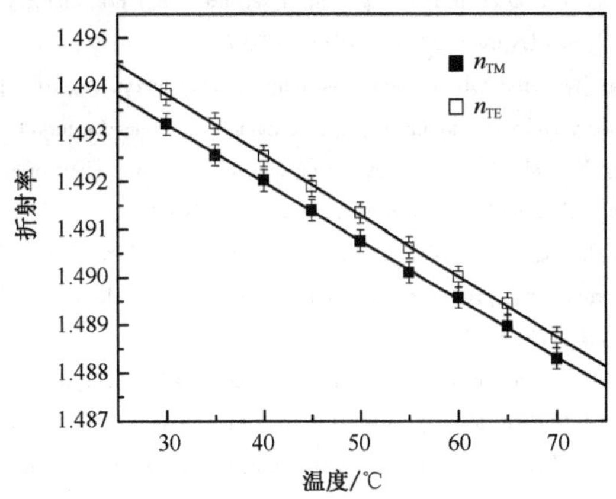

图 7.18 两种偏振态下 PMMA 薄膜折射率随温度的变化

的热光系数。

以 PMMA 薄膜为例,用波长 650nm 的激光在 TE 和 TM 两种偏振态下,测量了折射率随温度的变化,实验结果如图 7.18 所示。根据图 7.18,可计算 PMMA 薄膜在 650nm 波长时不同偏振态的热光系数。

参 考 文 献

[1] Osterberg H,Smith L W. Transmission of optical energy along surfaces:pt. II,inhomogeneous media [J]. Journal of the Optical Society of America,1964,54:1078～1084.

[2] Otto A. Exaction of nonradiative surface plasma waves in silver by the method of frustrated total reflection [J]. Zeitschrift für Physik,1968,216:398～410.

[3] Tien P K,Ulrich R,Martin R J. Modes of propagating light waves in thin deposited semiconductor films [J]. Applied Physics Letters,1969,14:291～294.

[4] Deng X X,Cao Z Q,Shen Q S. An improved configuration of reflective-type electro-optic modulator with high light-induced damage threshold [J]. Optics Communications,2004,242:623～626.

[5] Ulrich R,Torge R. Measurement of thin film parameters with a prism coupler [J]. Applied Optics,1973,12:2901～2908.

[6] Merz J L,Logan R A,Sergent A M. Loss measurements in GaAs and AlxGal-xAs dielectric waveguides between 1.1 eV and the energy gap [J]. Journal of Applied Physics,1976,47:1436～1450.

[7] Weber H P,Dunn F A,Leibolt W N. Loss measurements in thin-film optical waveguides [J]. Applied Optics,1973,12:755～757.

[8] 蒋毅,曹庄琪,仇琳琳等. 低损耗有机聚合物光波导的制备及其数字化测量技术[J]. 光学学报,1999,19:1142～1145.

[9] Wang F,Cao Z Q,Shen Q S. Reflective-type configuration for nearly phase-matching Cerenkov second-harmonic generation in a nonlinear-optical polymer waveguide [J]. Optics Letters,2005,30:522～524.

[10] Chen K S,Deng X X,Cao Z Q et al. Investigation of second -order nonlinearity in poled-polymer during photobleaching [J]. Optics Express,2006,14:2791～2797.

[11] Zhou J ,Cao Z Q,Chen Y L et al. Observation of switching phenomena in a nonther polyphenylquinoxaline planar waveguide with two-wavelength nonlinear prism coupling [J]. Optics Letters,1997,22:1482～1484.

[12] Shi J,Cao Z Q,Shang Y et al. Method of measuring piezoelectric coefficient of crystal based on the attenuated total reflection technique [J]. Material Letters,2005,5:3595～3597.

[13] Deng X X,Cao Z Q,Shen Q S et al. Measurement of electrically induced change in complex refractive index of nonlinear polymer by improved attenuated-total-reflection technique [J]. IEEE Photonics Technology Letters,2003,15:1755～1757.

[14] Deng X X,Cao Z Q,Shen Q S. An improved configuration of reflective-type electro-optic modulator with high light-induced damage threshold [J]. Optics Communications,2004,242:623～630.

[15] Yang Y ,Shen Q S,Cao Z Q. Wavelength dependence of electro-optic coefficients in chromophore-incorporated polymers [J]. Chinese Physics Letters,2003,20:1165～1167.

[16] Schildkraut J S. Determination of the electro optic coefficient of a poled polymer film [J]. Applied Optics,1990,29:2839～2841.

[17] Qiu F, Misawa K, Cheng X et al. Determination of complex tensor components of electrooptic constants of dye-doped polymer film with Mach-Zehnder interferometer[J]. Applied Physics Letters, 1994, 65: 1605~1607.

[18] Pretre P, Wu L M, Hill R A et al. Characterization of electro-optic polymer films by use of decaldeposited reflection Fabry-Perot Microcavities [J]. Journal of the Optical Society of America B, 1998, 15: 379~392.

[19] Jiang Y, Cao Z Q, Shen Q S et al. Improved attenuated-total-reflection technique for measuring the electro-optic coefficients of nonlinear optical polymers [J]. Journal of the Optical Society of America B, 2000, 17: 805~808.

[20] Zhou J H, Deng X X, Cao Z Q et al. Determination of dc Kerr coefficients of polymer films with prism-optical waveguide configuration [J]. Applied Physics Letters, 2006, 88: 021106 1~3.

[21] Li X, Cao Z Q, Shen Q S et al. Influence of dopant concentration on thermo-optic properties of PMMA composite [J]. Material Letters, 2006, 60: 1238~1241.

[22] Li X, Cao Z Q, Shen Q S et al. Anisotropy in thermo-optic coefficient of different polymer systems by attenuated totol reflection configuration [J]. Chinese Physics Letters, 2006, 23: 998~1001.

第8章 矩形介质波导

介质平板波导的电磁场仅在一个方向受限制，而光场在另一方向不受限制。因而，光场在介质平板波导中传播时要沿非束缚方向发散。虽然可以利用薄膜透镜使发散光束聚焦，但仍然受到衍射极限的限制，难以构成好的光路系统。所以在实际的集成光路中，经常使用的是能在横截面的二维方向上限制光场能量的矩形介质波导。图8.1表示矩形介质波导的两种基本结构。其中，图8.1(a)称作镶入波导，这是一根折射率为n的矩形介质棒被镶嵌在折射率为$n(1-\Delta)$的介质之中的结构，而矩形介质棒的上表面与空气相接；图8.1(b)称作埋入波导，这种结构中的矩形介质棒被折射率为$n(1-\Delta)$的介质所包围。矩形介质波导之所以引人注意，不仅在于它尺寸小、结构简单和易构成稳定可靠的光路系统，而且还在于能够选择足够小的相对折射率差Δ，以使该结构成为单模波导，而波导的横向尺寸仍可大大超过自由空间的光波长。这样，在制作工艺上就降低了对公差的要求。目前，矩形介质波导已被广泛应用于集成光路中，成为集成光路中的一种基本元件。在半导体薄膜激光器、调制器、滤波器、方向耦合器以及光开关等领域，它也得到了特别的重视。

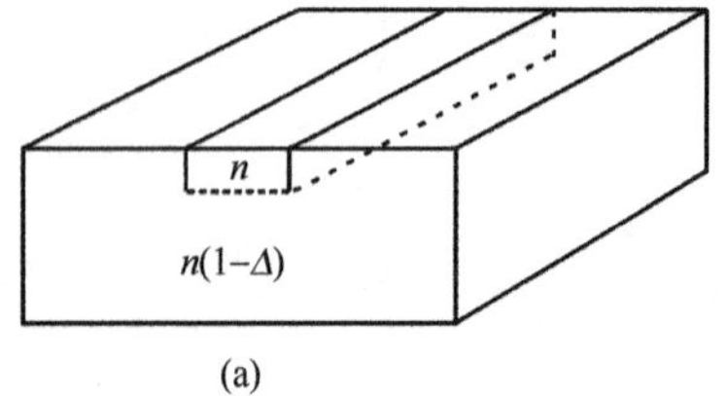

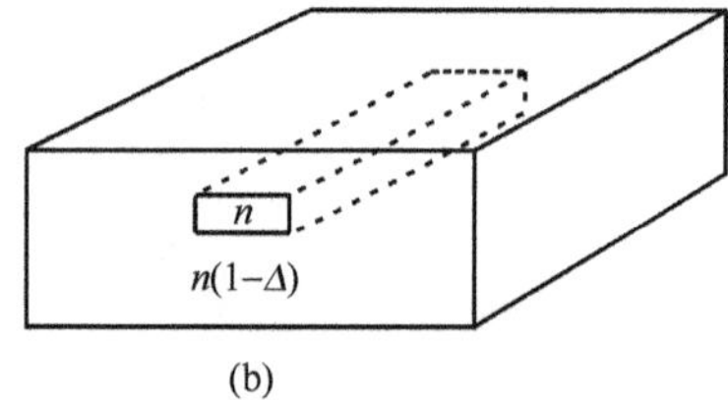

图8.1 矩形介质波导的两种基本结构

(a) 镶入波导；(b) 埋入波导

对矩形介质波导的研究，牵涉到复杂的二维电磁场问题，因此，要得到严格的解析解几乎是不可能的。如采用数值计算方法，可以得到近似解，并且可以达到所希望的精确度。但无论是戈耳(Goell)[1]建立的圆谐函数展开法，还是叶(Yeh)等[2]提出的有限元法，都需要进行大量的数值计算，十分麻烦，而且物理概念不甚清晰。因此本章对数值计算方法不作介绍，而仅讨论几种有效的近似解析运算。8.1节介绍马卡提里(Marcatili)[3]的近似解析法，用以作为讨论本章其余几节的基础；8.2节介绍简单而实用的有效折射率法[4]，并把这种方法具体应用到脊形波导和条载波导之中。

8.1 马卡提里近似解析法

矩形介质波导的解析处理是马卡提里在1969年提出的，由于这种方法分析简单、物理概念清晰，因而至今仍得到广泛的应用。

8.1.1 近似假设

考虑一种普遍的结构，这种结构允许矩形芯子四周的材料都不相同，而不必假设矩形芯子镶嵌在同一种衬底材料之中，这一几何结构如图8.2所示。这里，已经选择了折射率下标的记号，使之与三层平板波导折射率的记号尽可能一致。由图可以看出矩形介质波导由9个区域构成。马卡提里假设在波导中传播的模式满足远离截止的条件。这样，导模的大部分功率被约束在波导芯子中，露出芯子外面的功率很少，而进入4个标有阴影线区域的功率更微弱，因而这部分功率可忽略不计。这4个区域的边界条件也可不予考虑，因而使复杂的电磁场边值问题大为简化。设5个非阴影区的折射率分别为 n_1、n_2、n_3、n_4 和 n_5，其中 n_1 最大。每个区域的波数用 k_j 表示，它们与各分量的关系由下式确定：

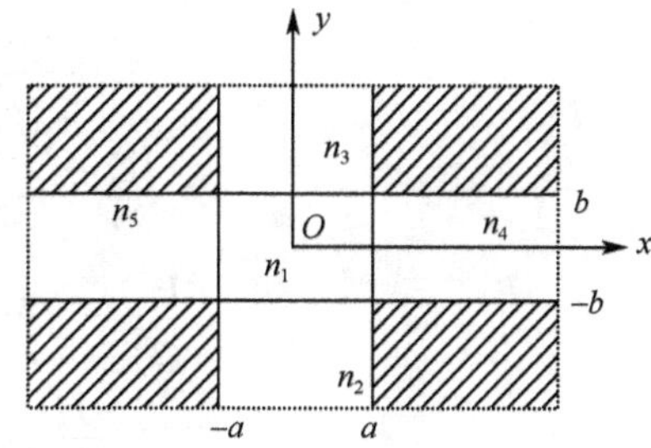

图8.2 马卡提里分析中的矩形介质波导

$$k_{jx}^2 + k_{jy}^2 + k_{jz}^2 = k_j^2, \quad j = 1,2,\cdots,5 \tag{8.1}$$

设每个区域中的电磁场分布可用一个函数表示，不难预料，在波导芯子中沿 x 轴和 y 轴的分布均为单一的振荡函数，在折射率为 n_2 和 n_3 的区域，沿 x 轴的分布应与波导芯子内相同，而沿 y 轴的分布应是指数衰减函数。在折射率为 n_4 和 n_5 的区域，沿 y 轴的分布应与波导芯子内相同，而沿 x 轴应是指数衰减函数。根据上述分析，可得下列关系：

$$\left.\begin{aligned} k_{1x} = k_{2x} = k_{3x} = k_x \\ k_{1y} = k_{4y} = k_{5y} = k_y \end{aligned}\right\} \tag{8.2}$$

而电磁场随时间 t 和传输轴 z 的变化仍为 $\exp[\mathrm{i}(\beta z - \omega t)]$，故对5个区域均有

$$k_{jz} = \beta, \quad j = 1,2,\cdots,5 \tag{8.3}$$

利用光线模型不难看出，这种波导中不存在纯粹的TE模或TM模，但可以有两类模式近似地满足波动方程和边界条件，分别称为 E_{mn}^x 模和 E_{mn}^y 模。前者的电磁场分量主要为 E_x 和 H_y，而后者的电磁场分量主要为 E_y 和 H_x。下角标 m、n 分别表示

沿 x 轴和 y 轴场强极大值的数目。与三层平板波导的模序数的意义不同，矩形介质波导中的 m 和 n 不是从 0 开始、而是从 1 开始的正整数。

8.1.2 E_{mn}^{x} 模式分析

因 E_{mn}^{x} 模的主要电磁场分量为 E_x 和 H_y，设 $H_x=0$，根据麦克斯韦方程

$$\nabla\times\boldsymbol{E}=\mathrm{i}\omega\mu_0\boldsymbol{H} \tag{8.4}$$

$$\nabla\times\boldsymbol{H}=-\mathrm{i}\omega\varepsilon\boldsymbol{E} \tag{8.5}$$

可得分量方程

$$\frac{\partial E_z}{\partial y}-\mathrm{i}\beta E_y=0 \tag{8.6}$$

$$\mathrm{i}\beta E_x-\frac{\partial E_z}{\partial x}=\mathrm{i}\omega u_0 H_y \tag{8.7}$$

$$\frac{\partial E_y}{\partial x}-\frac{\partial E_x}{\partial y}=\mathrm{i}\omega u_0 H_z \tag{8.8}$$

$$\frac{\partial H_z}{\partial y}-\mathrm{i}\beta H_y=-\mathrm{i}\omega\varepsilon_0 n^2 E_x \tag{8.9}$$

$$\frac{\partial H_z}{\partial x}=\mathrm{i}\omega\varepsilon_0 n^2 E_y \tag{8.10}$$

$$\frac{\partial H_y}{\partial x}=-\mathrm{i}\omega\varepsilon_0 n^2 E_z \tag{8.11}$$

再利用$\nabla\cdot\boldsymbol{H}=0$ 可得

$$\frac{\partial H_y}{\partial y}+\mathrm{i}\beta H_z=0 \tag{8.12}$$

于是用 H_y 表示的各电磁场分量可写成

$$H_x=0 \tag{8.13}$$

$$E_x=\frac{\omega u_0}{\beta}H_y+\frac{1}{\omega\varepsilon_0 n^2\beta}\frac{\partial^2 H_y}{\partial x^2} \tag{8.14}$$

$$E_y=\frac{1}{\omega\varepsilon_0 n^2\beta}\frac{\partial^2 H_y}{\partial x\partial y} \tag{8.15}$$

$$E_z=\frac{\mathrm{i}}{\omega\varepsilon_0 n^2}\frac{\partial H_y}{\partial x} \tag{8.16}$$

$$H_z=\frac{\mathrm{i}}{\beta}\frac{\partial H_y}{\partial y} \tag{8.17}$$

把式(8.14)和式(8.17)代入式(8.9)，则可得 E_{mn}^{x} 模关于主要磁场分量 H_y 的波动方程

$$\frac{\partial^2 H_y}{\partial x^2}+\frac{\partial^2 H_y}{\partial y^2}+(k_0^2n^2-\beta^2)H_y=0 \tag{8.18}$$

根据近似分析,可写出 5 个区域中的磁场 H_y 的磁场函数形式

$$H_y = \begin{cases} H_1\cos(k_x x+\xi)\cos(k_y y+\eta) & (\text{域 }1) \\ H_2\cos(k_x x+\xi)\exp(\alpha_{2y}y) & (\text{域 }2) \\ H_3\cos(k_x x+\xi)\exp(-\alpha_{3y}y) & (\text{域 }3) \\ H_4\cos(k_y y+\eta)\exp(-\alpha_{4x}x) & (\text{域 }4) \\ H_5\cos(k_y y+\eta)\exp(\alpha_{5x}x) & (\text{域 }5) \end{cases} \tag{8.19}$$

式中,H_1、H_2、H_3、H_4 和 H_5 均为常数振幅因子,其下标表示各个区域的代号。ξ 和 η 为任意的相位因子。把式(8.19)代入波动方程(8.18)可得

$$k_x^2+k_y^2+\beta^2=k_0^2n_1^2 \tag{8.20}$$

$$k_x^2-\alpha_{2y}^2+\beta^2=k_0^2n_2^2 \tag{8.21}$$

$$k_x^2-\alpha_{3y}^2+\beta^2=k_0^2n_3^2 \tag{8.22}$$

$$k_y^2-\alpha_{4x}^2+\beta^2=k_0^2n_4^2 \tag{8.23}$$

$$k_y^2-\alpha_{5x}^2+\beta^2=k_0^2n_5^2 \tag{8.24}$$

根据导模远离截止的近似条件,可知必有

$$\beta\gg k_x \text{ 和 } \beta\gg k_y$$

再由式(8.15)、式(8.16)和式(8.17),不难验证 E_{mn}^x 模的主要电磁场分量是 E_x 和 H_y,纵向分量 E_z 和 H_z 较小,而 E_y 更小。从而说明电场主要在 x 方向偏振。

1. $x=\pm a$ 处 H_y 和 E_z 切向连续

在 $x=a$ 处,有

$$H_1\cos(k_x a+\xi)=H_4\exp(-\alpha_{4x}a)$$

$$\frac{k_x}{n_1^2}H_1\sin(k_x a+\xi)=\frac{\alpha_{4x}}{n_4^2}H_4\exp(-\alpha_{4x}a)$$

两式相除,可得

$$\tan(k_x a+\xi)=\frac{n_1^2}{n_4^2}\frac{\alpha_{4x}}{k_x} \tag{8.25}$$

同理,在 $x=-a$ 处,可得

$$\tan(k_x a-\xi)=\frac{n_1^2}{n_5^2}\frac{\alpha_{5x}}{k_x} \tag{8.26}$$

由式(8.25)和式(8.26),可得我们熟悉的相位型色散方程

$$2k_x a=q\pi+\arctan\left(\frac{n_1^2}{n_4^2}\frac{\alpha_{4x}}{k_x}\right)+\arctan\left(\frac{n_1^2}{n_5^2}\frac{\alpha_{5x}}{k_x}\right),\quad q=0,1,2,\cdots \tag{8.27}$$

利用式(8.20)、式(8.23)和式(8.24),可知

$$\alpha_{4x}^2=k_0^2(n_1^2-n_4^2)-k_x^2 \tag{8.28}$$

$$\alpha_{5x}^2=k_0^2(n_1^2-n_5^2)-k_x^2 \tag{8.29}$$

因此,式(8.27)是关于 k_x 的方程。

2. 在 $y=\pm b$ 处 E_x 和 H_z 切向连续

根据式(8.14)和式(8.19),在 $y=\pm b$ 边界处,有

$$E_x=\frac{\omega u_0}{\beta}H_y-\frac{k_x^2}{\omega\varepsilon_0 n^2\beta}H_y=\frac{k_0^2n^2-k_x^2}{\omega\varepsilon_0 n^2\beta}H_y$$

由于

$$k_0^2n^2\gg k_x^2$$

故近似有

$$E_x\approx\frac{\omega u_0}{\beta}H_y \tag{8.30}$$

于是在 $y=b$ 处,有

$$H_1\cos(k_yb+\eta)=H_3\exp(-\alpha_{3y}b)$$
$$k_yH_1\sin(k_yb+\eta)=\alpha_{3y}H_3\exp(-\alpha_{3y}b)$$

两式相除,可得

$$\tan(k_yb+\eta)=\frac{\alpha_{3y}}{k_y} \tag{8.31}$$

同理,在 $y=-b$ 处,有

$$\tan(k_yb-\eta)=\frac{\alpha_{2y}}{k_y} \tag{8.32}$$

联立式(8.31)和式(8.32),可得另一相位型色散方程

$$2k_yb=p\pi+\arctan\left(\frac{\alpha_{2y}}{k_y}\right)+\arctan\left(\frac{\alpha_{3y}}{k_y}\right),\quad p=0,1,2,\cdots \tag{8.33}$$

利用式(8.20)、式(8.21)和式(8.22),可知

$$\alpha_{2y}^2=k_0^2(n_1^2-n_2^2)-k_y^2 \tag{8.34}$$
$$\alpha_{3y}^2=k_0^2(n_1^2-n_3^2)-k_y^2 \tag{8.35}$$

因此,式(8.33)是关于 k_y 的方程。

根据一维介质平板波导中模序数的定义,可知 q 和 p 应是场在 x 轴和 y 轴上的节点数,不是场强极大值的数目,因此还需把 q 和 p 分别改为表示场强极大值数目的 m 和 n,利用三角恒等式

$$\arctan(x)=\frac{\pi}{2}-\arctan\left(\frac{1}{x}\right),\quad x>0$$

可把式(8.27)和式(8.33)分别改为

$$2k_xa=m\pi-\arctan\left(\frac{n_4^2}{n_1^2}\frac{k_x}{\alpha_{4x}}\right)-\arctan\left(\frac{n_5^2}{n_1^2}\frac{k_x}{\alpha_{5x}}\right),\quad m=1,2,3,\cdots \tag{8.36}$$

$$2k_yb=n\pi-\arctan\left(\frac{k_y}{\alpha_{2y}}\right)-\arctan\left(\frac{k_y}{\alpha_{3y}}\right),\quad n=1,2,3,\cdots \tag{8.37}$$

由式(8.36)和式(8.37)构成的方程组,称为矩形介质波导 E_{mn}^x 模的本征方程。不

难看出，在一维介质平板波导中，只需要一个方程就能求出模式本征值 β，而在二维介质平板波导中，必须由两个方程联立，分别求出横向波数 k_x 和 k_y，再应用式(8.20)，才能求出模式本征值 β。

8.1.3 E_{mn}^y 模式分析

因 E_{mn}^y 模的主要电磁场分量为 E_y 和 H_x，利用类似 8.1.2 节的步骤，可得 E_{mn}^y 模以 H_x 表示的各电磁场分量

$$H_y = 0 \tag{8.38}$$

$$E_x = -\frac{1}{\omega\varepsilon_0 n^2\beta}\frac{\partial^2 H_x}{\partial x\partial y} \tag{8.39}$$

$$E_y = -\frac{\omega u_0}{\beta}H_x - \frac{1}{\omega\varepsilon_0 n^2\beta}\frac{\partial^2 H_x}{\partial y^2} \tag{8.40}$$

$$E_z = -\frac{\mathrm{i}}{\omega\varepsilon_0 n^2}\frac{\partial H_x}{\partial y} \tag{8.41}$$

$$H_z = \frac{\mathrm{i}}{\beta}\frac{\partial H_x}{\partial x} \tag{8.42}$$

以及 E_{mn}^y 模关于主要电磁场分量 H_x 的波动方程

$$\frac{\partial^2 H_x}{\partial x^2} + \frac{\partial^2 H_x}{\partial y^2} + (k_0^2 n^2 - \beta^2)H_x = 0 \tag{8.43}$$

由于 H_y 与 H_x 具有相同的场分布，因而这里不再写出。再利用边界条件，可得 E_{mn}^y 模的本征方程

$$2k_x a = m\pi - \arctan\left(\frac{k_x}{\alpha_{4x}}\right) - \arctan\left(\frac{k_x}{\alpha_{5x}}\right), \quad m = 1,2,3,\cdots \tag{8.44}$$

$$2k_y b = n\pi - \arctan\left(\frac{n_2^2}{n_1^2}\frac{k_y}{\alpha_{2y}}\right) - \arctan\left(\frac{n_3^2}{n_1^2}\frac{k_y}{\alpha_{3y}}\right), \quad n = 1,2,3,\cdots \tag{8.45}$$

导模的电场分布如图 8.3 所示[5]，图中箭头指向为偏振方向，长短表示强弱。另外，已假设 $n_2 = n_3 = n_4 = n_5$ 的对称情况。

8.1.4 平板波导变换

由方程(8.27)和方程(8.33)可以看出，马卡提里近似分析得到的矩形介质波导模式本征方程实际上是由两个独立的介质平板波导 TE 模和 TM 模的模式本征方程组成。因此，所谓马卡提里近似分析，实际上是把图 8.2 所示的矩形介质波导分解为图 8.4 所示的两个介质平板波导。其中图 8.4(a)所示的波导的两个界面与 x 轴垂直，而图 8.4(b)所示的波导的两个界面与 y 轴垂直。下面通过具体的模式分析来说明这一有效的变换。

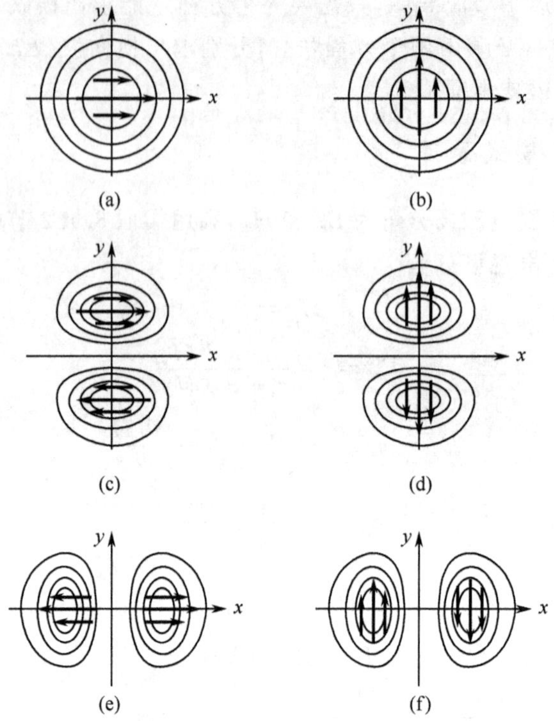

图 8.3　导模的电场分布

(a) E_{11}^x 模;(b) E_{11}^y 模;(c) E_{12}^x 模;(d) E_{12}^y 模;(e) E_{21}^x 模;(f) E_{21} 模

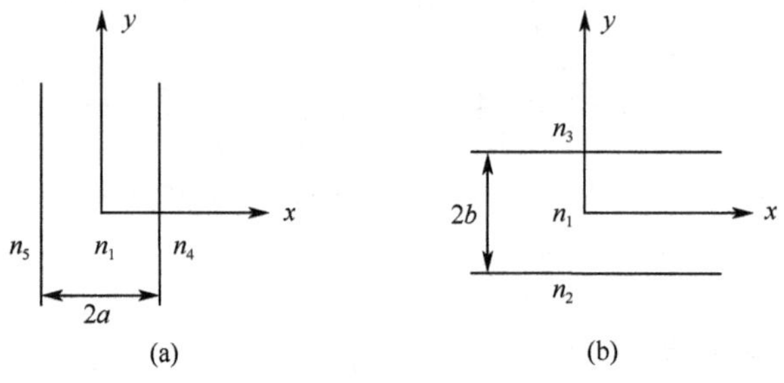

图 8.4　平板波导变换

(a) x 方向受约束的波导;(b) y 方向受约束的波导

1. E_{mn}^x 模式分析

已知对 E_{mn}^x 模,其主要电磁场分量是 E_x 和 H_y。对图 8.4(a)所示波导,电场振动方向与界面垂直,而磁场振动方向与界面平行,这种场型相当于 TM 模。而对

图 8.4(b)所示波导,电场振动方向与界面平行,而磁场振动方向与界面垂直,这种场型相当于 TE 模。再考虑到 m、n 的定义,立刻可写出 E_{mn}^{x} 模的模式本征方程

$$2k_xa = m\pi - \arctan\left(\frac{n_4^2}{n_1^2}\frac{k_x}{\alpha_{4x}}\right) - \arctan\left(\frac{n_5^2}{n_1^2}\frac{k_x}{\alpha_{5x}}\right) \tag{8.46}$$

$$2k_yb = n\pi - \arctan\left(\frac{k_y}{\alpha_{2y}}\right) - \arctan\left(\frac{k_y}{\alpha_{3y}}\right) \tag{8.47}$$

式中,m 和 n 都是从 1 起始的正整数。显然,方程(8.46)、(8.47)与方程(8.36)、(8.37)是完全相同的。

2. E_{mn}^{y} 模式分析

同样,对 E_{mn}^{y} 模,已知其主要电磁场分量是 E_y 和 H_x。对图 8.4(a)所示波导,电场振动方向与界面平行,而磁场振动方向与界面垂直,这种场型相当于 TE 模。而对图 8.4(b)所示波导,电场振动方向与界面垂直,而磁场振动方向与界面平行,这种场型相当于 TM 模。因此可写出 E_{mn}^{y} 模的模式本征方程

$$2k_xa = m\pi - \arctan\left(\frac{k_x}{\alpha_{4x}}\right) - \arctan\left(\frac{k_x}{\alpha_{5x}}\right) \tag{8.48}$$

$$2k_yb = n\pi - \arctan\left(\frac{n_2^2}{n_1^2}\frac{k_y}{\alpha_{2y}}\right) - \arctan\left(\frac{n_3^2}{n_1^2}\frac{k_y}{\alpha_{3y}}\right) \tag{8.49}$$

式中,m 和 n 都是从 1 起始的正整数。

同样可以看出,方程(8.48)、(8.49)与方程(8.44)、(8.45)是完全相同的。由此可见,根据马卡提里的近似分析,一个二维矩形介质波导,可以看成是两个独立的一维介质平板波导的组合。而这两个独立的介质平板波导的导波层的折射率与矩形介质波导芯子的折射率相同,即都为 n_1。根据各类模式所具有的电磁场分量,可分别列出两个介质平板波导的模式本征方程,从而分别求出横向波数 κ_x 和 κ_y,再应用式(8.20),求出模式本征值 β。

8.2 有效折射率法

本节介绍有效折射率法,由于它的简单实用,目前已在波导器件的设计中获得了广泛的应用。

8.2.1 分析基础

有效折射率法是以马卡提里近似为基础,但更为实用也更为精确的一种近似分析。与马卡提里近似类似,这种分析也仅适用于远离截止的模式。在远离截止时,矩形介质波导中有两类导模,一类是 E_{mn}^{x} 模,其主要电磁场分量是 E_x 和 H_y;另一类是 E_{mn}^{y} 模,其主要电磁场分量是 E_y 和 H_x。

利用 8.1.4 节的平板波导变换，把图 8.2 所示的二维矩形介质波导分解为图 8.5 所示的两个一维介质平板波导。与图 8.4 不同的是，这里的两个介质平板波导不是完全独立的，而是相互联系的。其中图 8.5(a)所示的介质平板波导导波层的折射率与矩形介质波导芯子层的折射率相同，均为 n_1。但图 8.5(b)所示介质平板波导导波层的折射率不是 n_1，而是图 8.5(a)所示介质平板波导的有效折射率 N_1，N_1 的值由下式确定：

$$N_1^2 = n_1^2 - \left(\frac{k_x}{k_0}\right)^2 \tag{8.50}$$

一旦确定了 N_1，则由图 8.5(b)所示波导确定的传播常数即为矩形介质波导的传播常数。

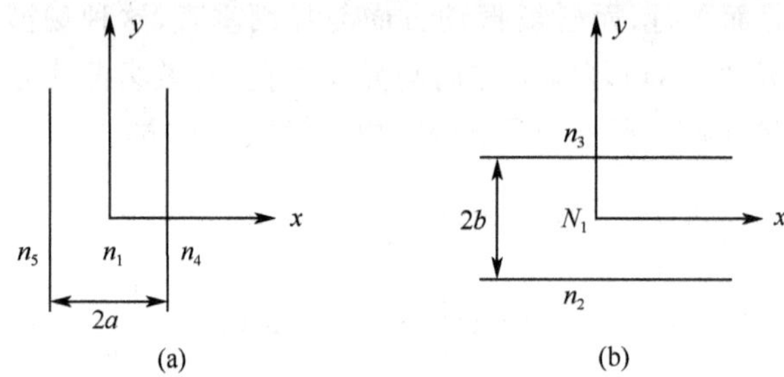

图 8.5 有效折射率法

(a) x 方向受约束的波导；(b) y 方向受约束的波导

8.2.2 模式本征方程

1. E_{mn}^x 模式分析

对于 E_{mn}^x 模，已知其主要电磁场分量是 E_x 和 H_y，由图 8.5 可以看出，这种场型相当于图 8.5(a)所示波导的 TM 模和图 8.5(b)所示波导的 TE 模。根据 8.2.1 节的分析，可写出模式本征方程

$$2k_x a = m\pi - \arctan\left(\frac{n_4^2}{n_1^2}\frac{k_x}{\alpha_{4x}}\right) - \arctan\left(\frac{n_5^2}{n_1^2}\frac{k_x}{\alpha_{5x}}\right) \tag{8.51}$$

$$2k_y b = n\pi - \arctan\left(\frac{k_y}{\alpha'_{2y}}\right) - \arctan\left(\frac{k_y}{\alpha'_{3y}}\right) \tag{8.52}$$

式中

$$(\alpha'_{2y})^2 = k_0^2(N_1^2 - n_2^2) - k_y^2 \tag{8.53}$$

$$(\alpha'_{3y})^2 = k_0^2(N_1^2 - n_3^2) - k_y^2 \tag{8.54}$$

值得注意的是，在马卡提里近似分析中，两个介质平板波导是同等重要的。它们的作用是为矩形介质波导提供各自的横向波数 k_x 和 k_y。然后利用式(8.20)，求

出矩形介质波导的模式传播常数 β。而在有效折射率法中，图 8.5 所示的两个介质平板波导的地位是不相同的。图 8.5(a)所示波导的作用是为图 8.5(b)所示的波导提供导波层的折射率 N_1。N_1 一旦确定，则图 8.5(b)所示波导的传播常数即为所求矩形介质波导的传播常数。

根据以上分析，图 8.5(b)所示波导的模式本征方程是式(8.52)，则该波导的 E_{mn}^x 模的传播常数为

$$\beta = (k_0^2 N_1^2 - k_y^2)^{1/2} \tag{8.55}$$

代入式(8.50)，可得

$$\beta = [k_0^2 n_1^2 - (k_x^2 + k_y^2)]^{1/2} \tag{8.56}$$

式(8.56)即为式(8.20)，说明 β 即是所求矩形介质波导的传播常数。

比较式(8.37)和式(8.52)，不难看出马卡提里近似分析和有效折射率法所确定的 k_y 显然是不同的。这是由于两种方法中波导导波层的折射率是不同的。对马卡提里法，是 n_1；而对有效折射率法，是 N_1。因为有 $n_1 > N_1$，故必有

$$(k_y)_{\text{Mar}} > (k_y)_{\text{eff}}$$

从而可预料

$$\beta_{\text{eff}} > \beta_{\text{Mar}}$$

2. E_{mn}^y 模式分析

对 E_{mn}^y 模，已知其主要电磁场分量是 E_y 和 H_x。由图 8.5 可以看出，这种场型相当于图 8.5(a)所示波导的 TE 模和图 8.5(b)所示波导的 TM 模。于是可写出两介质平板波导的模式本征方程分别是

$$2k_x a = m\pi - \arctan\left(\frac{k_x}{\alpha_{4x}}\right) - \arctan\left(\frac{k_x}{\alpha_{5x}}\right) \tag{8.57}$$

$$2k_y b = n\pi - \arctan\left(\frac{n_2^2}{N_1^2}\frac{k_y}{\alpha'_{2y}}\right) - \arctan\left(\frac{n_3^2}{N_1^2}\frac{k_y}{\alpha'_{3y}}\right) \tag{8.58}$$

8.2.3 脊形波导和条载波导

前面分析了截面如图 8.2 所示的一般化的矩形介质波导，但在实际的集成光路和光波导器件中，经常使用的矩形介质波导是脊形波导和条载波导。由于这两种波导中的光场能量主要集中在脊形区和条载区下面的薄膜中，因而大大地放宽了对脊形区和条载区的加工精度，因此，应用极为广泛。

1. 脊形波导

脊形波导的横截面如图 8.6(a)所示。脊形区和薄膜由同一种材料构成，折射率为 n_1。覆盖层和衬底是两种不同的材料，折射率为 n_0 和 n_2。一般有 $n_1 > n_2 \geqslant n_0$。脊形波导在 y 方向限制光场的三个区域所对应的平板波导如图 8.6(b)所示。由于脊形区 I 的厚度为 $d+b$，而两侧区域 II 的厚度为 d，由此可知区域 I 对应的平板波

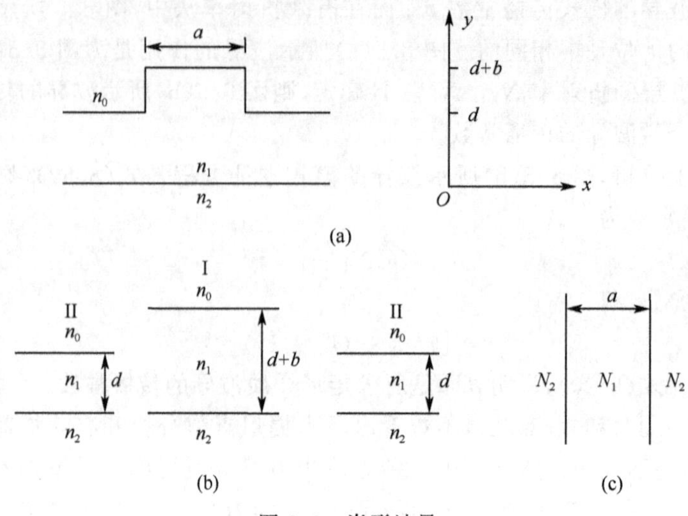

图 8.6　脊形波导

(a) 横截面;(b) y 方向受约束的三个平板波导;(c) x 方向受约束的等效平板波导

导的有效折射率 N_1 应大于区域 II 对应的平板波导的有效折射率 N_2。由于 $N_1>N_2$,利用有效折射率法,不难构成一个在 x 方向限制光场的等效平板波导,波导的结构和相应的折射率如图 8.6(c)所示。利用这种等效平板波导可以方便地分析脊形波导。例如,对 E_{mn}^x 模,其主要电磁场分量是 E_x 和 H_y,这种场型相当于图 8.6(b)所示三个平板波导的 TE 模。可方便地利用模式本征方程求出 N_1 和 N_2。然后根据图 8.6(c)所示模型由 TM 模的本征方程求出脊形波导沿 z 方向的传播常数。

2. 条载波导

条载波导的横截面如图 8.7(a)所示,它由在平板波导上增加一个适当宽度的矩形载条构成。载条的折射率 n_3 大于覆盖层的折射率 n_0,同时可以大于或小于薄膜的折射率 n_1。一般有 $n_1>n_2\geqslant n_0$。

条载波导在 y 方向限制光场的三个区域对应的平板波导如图 8.7(b)所示。对应于条载区 I 的是一个四层介质波导,它的有效折射率为 N_1,而对应于条载区两侧区域 II 的是两个相同的三层介质波导,它们的有效折射率为 N_2。显然有 $N_1>N_2$,因而可构成如图 8.7(c)所示的在 x 方向限制光场的等效平板波导。这个波导导波层的折射率为 N_1,包层折射率为 N_2。由条载波导限制光场的上述原理不难看出,可以利用类似处理脊形波导的方法求出条载波导沿 z 方向的传播常数。差别仅在于图 8.7(b)所示的条载区 I 有四层介质,因而只需要导出四层介质波导的模式本征方程。根据 4.1.1 节的分析可知,存在以下两种情况:

(1) 对于 $n_1>n_3$(低折射率条)的情况,且假设矩形载条中的场为指数衰减形

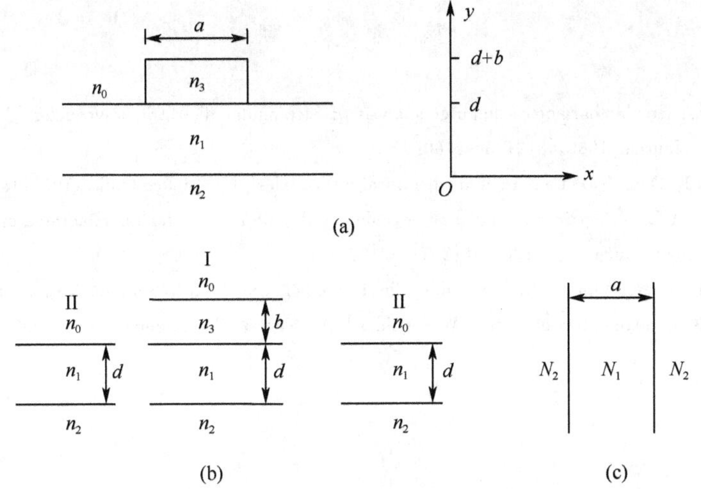

图 8.7 条载波导

(a) 横截面;(b) y 方向受约束的三个平板波导;(c) x 方向受约束的等效平板波导

式。则对 E^x_{mn} 模,四层介质平板波导 TE 模的本征方程为

$$\kappa_1 d - \Phi_{12} - \Phi_{13} = m\pi, \quad m = 0,1,2,\cdots \tag{8.59}$$

式中

$$\Phi_{12} = \arctan\left(\frac{\alpha_2}{\kappa_1}\right) \tag{8.60}$$

$$\Phi_{13} = \arctan\left\{\frac{\alpha_3}{\kappa_1}\tanh\left[\operatorname{artanh}\left(\frac{\alpha_0}{\alpha_3}\right) + \alpha_3 b\right]\right\} \tag{8.61}$$

$$\begin{cases}\kappa_1^2 = k_0^2(n_1^2 - N_1^2)\\ \alpha_0^2 = k_0^2(N_1^2 - n_0^2)\\ \alpha_2^2 = k_0^2(N_1^2 - n_2^2)\\ \alpha_3^2 = k_0^2(N_1^2 - n_3^2)\end{cases} \tag{8.62}$$

(2) 对于 $n_3 > n_1$(高折射率条)的情况,且假设 n_3 和 n_1 介质中场呈振荡形式,而在 n_2 和 n_0 介质中场呈指数衰减形式,则四层介质平板波导 TE 模的本征方程为

$$\kappa_1 d = m\pi + \arctan\left(\frac{\alpha_2}{\kappa_1}\right) + \arctan\left\{\frac{\kappa_3}{\kappa_1}\tan\left[\arctan\left(\frac{\alpha_0}{\kappa_3}\right) - \kappa_3 b\right]\right\}, m = 0,1,2,\cdots \tag{8.63}$$

式中

$$\kappa_3^2 = k_0^2(n_3^2 - N_1^2)$$

以上分析仅限于讨论 E^x_{mn} 模的情况,对于 E^y_{mn} 模的情况,留待读者自行分析。

参 考 文 献

[1] Goell J E. A circular-harmonic computer analysis of rectangular dielectric waveguides [J]. Bell System Technology Journal, 1969, 48: 2133～2160.

[2] Yeh C, Ha K, Dong S B et al. Single mode optical waveguides [J]. Applied Optics, 1979, 48: 1490～1504.

[3] Marcatili E A J. Dielectric rectangular waveguide and directional coupler for integrated optics. Bell System Technology Journal [J]. 1969, 48: 2071～2102.

[4] Tamir T. Integrated Optics [M]. 2nd ed. Berlin, Heidelberg, New York: Springer-Verlag, 1979.

[5] Okamoto K. Fundamentals of Optical Waveguides [M]. New York: Academic Press, 2000.

第9章　表面等离子波

前几章介绍的介质光波导,其制作材料可以看作是理想的无损耗的介质,而低损耗的射频传输线和微波波导一般是由金属线、金属条或金属管制成的。在低频条件下,金属可以看作是理想的导体,虽然由于在紫外区域电子等离子体振荡的响应,使得金属无法在光频范围内仍然保持为良好的导体,但仍可以制成低损耗的金属波导和金属介质包覆波导。这是因为在这两类结构中,电磁场在金属中以迅衰场形式存在;另外,对一般的贵金属来说(如金、银、铝等),在可见光和近红外区域,其复介电常数的实部相对于虚部来说,往往是一个较大的负数。即有

$$\varepsilon = \varepsilon_r + i\varepsilon_i, \quad \varepsilon_r < 0, \quad |\varepsilon_r| \gg \varepsilon_i \tag{9.1}$$

金属的这种光学性质,使得金属和介质的界面处可传输表面等离子波,夹于两介质中间的金属薄膜可传输长程表面等离子波。这两类表面波具有不同于光波导的独特性质,例如,有效折射率的存在范围大、具有强的场增强效应等。金属表面波的传输不仅丰富了传统导波光学的研究内容,还使金属介质波导不仅在集成光电子领域,而且在非线性光学、生物学和分子学等领域获得日益广泛的应用。

近年来,随着电子束刻蚀和自组装等纳米制备技术,以及暗场和近场显微等纳米表征技术的发展,导致表面等离子波研究的进一步复苏,出现了一系列超越光衍射极限的物理预言、实验结果和超小型的亚微米光器件的设想。一门研究金属表面纳米结构与光相互作用的新兴学科"等离子激元学(plasmonics)"正在快速形成。

本章首先讨论金属与介质界面处传输的表面等离子波,在此基础上再分析金属薄膜结构中的长程表面等离子波。最后讨论激发这两类表面波的衰减全反射方法,并简单介绍表面等离子波的应用。

9.1　金属的光学性质[1]

本节首先介绍说明光波在导体中传播满足的方程,然后用一个简单的物理模型定性解释金属在光频下的复介电常数的来源。

9.1.1　波在导体中的传播

众所周知,一般情况下,金属是良导体,它具有很高的电导率。所以,在研究金属的光学性质时,必须考虑电导率的影响。以下首先考虑电导率引起的复介电常

数的形式，然后在经典电子论的基础上简单讨论一个理想化的物理模型，定性地解释金属在光频下的色散特性和吸收特性，并粗略估计有关参数的典型数值。

设均匀各向同性非磁媒质的介电常数为 $\varepsilon_0\varepsilon$，磁导率为 $\mu_0\mu$，电导率为 σ，ε 和 μ 为相对介电系数。对非铁磁介质有 $\mu=1$，利用物质方程，可得如下形式的麦克斯韦方程：

$$\begin{cases}\nabla\times\boldsymbol{H}=\sigma\boldsymbol{E}+\varepsilon_0\varepsilon\dfrac{\partial\boldsymbol{E}}{\partial t}\\ \nabla\times\boldsymbol{E}=-\mu_0\dfrac{\partial\boldsymbol{H}}{\partial t}\\ \nabla\cdot\boldsymbol{E}=\dfrac{\rho}{\varepsilon_0\varepsilon}\\ \nabla\cdot\boldsymbol{H}=0\end{cases}\tag{9.2}$$

对第一个方程两边取散度，再将第三个方程代入可得

$$\frac{\partial\rho}{\partial t}+\frac{\sigma}{\varepsilon_0\varepsilon}\rho=0\tag{9.3}$$

积分后可得

$$\rho=\rho_0\mathrm{e}^{-t/\tau}\tag{9.4}$$

式中

$$\tau=\frac{\varepsilon_0\varepsilon}{\sigma}\tag{9.5}$$

称为弛豫时间。由此可见，对于任何电导率为 σ 的媒质，电荷密度 ρ 都随时间按指数衰减。由于金属的电导率很大，弛豫时间非常小，其典型的数量级是 $10^{-18}\,\mathrm{s}$，比光频周期（对可见光，约为 $10^{-15}\,\mathrm{s}$）要短得多，所以可假定金属中的 ρ 实际上总是零。对式(9.2)中第二个方程两边取旋度，再代入第一个方程，再考虑到电荷密度 ρ 总为零的事实，由此可得电场 $\boldsymbol{E}$ 满足的波动方程

$$\nabla^2\boldsymbol{E}=\mu_0\sigma\frac{\partial\boldsymbol{E}}{\partial t}+\varepsilon_0\mu_0\varepsilon\frac{\partial^2\boldsymbol{E}}{\partial t^2}\tag{9.6}$$

对于频率为 ω 的时谐波，$\boldsymbol{E}=\boldsymbol{E}_0\mathrm{e}^{-\mathrm{i}\omega t}$，式(9.6)变为

$$\nabla^2\boldsymbol{E}+\hat{k}^2\boldsymbol{E}=0\tag{9.7}$$

式中

$$\hat{k}^2=\frac{\omega^2}{c^2}\left(\varepsilon+\mathrm{i}\frac{\sigma}{\omega\varepsilon_0}\right)\tag{9.8}$$

只要令

$$\hat{\varepsilon}=\varepsilon+\mathrm{i}\frac{\sigma}{\omega\varepsilon_0}\tag{9.9}$$

则方程(9.7)在形式上与介质中的亥姆霍兹方程相同，但其相对介电常数是复数。

由式(9.7)和式(9.8)可见,平面波在导电媒质中传播的基本方程与在透明介质中传播的区别仅在于实常数 ε 和 k 被复常数 $\hat{\varepsilon}$ 和 $\hat{k}$ 所代替。

9.1.2 金属介电常数的初等电子理论

与 ε、μ 一样电导率 σ 也是频率 ω 的函数。应用金属的初等电子理论,可建立一个简单的物理模型来解释金属在光频下的色散特性和吸收特性。该理论认为介质对电磁场的响应主要由那些靠准弹性力束缚于原子核周围的电子行为决定。而对导电媒质,起主要作用的不是束缚电子,而是自由电子。自由电子为整个金属晶格所共有,并在晶格上的正离子与其他电子所组成的势场中运动,不断与这势场相互作用而交换能量,形成等离子体振荡。可以认为整个势场的平均效果等效于一个阻尼力,这个阻尼力与一个代表全体电子行为的模型电子的速度成正比,而方向相反。因此这个模型电子服从的运动方程为

$$m\frac{\mathrm{d}^2\boldsymbol{r}}{\mathrm{d}t^2}+m\beta\frac{\mathrm{d}\boldsymbol{r}}{\mathrm{d}t}=e\boldsymbol{E} \tag{9.10}$$

式中,m 是电子质量,e 是电子电荷,$\boldsymbol{E}$ 是宏观电场,β 是单位质量的阻尼常数。利用 $\boldsymbol{E}=\boldsymbol{E}_0\mathrm{e}^{-\mathrm{i}\omega t}$,则方程(9.10)的解是两项之和,其中一项代表衰变运动,另一项代表周期运动,解的形式为

$$\boldsymbol{r}=-\frac{e}{m\omega(\omega+\mathrm{i}\beta)}\boldsymbol{E} \tag{9.11}$$

这种周期运动在媒质中产生电流,如果每单位体积有 N 个自由电子,则电流密度为

$$\boldsymbol{J}=Ne\frac{\mathrm{d}\boldsymbol{r}}{\mathrm{d}t}=\frac{Ne^2}{m(\beta-\mathrm{i}\omega)}\boldsymbol{E} \tag{9.12}$$

由关系式 $\boldsymbol{J}=\sigma\boldsymbol{E}$ 可得

$$\sigma=\frac{Ne^2}{m(\beta-\mathrm{i}\omega)} \tag{9.13}$$

由式(9.13)可见,当 $\omega\ll\beta$ 时,σ 可用其静态值 $\sigma_0=Ne^2/m\beta$ 做近似;当 $\omega\gg\beta$ 时(光频区),σ 的虚部将比实部大。因此按式(9.9)区分金属的复介电常数 $\hat{\varepsilon}$ 的实部和虚部时,必须考虑这一点。以下对这一问题作较详细的研究。

由式(9.9)可见,复介电常数 $\hat{\varepsilon}$ 对频率的依赖关系,不仅由电导率 σ(自由电子的贡献)依赖于频率所引起,而且还与实介电常数 ε(束缚电子的贡献)依赖于频率有关。但只要 ω 不接近于共振频率,可以证明束缚电子的贡献远小于自由电子的贡献。这样就可在式(9.9)中用 1 代替 ε,再利用式(9.13),便可得

$$\hat{\varepsilon}=1-\frac{Ne^2}{\varepsilon_0 m\omega(\omega+\mathrm{i}\beta)} \tag{9.14}$$

把式(9.14)的实部和虚部分开,可得

$$\mathrm{Re}\hat{\varepsilon} = 1 - \frac{Ne^2}{\varepsilon_0 m(\omega^2 + \beta^2)} \tag{9.15}$$

$$\mathrm{Im}\hat{\varepsilon} = 1 - \frac{Ne^2\beta}{\varepsilon_0 m\omega(\omega^2 + \beta^2)} \tag{9.16}$$

如果 β 足够小，由式(9.15)不难导出，存在一临界频率

$$\omega_p^2 = \frac{Ne^2}{m\varepsilon_0} - \beta^2 \tag{9.17}$$

当 $\omega < \omega_p$ 时，$\hat{\varepsilon}$ 的实部是负数；而当 $\omega > \omega_p$ 时，由式(9.15)给出 $\hat{\varepsilon}$ 的实部为正值。对于金属，ω_p^2 的数量级约为 $10^{32}\,\mathrm{s}^{-2}$，故有 ω_p 的数量级约为 $10^{16}\,\mathrm{s}^{-1}$。而 β 的数量级约为 $10^{14}\,\mathrm{s}^{-1}$，从而有 $\omega_p^2 \gg \beta^2$，由式(9.17)可得

$$\omega_p^2 \approx \frac{Ne^2}{m\varepsilon_0} \tag{9.18}$$

光频 ω 的数量级约为 $10^{15}\,\mathrm{s}^{-1}$，所以有 $\omega < \omega_p$，从而可知金属复介电常数的实部在光频范围是负数。又因为 $\omega^2 \gg \beta^2$，结合式(9.18)，式(9.15)和式(9.16)可写成更简单的形式

$$\mathrm{Re}\hat{\varepsilon} \approx 1 - \left(\frac{\omega_p}{\omega}\right)^2 \tag{9.19}$$

$$\mathrm{Im}\hat{\varepsilon} \approx \frac{\beta}{\omega}\left(\frac{\omega_p}{\omega}\right)^2 \tag{9.20}$$

式中，ω_p 就是所谓的等离子振荡频率。当 $\omega < \omega_p$ 时，$\hat{\varepsilon}$ 的实部是负数。当取 $\omega = 2.5 \times 10^{15}\,\mathrm{s}^{-1}$，$\beta = 10^{14}\,\mathrm{s}^{-1}$，$\omega_p = 10^{16}\,\mathrm{s}^{-1}$ 时，由此可以求得，$\mathrm{Re}\hat{\varepsilon} = -15$，$\mathrm{Im}\hat{\varepsilon} = 0.64$。这说明，对一般金属来说，在光频范围内，复介电系数的实部取负值，而且实部的绝对值比虚部大得多。这一事实，已由实验测定结果所证实。由式(9.12)可知，当 $\omega_p^2 \gg \beta^2$ 时，σ 具有较大的虚部，由 $\boldsymbol{J} = \sigma\boldsymbol{E}$ 可知，电流密度 $\boldsymbol{J}$ 与电场强度 $\boldsymbol{E}$ 的相位相差 $\pi/2$(相当于 1/4 周期)。$\omega > \omega_p$ 时，由式(9.15)给出 $\hat{\varepsilon}$ 的实部为正，不过应该指出，在 $\omega > \omega_p$ 的情况下，随着频率的升高，束缚电子起着越来越大的作用，金属就变成“透明”的，实际上表现出与电介质相似的光学性质。

应该指出，上述初等理论只能定性解释金属的光频特性和估计有关参数的数量级，严格的理论比较复杂，需用量子力学理论处理。

9.2　金属与介质界面上的表面等离子波(SPW)

由于金属特殊的光学性质，使得金属与介质的界面处可传输表面等离子波，这类表面波具有不同于光导波的特性，例如，有效折射率的存在范围大，具有强的场增强效应等。表面等离子波的存在不仅丰富了传统导波光学的研究内容，还使金属包覆介质波导不仅在集成光电子领域，而且在生物化学传感器等测量领域获得

日益广泛的应用。

9.2.1 表面等离子波的存在条件

考虑图9.1所示的两种半无限大、各向同性介质构成的简单界面。设表面等离子波沿 z 轴方向传播,取 x 轴沿界面法向,零点取在界面处。$x>0$ 处为介质1,其介电常数为 $\varepsilon_1(\omega)$;$x<0$ 处为介质2,其介电常数为 $\varepsilon_2(\omega)$。设两种介质都是非铁磁介质,即有 $\mu_1=\mu_2=\mu_0$。

根据麦克斯韦方程

$$\nabla\times\boldsymbol{E}=-\frac{\partial\boldsymbol{B}}{\partial t}\tag{9.21}$$

$$\nabla\times\boldsymbol{H}=\frac{\partial\boldsymbol{D}}{\partial t}\tag{9.22}$$

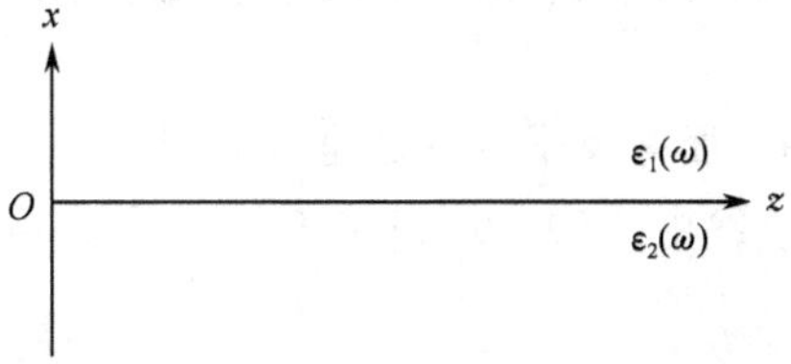

消去磁场矢量后可得

$$\nabla\times(\nabla\times\boldsymbol{E})+\mu_0\frac{\partial^2\boldsymbol{D}}{\partial t^2}=0\tag{9.23}$$

x
$\varepsilon_1(\omega)$
O
z
$\varepsilon_2(\omega)$

图9.1 两种半无限大介质构成的简单界面

式中,$\boldsymbol{D}=\varepsilon_0\varepsilon(\omega)\boldsymbol{E}$,$\varepsilon(\omega)$为相对介电常数。

根据表面波场强集中于界面,并沿法向指数衰减的特点,设试探解为

$$\begin{cases}\boldsymbol{E}_1(\boldsymbol{r},t)=\boldsymbol{E}_1^0\exp(-\alpha_1x)\exp[\mathrm{i}(\beta z-\omega t)], & x>0\\ \boldsymbol{E}_2(\boldsymbol{r},t)=\boldsymbol{E}_2^0\exp(\alpha_2x)\exp[\mathrm{i}(\beta z-\omega t)], & x<0\end{cases}\tag{9.24}$$

把式(9.24)代入方程(9.23),并利用

$$\nabla\cdot\boldsymbol{E}=0$$

可得

$$\begin{cases}\boldsymbol{E}_1(x)=\left(\dfrac{\mathrm{i}\beta}{\alpha_1}E_{1z}^0,E_{1y}^0,E_{1z}^0\right)\exp(-\alpha_1x), & x>0\\ \boldsymbol{E}_2(x)=\left(-\dfrac{\mathrm{i}\beta}{\alpha_2}E_{2z}^0,E_{2y}^0,E_{2z}^0\right)\exp(\alpha_2x), & x<0\end{cases}\tag{9.25}$$

为简单计,式(9.25)中已省略传播因子

$$\exp[\mathrm{i}(\beta z-\omega t)]$$

衰减系数 α_1 和 α_2 分别为

$$\begin{cases}\alpha_1^2=\beta^2-k_0^2\varepsilon_1\\ \alpha_2^2=\beta^2-k_0^2\varepsilon_2\end{cases}\tag{9.26}$$

同样,可得到磁场的表达式

$$\begin{cases}\boldsymbol{H}_1(x)=\dfrac{\mathrm{i}}{\omega\mu_0}\left(\mathrm{i}\beta E_{1y}^0,\dfrac{k_0^2\varepsilon_1}{\alpha_1}E_{1z}^0,\alpha_1E_{1y}^0\right)\exp(-\alpha_1x), & x>0\\ \boldsymbol{H}_2(x)=\dfrac{\mathrm{i}}{\omega\mu_0}\left(\mathrm{i}\beta E_{2y}^0,-\dfrac{k_0^2\varepsilon_2}{\alpha_2}E_{2z}^0,-\alpha_2E_{2y}^0\right)\exp(\alpha_2x), & x<0\end{cases}\tag{9.27}$$

再由边界条件,可得

$$E^{0}_{1y} = E^{0}_{2y} \tag{9.28}$$

$$E^{0}_{1z} = E^{0}_{2z} \tag{9.29}$$

$$\frac{\varepsilon_1}{\alpha_1} E^{0}_{1z} = -\frac{\varepsilon_2}{\alpha_2} E^{0}_{2z} \tag{9.30}$$

$$\alpha_1 E^{0}_{1y} = -\alpha_2 E^{0}_{2y} \tag{9.31}$$

由上述四式可得以下三个结论:

(1)由于 α_1 和 α_2 都是正实数,则由式(9.28)和式(9.31)可知

$$E^{0}_{1y} = E^{0}_{2y} = 0 \tag{9.32}$$

说明表面等离子波一定是 TM 波。

(2)由式(9.29)和式(9.30)两式,可得

$$\frac{\alpha_1}{\alpha_2} = -\frac{\varepsilon_1}{\varepsilon_2} \tag{9.33}$$

说明表面等离子波只能存在于界面两侧介质的介电常数符号相反的情况。

(3)利用式(9.26)和式(9.33)两式,可得表面等离子波的有效折射率为

$$\frac{\beta}{k_0} = \sqrt{\frac{\varepsilon_1 \varepsilon_2}{\varepsilon_1 + \varepsilon_2}} \tag{9.34}$$

根据上述第二个结论可知,在图 9.1 所示的结构中,如果两种介质中有一种是金属,由于金属介电常数的实部是负数,因此,这样的结构满足表面等离子波存在的条件。表面等离子波的电场分布如图 9.2 所示。

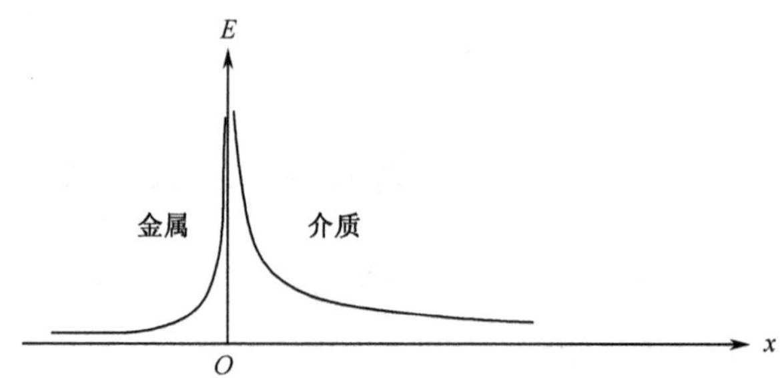

图 9.2　表面等离子波的电场分布

9.2.2　损耗

由于金属的介电常数是一复数,其虚部表示对光能量的吸收。不失一般性设图 9.1 所示结构中的介质 2 为金属,则有

$$\varepsilon_2 = \varepsilon_{r2} + i\varepsilon_{i2}, \quad \varepsilon_{i2} > 0 \tag{9.35}$$

由于金属介电常数虚部的影响,将使表面等离子波的传播常数分为实部和虚部两部分,其中虚部表示表面等离子波的传输损耗。

下面考虑两种简单的情况：

(1) 如果 $\varepsilon_{i2}=0$，这表明金属无吸收的情况(这在物理上是不现实的，但 $|\varepsilon_{r2}|\gg\varepsilon_{i2}$ 时，可作为一种近似)。这时有 $\varepsilon_2=\varepsilon_{r2}$，而且在通常情况下，有 $|\varepsilon_{r2}|>\varepsilon_1$，于是，表面等离子波的传播常数为

$$\beta_r = k_0\sqrt{\frac{\varepsilon_1\varepsilon_{r2}}{\varepsilon_1+\varepsilon_{r2}}} \tag{9.36}$$

$$\beta_i = 0 \tag{9.37}$$

由于传播常数是纯实数，导致衰减系数 α_1 和 α_2 也是纯实数，可分别表示为

$$\alpha_1 = k_0\varepsilon_1\sqrt{\frac{1}{|\varepsilon_{r2}|-\varepsilon_1}} \tag{9.38}$$

$$\alpha_2 = k_0|\varepsilon_{r2}|\sqrt{\frac{1}{|\varepsilon_{r2}|-\varepsilon_1}} \tag{9.39}$$

(2) 如果 $\varepsilon_{i2}\neq0$，这时 β、α_1 和 α_2 都是复数，利用式(9.34)可得严格的公式

$$\beta_r = k_0\left[\frac{\varepsilon_1}{(\varepsilon_1+\varepsilon_{r2})^2+\varepsilon_{i2}^2}\right]^{1/2}\cdot\left[\frac{\varepsilon_e^2+(\varepsilon_e^4+\varepsilon_1^2\varepsilon_{i2}^2)^{1/2}}{2}\right]^{1/2} \tag{9.40}$$

$$\beta_i = k_0\left[\frac{\varepsilon_1}{(\varepsilon_1+\varepsilon_{r2})^2+\varepsilon_{i2}^2}\right]^{1/2}\cdot\frac{\sqrt{2}\varepsilon_{i2}\varepsilon_1}{2\left[\varepsilon_e^2+(\varepsilon_e^4+\varepsilon_1^2\varepsilon_{i2}^2)^{1/2}\right]^{1/2}} \tag{9.41}$$

式中

$$\varepsilon_e^2 = \varepsilon_{r2}^2+\varepsilon_{i2}^2+\varepsilon_1\varepsilon_{r2} \tag{9.42}$$

通常情况下，金属介电常数满足 $\varepsilon_{r2}<0$，$|\varepsilon_{r2}|\gg\varepsilon_{i2}$ 和 $|\varepsilon_{r2}|\gg\varepsilon_1$，则复杂的式(9.40)和式(9.41)可近似为如下形式：

$$\beta_r \approx k_0\sqrt{\frac{\varepsilon_1\varepsilon_{r2}}{\varepsilon_1+\varepsilon_{r2}}} \tag{9.43}$$

$$\beta_i \approx k_0\frac{\varepsilon_{i2}\varepsilon_1}{2\varepsilon_{r2}(\varepsilon_1+\varepsilon_{r2})}\cdot\sqrt{\frac{\varepsilon_1\varepsilon_{r2}}{\varepsilon_1+\varepsilon_{r2}}} \tag{9.44}$$

由式(9.43)和式(9.44)可知，$\beta_r>k_0\sqrt{\varepsilon_1}$，而 β_i 正比于 ε_{i2}。另外，与式(9.36)比较可知，忽略金属介电常数的虚部，实际上仅是略去了表面等离子波的损耗特性，而对表面等离子波的其他特性无丝毫影响。

9.2.3 表面等离子波的激发

由 9.2.1 节分析可知，金属和介质的界面满足表面等离子波存在的条件。Otto[2] 和 Kretschmann 等[3] 在工作中研究了金属和介质界面处表面等离子波的光学激励问题。他们采用了如图 9.3 所示的棱镜耦合方式，在这两种方式中，棱镜材料的折射率必须足够大，从而可通过调整在棱镜底面的入射角，使入射光(TM 波)在界面方向的波矢分量等于表面等离子波的波矢。调整间隙或金属膜的厚度

d,即能有效地激励这种表面等离子波,从而使大部分入射光的能量耦合到表面等离子波中,而由棱镜底全反射光强明显地下降,形成一个吸收峰。这种激励方式称为衰减全反射(attenuated total reflection,ATR)技术。

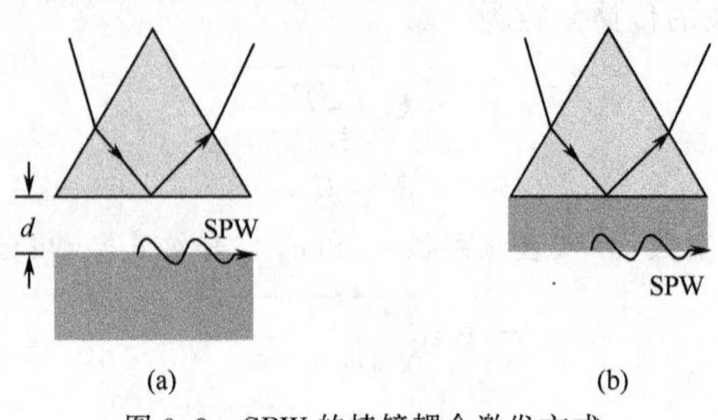

图 9.3 SPW 的棱镜耦合激发方式

(a) Otto 方式;(b) Kretschmann 方式

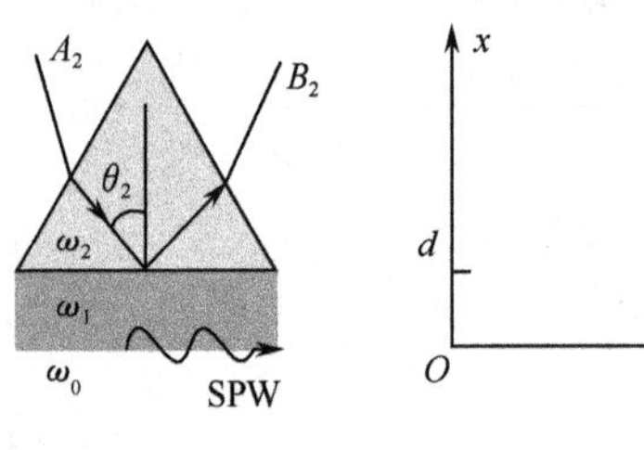

图 9.4 实际的 ATR 结构

下面以 Kretschmann 方式为例,推导这种实验结构下的反射率公式。考虑图 9.4 所示的实际结构和坐标系统。

设棱镜和介质的介电常数分别为 ε_2 和 ε_0,金属薄膜的介电系数为 $\varepsilon_1=\varepsilon_{r1}+i\varepsilon_{i1}$,薄膜厚度为 d。表面等离子波沿 z 方向传播,在棱镜底面上的光线入射角为 θ_2。根据表面等离子波的性质,可设磁场分布为

$$H_y(x)=\begin{cases}A_2 e^{\alpha_2(x-d)}+B_2 e^{-\alpha_2(x-d)}, & x>d\\ A_1 e^{\alpha_1 x}+B_2 e^{-\alpha_1 x}, & 0<x<d\\ A_0 e^{\alpha_0 x}, & x<0\end{cases} \tag{9.45}$$

式中

$$\begin{aligned}\alpha_j &= (\beta^2-k_0^2\varepsilon_j)^{1/2}, \quad j=0,1,2\\ \beta &= k_0\sqrt{\varepsilon_2}\sin\theta_2\end{aligned} \tag{9.46}$$

由于在棱镜中,光场呈振荡形式,因此 α_2 是虚数。而在金属薄膜中,由于 ε_1 是复数,故 α_1 也是复数。利用 TM 波的 H_y 和 $\dfrac{1}{\varepsilon}H_y$ 在 $x=0$ 和 $x=d$ 处连续的条件,可得反射率公式

$$R=\left|\frac{B_2}{A_2}\right|^2=\left|\frac{\gamma_{12}+\gamma_{01}e^{-2\alpha_1 d}}{1+\gamma_{12}\gamma_{01}e^{-2\alpha_1 d}}\right|^2 \tag{9.47}$$

式中

$$\gamma_{01}=\frac{\varepsilon_0\alpha_1-\varepsilon_1\alpha_0}{\varepsilon_0\alpha_1+\varepsilon_1\alpha_0} \tag{9.48}$$

$$\gamma_{12}=\frac{\varepsilon_1\alpha_2-\varepsilon_2\alpha_1}{\varepsilon_1\alpha_2+\varepsilon_2\alpha_1} \tag{9.49}$$

在确定了实验结构及有关参数之后，就可利用公式(9.47)计算反射率 R 与入射角 θ_2 之间的关系曲线。图 9.5 给出了一个具体例子，其中 $\varepsilon_0=1.0$，$\varepsilon_1=-18.0+\mathrm{i}0.7$，$\varepsilon_2=3.24$，$d=50.0\mathrm{nm}$，$\lambda=632.8\mathrm{nm}$。由图可见，当入射角 θ_2 为一特定值 θ_{ATR}时，反射率 R 达到最小值，这时入射光线在 z 方向的波矢分量正好等于表面等离子波的传播常数 β_{ATR}，表面等离子波被光激发，入射光的能量转移到金属薄膜与介质的界面上。ATR 曲线的半宽度反映了能量的耗散，即由金属介电系数的虚部引起的能量的吸收。

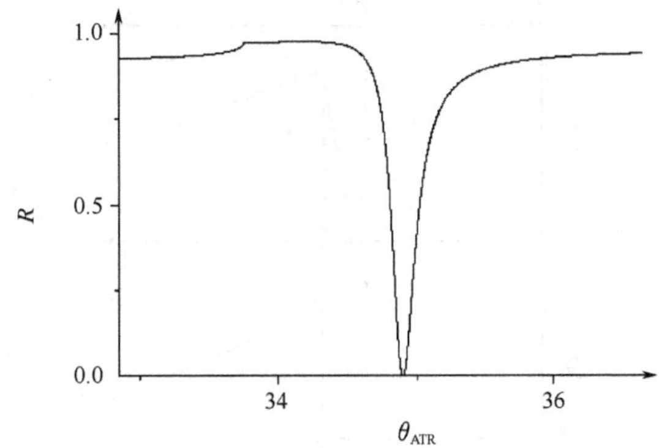

图 9.5 衰减全反射(ATR)曲线

由于金属薄膜的介电常数和厚度是与实验条件有关的参量，因此在实验中，往往需要通过测量确定这两个参数。目前常用的方法有双波长激发法[4]，即用两种波长的激光进行实验，可得到两个不同的 ATR 衰减峰，然后通过计算机拟合确定金属介电系数的实部、虚部和厚度。我们曾提出更换与金属接触介质的办法[5]，同样得到了理想的结果。

表面等离子波也可经金属表面的光栅激发，这种激发方式更有利于器件的小型化和平面化。

9.2.4 场的增强效应

前面讲到，表面等离子波是约束在金属和介质界面上传播的一种电磁波，其场强随离开界面的距离按指数规律衰减。因此，表面等离子波在界面上具有最强的场。以 Kretschmann 激发方式为例，设棱镜的折射率 $n_2=1.515$，厚度为 45nm 的银膜的介电系数 $\varepsilon_1=-17.3+\mathrm{i}0.68(\lambda=632.8\mathrm{nm})$，而空气的折射率 $n_0=1.0$，则

通过计算,可得如图 9.6 所示的表面等离子波的电场分布。若以棱镜中的入射场归一,则可得 $|E_x|$ 的增强幅度为 18.8 倍,而 $|E_z|$ 的增强幅度为 4.2 倍,坡印亭矢量的增强幅度可达 335.4 倍。由于这种场的增强效应,使表面等离子波在生物学、化学、材料学以及仪器等学科中获得了广泛的应用。

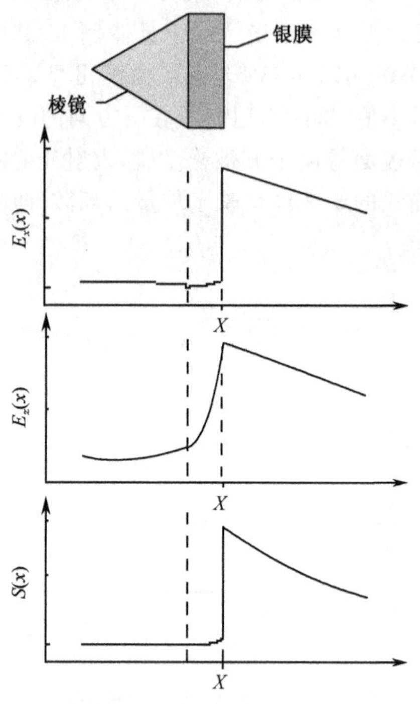

图 9.6 Kretschmann 激发方式中场的增强效应

9.3 双波长法测量金属薄膜的厚度和介电系数

由 9.2 节可知,金属的光学性质可由与频率有关的介电函数 $\varepsilon(\omega)$ 表征,在确定 $\varepsilon(\omega)$ 的众多方法中,表面等离子波技术特别适用于研究厚度为几十纳米的金属薄膜。20 世纪 70 年代末,Lopez-Rios 和 Vuye[6] 提出了 SPW 同时确定金属薄膜厚度 d 和介电函数 $\varepsilon(\omega)$ 的数值拟合方法。但这种方法必须预先设定 $\varepsilon(\omega)$ 的函数形式。然而,在大多数情况下,$\varepsilon(\omega)$ 的函数形式是未知的。因此,在 $\varepsilon(\omega)$ 的函数形式未知情况下,建立一种可同时确定金属薄膜厚度 d 和介电函数 $\varepsilon(\omega)$ 的方法就显得特别重要。本节介绍一种常用的双波长法[4]。

9.3.1 测量原理

首先考虑图 9.7 所示的激发 SPW 的 Kretschmann 结构,设 ε_0、ε_1 和 ε_2 分别为

空气、金属薄膜和棱镜的介电常数，d 为金属薄膜的厚度。当一 TM 偏振的光束，以 θ 角入射于棱镜与金属的界面，当入射光频 ω 和波矢 β^L 匹配时，表面等离子波被激发，入射光的能量将转移为表面等离子波的能量，衰减全反射曲线 $R(\theta)$ 呈现如图 9.8 所示的共振吸收峰。其中 θ_{ATR} 为共振角，W_θ 为吸收峰宽度，而 $R_{\min}$ 为反射率极小值。由于金属的吸收以及表面波能量通过金属薄膜向棱镜的泄漏，表面等离子波的波矢是复的。而入射光的波矢分量总是实的，与表面波的波矢是不可能完全匹配的，仅存在近似的匹配，即有

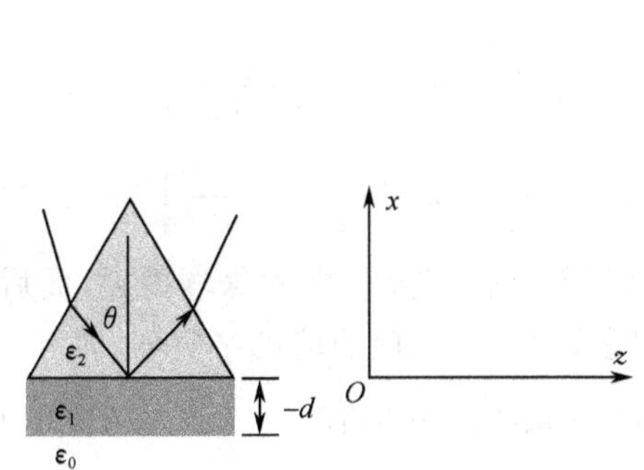

图 9.7　激发 SPW 的 Kretschmann 结构

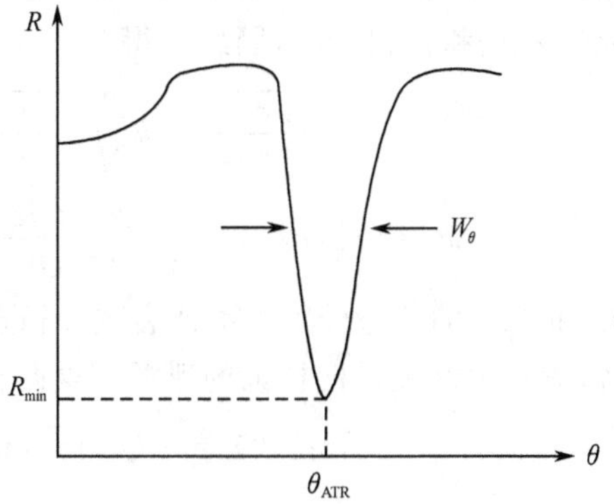

图 9.8　表面等离子波的衰减全反射谱

$$\beta = \mathrm{Re}(\beta^L) \tag{9.50}$$

共振角

$$\theta_{\mathrm{ATR}} = \arcsin\left[\frac{\mathrm{Re}(\beta^L)}{k_0\sqrt{\varepsilon_2}}\right] \tag{9.51}$$

容易导出光强反射率（留给读者自己推导）

$$R = \left|\frac{r_{12} + r_{10}\exp(-2\alpha_1 d)}{1 + r_{10}r_{12}\exp(-2\alpha_1 d)}\right|^2 \tag{9.52}$$

式中

$$r_{10} = \frac{\varepsilon_1\alpha_0 - \varepsilon_0\alpha_1}{\varepsilon_1\alpha_0 + \varepsilon_0\alpha_1} \tag{9.53}$$

$$r_{21} = \frac{\varepsilon_1\alpha_2 - \varepsilon_2\alpha_1}{\varepsilon_1\alpha_2 + \varepsilon_2\alpha_1} \tag{9.54}$$

而

$$\begin{cases}\alpha_0 = (\beta^2 - k_0^2\varepsilon_0)^{1/2} \\ \alpha_1 = (\beta^2 - k_0^2\varepsilon_1)^{1/2} \\ \alpha_2 = (k_0^2\varepsilon_2 - \beta^2)^{1/2}\end{cases} \tag{9.55}$$

当入射角 θ 接近于共振角 θ_{ATR} 时,利用第7章中类似的推导,反射率 R 可近似表示为

$$R = 1 - \frac{4\mathrm{Im}(\beta^0)\mathrm{Im}(\Delta\beta^L)}{[\beta - \mathrm{Re}(\beta^L)]^2 + [\mathrm{Im}(\beta^L)]^2} \tag{9.56}$$

式中

$$\beta^L = \beta^0 + \Delta\beta^L \tag{9.57}$$

β^L 是存在棱镜时表面等离子波的复波矢,β^0 是不存在棱镜时自由表面等离子波的波矢,而 $\Delta\beta^L$ 标识存在棱镜时因泄漏而引起的对 β^0 的微扰。对金属薄膜,有 $\varepsilon_1 = \varepsilon_{1r} + i\varepsilon_{1i}$ 和 $|\varepsilon_{1r}| \gg \varepsilon_{1i}$,因此可得

$$\beta^0 = k_0\sqrt{\frac{\varepsilon_1\varepsilon_0}{\varepsilon_1 + \varepsilon_0}} \approx k_0\sqrt{\frac{\varepsilon_{1r}\varepsilon_0}{\varepsilon_{1r} + \varepsilon_0}} + ik_0\sqrt{\frac{\varepsilon_{1r}\varepsilon_0}{\varepsilon_{1r} + \varepsilon_0}} \cdot \frac{\varepsilon_{1i}\varepsilon_0}{2\varepsilon_{1r}(\varepsilon_{1r} + \varepsilon_0)} \tag{9.58}$$

$$\Delta\beta^L = k_0(r_{21})_{\beta=\beta^0}\ \frac{2}{\varepsilon_0 - \varepsilon_1}\left(\frac{\varepsilon_0\varepsilon_1}{\varepsilon_0 + \varepsilon_1}\right)^{3/2} \exp\left[-2k_0 d\ \frac{\varepsilon_1}{(\varepsilon_1 + \varepsilon_0)^{1/2}}\right] \tag{9.59}$$

β^0 和 $\Delta\beta^L$ 的虚部分别为本征衰减和辐射衰减,前者代表金属中的焦耳损耗,而后者代表 SPW 能量向棱镜的泄漏。这两种损耗决定了反射吸收峰的半宽度,即有

$$\mathrm{Im}(\beta^L) = \Delta(k_0\sqrt{\varepsilon_2}\sin\theta_{ATR}) = k_0\sqrt{\varepsilon_2}\cos\theta_{ATR}\Delta\theta \tag{9.60}$$

而

$$W_\theta = 2\Delta\theta = \frac{2\mathrm{Im}(\beta^L)}{k_0\sqrt{\varepsilon_2}\cos\theta_{ATR}} \tag{9.61}$$

在共振角 θ_{ATR} 处,因式(9.50)成立,从而得到反射率极小值

$$R_{\min} = 1 - \frac{4\eta}{(1+\eta)^2} \tag{9.62}$$

其中

$$\eta = \mathrm{Im}(\beta^0)/\mathrm{Im}(\Delta\beta^L) \tag{9.63}$$

由以上分析和实验测出的 ATR 谱,可确定金属薄膜的复介电系数 ε_1 和厚度 d 的初始值。

9.3.2 实验与测量

实验过程分为样品制备和 ATR 谱的测量,然后进行分析计算,具体的过程如下:

(1) 把测量值 θ_{ATR} 代入式(9.51),求出 $\mathrm{Re}(\beta^L)$;

(2) 因为 $\mathrm{Re}(\Delta\beta^L) \ll \mathrm{Re}(\beta^0)$,故可令 $\mathrm{Re}(\beta^0) = \mathrm{Re}(\beta^L)$;

(3) 利用式(9.58)的实部,确定 ε_{1r};

(4) 把测量值 θ_{ATR} 和 W_θ 代入式(9.61),用以确定 $\mathrm{Im}(\beta^L) = \mathrm{Im}(\beta^0) + \mathrm{Im}(\Delta\beta^L)$;

(5) 把测量值 $R_{\min}$ 代入式(9.62),用以确定 $\mathrm{Im}(\beta^0)/\mathrm{Im}(\Delta\beta^L)$;

(6) 根据(4)、(5)两个步骤,可分别确定 $\mathrm{Im}(\beta^0)$ 和 $\mathrm{Im}(\Delta\beta^L)$;

(7) 由 $\mathrm{Im}(\beta^0)$ 和已得到的 ε_{1r},利用式(9.58)确定 ε_{1i};

(8) 由 $\mathrm{Im}(\Delta\beta^L)$ 和 θ_{ATR}、ε_{1r} 和 ε_{1i},利用式(9.59)确定 d。

由于式(9.62)有两组互为倒数的解,其中一组对应于本征衰减大于辐射衰减(欠耦合);另一组恰好相反,对应于辐射衰减大于本征衰减(过耦合)。前一组求出的 d 大于后一组的值。在一阶近似下,两组解在 ATR 谱上是难以分辨的。因此,两组解可同时作为迭代过程的初始值,并导致良好的拟合曲线。为了确定一组真实的解,必须采用不同的光激发同一样品,得到两条不同的 ATR 曲线。对于每一种波长,均可得到两组拟合后的 ε_1 和 d 值。由于 d 不随波长而变,因此,总可以在对应波长 λ_1 的两组解中,找到一组解,使得该组解中的 d 与对应于波长 λ_2 的某组解中的 d 值相接近,这样与这两个 d 值同组的 ε_1 便分别对应波长为 λ_1 和 λ_2 时的介电常数。例如,对 $\lambda_1=632.8\mathrm{nm}$,有两组解

(1) $\varepsilon_1=-17.45+\mathrm{i}0.92$, $d=38.7\mathrm{nm}$

(2) $\varepsilon_1=-16.72+\mathrm{i}1.66$, $d=48.3\mathrm{nm}$

对 $\lambda_2=488.0\mathrm{nm}$,两组解分别为

(1) $\varepsilon_1=-8.39+\mathrm{i}0.60$, $d=56.7\mathrm{nm}$

(2) $\varepsilon_1=-8.31+\mathrm{i}0.68$, $d=47.1\mathrm{nm}$

通过比较,波长 λ_1 中的第二组解和波长 λ_2 中的第二组解有比较接近的 d 值。因此真实解为

$$\varepsilon_1=-16.72+\mathrm{i}1.66,\quad d=47.7\mathrm{nm},\quad \lambda=632.8\mathrm{nm}$$
$$\varepsilon_1=-8.31+\mathrm{i}0.68,\quad d=47.7\mathrm{nm},\quad \lambda=488.0\mathrm{nm}$$

9.4 金属薄膜结构中的长程表面等离子波(LRSPW)

与表面等离子波不同,长程表面等离子波传输于一种对称结构中。在这种结构中,LRSPW 的能量密度主要集中于介质而不是有吸收的金属中。因此,LRSPW 可传输较 SPW 更长的距离。

9.4.1 色散关系

考虑图 9.9 所示的金属薄膜结构,1 区和 3 区为无吸收介质,介电常数分别为 ε_1 和 ε_3。2 区是厚度为 d 的金属薄膜,其介电常数为 $\varepsilon_2=\varepsilon_{r2}+\mathrm{i}\varepsilon_{i2}$,且满足 $\varepsilon_{r2}<0$,$|\varepsilon_{r2}|\gg\varepsilon_{i2}$ 和 $|\varepsilon_{r2}|>\varepsilon_1,\varepsilon_3$。为便于分析,先构造一无损耗的理想系统,在这系统中有 $\varepsilon_2=\varepsilon_{r2}$,而 $\varepsilon_{i2}=0$。下面分别讨论非对称和对称结构。

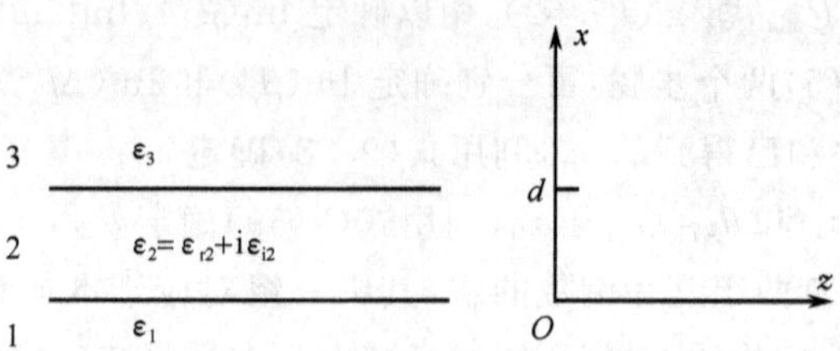

图 9.9 金属薄膜结构

1. 非对称结构

考虑在金属薄膜结构中沿 z 方向传输的 TM 波,三个区域中的场分布为

$$H_y(x)=\begin{cases}A_1\mathrm{e}^{\alpha_1^0 x}, & x<0\\ A_2\mathrm{e}^{\alpha_2^0 x}+B_2\mathrm{e}^{-\alpha_2^0 x}, & 0<x<d\\ B_3\mathrm{e}^{-\alpha_3^0(x-d)}, & x>d\end{cases} \tag{9.64}$$

上标"0"表示为理想系统的参数,式中

$$\begin{cases}\alpha_1^0=(\beta^2-k_0^2\varepsilon_1)^{1/2}\\ \alpha_2^0=(\beta^2-k_0^2\varepsilon_2)^{1/2}\\ \alpha_3^0=(\beta^2-k_0^2\varepsilon_3)^{1/2}\end{cases} \tag{9.65}$$

根据转移矩阵理论,可得如下矩阵方程:

$$\begin{bmatrix}H_y(0)\\ \dfrac{1}{\varepsilon_1}H'_y(0)\end{bmatrix}=M_2\begin{bmatrix}H_y(d)\\ \dfrac{1}{\varepsilon_3}H'_y(d)\end{bmatrix} \tag{9.66}$$

式中

$$M_2=\begin{bmatrix}\cosh(\alpha_2^0 d) & -\dfrac{\varepsilon_2}{\alpha_2^0}\sinh(\alpha_2^0 d)\\ -\dfrac{\alpha_2^0}{\varepsilon_2}\sinh(\alpha_2^0 d) & \cosh(\alpha_2^0 d)\end{bmatrix} \tag{9.67}$$

利用式(9.64),在方程(9.66)中代入边界条件,则矩阵方程可改写为

$$\begin{pmatrix}-\dfrac{\alpha_1^0}{\varepsilon_1} & 1\end{pmatrix}M_2\begin{pmatrix}1\\ -\dfrac{\alpha_3^0}{\varepsilon_3}\end{pmatrix}=0 \tag{9.68}$$

化简式(9.68),可得理想金属薄膜结构的色散方程为

$$\tanh(\alpha_2^0 d)=-\frac{\dfrac{\varepsilon_2\alpha_1^0}{\varepsilon_1\alpha_2^0}+\dfrac{\varepsilon_2\alpha_3^0}{\varepsilon_3\alpha_2^0}}{1+\dfrac{\varepsilon_2\alpha_1^0}{\varepsilon_1\alpha_2^0}\cdot\dfrac{\varepsilon_2\alpha_3^0}{\varepsilon_3\alpha_2^0}} \tag{9.69}$$

2. 对称结构

当 $\varepsilon_1=\varepsilon_3$ 时,式(9.69)可简化为

$$\tanh(\alpha_2^0 d)=-\frac{2\dfrac{\varepsilon_2\alpha_1^0}{\varepsilon_1\alpha_2^0}}{1+\left(\dfrac{\varepsilon_2\alpha_1^0}{\varepsilon_1\alpha_2^0}\right)^2} \tag{9.70}$$

方程(9.70)可分为两支,其中一支是 $\left|\dfrac{\varepsilon_2\alpha_1^0}{\varepsilon_1\alpha_2^0}\right|<1$ 的对称模,对应式(9.64)中 $B_2/A_2>0$,其色散方程为

$$\tanh\left(\frac{1}{2}\alpha_2^0 d\right)=-\frac{\varepsilon_2\alpha_1^0}{\varepsilon_1\alpha_2^0} \tag{9.71}$$

而另一支是 $\left|\dfrac{\varepsilon_2\alpha_1^0}{\varepsilon_1\alpha_2^0}\right|>1$ 的反对称模,对应 $B_2/A_2<0$,其色散方程为

$$\tanh\left(\frac{1}{2}\alpha_2^0 d\right)=-\frac{\varepsilon_1\alpha_2^0}{\varepsilon_2\alpha_1^0} \tag{9.72}$$

由式(9.71)和式(9.72)两式可知,当 $d\to\infty$ 时,两式同时满足关系

$$\frac{\alpha_1^0}{\alpha_2^0}=-\frac{\varepsilon_1}{\varepsilon_2} \tag{9.73}$$

与式(9.33)比较可知,这时,对称模和反对称模约化为金属与介质介面上的表面等离子波,两者是简并的,它们的传播常数为

$$\beta^0=k_0\sqrt{\frac{\varepsilon_1\varepsilon_2}{\varepsilon_1+\varepsilon_2}} \tag{9.74}$$

由于 d 为无穷大,这两支表面波是自由的,相互间没有影响。当 d 逐渐减小时,两支表面波将相互耦合,成为完全不同的对称模和反对称模。为便于分析,考虑 $d\to 0$ 的极限情况,这时有两种结果:

(1) 由对称模的色散方程(9.71)可知,这时有 $\alpha_1^0=0$,对应 $\beta^0=\kappa_0\sqrt{\varepsilon_1}$;

(2) 由反对称模的色散方程(9.72)可知,这时有 α_1^0 和 α_2^0 同时趋向无穷大,对应 $\beta^0\to\infty$。根据上述分析,可得如图 9.10 所示的色散曲线,显然对一有限的金属薄膜厚度 d 分别有 β_1^0(对称解)和 β_2^0(反对称解)与之对应。对称解的取值范围为

$$k_0\sqrt{\varepsilon_1}<\beta_1^0<k_0\sqrt{\frac{\varepsilon_1\varepsilon_2}{\varepsilon_1+\varepsilon_2}} \tag{9.75}$$

反对称解的取值范围为

$$k_0\sqrt{\frac{\varepsilon_1\varepsilon_2}{\varepsilon_1+\varepsilon_2}}<\beta_2^0<\infty \tag{9.76}$$

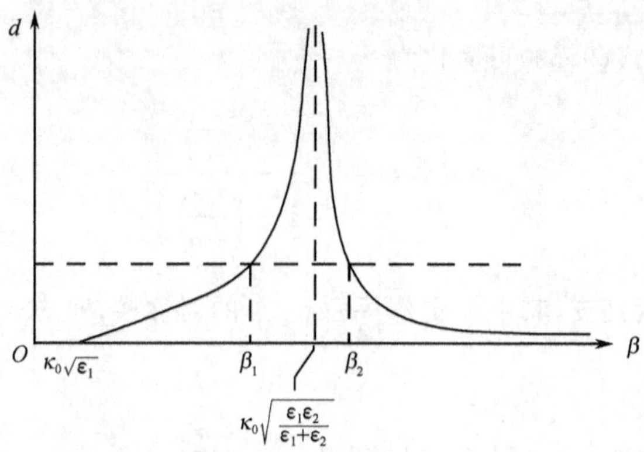

图 9.10 对称金属薄膜结构 SPW 的色散关系

9.4.2 损耗

本节讨论金属薄膜结构的损耗特性。由于金属介电常数在光频范围的特点，我们可采用第 7 章中建立的一阶微扰理论来处理金属薄膜结构的损耗问题。其主要思想是把普通的金属薄膜结构(由复介电常数表征)看作是理想金属薄膜结构(由实介电常数表征)的微扰系统，导出理想系统传播常数的微扰，微扰传播常数的虚部就是传播模的损耗系数。

1. 非对称金属薄膜结构

根据 9.4.1 节的分析，当 $\varepsilon_2=\varepsilon_{r2}+i\varepsilon_{i2}$ 时，非对称金属薄膜结构的色散方程为

$$\tanh(\alpha'_2 d)=-\frac{\dfrac{\varepsilon_2\alpha_1}{\varepsilon_1\alpha'_2}+\dfrac{\varepsilon_2\alpha_3}{\varepsilon_3\alpha'_2}}{1+\dfrac{\varepsilon_2\alpha_1}{\varepsilon_1\alpha'_2}\cdot\dfrac{\varepsilon_2\alpha_3}{\varepsilon_3\alpha'_2}} \tag{9.77}$$

式中

$$\begin{aligned}\alpha'_2&=\sqrt{\beta^2-k_0^2(\varepsilon_{r2}+i\varepsilon_{i2})}\approx\sqrt{\beta^2-k_0^2\varepsilon_{r2}}-i\varepsilon_{i2}\frac{k_0^2}{2\sqrt{\beta^2-k_0^2\varepsilon_{r2}}}\\&=\alpha_2-i\varepsilon_{i2}\frac{k_0^2}{2\alpha_2}=\alpha_2-\Delta\alpha_2\end{aligned} \tag{9.78}$$

为讨论方便，把方程(9.77)改写为如下形式：

$$\alpha'_2 d+\phi'_{21}+\phi'_{23}=0 \tag{9.79}$$

式中，ϕ'_{21} 和 ϕ'_{23} 分别由以下两式定义：

$$\tanh\phi'_{21}=\frac{\varepsilon_2\alpha_1}{\varepsilon_1\alpha'_2} \tag{9.80}$$

$$\tanh\phi'_{23} = \frac{\varepsilon_2\alpha_3}{\varepsilon_3\alpha'_2} \tag{9.81}$$

利用式(9.78),可得

$$\tanh\phi'_{21} \approx \frac{\varepsilon_{r2}\alpha_1}{\varepsilon_1\alpha_2}\left(1 + \mathrm{i}\varepsilon_{i2}\frac{2\alpha_2^2 + k_0^2\varepsilon_{r2}}{2\alpha_2^2\varepsilon_{r2}}\right) = \tanh\phi_{21} + \mathrm{i}\varepsilon_{i2}\frac{2\alpha_2^2 + k_0^2\varepsilon_{r2}}{2\alpha_2^2\varepsilon_{r2}}\cdot\frac{\varepsilon_{r2}\alpha_1}{\varepsilon_1\alpha_2} \tag{9.82}$$

同理可得

$$\tanh\phi'_{23} \approx \frac{\varepsilon_{r2}\alpha_3}{\varepsilon_3\alpha_2}\left(1 + \mathrm{i}\varepsilon_{i2}\frac{2\alpha_2^2 + k_0^2\varepsilon_{r2}}{2\alpha_2^2\varepsilon_{r2}}\right) = \tanh\phi_{23} + \mathrm{i}\varepsilon_{i2}\frac{2\alpha_2^2 + k_0^2\varepsilon_{r2}}{2\alpha_2^2\varepsilon_{r2}}\cdot\frac{\varepsilon_{r2}\alpha_3}{\varepsilon_3\alpha_2} \tag{9.83}$$

由此可得

$$\Delta\phi_{21} = \frac{\tanh\phi'_{21} - \tanh\phi_{21}}{1 - \tanh^2\phi_{21}} = \mathrm{i}\varepsilon_{i2}\frac{2\alpha_2^2 + k_0^2\varepsilon_{r2}}{2\alpha_2}\cdot\frac{\varepsilon_1\alpha_1}{\varepsilon_1^2\alpha_2^2 - \varepsilon_{r2}^2\alpha_1^2} \tag{9.84}$$

$$\Delta\phi_{23} = \frac{\tanh\phi'_{23} - \tanh\phi_{23}}{1 - \tanh^2\phi_{23}} = \mathrm{i}\varepsilon_{i2}\frac{2\alpha_2^2 + k_0^2\varepsilon_{r2}}{2\alpha_2}\cdot\frac{\varepsilon_3\alpha_3}{\varepsilon_3^2\alpha_2^2 - \varepsilon_{r2}^2\alpha_3^2} \tag{9.85}$$

于是,微扰系统的色散方程可改写成

$$\alpha_2 d + \phi_{21} + \phi_{23} = \Delta\alpha_2\cdot d - \Delta\phi_{21} - \Delta\phi_{23} \tag{9.86}$$

理想金属薄膜结构的色散方程(9.69)可改写为

$$\alpha_2^0 d + \phi_{21}^0 + \phi_{23}^0 = 0 \tag{9.87}$$

式(9.86)和式(9.87)两式相减,并利用微分公式,可得微扰传播常数

$$\Delta\beta = \mathrm{i}\varepsilon_{i2}\frac{k_0^2 d_{\mathrm{loss}}}{2\beta d_{\mathrm{eff}}} \tag{9.88}$$

式中,金属薄膜的有效厚度定义为

$$d_{\mathrm{eff}} = d + \frac{\varepsilon_{r2}\varepsilon_1(\alpha_2^2 - \alpha_1^2)}{\alpha_1(\varepsilon_1^2\alpha_2^2 - \varepsilon_{r2}^2\alpha_1^2)} + \frac{\varepsilon_{r2}\varepsilon_3(\alpha_2^2 - \alpha_3^2)}{\alpha_3(\varepsilon_3^2\alpha_2^2 - \varepsilon_{r2}^2\alpha_3^2)} \tag{9.89}$$

而损耗距离由下式定义:

$$d_{\mathrm{loss}} = d - \frac{2\alpha_2^2 + k_0^2\varepsilon_{r2}}{k_0^2}\left(\frac{\varepsilon_1\alpha_1}{\varepsilon_1^2\alpha_2^2 - \varepsilon_{r2}^2\alpha_1^2} + \frac{\varepsilon_3\alpha_3}{\varepsilon_3^2\alpha_2^2 - \varepsilon_{r2}^2\alpha_3^2}\right) \tag{9.90}$$

值得指出的是,式(9.88)～式(9.90)三式中的参数都是理想系统的参数,为简便起见,上标"0"已被省略。这表明,只要利用方程(9.69)求出理想金属薄膜结构的传播常数,即可利用上述三式求出实际金属薄膜结构的微扰参数。由微扰传播常数的表达式(9.88)可以看出,$\Delta\beta$ 是一纯虚数。说明在一阶微扰近似下,金属介电常数的虚部仅影响金属薄膜结构的损耗特性,而对其他特性无丝毫影响。这个结论与 8.2 节的结果是一致的。

2. 对称金属薄膜结构

在对称情况下,有 $\varepsilon_1 = \varepsilon_3$,微扰系统的色散方程可简化为如下形式:

$$\tanh(\alpha'_2 d) = -\frac{2\dfrac{\varepsilon_2\alpha_1}{\varepsilon_1\alpha'_2}}{1+\left(\dfrac{\varepsilon_2\alpha_1}{\varepsilon_1\alpha'_2}\right)^2} \tag{9.91}$$

理想金属薄膜结构的色散方程由式(9.69)给出，微扰传播常数仍由式(9.88)表示，但式(9.89)和式(9.90)两式可分别改写为

$$d_{\text{eff}} = d + \frac{2\varepsilon_{r2}\varepsilon_1(\alpha_2^2-\alpha_1^2)}{\alpha_1(\varepsilon_1^2\alpha_2^2-\varepsilon_{r2}^2\alpha_1^2)} \tag{9.92}$$

$$d_{\text{loss}} = d - \frac{2\alpha_2^2+k_0^2\varepsilon_{r2}}{k_0^2}\cdot\frac{2\varepsilon_1\alpha_1}{\varepsilon_1^2\alpha_2^2-\varepsilon_{r2}^2\alpha_1^2} \tag{9.93}$$

为研究对称模和反对称模的损耗特性，考虑 $d\to 0$ 的极限情况，把式(9.92)和式(9.93)代入式(9.88)，有

$$\Delta\beta \approx -\mathrm{i}\varepsilon_{i2}\frac{\alpha_1^2(2\alpha_2^2+k_0^2\varepsilon_{r2})}{2\beta\varepsilon_{r2}(\alpha_2^2-\alpha_1^2)} = -\mathrm{i}\varepsilon_{i2}\frac{\alpha_1^2(2\alpha_2^2+k_0^2\varepsilon_{r2})}{2\beta\varepsilon_{r2}\cdot k_0^2(\varepsilon_1-\varepsilon_{r2})} \tag{9.94}$$

根据 9.4.1 节的分析，可得以下两个重要结论：

(1) 对对称模，在 $d\to 0$ 时，有 $\alpha_1\to 0$，由式(9.94)可知，$\Delta\beta\to 0$。在超薄金属结构中，这种损耗极小的对称模式称为长程表面等离子波(long range surface plasma wave)。表面等离子波前冠以“长程”两字，表明这种波相对普通表面等离子波可传输较长的距离。长程表面等离子波的实际传输距离为毫米量级。

(2) 对反对称模，在 $d\to 0$ 时，α_1 和 α_2 同时趋向无穷大，从而有 $\Delta\beta\to\infty$。由于损耗为无穷大，表明这种反对称模在超薄金属波导中是不可能存在的。

9.4.3 长程表面等离子波的激发

长程表面等离子波也可通过棱镜激发，萨利特(Sarid)[7]首先从理论上提出这种长程表面等离子波可以存在于如图 8.7 所示的对称结构中($\varepsilon_1=\varepsilon_3$)。稍后，狄克(Deck)[8]等则提出用 ATR 技术从实验上激励这种长程表面等离子波。

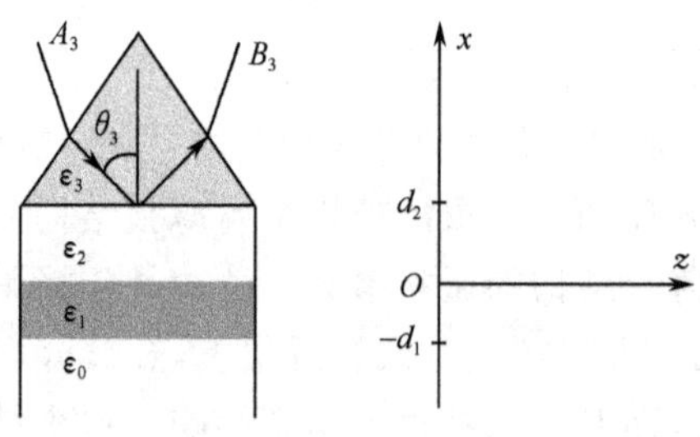

图 9.11 激发长程表面等离子波的实验结构

激发长程表面等离子波的实验结构如图 9.11 所示。设棱镜的介电系数为 ε_3，介电系数为 $\varepsilon_1=\varepsilon_{r1}+\mathrm{i}\varepsilon_{i1}$、厚度为 d_1 的金属薄膜夹在介电系数分别为 ε_0 和 ε_2 的两种介质中，其中，介质 2 的厚度为 d_2，而介质 0 的厚度为半无限大。设入射 TM 偏振光在棱镜底面与法线的夹角为 θ_3。根据长程表面等离子波的性质，可设磁场分布为

$$H_y(x)=\begin{cases}A_3\mathrm{e}^{\alpha_3(x-d_2)}+B_3\mathrm{e}^{-\alpha_3(x-d_2)}, & x>d_2\\ A_2\mathrm{e}^{\alpha_2 x}+B_2\mathrm{e}^{-\alpha_2 x}, & 0<x<d_2\\ A_1\mathrm{e}^{\alpha_1 x}+B_1\mathrm{e}^{-\alpha_1 x}, & -d_1<x<0\\ A_0\mathrm{e}^{\alpha_0(x+d_1)}, & x<-d_1\end{cases} \tag{9.95}$$

式中

$$\alpha_j=(\beta^2-k_0^2\varepsilon_j)^{1/2},\quad j=0,1,2,3$$

$$\beta=k_0\sqrt{\varepsilon_3}\sin\theta_3 \tag{9.96}$$

由于在棱镜中光场呈振荡形式,因此 α_3 是虚数。而在金属中,由于 ε_1 是复数,故 α_1 也是复数,而 α_0 和 α_2 是实数。利用电磁场边界条件,可得反射率公式

$$R=\left|\frac{B_3}{A_3}\right|^2=\left|\frac{r_{23}+r_{012}\mathrm{e}^{-2\alpha_2 d_2}}{1+r_{23}r_{012}\mathrm{e}^{-2\alpha_2 d_2}}\right|^2 \tag{9.97}$$

式中

$$r_{012}=\frac{r_{12}+r_{01}\mathrm{e}^{-2\alpha_1 d_1}}{1+r_{12}r_{01}\mathrm{e}^{-2\alpha_1 d_1}} \tag{9.98}$$

$$r_{23}=\frac{\varepsilon_2\alpha_3-\varepsilon_3\alpha_2}{\varepsilon_2\alpha_3+\varepsilon_3\alpha_2} \tag{9.99}$$

而

$$r_{01}=\frac{\varepsilon_0\alpha_1-\varepsilon_1\alpha_0}{\varepsilon_0\alpha_1+\varepsilon_1\alpha_0} \tag{9.100}$$

$$r_{12}=\frac{\varepsilon_1\alpha_2-\varepsilon_2\alpha_1}{\varepsilon_1\alpha_2+\varepsilon_2\alpha_1} \tag{9.101}$$

对于图 9.11 所示的实验结构,只要确定了入射光的波长及实验结构参数,就可以利用上述公式计算反射率与入射角 θ_3 之间的关系曲线,图 9.12 给出了一个具体例子,有关参数分别为:$\lambda=632.8\mathrm{nm}$,$\varepsilon_0=\varepsilon_2=2.295$,$\varepsilon_3=3.24$,$\varepsilon_1=-18.0+\mathrm{i}0.7$,$d_1=17\mathrm{nm}$,$d_2=1200\mathrm{nm}$。图中给出的 ATR 衰减峰十分尖锐,说明长程表面等离子波的损耗很小,可以传输较长的距离。与图 9.5 所示的表面等离子波的 ATR 曲线比较,两者的半宽度几乎差一个数量级。

9.4.4 长程表面波场的增强效应

与单界面传输的表面等离子波不同,长程表面等离子波是由金属薄膜两个界面上的表面等离子波之间的耦合而产生的。这种耦合使场在金属薄膜中的份额大大减小,而在金属介质界面上得到有效的增强。图 9.13(a)和图 9.13(b)分别表示长程表面等离子波的场分布和坡印亭矢量分布。由图可见,在金属薄膜中,能量几乎为零,因而减小了它的损耗,这是长程表面等离子波能传输较长距离的原因。

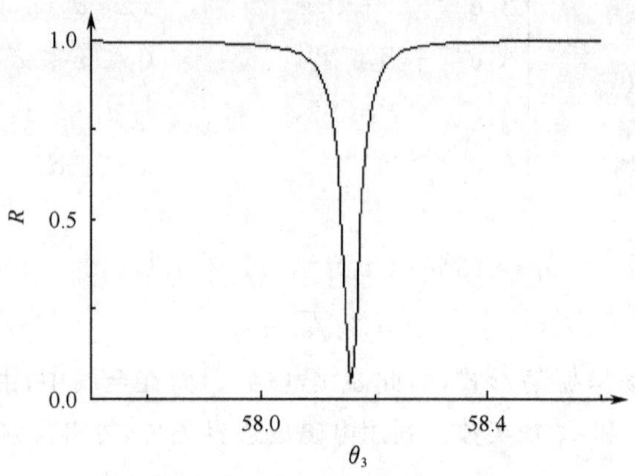

图 9.12 长程表面波的衰减全反射曲线

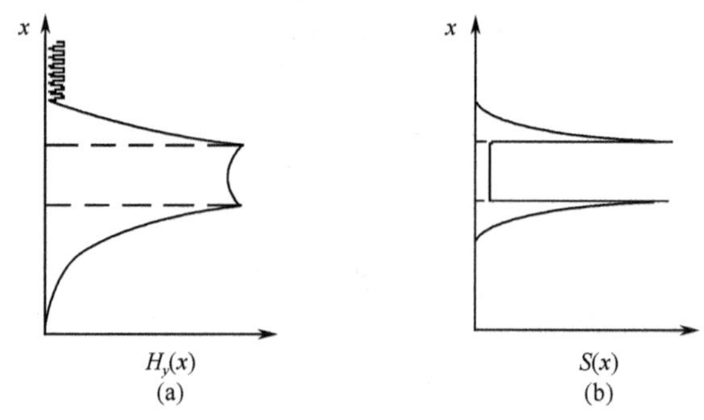

图 9.13 长程表面等离子波的场分布和能流(坡印亭矢量)
(a) 场;(b) 能流

9.5 单次扫描法测量金属薄膜的厚度和介电常数

9.3 节介绍了"双波长法"测量金属薄膜的厚度和介电常数的原理,我们曾提出过一种"双介质法"[5],与"双波长法"不同的是,"双介质法"利用同一种激光激发两种不同覆盖材料的棱镜金属薄膜结构中的 SPW,同样获得了满意的结果。而且,"双介质法"不存在"双波长法"的色散问题。但这两种方法都需要进行两次测量,而两次测量往往会引起一些不确定性。例如,测量过程中温度的变化,激光光强的漂移和零点选择的误差等。本节介绍一种新的 ATR 结构,这种结构既可激发 SPW,又可激发修正的 LRSPW。由于反射率曲线中可产生两个表面波的吸收峰,使金属薄膜的厚度和介电常数的单次扫描法测量成为现实[9]。这种测量方法不仅避免了“双波长法”测量引起的色散问题，而且可消除两次测量产生的不确定性。

9.5.1 测量原理

如图 9.14 所示，改进的 ATR 结构由棱镜、有机聚合物薄膜和待测金属薄膜组成。与传统的 Kretschmann 结构不同，这种新的结构在棱镜和金属薄膜之间增加了一层有机聚合物薄膜，其折射率 $\sqrt{\varepsilon_2}$ 小于棱镜的折射率 $\sqrt{\varepsilon_3}$。当光束通过棱镜的折射进入有机薄膜，而有机薄膜中光束沿界面的波矢分量与金属-空气界面上的 SPW 的波矢匹配时，SPW 被激发。

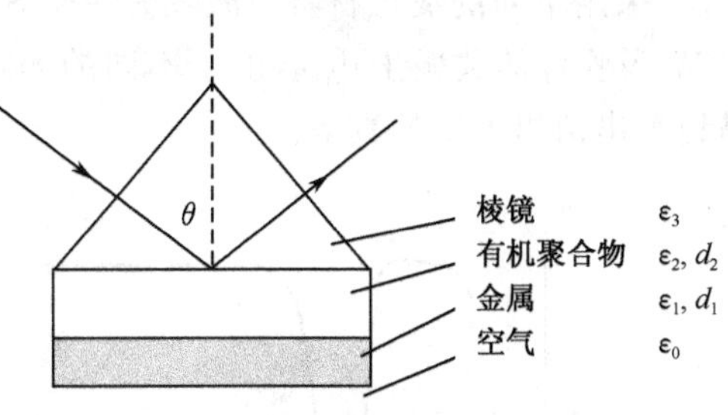

图 9.14 改进的 ATR 结构

这是改进的 ATR 结构类似于传统的 Kretschmann 结构。但当入射角 $\theta > \arcsin(\varepsilon_2/\varepsilon_3)^{1/2}$ 时，光束在棱镜和有机物薄膜的界面上发生全反射，有机膜中产生迅衰场，这时，金属薄膜两侧将激发修正的 LRSPW。由于 LRSPW 通常传输于对称结构中，而图 9.14 所示的结构是非对称的，这就是为什么在 LRSPW 前冠以“修正”之词的原因。

利用菲涅耳公式，对改进的 ATR 结构，可得反射率公式

$$R = \left| \frac{r_{32} + r_{210}\exp(-2\alpha_2 d_2)}{1 + r_{32} r_{210}\exp(-2\alpha_2 d_2)} \right|^2 \tag{9.102}$$

式中

$$r_{210} = \left| \frac{r_{21} + r_{10}\exp(-2\alpha_1 d_1)}{1 + r_{21} r_{10}\exp(-2\alpha_1 d_1)} \right|^2 \tag{9.103}$$

$$\begin{cases} r_{21} = \dfrac{\varepsilon_1 \alpha_2 - \varepsilon_2 \alpha_1}{\varepsilon_1 \alpha_2 + \varepsilon_2 \alpha_1} \\ r_{10} = \dfrac{\varepsilon_0 \alpha_1 - \varepsilon_1 \alpha_0}{\varepsilon_0 \alpha_1 + \varepsilon_1 \alpha_0} \\ r_{32} = \dfrac{\varepsilon_2 \kappa_3 - \mathrm{i}\varepsilon_3 \alpha_2}{\varepsilon_2 \kappa_3 + \mathrm{i}\varepsilon_3 \alpha_2} \end{cases} \tag{9.104}$$

$$\begin{cases} \alpha_j = (\beta^2 - k_0^2 \varepsilon_j)^{1/2}, \quad j = 0,1,2 \\ \kappa_3 = (k_0^2 \varepsilon_3 - \beta^2)^{1/2} \end{cases} \tag{9.105}$$

而

$$\beta = k_0 \sqrt{\varepsilon_3} \sin\theta \tag{9.106}$$

当入射角 θ 等于两类表面波的共振角时，这两类表面波被激发。为表示区别，设

θ_{ATR}和θ_{ATR}^L分别为改进 ATR 结构中 SPW 和修正的 LRSPW 的共振角。利用式(9.102)计算得到的反射率曲线如图 9.15 所示。图中第一个吸收峰代表传统的 SPW,表征它可用共振角 θ_{ATR}、吸收峰半宽度 W_θ 和吸收峰极小值 R_{min} 三个参数。根据“双波长法”,利用这一吸收峰,可得到金属薄膜厚度和介电常数的两组解。为确定其中一组解,还必须有附加的信息。“双波长法”采用了不同的波长,而“双介质法”采用不同的覆盖材料来激发另一个 SPW。而单次扫描法提供了修正的 LR-SPW 吸收峰的共振角 θ_{ATR}^L,由于不同的解对应于不同的 θ_{ATR}^L,因此利用 θ_{ATR}^L 可容易地找出两组解中的真解。

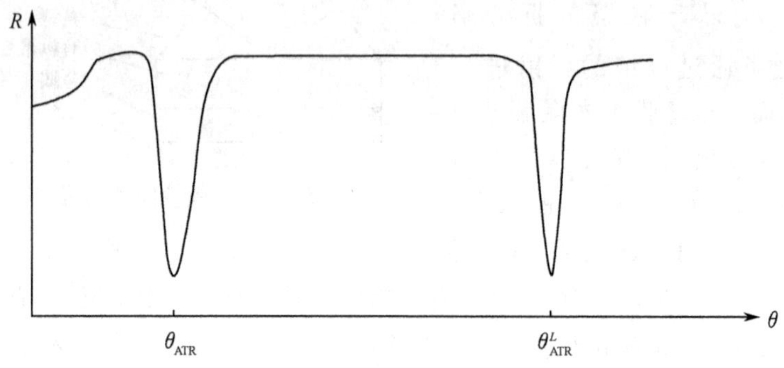

图 9.15　改进的 ATR 结构的反射率曲线

9.5.2　实验和测量

实验样品的参数 $\varepsilon_0=1.0$,$\varepsilon_2=2.220$,$\varepsilon_3=3.063$,$d_2=0.72\mu m$,$\lambda=0.788\mu m$。实验测量装置与 m 线测量装置相同,用波长为 0.788μm 的半导体激光扫描,可得图 9.15 所示的 ATR 谱。利用常规 SPW 的吸收峰,可得到两组解

$$(1)\ \varepsilon_1=-26.5+i1.47, d=68.5\text{nm}$$

$$(2)\ \varepsilon_1=-27.6+i0.24, d=46.3\text{nm}$$

把这两组解分别代入反射率公式,由计算机模拟的曲线与实验比较得到的结果分别如图 9.16(a)、图 9.16(b)所示,显然,图 9.16(a)的结果是真解。

需要指出,为实现修正的 LRSPW 的有效耦合,选择合适的有机薄膜的厚度是必须的。通过计算机模拟可知,该结构中有机薄膜的厚度在 0.5～0.8μm 时,可有效地激发修正的 LRSPW。

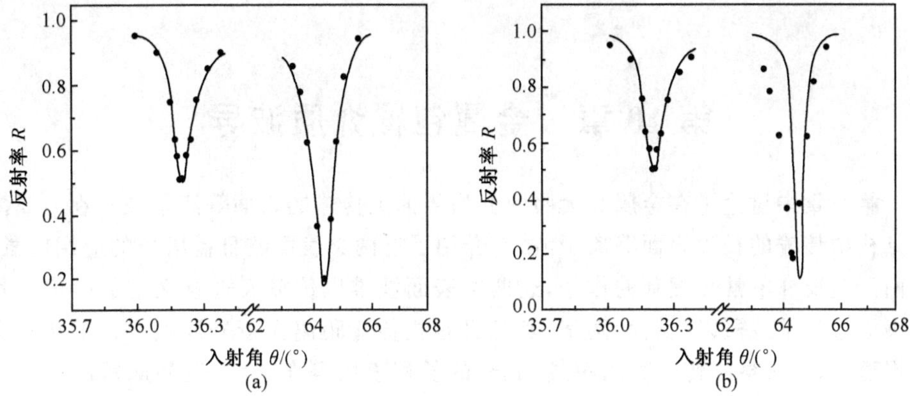

图 9.16 计算机模拟与实验结果比较

(a) 模拟参数为 $\varepsilon_1=-26.5+i1.47$, $d=68.5$nm;(b) 模拟参数为 $\varepsilon_1=-27.6+i0.24$, $d=46.3$nm

参 考 文 献

[1] 波恩 M, 沃尔夫 E. 光学原理[M]. 北京:科学出版社,1978.

[2] Otto A. Exaction of nonradiative surface plasma waves in silver by the method of frustrated total reflection [J]. Zeitschrift für Physik,1968,216:398~410.

[3] Kretschmann E. Determination of the optical constants of metals by exciation of surface plasmons [J]. Zeitschrift für Physik,1971,248:313~324.

[4] Chen W P,Chen J M. Use of surface plasma waves for determination of the thickness and optical constants of thin metallic films [J]. Journal of the Optical Society of America ,1981,71:189~191.

[5] Yang F Z,Cao Z Q,Fang J X. Use of exchanging media in ATR configurations for determination of thicknew and optical constants of thin metallic films [J]. Applied Optics,1988,27:11~14.

[6] Lopez-Rios T,Vuye G. In situ investigation of metallic surfaces by surface plasmon ATR spectroscopy,electrical resistance measurements and Auger spectroscopy [J]. Journal of Physics E: Scientific Instruments,1982,15:456~461.

[7] Sarid D. Long-range surface-plasma waves on very thin metal films [J]. Physics Review Letters,1981,47:1927~1930.

[8] Deck R T,Sarid D. Enhancement of second harmonic generation by coupling to long-range surface plasmons [J]. Journal of the Optical Society of America,1982,72:1613~1617.

[9] Ding Y,Cao Z Q,Shen Q S. Improved SPR technique for determination of the thickness and optical constants of thin metal films [J]. Optics & Quantum Electronics,2003,35:1091~1097.

第 10 章　金属包覆介质波导

第 9 章中讨论了在金属和无吸收介质界面上传输的表面等离子波和在金属薄膜结构中传输的长程表面等离子波，并介绍了这两类表面波日益增长的应用前景。但由于金属介电常数虚部的作用，这两类表面波难以传输宏观意义上的距离。长程表面等离子波冠以“长程”两字，其意义是指传输距离大于光波长[1]。虽然有文章报道[2]，已观察到传输距离超过 1mm 的长程表面等离子波，但如此短的传输距离仍无法满足许多用于光通信目的的集成光学元器件的需要。在一些需要金属电极的集成光学元器件中，光仍以导波形式约束在无吸收的介质中传输，金属仅作为包覆层或外包覆层出现。这类结构称为金属包覆或金属外包覆介质波导。近年来，有机非线性材料由于具有大的非线性系数以及良好的光学性能等优点，已获得日益广泛的重视。有机聚合物电光波导和倍频波导等元器件正在不断地开发和研究之中。为获得高的电光系数和倍频系数，上述波导中的活性介质往往需要施加强电场，使介质极化；另外，为了光调制的目的，都需要在活性介质的两侧制备合适的金属电极。由于金属独特的光学性质，金属电极的制备将极大地改变介质波导的色散性质。

10.1　非对称金属包覆介质波导

本节首先介绍非对称金属包覆介质波导的色散，特别是 TM_0 模的特性，然后分析这类波导的损耗。

10.1.1　色散性质

非对称金属包覆介质波导又称为单面金属包覆介质波导，其结构如图 10.1 所示。除了包覆层是金属之外，就波导本身的几何结构而言，非对称金属包覆介质波导与第 1 章中介绍的三层介质波导没有什么差别。因此，可以断定两者的模式本征方程在形式上应是完全一致的，即有

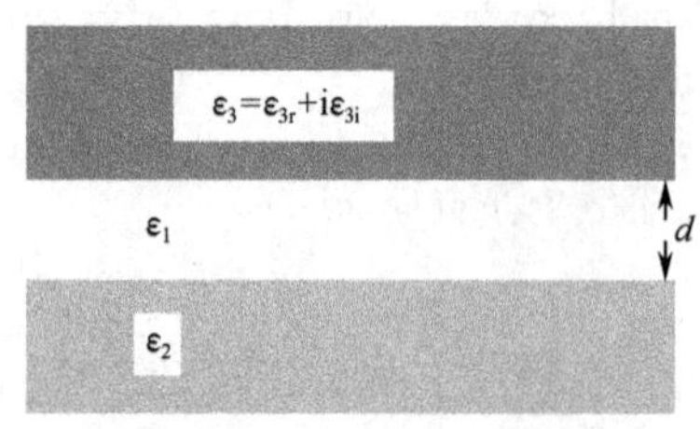

图 10.1　非对称金属包覆介质波导

$$\kappa_1 d = m\pi + \phi_{12} + \phi_{13}, \quad m = 0,1,2,\cdots \tag{10.1}$$

式中

$$\begin{cases}\phi_{12}^{\mathrm{TE}} = \arctan\left(\dfrac{\alpha_2}{\kappa_1}\right) \\ \phi_{13}^{\mathrm{TE}} = \arctan\left(\dfrac{\alpha_3}{\kappa_1}\right)\end{cases} \tag{10.2}$$

$$\begin{cases}\phi_{12}^{\mathrm{TM}} = \arctan\left(\dfrac{\varepsilon_1}{\varepsilon_2}\cdot\dfrac{\alpha_2}{\kappa_1}\right) \\ \phi_{13}^{\mathrm{TM}} = \arctan\left(\dfrac{\varepsilon_1}{\varepsilon_3}\cdot\dfrac{\alpha_3}{\kappa_1}\right)\end{cases} \tag{10.3}$$

而且有

$$\begin{cases}\kappa_1 = (k_0^2\varepsilon_1 - \beta^2)^{1/2} \\ \alpha_2 = (\beta^2 - k_0^2\varepsilon_2)^{1/2} \\ \alpha_3 = (\beta^2 - k_0^2\varepsilon_3)^{1/2}\end{cases} \tag{10.4}$$

采用第 9 章中的分析方法,先略去金属介电常数的虚部,在实数域中求解模式本征方程。即令 $\varepsilon_3=\varepsilon_{r3}<0$, 且设 $|\varepsilon_{r3}|>\varepsilon_1>\varepsilon_2$。为方便讨论,首先给出典型的介质波导和金属覆盖介质波导的色散曲线,分别由图 10.2 和图 10.3 表示。

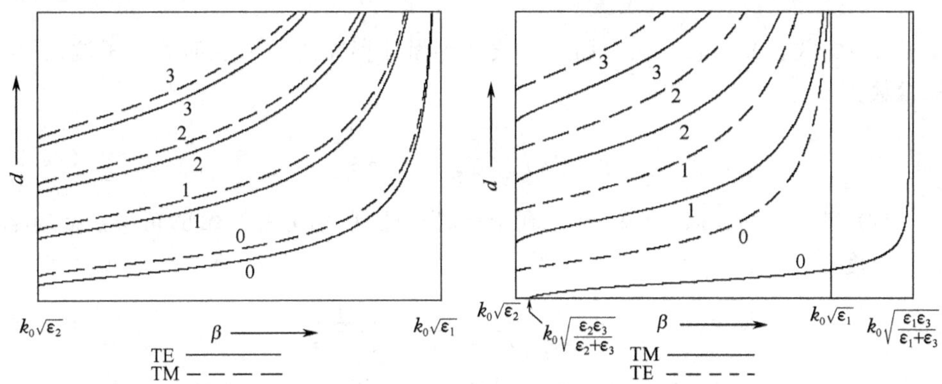

图 10.2 非对称介质波导的色散曲线　　图 10.3 非对称金属覆盖介质波导的色散曲线

由以上两图可得如下性质:

(1) 导膜有效折射率的存在范围为

$$\sqrt{\varepsilon_2} < \beta/k_0 < \sqrt{\varepsilon_1} \tag{10.5}$$

在介质波导中,由于薄膜必须以衬底为依托,因此介电常数为 ε_2 的介质不可能为空气。而对金属覆盖介质波导,金属可作为衬底使用,因此,介电常数为 ε_2 的介质可以是空气,即有 $\varepsilon_2=1$。在这种情况下,导膜有效折射率的存在范围比一般的介质波导要大得多。

(2) 由于 $\varepsilon_3<0$, $\phi_{13}^{\mathrm{TM}}<0$,可以证明,对于确定的光频 ω 和薄膜厚度 d,第 m 阶

TE 模所具有的 β 值小于同阶的 TM 模所具有的 β 值，即有 $\beta^{TM}>\beta^{TE}$，这与全介质波导的情况正好相反。

(3) 基于同样的理由，与全介质波导相比，金属包覆介质波导中，同阶的 TE 模和 TM 模的色散曲线分离程度较大。这个性质对制备波导偏振器件具有现实的意义。

(4) 非对称金属包覆波导中的 TM_0 模是一个特殊的模式。由式(10.1)可得 TM_0 的模式本征方程为

$$\kappa_1 d = \arctan\left(\frac{\varepsilon_1 \alpha_2}{\varepsilon_2 \kappa_1}\right) + \arctan\left(\frac{\varepsilon_1 \alpha_3}{\varepsilon_3 \kappa_1}\right) \tag{10.6}$$

由方程(10.6)可得以下几个结论：

(1) 因为 $\varepsilon_3<0$，所以 TM_0 模是不会截止的。若令 $d=0$，则有

$$\arctan\left(\frac{\varepsilon_1 \alpha_2}{\varepsilon_2 \kappa_1}\right) = -\arctan\left(\frac{\varepsilon_1 \alpha_3}{\varepsilon_3 \kappa_1}\right) \tag{10.7}$$

立即可得

$$\frac{\alpha_3}{\alpha_2} = -\frac{\varepsilon_3}{\varepsilon_2} \tag{10.8}$$

由于 $d=0$，式(10.8)表示在金属与介质 2 界面处存在的一个表面等离子波，其传播常数为

$$\beta = k_0\sqrt{\frac{\varepsilon_2 \varepsilon_3}{\varepsilon_2 + \varepsilon_3}} > k_0\sqrt{\varepsilon_2} \tag{10.9}$$

(2) 当 $\beta\to k_0\sqrt{\varepsilon_1}$ 时，有 $\kappa_1\to 0$。利用洛必达法则，由方程(10.6)可求出此时的临界厚度

$$d_c = -\frac{1}{k_0 \varepsilon_1}\left(\frac{\varepsilon_2}{\sqrt{\varepsilon_1-\varepsilon_2}} + \frac{\varepsilon_3}{\sqrt{\varepsilon_1-\varepsilon_3}}\right) \tag{10.10}$$

(3) 当 $d>d_c$ 时，只有在 $\beta>k_0\sqrt{\varepsilon_1}$ 情况下，方程(10.6)才有解。这时

$$\kappa_1 = \mathrm{i}\alpha_1 \tag{10.11}$$

式中

$$\alpha_1 = (\beta^2 - k_0^2 \varepsilon_1)^{1/2} \tag{10.12}$$

利用恒等式

$$\tan x = -\mathrm{i}\tanh(\mathrm{i}x) \tag{10.13}$$

方程(10.6)可改写为

$$\alpha_1 d = -\operatorname{artanh}\left(\frac{\varepsilon_1 \alpha_2}{\varepsilon_2 \alpha_1}\right) - \operatorname{artanh}\left(\frac{\varepsilon_1 \alpha_3}{\varepsilon_3 \alpha_1}\right) \tag{10.14}$$

当 $d\to\infty$ 时，由式(10.14)可得

$$\frac{\varepsilon_1 \alpha_3}{\varepsilon_3 \alpha_1} = -1 \tag{10.15}$$

这表示在金属与介质1界面处的一个表面等离子波，其传播常数为

$$\beta = k_0\sqrt{\frac{\varepsilon_1\varepsilon_3}{\varepsilon_1+\varepsilon_3}} > k_0\sqrt{\varepsilon_1} \tag{10.16}$$

结合上述分析，可知 TM_0 模的传播常数的取值范围为

$$k_0\sqrt{\frac{\varepsilon_2\varepsilon_3}{\varepsilon_2+\varepsilon_3}} < \beta < k_0\sqrt{\frac{\varepsilon_1\varepsilon_3}{\varepsilon_1+\varepsilon_3}} \tag{10.17}$$

若用曲线表示，可作出如图10.4所示的关于 TM_0 模的色散曲线。

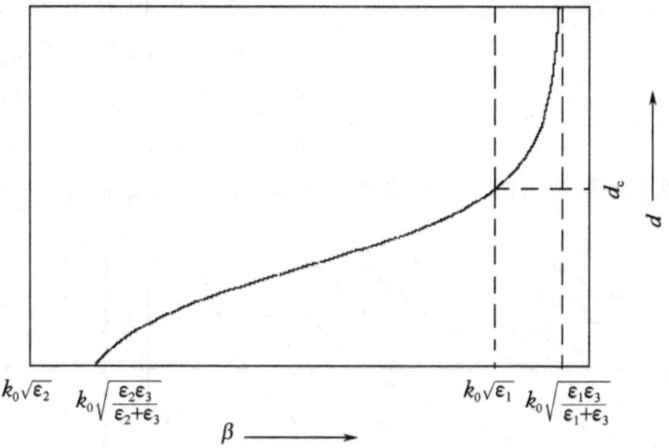

图10.4 TM_0 模的色散曲线

总结成表格，可得(表10.1)：

表10.1 非对称金属包覆波导中 TM_0 模的色散性质

d	β/k_0	波　型
0	$\sqrt{\frac{\varepsilon_2\varepsilon_3}{\varepsilon_2+\varepsilon_3}}$	表面等离子波
$0<d<d_c$	$\sqrt{\frac{\varepsilon_2\varepsilon_3}{\varepsilon_2+\varepsilon_3}}<\beta/k_0<\sqrt{\varepsilon_1}$	导波
$d_c<d<\infty$	$\sqrt{\varepsilon_1}<\beta/k_0<\sqrt{\frac{\varepsilon_1\varepsilon_3}{\varepsilon_1+\varepsilon_3}}$	表面等离子波

Otto 和 Sohler[3]用ATR方法测量了如图10.5所示结构的非对称金属包覆介质波导的色散关系。实验中所使用的入射光的波长为1μm；棱镜折射率 $n_p=1.8146$，棱镜底面在 1.33×10^{-6} Pa 的真空度下蒸镀350Å厚的铝膜，在 $\lambda=1\mu m$ 时铝膜的介电常数 $\varepsilon_3=-60$(已略去虚部)；再在铝膜下面蒸镀3μm厚的LiF薄膜，形成棱镜耦合的铝-LiF-空气波导系统。实验与理论计算的结果由图10.6所示，图中实线表示TM模，虚线表示TE模。由图可见，当取LiF薄膜的厚度 $d=$

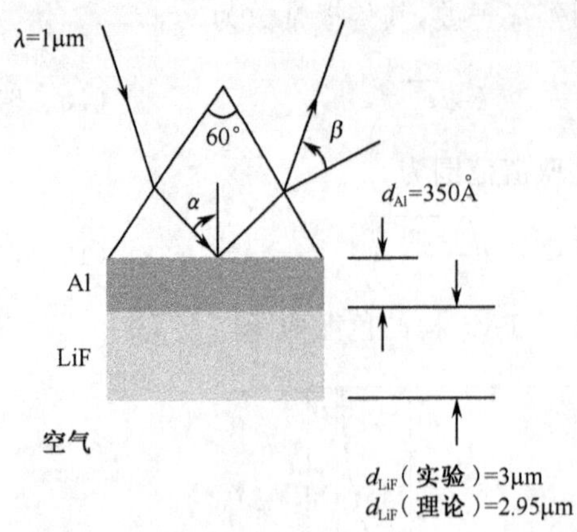

图 10.5　棱镜耦合单层金属包覆介质波导

2.95μm,并取 LiF 镀层在 1μm 光波长下的折射率为 1.31 时,实验结果和理论计算符合得很好。存在的误差可能是由于棱镜耦合(铝层不是无限厚)和略去铝的介电常数的虚部所引起。

10.1.2　损耗

金属包覆介质波导的损耗由金属介电常数的虚部所引起,由于实际金属的电导率是有限的,因此,对导体而言,电导率的有限与焦耳热是密切相关的,其结果是引起电磁能量的损耗。波导

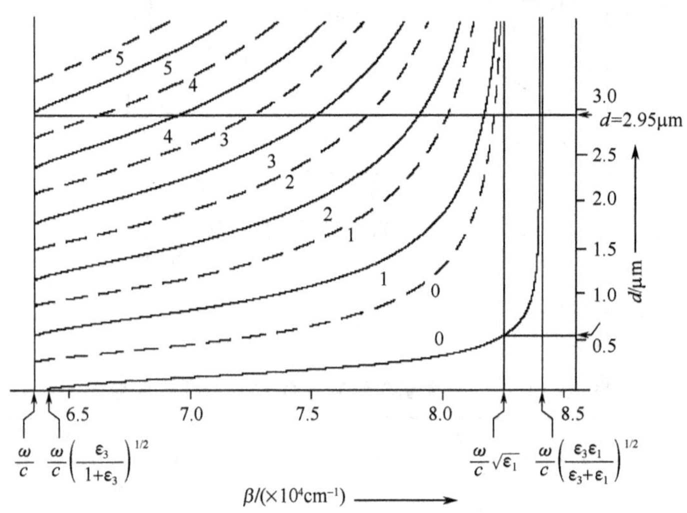

图 10.6　棱镜耦合单层金属包覆介质波导 β-d 理论曲线和实验结果

中的损耗由传播常数 β 的虚部来表征,而 β 的虚部是由金属的复介电常数所引起。由于问题的复杂性,一般需借助于计算机通过数值计算,才能得到复传播常数与薄膜厚度之间的色散关系。

加米诺(Kaminow)[4] 对几种具体的波导,利用牛顿法在复平面上求得了复超越方程(10.1)的数值解。图 10.7 表示空气-介质-银波导结构的 β''/k_0 对 k_0d 的色散关系(β''是传播常数的虚部),从图中可见,TM_0 模的损耗与其他模式有很大的不同。

数值计算虽然可得到较为精确的结果,但缺乏清晰的物理意义。这节仍将沿

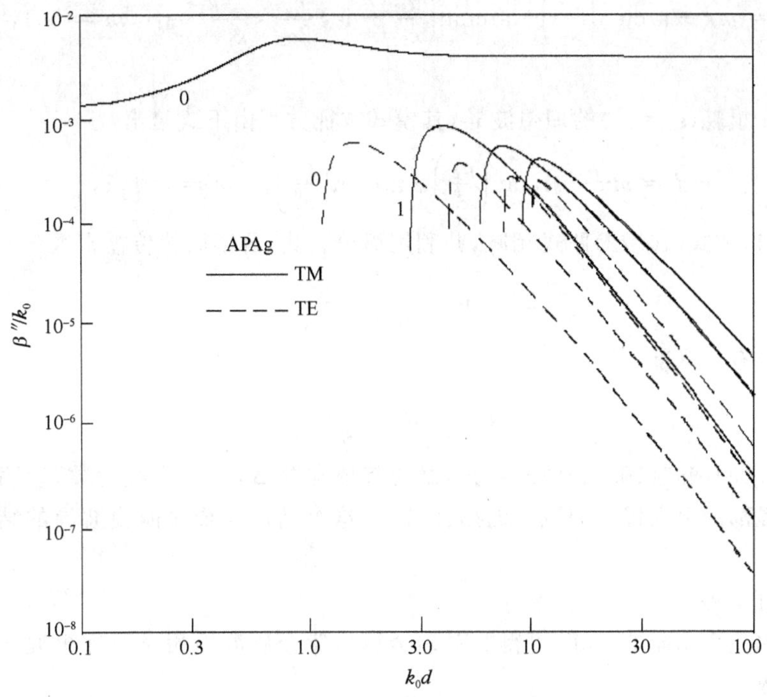

图 10.7 A-P-Ag 结构 β''/k_0 与 $k_0 d$ 的关系曲线

用第 9 章中采用的一阶微扰理论来分析金属包覆介质波导的损耗，由于金属介电常数满足条件式(9.1)，可以预计，这种近似将是十分有效的。

1. TE 模

在考虑金属介电常数虚部情况下，非对称金属包覆介质波导 TE 模的模式色散方程为

$$\kappa_1 d = m\pi + \arctan\left(\frac{\alpha_2}{\kappa_1}\right) + \arctan\left(\frac{\alpha'_3}{\kappa_1}\right), \quad m = 0,1,2,\cdots \tag{10.18}$$

式中

$$\alpha'_3 = \sqrt{\beta^2 - k_0^2(\varepsilon_{r3} + i\varepsilon_{i3})} \approx \sqrt{\beta^2 - k_0^2\varepsilon_{r3}} - i\varepsilon_{i3}\frac{k_0^2}{2\sqrt{\beta^2 - k_0^2\varepsilon_{r3}}} = \alpha_3 - i\varepsilon_{i3}\frac{k_0^2}{2\alpha_3} \tag{10.19}$$

于是有

$$\arctan\left(\frac{\alpha'_3}{\kappa_1}\right) \approx \arctan\left(\frac{\alpha_3}{\kappa_1}\right) - i\varepsilon_{i3}\frac{k_0^2}{2\alpha_3}\cdot\frac{\kappa_1}{\kappa_1^2 + \alpha_3^2} \tag{10.20}$$

因此，方程(10.18)可改写成如下形式：

$$\kappa_1 d = m\pi + \arctan\left(\frac{\alpha_2}{\kappa_1}\right) + \arctan\left(\frac{\alpha_3}{\kappa_1}\right) - \mathrm{i}\varepsilon_{i3}\frac{k_0^2}{2\alpha_3}\cdot\frac{\kappa_1}{\kappa_1^2+\alpha_3^2},\quad m = 0,1,2,\cdots \tag{10.21}$$

构造一无损耗($\varepsilon_3=\varepsilon_{r3}$)的理想波导,其模式本征方程由下式给出:

$$\kappa_1^0 d = m\pi + \arctan\left(\frac{\alpha_2^0}{\kappa_1^0}\right) + \arctan\left(\frac{\alpha_3^0}{\kappa_1^0}\right),\quad m = 0,1,2,\cdots \tag{10.22}$$

式(10.21)和式(10.22)两式相减,并利用微分公式,可得微扰传播常数

$$\Delta\beta = \mathrm{i}\varepsilon_{i3}\frac{k_0^2\kappa_1^2}{2\alpha_3(\kappa_1^2+\alpha_3^2)\beta d_{\text{eff}}} \tag{10.23}$$

式中波导有效厚度

$$d_{\text{eff}} = d + \frac{1}{\alpha_2} + \frac{1}{\alpha_3} \tag{10.24}$$

由式(10.23)和式(10.24)两式可知,微扰传播常数 $\Delta\beta$ 是一个纯虚数,说明金属介电常数虚部的引入仅影响波导的损耗特性,这个结论与金属薄膜波导的结果是一致的。

2. TM 模

利用完全相同的步骤,可得非对称金属包覆介质波导相对于理想波导的微扰传播常数

$$\Delta\beta = \mathrm{i}\varepsilon_{i3}\frac{2\alpha_3^2+k_0^2\varepsilon_{r3}}{2\alpha_3}\cdot\frac{\varepsilon_1\kappa_1^2}{(\varepsilon_{r3}^2\kappa_1^2+\varepsilon_1^2\alpha_3^2)\beta d_{\text{eff}}} \tag{10.25}$$

式中

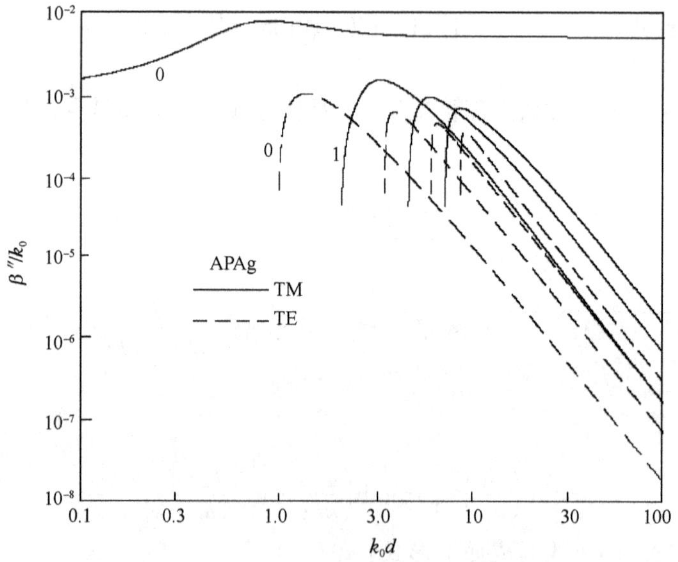

图 10.8　β''/k_0 对 k_0 的色散关系

$$d_{\mathrm{eff}} = d + \frac{\varepsilon_1 \varepsilon_2 (\kappa_1^2 + \alpha_2^2)}{\alpha_2 (\varepsilon_2^2 \kappa_1^2 + \varepsilon_1^2 \alpha_2^2)} + \frac{\varepsilon_1 \varepsilon_{r3} (\kappa_1^2 + \alpha_3^2)}{\alpha_3 (\varepsilon_{r3}^2 \kappa_1^2 + \varepsilon_1^2 \alpha_3^2)} \tag{10.26}$$

由式(10.23)和式(10.25)两式可见,随着薄膜厚度 d 的增加,损耗 $\Delta\beta$ 将下降。但对 TM_0 模,由于因子$(\varepsilon_{r3}^2\kappa_1^2+\varepsilon_1^2\alpha_3^2)$将随 d 的增加而下降,当 $d\to\infty$时,有

$$\varepsilon_{r3}^2 \kappa_1^2 + \varepsilon_1^2 \alpha_3^2 \to 0 \tag{10.27}$$

因此,$\Delta\beta$ 将不随 d 的增加而减小。利用式(10.23)和式(10.25)两式可得图 10.8 所示的 β''/k_0 对 $k_0 d$ 的色散关系。

10.2 对称金属包覆介质波导

非对称金属包覆介质波导的 TM_0 模具有特殊的性质,但其他模式的色散特性基本上类似于全介质平板波导,而对称金属包覆介质波导具有更为特殊的模式色散,这些特性有可能使其在光传感等领域获得广泛的应用。

10.2.1 色散性质

对称金属包覆介质波导又称为双面金属包覆介质波导,其结构如图 10.9 所示。利用式(10.1),并忽略金属介电常数的虚部,可得对称金属包覆介质波导的模式本征方程。

对 TE 模

$$\kappa_1 d = m\pi + 2\arctan\left(\frac{\alpha_2}{\kappa_1}\right) \tag{10.28}$$

对 TM 模

$$\kappa_1 d = m\pi + 2\arctan\left(\frac{\varepsilon_1 \alpha_2}{\varepsilon_2 \kappa_1}\right) \tag{10.29}$$

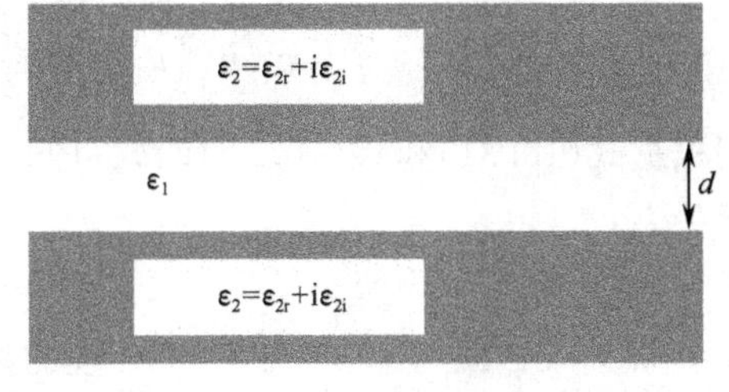

图 10.9 对称金属包覆介质波导

式(10.28)和式(10.29)两式是实超越方程,从这两个方程可得到以下几个结论:

(1) 导模有效折射率的存在范围是

$$0 < \beta/k_0 < \sqrt{\varepsilon_1} \tag{10.30}$$

与式(10.5)比较,由式(10.30)表示的范围显然比任何全介质波导和非对称金属包覆介质波导导模有效折射率存在范围都大。

(2) TM_0 模和 TM_1 模是两个特殊的模式,10.2.2 节将进行专门的研究。

(3) 利用式(10.28)和式(10.29)两式可以证明,对于给定的光频 ω 和介质薄膜厚度 d,第 m 阶 TE 模的 β 值小于同阶 TM 模的 β 值。这性质与单面金属包覆

介质波导相同,但完全不同于全介质波导。

(4) 除了 TM_0 模之外,每个模式都有截止厚度 d_s。截止时,有 $\beta \to 0$,则根据式(10.28)和式(10.29)两式可得

对 TE 模

$$k_0 d_s^{TE} = \frac{m\pi}{\sqrt{\varepsilon_1}} + \frac{2}{\sqrt{\varepsilon_1}} \arctan \sqrt{-\frac{\varepsilon_{r2}}{\varepsilon_1}} \tag{10.31}$$

对 TM 模

$$k_0 d_s^{TM} = \frac{m\pi}{\sqrt{\varepsilon_1}} - \frac{2}{\sqrt{\varepsilon_1}} \arctan \sqrt{-\frac{\varepsilon_1}{\varepsilon_{r2}}} \tag{10.32}$$

显然,对同阶模有

$$d_s^{TE_m} > d_s^{TM_m} \tag{10.33}$$

而在全介质对称波导中,对同阶模有

$$k_0 d_s^{TE_m} = k_0 d_s^{TM_m} = \frac{m\pi}{\sqrt{\varepsilon_1 - \varepsilon_2}} \tag{10.34}$$

显然,对 $m=0$,有

$$d_s^{TE_0} = d_s^{TM_0} = 0$$

上式表明,在全介质对称波导中,TE_0 模和 TM_0 模是不会截止的。

另外,利用恒等式

$$\arctan(|u|) = \frac{\pi}{2} - \arctan(|u|^{-1}) \tag{10.35}$$

则根据式(10.31)和式(10.32)两式可知,在对称金属包覆介质波导中,显然存在如下关系:

$$d_s^{TE_m} = d_s^{TM_{m+1}} \tag{10.36}$$

即第 m 阶 TE 模和第 $m+1$ 阶 TM 模的截止厚度是简并的。

10.2.2 TM_0 模和 TM_1 模

1. TM_0 模

根据方程(10.29),在 $m=0$ 时,有

$$\kappa_1 d = 2\arctan\left(\frac{\varepsilon_1 \alpha_2}{\varepsilon_2 \kappa_1}\right) \tag{10.37}$$

由上述方程,可得以下结论:

(1) 由于 $\varepsilon_2 < 0$,故该方程在 $\beta/k_0 < \sqrt{\varepsilon_1}$ 范围内无解。

(2) 当 $\beta/k_0 > \sqrt{\varepsilon_1}$ 时,有 $\kappa_1 = i\alpha_1$,介质薄膜中的振荡场变为两个指数衰减场的叠加,于是,方程(10.37)变为

$$\tanh\left(\frac{1}{2}\alpha_1 d\right) = -\frac{\varepsilon_1\alpha_2}{\varepsilon_2\alpha_1} \tag{10.38}$$

则当 $d\to\infty$ 时，有

$$-\frac{\varepsilon_1\alpha_2}{\varepsilon_2\alpha_1} = 1 \tag{10.39}$$

这是金属与介质 1 界面上的一个表面等离子波，有效折射率为

$$\frac{\beta}{k_0} = \sqrt{\frac{\varepsilon_1\varepsilon_2}{\varepsilon_1+\varepsilon_2}} > \sqrt{\varepsilon_1} \tag{10.40}$$

而当 $d\to 0$ 时，必有 $\alpha_1\to\infty$ 和 $\alpha_2\to\infty$，即有

$$\beta/k_0 \to \infty$$

由此得到 TM_0 模有效折射率的存在范围为

$$\sqrt{\frac{\varepsilon_1\varepsilon_2}{\varepsilon_1+\varepsilon_2}} < \frac{\beta}{k_0} < \infty \tag{10.41}$$

上式表明，TM_0 模的有效折射率处于导模有效折射率的存在范围之外。所以，可以断定，TM_0 模是表面模。

2. TM_1 模

利用式(10.35)，可将 TM_1 模的模式本征方程改写为

$$\kappa_1 d = 2\arctan\left(-\frac{\varepsilon_2\kappa_1}{\varepsilon_1\alpha_2}\right) \tag{10.42}$$

显然，在 $0<\beta/k_0<\sqrt{\varepsilon_1}$ 范围内，上述方程是有解的，这时，TM_1 模是导膜。

容易求出，当 $\beta/k_0=0$ 时，TM_1 模的截止厚度是

$$d_s^{TM_1} = \frac{2}{k_0\sqrt{\varepsilon_1}}\arctan\sqrt{-\frac{\varepsilon_2}{\varepsilon_1}} \tag{10.43}$$

而当 $\beta/k_0=\sqrt{\varepsilon_1}$ 时，由式(10.42)可得 TM_1 模的临界厚度是

$$d_c^{TM_1} = -\frac{2\varepsilon_2}{k_0\varepsilon_1\sqrt{\varepsilon_1-\varepsilon_2}} \tag{10.44}$$

在 $\beta/k_0>\sqrt{\varepsilon_1}$ 时，有 $\kappa_1=i\alpha_1$，方程(10.42)可转化为

$$\tanh\left(\frac{1}{2}\alpha_1 d\right) = -\frac{\varepsilon_2\alpha_1}{\varepsilon_1\alpha_2} \tag{10.45}$$

对照第 9 章中的式(9.71)和式(9.72)两式可知，分别由式(10.38)和式(10.45)两式表示的 TM_0 模和 TM_1 模是介质薄膜与金属两个界面上表面等离子波的对称和反对称结合模式。

由式(10.45)可知，当 $d\to\infty$ 时，必有

$$-\frac{\varepsilon_2\alpha_1}{\varepsilon_1\alpha_2} = 1 \tag{10.46}$$

这时，有效折射率

$$\beta/k_0=\sqrt{\frac{\varepsilon_1\varepsilon_2}{\varepsilon_1+\varepsilon_2}} \tag{10.47}$$

根据式(10.40)和式(10.47)两式，可见当 $d\to\infty$ 时，TM_0 模和 TM_1 模是简并的。从物理本质上看，当 $d\to\infty$ 时，两个界面上的表面等离子波不可能相互耦合，各自成为自由的表面等离子波。

由上述分析，可知 TM_1 模有效折射率的存在范围是

$$0<\beta/k_0<\sqrt{\frac{\varepsilon_1\varepsilon_2}{\varepsilon_1+\varepsilon_2}} \tag{10.48}$$

综合式(10.41)和式(10.48)两式，可知在对称金属包覆介质波导中，包括表面模在内的所有约束模式的有效折射率的存在范围是

$$0<\beta/k_0<\infty \tag{10.49}$$

图 10.10 为对称金属包覆介质波导的色散曲线，为了进行比较，图 10.11 给出了全介质对称波导的色散曲线。图中，实线表示 TM 模，虚线表示 TE 模。

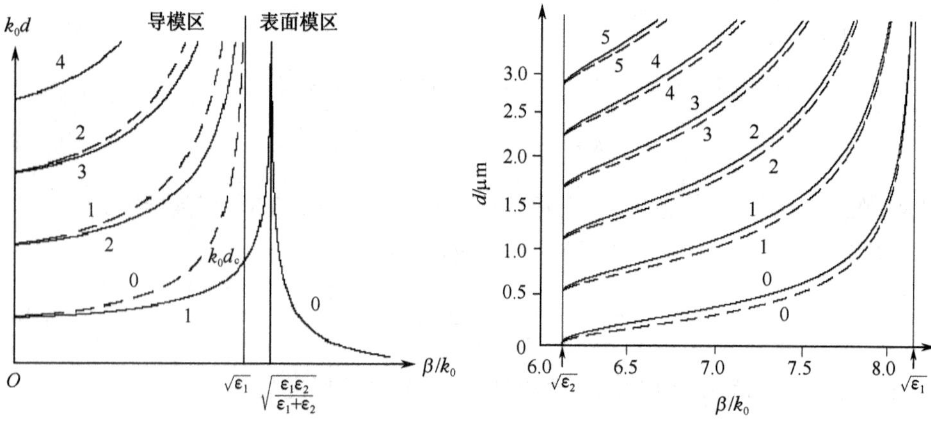

图 10.10　双层金属包覆介质波导的色散曲线　　　图 10.11　全介质对称波导色散关系

把 TM_0 模和 TM_1 的性质总结成表格，可得到表 10.2。

表 10.2　对称金属包覆介质波导中 TM_0 模和 TM_1 模的色散性质

β/k_0	d	波型
$0<\beta/k_0<\sqrt{\varepsilon_1}$	$d_s<d<d_c$	TM_1 导波
$\sqrt{\varepsilon_1}<\beta/k_0<\sqrt{\frac{\varepsilon_1\varepsilon_2}{\varepsilon_1+\varepsilon_2}}$	$d_s<d<\infty$	TM_1 表面等离子波
$\sqrt{\frac{\varepsilon_1\varepsilon_2}{\varepsilon_1+\varepsilon_2}}<\beta/k_0<\infty$	$0<d<\infty$	TM_0 表面等离子波

文献[5]用角度扫描 ATR 方法系统地研究了对称金属包覆介质波导中 TM_0 和 TM_1 两个表面模的色散性质。实验结果和理论计算相符。实验样品是在高折射率的玻璃棱镜底面上依次蒸镀上 $AgMgF_2Ag$ 层而构成的。理论计算和实验结果指出，由于略去金属复介电常数的虚部和引入棱镜耦合来激发表面波所引起的理论计算的差异是很小的。实验结果与理论计算之间发生的差异主要是由于蒸镀的 MgF_2 层比较粗糙，使随后再蒸镀上去的银与这粗糙的 MgF_2 表面又生成一种金属陶瓷(cermet)薄层的影响所致。

以上结果是在略去了金属介电常数的虚部后得到的，这样，由色散方程得到的有效折射率 β/k_0 是实数，所以略去介电常数虚部的结果是略去了 β/k_0 的虚部，这当然仅在 β/k_0 的实部远大于其虚部时才是可接受的结果。因此，关于 β/k_0 的下限是零的色散关系，实际上只是在远离 β/k_0 等于零的范围才是正确的。当 β/k_0 的实部接近于零时，其虚部的影响将大大增强，反过来也影响其实部，使色散关系有较大的变化。图 10.12 表示一个 AgPAg 对称金属包覆介质波导的 β'/k_0(β'是β的实部)与 k_0d 关系的计算结果。从图可以看出，只有当 $\beta'/k_0<0.1$ 时，其色散规律才有较大变化。这表明，在实际的波导结构中，只要介质层的厚度远离截止厚度，略去金属介电常数虚部所得到的近似结果是足够正确的。

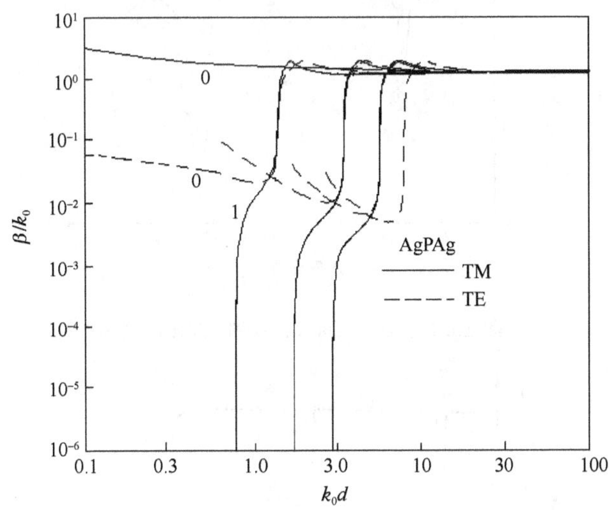

图 10.12 实际双层金属包覆介质波导中的 β'/k_0 与 k_0d 的关系曲线

10.2.3 TM_0 模和 TM_1 模的简并

由图 10.10 可知，当对称金属包覆介质波导导波层厚度 $d\to\infty$时，TM_0 模和 TM_1 模将发生简并。但由于金属虚部的存在，导模存在传输损耗，尤其当采用棱

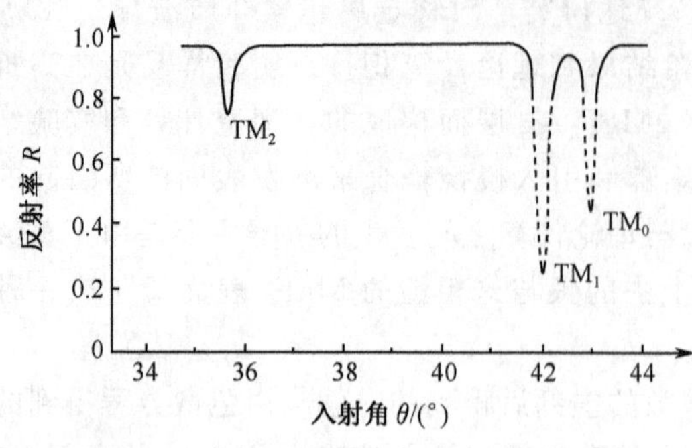

图 10.13　d=1480nm 时的 ATR 曲线

镜耦合方式激发导模时，还存在辐射损耗。ATR 吸收峰存在一定的宽度，因此，只要导波层厚度达到某一有限数值时，就会出现 TM_0 模和 TM_1 模两共振吸收峰的简并。为说明这一问题，进行了如下实验，实验样品采用 K9 玻璃制成的 45°棱镜，折射率为 $n=1.507(\lambda=780\text{nm})$，并在棱镜底面用溅射法镀一层厚度 $s=50\text{nm}$ 左右的银膜。同样条件下在一石英片上镀厚度约为 200nm 的银膜，由于下层银膜厚度足够厚，可不计石英片的影响，取波长为 780nm 时银的介电常数为 $\varepsilon_2=-28+\mathrm{i}1.0$。用夹具将石英片顶在棱镜底面，构成银膜-空气层-银膜结构的对称金属包覆介质波导，改变夹具的压力即可实现导波层厚度的控制，图 10.13、图 10.14 和图 10.15 分别表示 TM_0 模和 TM_1 模从分离到简并的过程。

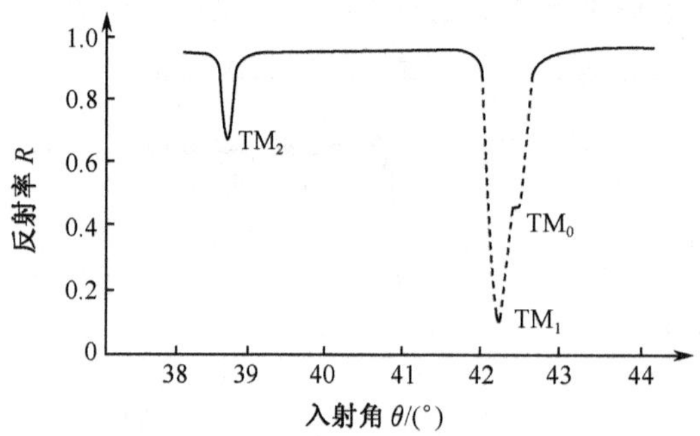

图 10.14　d=2200nm 时的 ATR 曲线

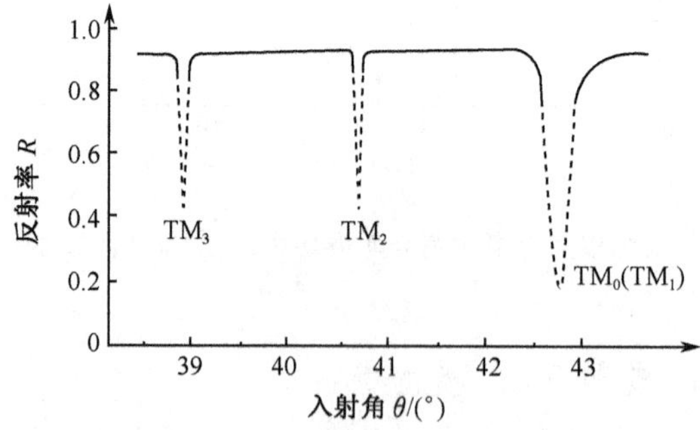

图 10.15　d=3200nm 时的 ATR 曲线

图 10.15 中导波层厚度已超过了两模的简并厚度,因此图中从右至左第一个峰应该是 TM_0 和 TM_1 模的简并峰,而从右至左第二、第三两个峰分别代表 TM_2 和 TM_3 模。但在图 10.13 中,导波层厚度小于简并厚度,TM_0 和 TM_1 模是分离的,因此从右至左的三个峰分别代表 TM_0 模、TM_1 模和 TM_2 模。而图 10.14 表示 TM_0 模和 TM_1 模简并的临界状态。由此可见,ATR 谱中不同状态下模序数的标识是不同的,在实际应用中,必须辨别两模的分离和简并状态,才能正确辨认模序数,论文[5]提出了三种确认模序数的方法,感兴趣的读者可对照参改。

10.3 对称金属包覆介质波导的直接耦合方法[6]

导波光学器件的基本元件是光波导,与光波导同时产生和发展的是它的耦合技术。目前常用的有棱镜耦合、光栅耦合、端面耦合和劈形耦合等方法。棱镜耦合虽不利于集成化,但利用该方法可以测量波导的参数。因此这一方法仍在实验室中普遍使用。光栅耦合利于集成,但复杂的制备技术和低的耦合效率阻碍了光栅耦合的广泛使用。端面耦合和劈形耦合也各有其优缺点和适用的波导。

与全介质波导和非对称金属包覆介质波导不同,由式(10.30)可知,对称金属包覆介质波导的有效折射率可在 0～∞变化,利用这个特点可将光束直接从自由空间射向波导的金属表面,在入射光与导模传播常数匹配情况下,可实现光能与部分导模能量的耦合。

10.3.1 耦合原理

对于图 10.16 所示的介质平板波导或非对称金属包覆介质波导,不失一般性,可设 $n_1>n_0>n_2$(对金属覆盖层,在可见光和近红外波段,$n_2<1$),则该波导有效折射率的取值范围是

$$n_0 < N < n_1$$

光束若从覆盖层直接入射,则根据波矢匹配条件,应有

$$k_0 n_2 \sin\theta_2 = \beta$$

则显然要求 $\sin\theta_2>1$,这种耦合显然是不可能的。

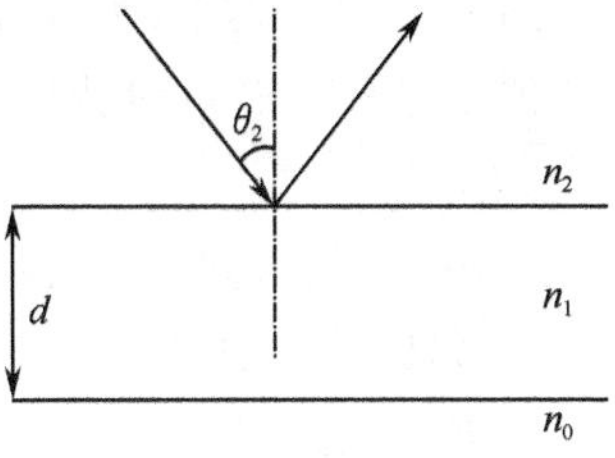

图 10.16 介质平板波导

为了使光束耦合进波导,我们已知一个有效的办法是在波导覆盖层上放置一高折射率棱镜,棱镜折射率必须满足条件

$$n_3 > N \tag{10.50}$$

但对如图 10.17 所示的对称金属包覆介质波导,若设上层金属膜的厚度为 s,则根据对称金属包覆介质波导的色散性质可知,除 TM_0 模和 TM_1 模外,导模有效折射

率的取值范围为

$$0 < N < n_1 \tag{10.51}$$

则当光束直接从上层金属膜上的自由空间($n_3=1$)入射时,可以激发 $N<n_3$ 的模式。

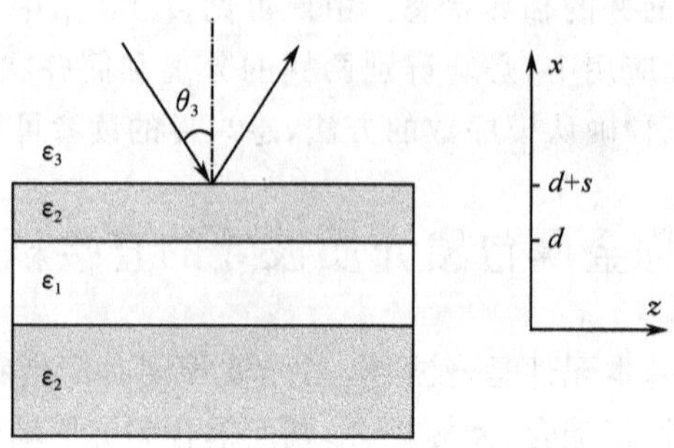

图 10.17　对称金属包覆介质波导的自由空间耦合

10.3.2　亚毫米尺度波导中的超高阶导模[7]

当图 10.17 所示波导导波层的厚度 d 为亚毫米尺度时,波导可容纳数千个导模,用自由空间耦合时,若入射角 θ_3 较大,波导中的模密度相当大,ATR 谱的全反射吸收峰相互交叠,无法分辨,而当 θ_3 较小时可激发出一系列分立的导模,由于这些模的有效折射率 N 相当小,模序数特别大,因而被称作超高阶导模。从光线光学角度分析,超高阶导模在波导上下界面的入射角极小,意味着对相同的纵向传播距离,超高阶导模将经受更多次的反射,传播的光线距离更长,产生一系列有别于低阶模的特殊性质。以下分析亚毫米尺度金属包覆波导中超高阶导模的性质。

1) 超高阶导模的 ATR 谱是分立的

根据对称金属包覆波导的色散方程,容易导出近似公式

$$\Delta m \propto \sin 2\theta_3 \Delta\theta_3 \tag{10.52}$$

由于 $\Delta m=1$,当入射角 θ_3 很小时,显然可得较大的 $\Delta\theta_3$。

2) 偏振不灵敏性

根据色散方程

$$\kappa_1 d = m\pi + 2\arctan\left(\rho\frac{\alpha_2}{\kappa_1}\right) \tag{10.53}$$

式中,与偏振有关的参数

$$\rho = \begin{cases} 1, & \text{TE 模} \\ \varepsilon_1/\varepsilon_2, & \text{TM 模} \end{cases} \tag{10.54}$$

当 d 为亚毫米尺度,而光波长为微米量级时,一般 m 远大于 1000,而方程(10.53)

右边第二项绝对值的最大值为 π，因而忽略这一项不会产生很大的误差，于是可得偏振无关的方程

$$\kappa_1 d = m\pi \tag{10.55}$$

说明超高阶导模是偏振不灵敏的。

3）对导波层折射率、波长和厚度的灵敏性

由于超高阶导模在导波层中滞留时间长，因而光源波长、导波层折射率和厚度任何小的变化，都将引起超高阶导模的灵敏变化，将灵敏度定义为有效折射率对某一特征参数的导数，即

$$s = \frac{\mathrm{d}N}{\mathrm{d}\xi} \tag{10.56}$$

式中 ξ 代表波长 λ、导波层折射率 n_1 和厚度 h。

利用方程(10.55)容易得到

$$\frac{\mathrm{d}N}{\mathrm{d}n_1} = \frac{n_1}{N} \tag{10.57}$$

$$\frac{\mathrm{d}N}{\mathrm{d}\lambda} = \frac{n_1^2 - N^2}{N\lambda} \tag{10.58}$$

$$\frac{\mathrm{d}N}{\mathrm{d}h} = \frac{n_1^2 - N^2}{Nh} \tag{10.59}$$

由式(10.57)～式(10.59)可见，灵敏度与有效折射率 N 成反比，因此对超高阶导模($N \to 0$)可得到很大的灵敏度。以上性质可在传感器和滤波器等领域获得广泛应用。

4）慢波特性

根据式(10.58)可知，微小的波长变化可产生很大的有效折射率变化，说明超高阶模的强色散性质。利用方程(10.55)，同样可得超高阶模的群速度

$$\frac{\mathrm{d}\omega}{\mathrm{d}\beta} = \frac{Nc}{n_1(n_1 + \omega \mathrm{d}n_1/\mathrm{d}\omega)} \tag{10.60}$$

式中，因子 $\frac{c}{n_1 + \omega \mathrm{d}n_1/\mathrm{d}\omega}$ 显然是光在折射率为 n_1 介质中传输的群速度；而因子 N/n_1 可称为慢波因子，当 $N \to 0$ 时，超高阶导模的群速度也趋于 0。

参 考 文 献

[1] Sarid D. Long-range surface-plasma waves on very thin metal films [J]. Physics Review Letters, 1981, 47: 1927～1930.

[2] Takabayashi M, Haraguchi M, Fukui M. Propagation length of guided waves in lossy Si film sandwiched by identical dielectrics [J]. Journal of the Optical Society of America B, 1995, 15: 2406～2408.

[3] Otto A, Sohler W. Modification of the total reflection modes in a dielectric film by one metal boundary

[J]. Optics Communications, 1971, 3: 254～258.

[4] Kaminow I P, Mammer W L, Weber H P. Metal-clad optical waveguides: analytical and experimental study [J]. Applied Optics, 1974, 13: 396～405.

[5] 周峰，曹庄琪，蒋毅等. 双面金属包覆介质波导模序数的判别方法[J]. 光学学报，2002，22：665～669.

[6] Li H G, Cao Z Q, Lu H F et al. Free-space coupling of a light beam into a symmetrical metal-cladding optical waveguide [J]. Applied Physics Letters, 2003, 83: 2757～2759.

[7] Lu H F, Cao Z Q, Li H G et al. Study of ultrahigh-order modes in a symmetrical metal-cladding optical waveguide [J]. Applied Physics Letters, 2004, 85: 4579～4581.

第 11 章　非均匀光波导折射率分布的测量

本书第 5 章指出，若已知非均匀波导的折射率分布，则可由多种方法计算该波导导模的模指数(有效折射率)。但实际上，经多种方法制备的光波导，其折射率分布是未知的，而模指数却可通过第 7 章介绍的 m 线方法进行精确测量。如何根据波导的模指数来确定波导的折射率分布？本质上，这是一个 Sturm-Liouvill 本征值问题的逆过程。由于经测量得到的模指数仅仅是有限个数的分立值，已知的信息极为有限，理论上无法精确地预测连续的折射率分布。因此，只能借助于近似方法。11.1 节介绍广泛使用的 IWKB 法；11.2 节描述在转移矩阵理论基础上建立的 IATM 法；11.3 节给出确定波导近表面折射率的新方法；而 11.4 节分析同时利用 TE 和 TM 模来确定少模波导折射率分布的可能性。

11.1　IWKB 法

IWKB 方法[1]是 White 和 Heidrich 在 WKB 近似基础上建立一种确定光波导折射率分布方法。由于这种方法能给出有效折射率对应空间坐标的解析公式，因而获得了广泛的应用。

11.1.1　有效折射率对应坐标的确定

考虑图 11.1 所示折射率单调下降的非均匀光波导，设 n_0、n_s 和 n_f 分别为波导覆盖层、衬底和表面的折射率。

WKB 近似的色散方程为

$$k_0\int_0^{x_m}[n^2(x)-n_m^2]^{1/2}\mathrm{d}x = m\pi+\arctan\left(\frac{p_0}{\kappa}\right)+\frac{\pi}{4},\quad m=0,1,2,\cdots,M-1 \tag{11.1}$$

式中

$$p_0=(\beta^2-k_0^2n_0^2)^{1/2}$$
$$\kappa=(k_0^2n_f^2-\beta^2)^{1/2}$$

而模指数(有效折射率)$n_m=\beta/k_0$，$k_0=2\pi/\lambda$ 为自由空间波数。转折点 x_m 由 $n(x_m)=n_m$ 定义。对实际波导，n_f 和 n_s 相差不大，一般是 10^{-1} 量级。而 n_f 和 n_0 相差较大，故方程(11.1)右边第二项可近似为 $\pi/2$。为简化方程，变量 x 以自由空

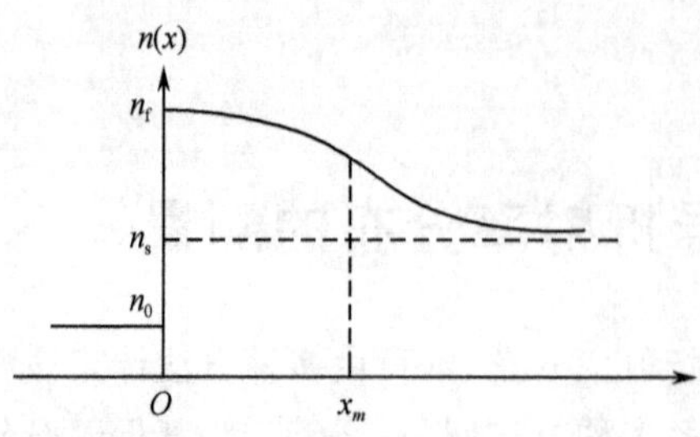

图 11.1　非均匀光波导的折射率分布

间波长 λ 为计量单位，则方程(11.1)可改写为如下形式：

$$\int_0^{x_m}[n^2(x)-n_m^2]^{1/2}\mathrm{d}x=\frac{4m-1}{8},\quad m=1,2,\cdots,M \tag{11.2}$$

式中，模序数 m 不再从零起始，而改为从 1 开始计数。

由于 $n_m(m=1,2,\cdots,M)$ 可通过测量确定，即可确定 n_m 在纵坐标轴 $n(x)$ 上的位置。但还需知道每个 n_m 对应的 x 坐标，这样才可大致确定波导的折射率分布。为此，可将方程(11.2)改写为分段积分之和

$$\sum_{l=1}^{m}\int_{x_{l-1}}^{x_l}[n^2(x)-n_m^2]^{1/2}\mathrm{d}x=\frac{4m-1}{8} \tag{11.3}$$

并假设每两个测量值 n_m 之间的折射率分布为线性函数，即

$$n(x)\approx n_l+\frac{n_{l-1}-n_l}{x_l-x_{l-1}}(x_l-x),x_{l-1}\leqslant x\leqslant x_l \tag{11.4}$$

方程(11.3)中的积分宗量改写为如下形式：

$$[n^2(x)-n_m^2]^{1/2}=[n(x)+n_m]^{1/2}\cdot[n(x)-n_m]^{1/2}$$

并用中点坐标的折射率$[(n_{l-1}+n_l)/2]+n_m(x_{l-1}\leqslant x\leqslant x_l)$代替上式右边第一个括号中的值 $n(x)+n_m$。则方程(11.3)变为

$$\sum_{l=1}^{m}\left(\frac{n_{l-1}+n_l}{2}+n_m\right)^{1/2}\int_{x_{l-1}}^{x_l}\left[(n_l-n_m)+\frac{n_{l-1}-n_l}{x_l-x_{l-1}}(x_l-x)\right]^{1/2}\mathrm{d}x=\frac{4m-1}{8} \tag{11.5}$$

求积分，可得

$$\begin{aligned}x_m=&x_{m-1}+\left[\frac{3}{2}\left(\frac{n_{m-1}+3n_m}{2}\right)^{-1/2}\cdot(n_{m-1}-n_m)^{-1/2}\right]\\&\times\left\{\frac{4m-1}{8}-\frac{2}{3}\sum_{l=1}^{m-1}\left(\frac{n_{l-1}+n_l}{2}+n_m\right)^{1/2}\left(\frac{x_l-x_{l-1}}{n_{l-1}-n_l}\right)\cdot[(n_{l-1}-n_m)^{3/2}-(n_l-n_m)^{3/2}]\right\},\\&m=2,3,\cdots,M\end{aligned} \tag{11.6}$$

和

$$x_1=\frac{9}{16}\left(\frac{n_f+3n_1}{2}\right)^{-1/2}(n_f-n_1)^{-1/2} \tag{11.7}$$

于是，由测量值 $n_1,n_2,\cdots,n_m$ 可确定其在 x 坐标上的位置 $x_1,x_2,\cdots,x_M$。

11.1.2 IWKB法的局限性

在上述方法中,表面折射率 n_f 尚无法确定,一般采用光滑过渡和最小三角形面积之和法,也有人[2]用有效折射率和模序数的连续函数外推来得到波导表面的折射率。由于没有实验根据,这些数学方法得到的结果有相当高的自由度,并不可靠。因而严重地影响了波导折射率分布的精确测定。其次,由于IWKB法的基础是WKB方程(11.1),而该方程仅适用于缓变折射率分布和模数较多的情况。因此,对快变的折射率分布和少模波导,IWKB法当然无法给出精确的结果。

11.2 IATM法

我们在精确的ATM方法基础上建立一种确定光波导折射率分布的新方法,这种方法在IWKB法不适用的场合具有重要的应用价值。

11.2.1 有效折射率对应坐标的确定

本节建立精确分析转移矩阵技术的逆方法——IATM法[3]。利用本节的符号表示,分析转移矩阵的色散方程为

$$k_0\int_0^{x_m}[n^2(x)-n_m^2]^{1/2}\mathrm{d}x+\Phi(s)=(m-1)\pi+\arctan\left(\frac{p_0}{\kappa_f}\right)+\arctan\left(\frac{p_t}{\kappa_l}\right)$$

$$m=1,2,\cdots,M \tag{11.8}$$

式中各参数的意义请参考第5章。类似于IWKB法,取折射率分布为

$$n(x)=\begin{cases}n_l+\dfrac{n_{l-1}-n_l}{x_l-x_{l-1}}(x_l-x), & x_{l-1}\leqslant x\leqslant x_l\\ n_s+b\exp(-\alpha x), & x>x_M\end{cases} \tag{11.9}$$

式中,b 和 α 由 x_m 处的连续性条件确定。

折射率分布确定按以下步骤进行:

(1) 利用IWKB法确定的表面折射率 n_f 和测量得到的模指数$\{n_m\}$,设定一套初始值$\{x_m\}^{(0)}$。$\{x_m\}^{(0)}$的选取十分随意,它可是一个任意的递增数列。代入式(11.9)可得初始的$\{n(x)\}^{(0)}$;

(2) 把初始的$\{n(x)\}^{(0)}$代入方程(11.8),可得到一套新的坐标$\{x_m\}^{(1)}$,再代入式(11.9)可得$\{n(x)\}^{(1)}$,然后计算偏差 $\delta=\sum_{m=1}^{M}(n_m-\overline{n_m})^2$;

(3) 重复以上过程,直到 $\delta\to 0$。最后可确定折射率分布 $n(x)$。

11.2.2 IATM和IWKB两种方法的比较

为说明IATM方法的可靠性,我们用ATM方法分别计算了指数、慢变费米、

快变费米和阶跃分布函数的模指数。根据计算得到的模指数，再用 IATM 方法确定折射率分布，并与 IWKB 方法做了比较，所得结果如图 11.2 所示。计算所用的参数 $n_0=1.0$，$\lambda=632.8\text{nm}$。

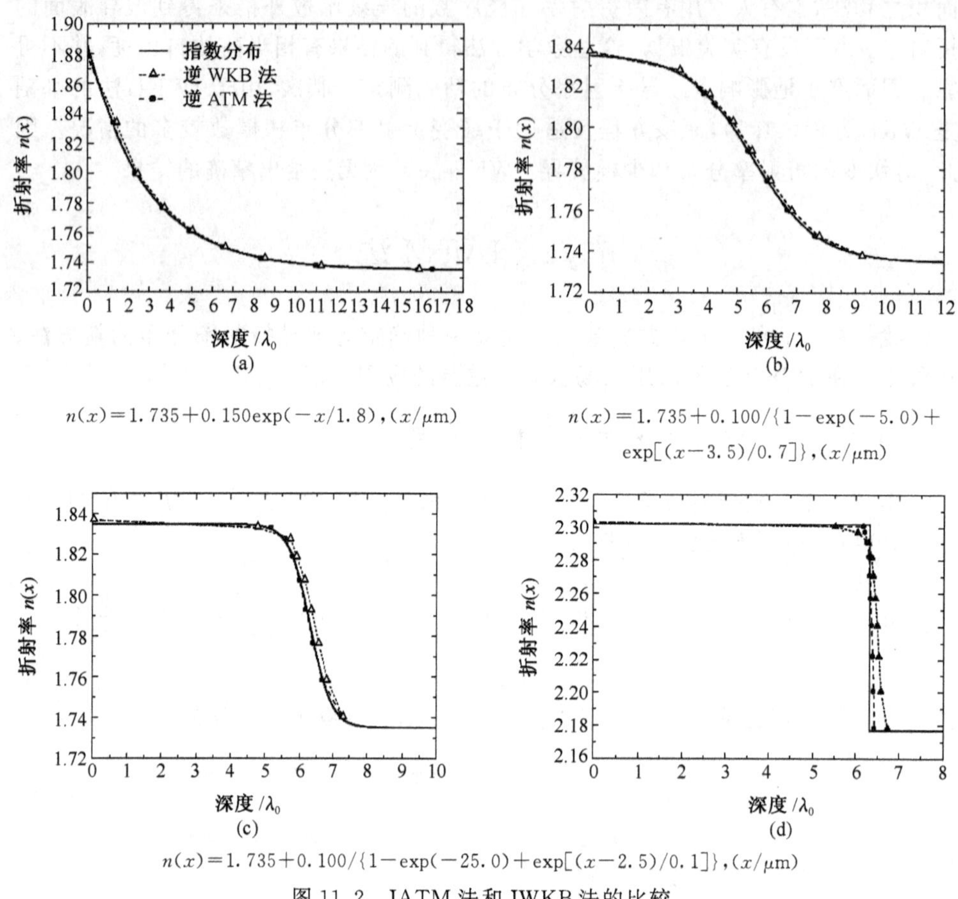

$n(x)=1.735+0.150\exp(-x/1.8)$，$(x/\mu\text{m})$

$n(x)=1.735+0.100/\{1-\exp(-5.0)+\exp[(x-3.5)/0.7]\}$，$(x/\mu\text{m})$

$n(x)=1.735+0.100/\{1-\exp(-25.0)+\exp[(x-2.5)/0.1]\}$，$(x/\mu\text{m})$

图 11.2　IATM 法和 IWKB 法的比较

(a) 指数分布；(b) 慢变费米分布；(c) 快变费米分布；(d) 阶跃分布。x 单位是 μm

由图 11.2 中 IATM 法和 IWKB 法的比较可见，对慢变的折射率分布，IWKB 法和 IATM 法都有好的结果，但对少模而快变，甚至是阶跃折射率分布，IWKB 法却会产生较大的偏差。而 IATM 方法仍能给出合理的结果。

11.3　近表面折射率的确定[4]

非对称光波导需要有一定的厚度才能容纳一个导模，因此第一个导模的有效折射率对应的波导深度一般距离表面至少有两个波长，在这个范围内，由于没有任何有关折射率分布的信息，因而波导表面折射率的测量是至关重要的。IWKB 法提出了光滑过渡法和最小三角形面积之和法，而文献[2]提出用有效折射率和模序数的连续函数外推来确定波导表面折射率，虽然都有一定的理由，但却缺乏实验依据。我们[4]提出在波导表面镀一层金属薄膜，通过激发波导和金属界面上传输的表面等离子波。由于表面等离子波只能感知界面两侧小于一个波长范围内的信息，因而特别适合波导表面性质的研究。

11.3.1 理论模型

考虑图 11.3 所示的金属覆盖渐变折射率光波导。由于金属一般用介电常数而不用折射率表征其性质，因而折射率分布改为介电常数分布

$$\varepsilon(x)=\begin{cases}\varepsilon_s+(\varepsilon_f-\varepsilon_s)f(x/d), & x>0\\ \varepsilon_0, & x<0\end{cases} \tag{11.10}$$

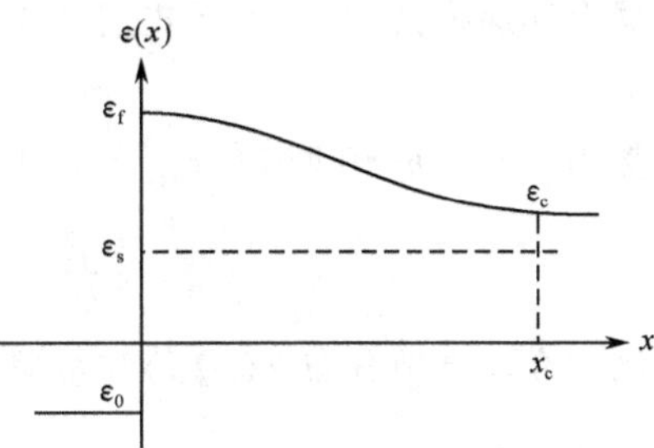

图 11.3 金属覆盖渐变折射率光波导

式中，ε_0 为金属介电常数的实部，在可见和近红外波段，由于贵金属实部的绝对值远大于其虚部，故分析时忽略金属的虚部不会引起大的误差。首先根据设定的精确度在 x_c 处截断，并令 $\varepsilon(x)=\varepsilon_c(x>x_c)$。然后等分$(0,x_c)$为 l 层，每层的厚度均为 h。由于表面等离子波在界面两侧都是 TM 偏振的衰减波，因而表征每一薄层的转移矩阵可表示为

$$M_j=\begin{bmatrix}\cosh(\alpha_j h) & -\dfrac{\varepsilon_j}{\alpha_j}\sinh(\alpha_j h)\\ -\dfrac{\alpha_j}{\varepsilon_j}\sinh(\alpha_j h) & \cosh(\alpha_j h)\end{bmatrix},\quad j=1,2,\cdots,l \tag{11.11}$$

其中

$$\alpha_j=[\beta^2-k_0^2\varepsilon(x_j)]^{1/2} \tag{11.12}$$

而 β 是表面等离子波的传播常数。

根据边界条件，可得以下矩阵方程

$$\begin{bmatrix}-\dfrac{p_0}{\varepsilon_0} & 1\end{bmatrix}\left[\prod_{j=1}^{l}M_j\right]\begin{bmatrix}1\\ -\dfrac{p_c}{\varepsilon_c}\end{bmatrix}=0 \tag{11.13}$$

其中

$$\begin{cases}p_0=(\beta^2-k_0^2\varepsilon_0)^{1/2}\\ p_c=(\beta^2-k_0^2\varepsilon_c)^{1/2}\end{cases} \tag{11.14}$$

经过矩阵运算,方程(11.13)可约化为简单的形式

$$\begin{bmatrix} -\dfrac{p_0}{\varepsilon_0} & 1 \end{bmatrix} \begin{bmatrix} 1 \\ -\dfrac{p_1}{\varepsilon_1} \end{bmatrix} = 0 \tag{11.15}$$

其中

$$\begin{cases} p_j = \alpha_j \dfrac{\sinh(\alpha_j h) + \dfrac{\varepsilon_j p_{j+1}}{\varepsilon_{j+1} p_j}\cosh(\alpha_j h)}{\cosh(\alpha_j h) + \dfrac{\varepsilon_j p_{j+1}}{\varepsilon_{j+1} p_j}\sinh(\alpha_j h)}, \quad j = 1,2,\cdots,l \\ p_{l+1} = p_c \end{cases} \tag{11.16}$$

根据上述递推公式,可由下式定义关于表面等离子波的等效介电常数 ε_{eq}

$$p_1 = (\beta^2 - k_0^2 \varepsilon_{eq})^{1/2} \tag{11.17}$$

显然当 $l \to \infty, h \to 0$ 时,有 $\varepsilon_1 = \varepsilon_f$。于是由式(11.15)可得 SPR 的传播常数满足

$$\frac{\beta}{k_0} = \sqrt{\frac{\varepsilon_0^2 \varepsilon_{eq} - \varepsilon_0 \varepsilon_f^2}{\varepsilon_0^2 - \varepsilon_f^2}} \tag{11.18}$$

若已知介电常数分布 $f(x/d)$ 和金属介电常数 ε_0,则可通过以上方法算出等效折射率 $n_{eq} = \sqrt{\varepsilon_{eq}}$。

11.3.2 数值论证

为清楚了解等效折射率的意义,我们计算了三种典型折射率分布关于表面等离子波的等效折射率。共用的参数为 $\varepsilon_0 = -30, \lambda = 832\text{nm}, h = 0.5\text{nm}$ 和 $x_c = 5\mu\text{m}$。坐标 x 的单位为微米。

1) 指数分布

$$n(x) = 1.512 + 0.1\exp(-x/3.0), \quad x > 0 \tag{11.19}$$

2) 慢变费米分布

$$n(x) = 1.512 + \frac{0.1}{\{1 - \exp(-2.0) + \exp[(x - 3.0)/1.5]\}}, \quad x > 0 \tag{11.20}$$

3) 快变费米分布

$$n(x) = 1.512 + \frac{0.1}{\{1 - \exp(-10.0) + \exp[(x - 4.0)/0.4]\}}, \quad x > 0 \tag{11.21}$$

三种分布的表面折射率均为 $n_f = 1.612$。通过计算,三种分布表面等离子波的等效折射率分别为(a) 1.607011;(b) 1.610483;(c) 1.611997。由此看出等效折射率与表面折射率十分接近。即使对表面附近变化最快的指数分布,表面等离子波的等效折射率与表面折射率的差也很小。这充分说明了表面波仅能感知表面附近介质信息的特征,也说明了利用表面波实现非均匀波导表面折射率测量的物理

原因。图 11.4 为计算结果。图中方点代表表面等离子波的等效折射率，而圆点表

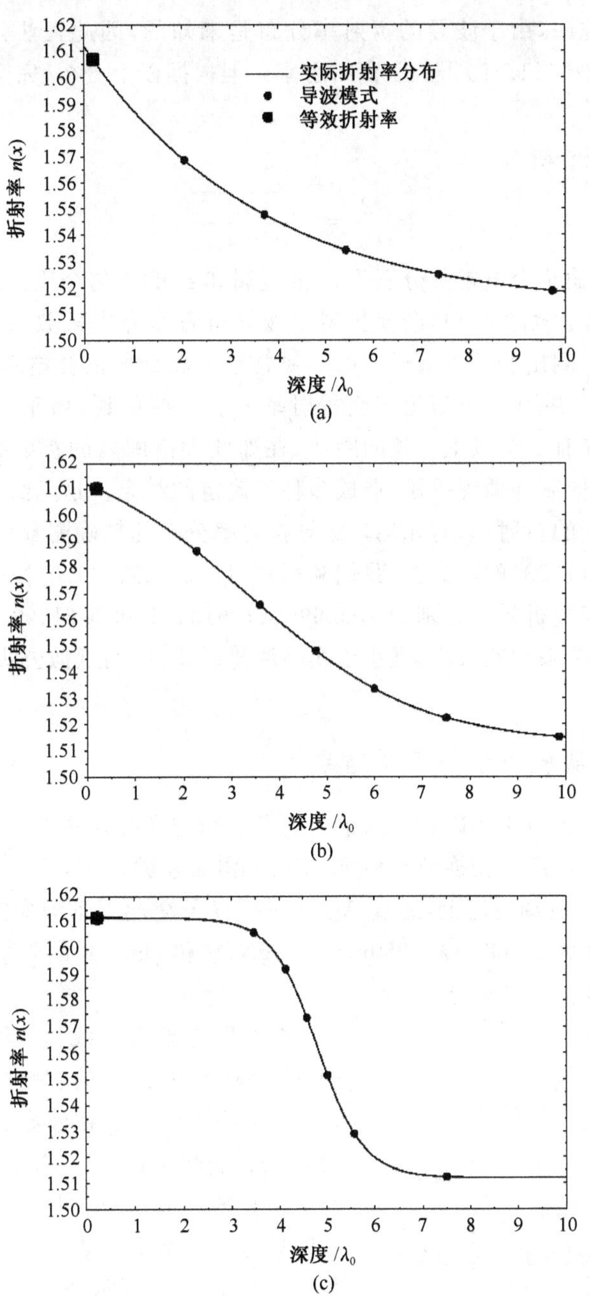

图 11.4　等效折射率与 TE 模有效折射率的比较

(a) 指数分布；(b) 慢变费米分布；(c) 快变费米分布

示 TE 模。由图可见 TE_0 模的转折点位置距离表面起码为 2～3 个波长。而表面等离子波的等效折射率的位置距离表面一般小于 1/4 个波长。

在实验研究中,由于波导的折射率分布是未知的,因此无法计算等效折射率 n_{eq},从而不能由式(11.18)得到表面折射率。但根据以上分析,完全可利用近似

$$\varepsilon_f = \varepsilon_{eq} \tag{11.22}$$

于是式(11.18)变为

$$\frac{\beta}{k_0} = \sqrt{\frac{\varepsilon_0 \varepsilon_{eq}}{\varepsilon_0 + \varepsilon_{eq}}} \tag{11.23}$$

式(11.23)是传输于介电常数分别为 ε_0 的金属和 ε_{eq} 的均匀介质界面间的表面等离子波的色散方程。也就是说,渐变折射率波导可看作介电常数为 ε_{eq} 的均匀介质。若在实际工作中测出表面等离子波的传播常数 β 和金属的介电常数 ε_0,则可用式(11.23)算出 ε_{eq},并用 ε_{eq} 近似为表面折射率 n_f。如前所说,由于 TE_0 模转折点所在位置离表面尚有 2 个以上波长的距离,在如此大范围内的折射率分布信息以前是空白的,只能依靠外插等手段,造成多种不确定的结果。这里给出的实验方法确定了近表面附近的折射率,对非均匀波导折射率分布的精确测量具有重要的意义。

为验证式(11.23)的可靠性,我们利用式(11.16)、式(11.17)和式(11.23)重新计算得到的近表面折射率分别为 1.606992、1.610481 和 1.611997,与用严格公式(11.18)得到的结果相差极小,远小于实验测量误差,说明近似公式(11.23)具有很高的精确度。

11.3.3　实验方法与测量结果

近表面附近折射率的确定为高精度测量非均匀光波导的折射率分布提供了一条有效的途径。以离子交换波导为例,实验和测量步骤如下:

(1) 在 BK7 玻璃衬底上,通过 Ag^+ - Na^+ 离子交换制备渐变折射率波导。玻璃衬底的折射率为 1.5078(λ=980nm)。$AgNO_3$ 和 $NaNO_3$ 的质量比为 1∶10,在 345℃交换 4 小时。

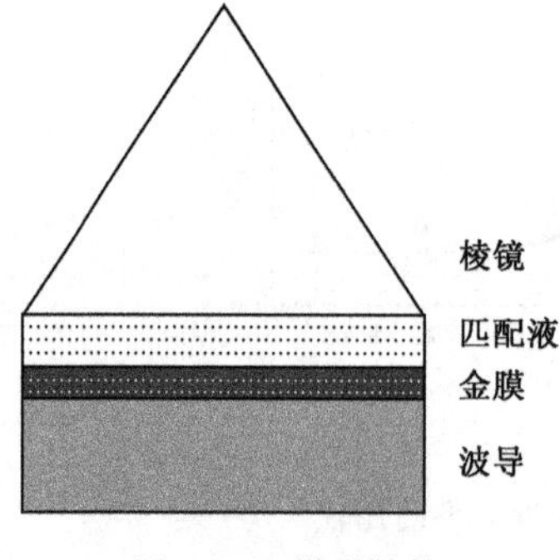

图 11.5　样品结构

(2) 用传统的 m 线技术测量所制备波导的 TM 模(或 TE 模)的有效折射率。

(3) 用溅射方法在波导表面镀一层厚度为 42nm 的金膜(ε_0=－46.3),金膜的厚度和介电常数的实部用双波长法测量。然后通过棱镜耦合方式来测量表面等离子波的传播常数 β。如图 11.5 所示,棱镜与金属层之间的空气间隙用与棱镜折射率相同的匹配液填充。再利用式(11.23)计算表面等离子波的

等效折射率 n_{eq}。测量得到的 n_{eq} 和 4 个 TM 模的有效折射率如表 11.1 所示。

表 11.1 波导的等效折射率和 4 个 TM 模的有效折射率

n_{eq}	N_0	N_1	N_2	N_3
1.5435	1.5397	1.5315	1.5228	1.5140

(4) 利用测量得到的表面等离子波的等效折射率和导模的有效折射率，离子交换波导的折射率分布可以通过 IATM 方法确定。得到的折射率分布如图 11.6 所示。这种 IATM 法辅以近表面折射率测量的技术我们称为扩展的 IATM 法。图中还给出了 IWKB 法及其改进的技术得到的折射率曲线。不难看出，几种方法得到的结果在远离表面区域基本上是一致的，而在表面附近，所得结果有明显的差别。

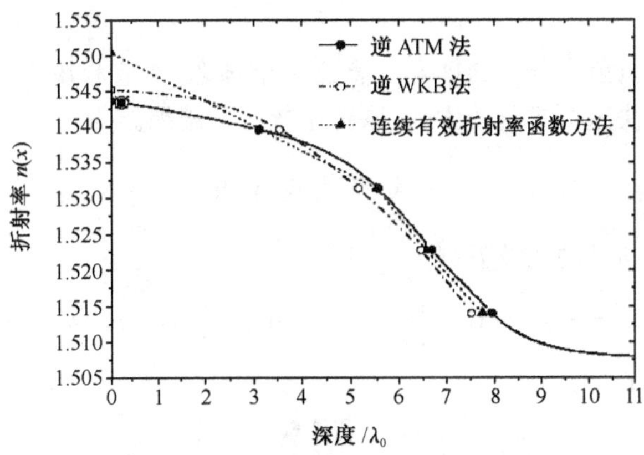

图 11.6 利用扩展的 IATM 法和 IWKB 法确定光波导折射率分布的实验比较

(5) 为验证我们提出方法的可靠性，选择指数折射率分布为例

$$n(x) = 1.50779 + 0.04\exp(-x/2.5) \tag{11.24}$$

先用 ATM 计算该折射率分布波导的有效折射率和表面等离子波的等效折射率，然后再根据计算得到的等效折射率和有效折射率，采用 IATM 方法确定折射率分布。所得结果如图 11.7 所示。图中还给出 IWKB 法的两条曲线。由图可见，扩展 IATM 方法得到的结果与原始曲线十分接近，而 IWKB 法得到的结果与原始曲线相差甚远，看上去更像是高斯而不是指数型的。原因是外推的表面折射率偏差太大。

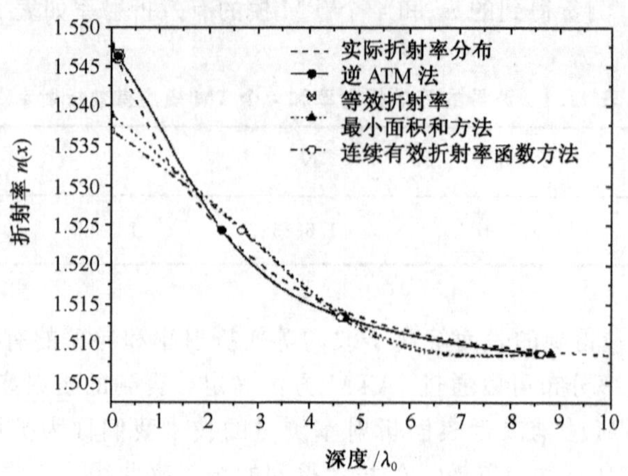

图 11.7　由扩展 IATM 法和 IWKB 法得到的折射率分布的数值比较

11.4　利用两种偏振模确定少模波导的折射率分布[5]

少模波导的折射率分布的确定一直是一个难题，本节利用金属覆盖波导的性质提出了一种解决这个难题的方法，取得了较好的结果。

11.4.1　全介质波导与单面金属包覆波导

全介质波导满足的色散方程为

$$\kappa_1 h = m\pi + \arctan\left(\rho_0 \frac{\alpha_0}{\kappa_1}\right) + \arctan\left(\rho_2 \frac{\alpha_2}{\kappa_1}\right), \quad m = 0,1,2,\cdots \tag{11.25}$$

式中与偏振有关的参数为

$$\rho_j = \begin{cases} 1, & \text{TE 模} \\ \dfrac{\varepsilon_1}{\varepsilon_j}, & \text{TM 模} \end{cases} \quad j = 0,2 \tag{11.26}$$

由于全介质波导的介电常数都是正数，且 $\varepsilon_1/\varepsilon_j$ 一般都在 5 以下，而反正切函数的值仅在 $0\sim\pi/2$ 变化。造成由方程(11.25)得到的两种偏振同阶模的 β/k_0 值相差不大。对渐变折射率波导，由于衬底和表面折射率之差一般小于 0.1，因而两种偏振的 β/k_0 值相差更小，对应折射率分布曲线上两个靠得很近的点。这表明在曲线拟合时，使用两种偏振的信息不会比使用一种偏振的信息获得更好的结果。这是逆方法拟合折射率分布曲线时，仅利用一种偏振模信息的原因。若在介质波导的表面覆盖一层贵金属膜，由于贵金属的介电常数实部为负，使方程(11.25)右边第二项对 TE 模为正值，而对 TM 模为负值。从而造成同阶的两种偏振模的 β/k_0 值有很大的差别。这个结果为拟合折射率分布曲线时，同时使用两种偏振模的信息提供了理论依据。

11.4.2　少模波导折射率分布的测量

折射率分布曲线通常由表面折射率、形状和深度三个参量表征。因此折射率分布曲线的拟合至少需三个模提供的信息。为确定单模或双模波导的折射率分布,一般只能采用多波长或多个不同折射率的液体作为覆盖层进行多次测量[6,7]。这些方法不仅会带来多次测量的误差,而且会引起复杂的色散问题。为此,我们提出在单模或双模波导表面镀一层贵金属薄膜,再用棱镜和折射率匹配液来激发波导中的共振模。对单模波导,这时通常有表面等离子波(TM_0)、TE_0 和 TM_1 三个共振模可利用;而对双模波导,通常有表面等离子波(TM_0)、TE_0、TM_1、TE_1 和 TM_2 5 个共振模可利用。由于金属覆盖层的作用,两类偏振模的有效折射率会有足够大的差别。

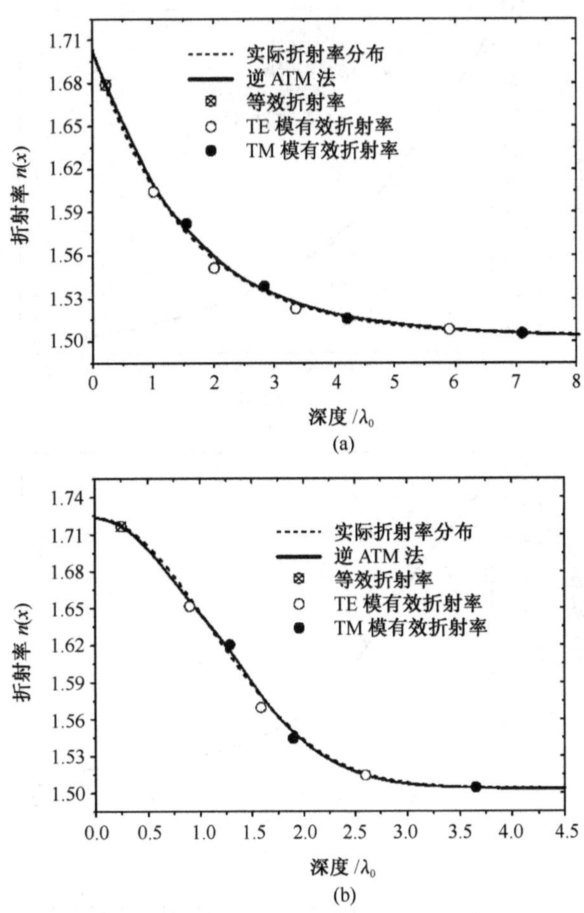

图 11.8　利用扩展的 IATM 法拟合所得分布与原曲线比较

(a) 指数分布;(b) 高斯分布

为验证以上设想的可靠性，考虑以下两种典型折射率分布的多模波导：

(1) 指数分布

$$n(x) = 1.5036 + 0.06\exp(-x/2) \tag{11.27}$$

(2) 高斯分布

$$n(x) = 1.5036 + 0.06\exp(-x^2/4) \tag{11.28}$$

首先用 ATM 方法计算两种波导 TE 模和 TM 模的有效折射率，再假设波导表面为金膜($\varepsilon_0=-68, \lambda=1.31\mu m$)，然后计算表面等离子波的等效折射率。根据这些参数再用扩展的 IATM 方法拟合波导的折射率分布。如图 11.8 所示，拟合结果与原曲线附和得很好。

实验中用 BK7 玻璃($n_s=1.5036, \lambda=1.31\mu m$)为衬底，通过 Ag^+-Na^+ 离子交换制备了两块波导，单模和双模波导的交换时间分布为 60min 和 120min。镀金膜

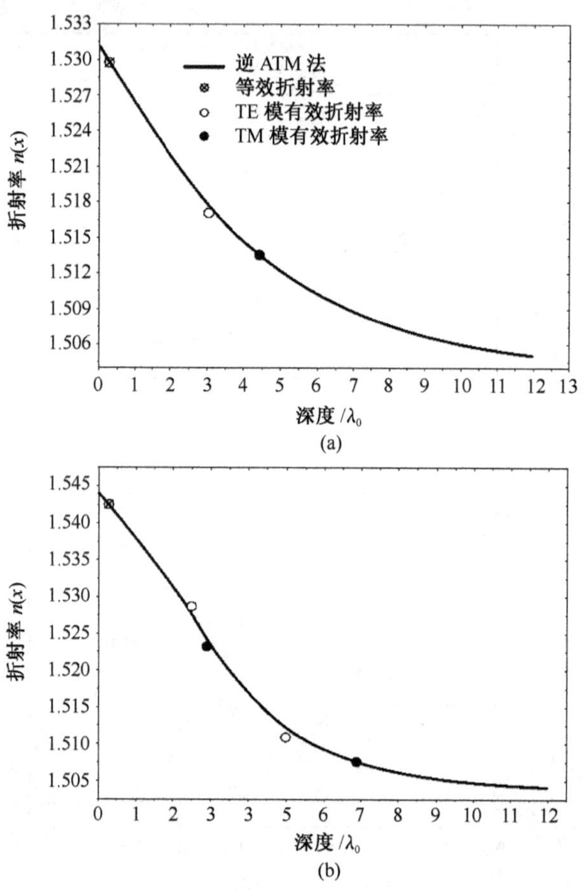

图 11.9 用扩展的 IATM 测量的少模波导的折射率分布

(a) 单模波导；(b) 双模波导

(d=32nm,ε_0=-66.5)前后的测量结果列于表11.2。

表11.2 镀金膜前后,样品A和B的共振模的测量值

	镀金膜前				镀金膜后				
	N_0^{TE}	N_0^{TM}	N_1^{TE}	N_0^{TM}	n_{eq}	N_0^{TE}	N_1^{TM}	N_1^{TE}	N_2^{TM}
A	1.5177	1.5175	/	/	1.5297	1.5170	1.5136	/	/
B	1.5289	1.5286	1.5115	1.5113	1.5425	1.5287	1.5232	1.5109	1.5076

用扩展的IATM方法测得的单模波导和双模波导的折射率分布如图11.9所示。

参 考 文 献

[1] White J M, Heidrich P F. Optical waveguide refractive index profiles determined from measurement of mode indices: a simple analysis [J]. Applied Optics, 1976, 15: 151~155.

[2] Chiang K S. Construction of refractive-index profiles of planar dielectric waveguides from the distribution of effective indexes[J]. Journal of Lightwave Technology, 1985, 3: 385~391.

[3] Ding Y, Cao Z Q, Shen Q S. Determination of optical waveguide Refractive-index Profile with the inverse analytical transfer matrix method [J]. Optics & Quantum Electronics, 2004, 36: 489~497.

[4] Zhu H D, Cao Z Q Shen Q S. Construction of refractive-index profiles of planar waveguides with additional information obtained from surface plasmon resonance [J]. Applied Optics, 2005, 44: 3174~3178.

[5] Zhu H D, Cao Z Q Shen Q S. Determination of near surface refractive index of graded index waveguides based on surface plasmon resonance [J]. Optics Communications, 2005, 246: 331~336.

[6] Chiang K S, Wong C L, Chan H P et al. Refractive-index profiling of graded-index planar waveguides from effective indexes measured for both mode types and at different wavelengths [J]. Journal of Lightwave Technology, 1996, 14: 827~832.

[7] Chiang K S, Wong C L, Chan H P et al. Refractive-index profiling of graded-index planar waveguides from effective indexes measured with different external refractive indexes [J]. Journal of Lightwave Technology, 2000, 18: 1412~1417.

第 12 章　周期性波导

在光学中，衍射光栅已经为大家所熟知，而周期性的金属波导对从事微波行波管的人来说，也并不陌生。周期性波导的早期研究对导波光学的发展有着深远的影响。目前，周期性波导已成为一个重要的集成光学元件，并在光栅耦合器、滤波器、分布反馈激光器以及分布布拉格反射激光器等功能器件中获得了广泛的应用。周期性波导的分析处理大多采用耦合模理论[1]，这个理论适用性强，处理模式之间的耦合非常有效。但该理论也有一些不足之处，例如，物理意义不够清晰、数学处理比较繁琐等。本章采用转移矩阵理论分析周期性波导。首先讨论简单的矩形皱阶周期性波导，然后考虑任意形状皱阶周期性波导，都得到了较为满意的结果。

12.1　矩形皱阶周期性波导

本节介绍一种处理矩形皱阶周期性波导[2]的新方法。这种方法不仅简单、物理图像清晰，而且可给出高精度的解析公式。

12.1.1　从矩形皱阶周期性波导到多层光学薄膜的变换

矩形皱阶周期性波导如图 12.1 所示。设 n_1、n_2 和 n_3 分别为导波层、衬底和覆盖层的折射率，光导波沿坐标 z 方向传播。图中 a 和 b 分别是皱阶阱区和垒区的宽度，而 $\Lambda=a+b$ 是皱阶周期，或称为基。w 是导波层厚度，Δw 是皱阶高度。通常把有皱阶的区域称为微扰波导，而无皱阶的区域称为非微扰波导。为节省篇幅，本章只讨论 TE 模，有关 TM 模的分析留给读者解决。

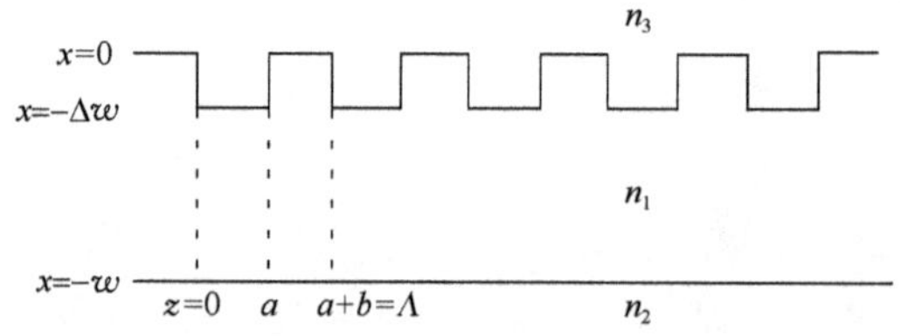

图 12.1　矩形皱阶周期性波导

非微扰波导 TE 模的模式本征方程为

$$k_x w = m\pi + \arctan\left(\frac{q}{k_x}\right) + \arctan\left(\frac{p}{k_x}\right), \quad m = 0,1,2,\cdots \tag{12.1}$$

式中

$$\begin{cases} q = (k_z^2 - k_0^2 n_3^2)^{1/2} \\ p = (k_z^2 - k_0^2 n_2^2)^{1/2} \\ k_x = (k_0^2 n_1^2 - k_z^2)^{1/2} \end{cases} \tag{12.2}$$

k_z 为导模的传播常数。利用 k_x 和 k_z 的关系，q 和 p 分别用 k_x 的函数表示

$$\begin{cases} q = [k_0^2(n_1^2 - n_3^2) - k_x^2]^{1/2} \\ p = [k_0^2(n_1^2 - n_2^2) - k_x^2]^{1/2} \end{cases} \tag{12.3}$$

于是，在波导三层区域折射率和光波长确定的情况下，方程(12.1)变为仅有两个参量 k_x 和 w 的方程，对式(12.1)求 $\mathrm{d}k_x/\mathrm{d}w$，可得

$$\frac{\mathrm{d}k_x}{k_x} = -\frac{\mathrm{d}w}{w_{\mathrm{eff}}} \tag{12.4}$$

式中，波导有效厚度

$$w_{\mathrm{eff}} = w + \frac{1}{q} + \frac{1}{p} \tag{12.5}$$

在 $\Delta w \ll w$ 的情况下，可用微扰方法处理，这时可把式(12.4)近似写为

$$\frac{\Delta k_x}{k_x} = -\frac{\Delta w}{w_{\mathrm{eff}}} \tag{12.6}$$

由 k_x 和 k_z 的关系，可得

$$k_x \Delta k_x = -k_z \Delta k_z \tag{12.7}$$

把式(12.7)代入式(12.6)，可得

$$\frac{\Delta k_z}{k_z} = \left(\frac{k_x}{k_z}\right)^2 \frac{\Delta w}{w_{\mathrm{eff}}} \tag{12.8}$$

式(12.8)表明，导波层厚度的变化将引起波导模式本征值的变化，若采用波导有效折射率的概念，则可把式(12.8)改写成如下形式：

$$\frac{\Delta N}{\Delta w} = \frac{N}{w_{\mathrm{eff}}}\left(\frac{n_1^2}{N^2} - 1\right) \tag{12.9}$$

式中，$N = k_z/k_0$，由于波导有效折射率的取值范围为 $n_2 < N < n_1$，则由式(12.9)可以看出，必有

$$\frac{\Delta N}{\Delta w} > 0 \tag{12.10}$$

式(12.10)说明，波导有效折射率 N 随导波层厚度 w 的变化是一个单调的递增函数。因此，在图 12.1 所示的矩形皱阶周期性波导中，可以认为处于皱阶阱区的波导有效折射率小于处于皱阶垒区的波导的有效折射率，即周期性波导微扰区的有效折射率是随空间周期性变化的函数。于是，图 12.1 所示的几何形状周期性变化

的微扰波导可等效为图 12.2 所示的有效折射率周期性变化的多层光学薄膜。这样，一个二维的电磁场问题就转变成一个一维的简单问题，为分析周期性波导的传输特性奠定了基础。

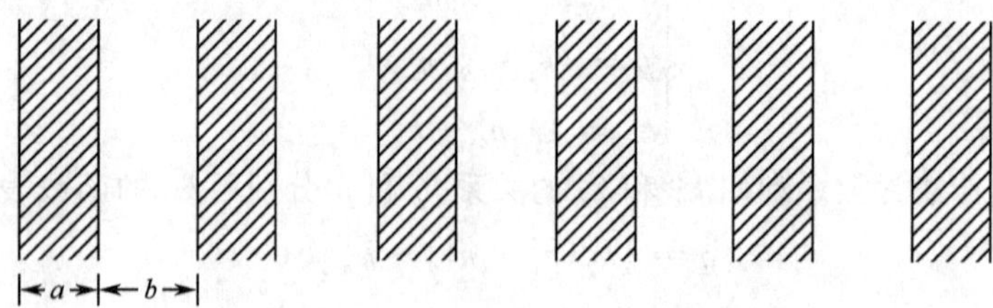

图 12.2 有效折射率周期性变化的多层光学薄膜

12.1.2 转移矩阵与耦合系数

在周期性多层光学薄膜中传播的一维平面波满足以下波动方程：

$$\frac{\partial^2 E_y}{\partial z^2} + k_z^2 E_y = 0 \tag{12.11}$$

设在对应皱阶阱区的薄膜中，传播常数 $k_z = \alpha$，而在对应皱阶垒区的薄膜中，$k_z = \beta$。由式(12.10)可知 $\beta > \alpha$，并设

$$\alpha = \beta - \Delta\beta \tag{12.12}$$

由于 $\Delta w \ll w$，故必有

$$\Delta\beta \ll \beta \tag{12.13}$$

在图 12.1 所示的皱阶阱区($0 < z < a$)，方程(12.11)的解可写为

$$E_y(z) = C\mathrm{e}^{\mathrm{i}\alpha z} + D\mathrm{e}^{-\mathrm{i}\alpha z} \tag{12.14}$$

而 $E_y(z)$ 对 z 的一阶导数为

$$E_y'(z) = \mathrm{i}\alpha(C\mathrm{e}^{\mathrm{i}\alpha z} - D\mathrm{e}^{-\mathrm{i}\alpha z}) \tag{12.15}$$

用 $z=0$ 和 $z=a$ 代入式(12.14)和式(12.15)两式，并写成矩阵形式，可得方程

$$\begin{bmatrix} E_y(a) \\ E_y'(a) \end{bmatrix} = \begin{bmatrix} \cos(\alpha a) & \frac{1}{\alpha}\sin(\alpha a) \\ -\alpha\sin(\alpha a) & \cos(\alpha a) \end{bmatrix} \begin{bmatrix} E_y(0) \\ E_y'(0) \end{bmatrix} \tag{12.16}$$

记

$$M(a) = \begin{bmatrix} \cos(\alpha a) & \frac{1}{\alpha}\sin(\alpha a) \\ -\alpha\sin(\alpha a) & \cos(\alpha a) \end{bmatrix} \tag{12.17}$$

显然，矩阵 $M(a)$ 与第 3 章中引入的转移矩阵具有完全相同的形式。不过，此处的转移矩阵联系纵向(波传播方向 z)区域两边界的场和场的一阶导数。由此可见，转移矩阵的使用范围是极为广泛的。

利用完全相同的步骤,可得到对应皱阶垒区($a<z<a+b$)的转移矩阵

$$M(b)=\begin{bmatrix}\cos(\beta b) & \frac{1}{\beta}\sin(\beta b)\\ -\beta\sin(\beta b) & \cos(\beta b)\end{bmatrix} \tag{12.18}$$

根据转移矩阵的传递性质,可知对应皱阶的基,即一个微扰周期($\Lambda=a+b$)的转移矩阵应是对应皱阶阱区和皱阶垒区两个子转移矩阵的乘积,即有

$$M(\Lambda)=M(b)\cdot M(a) \tag{12.19}$$

这里应注意两个子转移矩阵的先后次序,相互之间不能交换。这种先后次序反映了转移矩阵的传递方向。由式(12.19)规定的传递是沿$-z$方向的,当然也可沿z方向传递,但这时$M(a)$和$M(b)$必须用它们的逆矩阵代替。式(12.19)右边子矩阵的次序也必须交换。由式(12.17)、式(12.18)和式(12.19)三式,不难得到对应一个微扰周期的转移矩阵

$$M(\Lambda)=\begin{bmatrix}m_{11} & m_{12}\\ m_{21} & m_{22}\end{bmatrix} \tag{12.20}$$

式中,

$$\begin{cases}m_{11}=\cos(\beta b)\cos(\alpha a)-\frac{\alpha}{\beta}\sin(\beta b)\sin(\alpha a)\\ m_{12}=\frac{1}{\alpha}\cos(\beta b)\sin(\alpha a)+\frac{1}{\beta}\sin(\beta b)\cos(\alpha a)\\ m_{21}=-\beta\sin(\beta b)\cos(\alpha a)-\alpha\cos(\beta b)\sin(\alpha a)\\ m_{22}=\cos(\beta b)\cos(\alpha a)-\frac{\beta}{\alpha}\sin(\beta b)\sin(\alpha a)\end{cases} \tag{12.21}$$

设周期性波导共有n个微扰周期,由于对应这些微扰周期的转移矩阵都是相同的,故对应周期性波导整个微扰区的转移矩阵应是对应一个微扰周期转移矩阵的n次方。即有

$$M(n\Lambda)=\underbrace{M(\Lambda)\cdot M(\Lambda)\cdot\cdots\cdot M(\Lambda)}_{n个}=[M(\Lambda)]^n \tag{12.22}$$

根据转移矩阵的性质,有

$$M(n\Lambda)=\begin{bmatrix}m_{11}U_{n-1}(\chi)-U_{n-2}(\chi) & m_{12}U_{n-1}(\chi)\\ m_{21}U_{n-1}(\chi) & m_{22}U_{n-1}(\chi)-U_{n-2}(\chi)\end{bmatrix} \tag{12.23}$$

式中

$$\chi=\frac{1}{2}(m_{11}+m_{22}) \tag{12.24}$$

而$U_n(\chi)$是第二类切比雪夫(Chebyshev)多项式

$$U_n(\chi)=\frac{\sin[(n+1)\arccos\chi]}{\sqrt{1-\chi^2}} \tag{12.25}$$

为了以后计算上的方便，记

$$M(n\Lambda)=\begin{bmatrix}\mu_{11} & \mu_{12}\\ \mu_{21} & \mu_{22}\end{bmatrix} \tag{12.26}$$

由式(12.21)和式(12.24)两式，可得

$$\chi=\cos(\beta b)\cos(\alpha a)-\frac{1}{2}\left(\frac{\beta}{\alpha}+\frac{\alpha}{\beta}\right)\sin(\beta b)\sin(\alpha a) \tag{12.27}$$

由式(12.12)和式(12.13)两式，并把 $\Delta\beta/\beta$ 看作为一阶小量，在保留二阶小量情况下，式(12.27)可近似为

$$\chi=\cos(\beta b+\alpha a)-\frac{1}{2}\left(\frac{\Delta\beta}{\beta}\right)^2\sin(\beta b)\sin(\alpha a) \tag{12.28}$$

令

$$\chi=\cos(\beta'\Lambda) \tag{12.29}$$

根据 β 和 α 的意义，容易看出 β' 是光导波在周期性微扰中的传播常数，对应电子波在晶格周期势中的传播，可知 β' 是布洛赫(Bloch)波的波矢。为讨论方便，把组成微扰周期(基)的两薄膜称为基膜，而当基膜的光学厚度约为 1/4 波长的奇数倍时，以下两种情况具有特别重要的意义：

(1) 当两基膜的光学厚度相等时，即有

$$\alpha a=\beta b\approx(2l+1)\frac{\pi}{2},\quad l=0,1,2,\cdots \tag{12.30}$$

(2) 当两基膜的光学厚度相差半波长时，如

$$\alpha a\approx(2l+1)\frac{\pi}{2},\text{而 }\beta b=(2l+3)\frac{\pi}{2} \tag{12.31}$$

显然，在上述两种情况下，都有

$$\alpha a+\beta b\approx m\pi,\quad m=0,1,2,\cdots \tag{12.32}$$

考察式(12.28)，可以发现在此情况下，$|\chi|$ 可以超过 1，则由式(12.29)的定义，可知周期性波导微扰区中的传播常数 β' 一定是个复量，假设 β' 满足下述关系：

$$\beta'=\beta_0+\mathrm{i}s \tag{12.33}$$

式中，$\beta_0=m\pi/\Lambda$，而 s 是实数，称为衰减系数，其意义将在以下分析中得到证明。若把 $\alpha a+\beta b=m\pi$ 称为相位匹配条件，则对相位匹配条件的微小偏差可定义为

$$\delta=m\pi-(\alpha a+\beta b) \tag{12.34}$$

利用式(12.29)和式(12.33)两式，可得

$$\chi=\cos(\beta'\Lambda)=\cos(m\pi+\mathrm{i}s\Lambda)=(-1)^m\cosh(s\Lambda) \tag{12.35}$$

而

$$\cos(\beta b+\alpha a)=\cos(m\pi-\delta)=(-1)^m\cos\delta \tag{12.36}$$

再考察式(12.28)右边第二项，当式(12.30)成立时(m 为奇数)，两正弦函数的乘

积为正；而当式(12.31)成立时(m 为偶数)，两正弦函数的乘积为负。因此，无论是哪种情况，式(12.28)均变为

$$\cosh(s\Lambda) = \cos\delta + \frac{1}{2}\left(\frac{\Delta\beta}{\beta}\right)^2 \tag{12.37}$$

在 s 和 δ 足够小时，可利用级数展开方法，在忽略二阶以上高阶小量情况下，可把式(12.37)简化为

$$s^2 = \left(\frac{\Delta\beta}{\beta\Lambda}\right)^2 - \left(\frac{\delta}{\Lambda}\right)^2 \tag{12.38}$$

记

$$\kappa_c = \frac{\Delta\beta}{\beta\Lambda} \tag{12.39}$$

它表示一个微扰周期中传播常数的相对变化。对照耦合模理论[1]中的相应参数，可知 κ_c 即为耦合系数。耦合系数的大小反映了“前进波”和“反退波”之间能量交换的快慢程度。利用式(12.8)，可得

$$\frac{\Delta\beta}{\beta} = \frac{\kappa^2 \Delta w}{\beta^2 w_{eff}} \tag{12.40}$$

式中，k_x 和 k_z 已用熟悉的符号 κ 和 β 取代，再把式(12.40)代入式(12.39)中，即可得到耦合系数的表示式

$$\kappa_c = \frac{\kappa^2 \Delta w}{\beta^2 \Lambda w_{eff}} \tag{12.41}$$

上述耦合系数公式的物理意义极为明确：耦合系数 κ_c 的大小与横向波矢的平方 κ^2 以及微扰 Δw 成正比；而与纵向波矢的平方 β^2、微扰周期 Λ 以及波导有效厚度 w_{eff} 成反比。在耦合模理论中，耦合系数用一与横向模场有关的积分公式表示，其形式远比式(12.41)复杂。在12.1.3节将会看到，通过数值计算可以证明，利用转移矩阵理论导出的结果更接近于精确值。另外，本节所用的近似条件 $\Delta w \ll w$ 比耦合模理论所用的缓变近似条件意义更为清楚，它实际上就是微扰近似需要的条件，而缓变近似条件的意义并非是直接的。

12.1.3 前进波与后退波

本小节首先推导周期性波导整个微扰区对应的转移矩阵 $M(n\Lambda)$，并利用该矩阵以及微扰区的边界条件求出前进波和后退波的具体公式，在此基础上，再推导光通过周期性波导时的透射率和反射率。为方便计，本节仅考虑 $m=1$ 的情况。

利用式(12.25)和式(12.33)两式，可得

$$U_{n-1}(\chi) = \frac{\sin(n\arccos\chi)}{\sqrt{1-\chi^2}} = (-1)^n \frac{\sinh(ns\Lambda)}{\sinh(s\Lambda)} \tag{12.42}$$

再利用式(12.12)、式(12.13)和式(12.21)三式，可得

$$\begin{cases} m_{11} = \cos(\beta b + \alpha a) + \dfrac{\Delta\beta}{\beta}\sin\beta b\sin\alpha a \\ m_{12} = \dfrac{1}{\beta}\sin(\beta b + \alpha a) + \dfrac{\Delta\beta}{\beta^2}\cos\beta b\sin\alpha a \\ m_{21} = -\beta\sin(\beta b + \alpha a) + \Delta\beta\cos\beta b\sin\alpha a \\ m_{22} = \cos(\beta b + \alpha a) - \left[\dfrac{\Delta\beta}{\beta} + \left(\dfrac{\Delta\beta}{\beta}\right)^2\right]\sin\beta b\sin\alpha a \end{cases} \tag{12.43}$$

然后,利用式(12.28)、式(12.29)、式(12.32)、式(12.33)和式(12.34)等式,可得

$$\begin{cases} \cos(\beta b + \alpha a) = -\cosh(s\Lambda) + \dfrac{1}{2}\left(\dfrac{\Delta\beta}{\beta}\right)^2\sin\beta b\sin\alpha a \\ \sin(\beta b + \alpha a) \approx \delta \end{cases} \tag{12.44}$$

把式(12.44)代入式(12.43),然后利用式(12.23),可得对应周期性波导整个微扰期的转移矩阵

$$M(n\Lambda) = \begin{bmatrix} (-1)^{n-1}\cosh(ns\Lambda) + \Delta_{11} & (-1)^n\dfrac{\delta}{\beta s\Lambda}\sinh(ns\Lambda) + \Delta_{12} \\ (-1)^{n-1}\dfrac{\beta\delta}{s\Lambda}\sinh(ns\Lambda) + \Delta_{21} & (-1)^{n-1}\cosh(ns\Lambda) + \Delta_{22} \end{bmatrix} \tag{12.45}$$

式中

$$\Delta_{11} = (-1)^n\frac{\sinh(ns\Lambda)}{\sinh(s\Lambda)}\cdot\left[\frac{\Delta\beta}{\beta} + \frac{1}{2}\left(\frac{\Delta\beta}{\beta}\right)^2\right]\sin\beta b\sin\alpha a$$

$$\Delta_{12} = (-1)^n\frac{\sinh(ns\Lambda)}{\sinh(s\Lambda)}\cdot\frac{\Delta\beta}{\beta^2}\cos\beta b\sin\alpha a$$

$$\Delta_{21} = (-1)^n\frac{\sinh(ns\Lambda)}{\sinh(s\Lambda)}\cdot\Delta\beta\cos\beta b\sin\alpha a$$

$$\Delta_{22} = (-1)^{n-1}\frac{\sinh(ns\Lambda)}{\sinh(s\Lambda)}\cdot\left[\frac{\Delta\beta}{\beta} + \frac{1}{2}\left(\frac{\Delta\beta}{\beta}\right)^2\right]\sin\beta b\sin\alpha a$$

与矩阵元中的主量比较,上述参量为小量,但在计算中不可忽略,否则将导致错误的结果。

下面根据周期性波导整个微扰区对应的转移矩阵 $M(n\Lambda)$,进一步求解“前进波”和“后退波”的具体表达式。为此,需确定必要的边界条件。设入射波在 $z=0$ 边界上的振幅为1,在该界面上反射波的振幅为 A,而透射波在 $z=n\Lambda$ 界面上的振幅为 B。则按照图12.3可知,入射波、反射波和透射波之间的关系可由下式给出:

$$B\begin{bmatrix} 1 \\ \mathrm{i}\beta \end{bmatrix}\mathrm{e}^{\mathrm{i}\beta n\Lambda} = \begin{bmatrix} \mu_{11} & \mu_{12} \\ \mu_{21} & \mu_{22} \end{bmatrix}\begin{bmatrix} 1 + A \\ \mathrm{i}\beta(1 - A) \end{bmatrix} \tag{12.46}$$

利用式(12.46),可以推得入射波在 $z=n\Lambda$ 边界上的值为

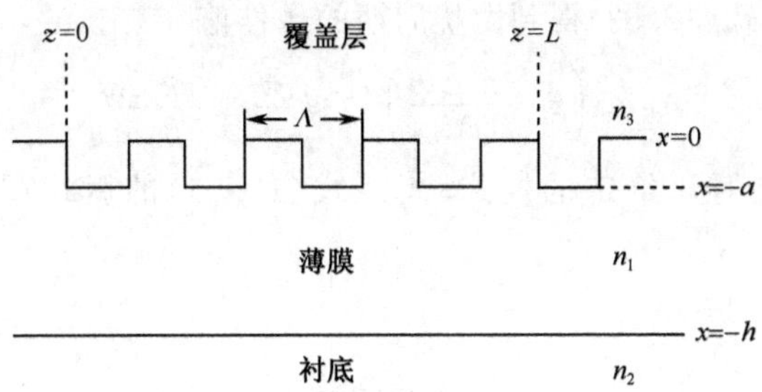

图 12.3 周期性波导中的入射波、反射波和透射波

$$Be^{i\beta n\Lambda}=\frac{2i\beta}{(\beta^2\mu_{12}-\mu_{21})+i\beta(\mu_{11}+\mu_{22})}=\frac{ise^{i\beta_0 n\Lambda}}{\dfrac{\delta}{\Lambda}\sinh(ns\Lambda)-is\cosh(ns\Lambda)} \tag{12.47}$$

而反射波在 $z=0$ 边界上的值为

$$A=\frac{(\mu_{21}+\beta^2\mu_{12})+i\beta(\mu_{22}-\mu_{11})}{(\beta^2\mu_{12}-\mu_{21})+i\beta(\mu_{11}+\mu_{22})}=\frac{i\kappa_c\sinh(ns\Lambda)}{\dfrac{\delta}{\Lambda}\sinh(ns\Lambda)-is\cosh(ns\Lambda)} \tag{12.48}$$

以上两式与用耦合模理论所得结果完全一致。

根据式(12.47),可得到如下透射率公式:

$$T=BB^*=\frac{s^2}{\left(\dfrac{\delta}{\Lambda}\right)^2\sinh^2(ns\Lambda)+s^2\cosh^2(ns\Lambda)} \tag{12.49}$$

同样,根据式(12.48),可得到如下反射率公式:

$$R=AA^*=\frac{\kappa_c^2\sinh^2(ns\Lambda)}{\left(\dfrac{\delta}{\Lambda}\right)^2\sinh^2(ns\Lambda)+s^2\cosh^2(ns\Lambda)} \tag{12.50}$$

把式(12.49)和式(12.50)两式相加,并利用

$$\kappa_c^2=s^2+\left(\frac{\delta}{\Lambda}\right)^2 \tag{12.51}$$

不难得到

$$T+R=1 \tag{12.52}$$

这里证明了第 3 章中提到的转移矩阵的单位模性质,即能量守恒的物理意义。

由式(12.34)和式(12.40)两式,可得

$$\frac{\delta}{\Lambda}=\frac{\kappa^2\Delta w}{2\beta w_{\mathrm{eff}}}-(\beta-\beta_0) \tag{12.53}$$

从式(12.38)可知 s 为极大的条件是

$$\frac{\delta}{\Lambda}=0 \tag{12.54}$$

这时 $s=\kappa_c$，于是由式(12.53)得到微扰周期的最佳值

$$\Lambda=\pi\left(\beta-\frac{\kappa^2\Delta w}{2\beta w_{\text{eff}}}\right)^{-1}\approx\frac{\pi}{\beta}+\frac{\pi\kappa^2\Delta w}{2\beta^2 w_{\text{eff}}}\tag{12.55}$$

“最佳值”的意义是对于给定的模式，满足式(12.55)的微扰周期能实现最大的反射。

而 $s=0$ 的条件是

$$\kappa_c=\pm\frac{\delta}{\Lambda}\tag{12.56}$$

于是可以求得微扰周期的截止值

$$\Lambda\approx\frac{\pi}{\beta}\left[1+\frac{(\pi\pm 2)\kappa^2\Delta w}{2\beta^3\Lambda w_{\text{eff}}}\right]\tag{12.57}$$

“截止值”的意义是对于给定的模式，微扰周期 Λ 小于式(12.57)所确定的值时，将无显著的反射波出现。由此得到，s 不为零时，微扰周期允许的取值范围为

$$\frac{\pi}{\beta}+\frac{(\pi-2)\kappa^2\Delta w}{2\beta^3 w_{\text{eff}}}<\Lambda<\frac{\pi}{\beta}+\frac{(\pi+2)\kappa^2\Delta w}{2\beta^3 w_{\text{eff}}}\tag{12.58}$$

式(12.58)左、右两边第二项分母中的 $\beta\Lambda$ 已用 π 代替，由于这两项是一阶小量。因此，这种替代是允许的。

由于 $\Lambda=\pi/\beta_0$，从而可得传播常数的禁域

$$-\frac{\kappa^2\Delta w}{\pi\beta w_{\text{eff}}}<\beta-\left(\beta_0+\frac{\kappa^2\Delta w}{2\beta w_{\text{eff}}}\right)<\frac{\kappa^2\Delta w}{\pi\beta w_{\text{eff}}}\tag{12.59}$$

或可写成

$$-\kappa_c<\beta-\left(\beta_0+\frac{\kappa^2\Delta w}{2\beta w_{\text{eff}}}\right)<\kappa_c\tag{12.60}$$

类似于第 2 章，这里引入有效折射率的概念，并令

$$\frac{\omega_0}{c}N=\beta_0+\frac{\kappa^2\Delta w}{2\beta w_{\text{eff}}}\tag{12.61}$$

这时

$$\frac{\omega}{c}N\approx\beta\tag{12.62}$$

式中，符号“≈”有两点含义：① 表明光导波的色散是非线性的；② 说明 ω 和 ω_0 非常接近，有效折射率可认为近似相等，于是可得

$$-\kappa_c<\frac{\omega-\omega_0}{c}N<\kappa_c\tag{12.63}$$

由式(12.33)、式(12.38)、式(12.39)和式(12.53)，可知在周期性皱波导中，光导波的传播常数可写成如下形式：

$$\beta'=\beta_0\pm \mathrm{i}s=\beta_0\pm\mathrm{i}\left[\kappa_c^2-\left(\frac{N}{c}\right)^2(\omega-\omega_0)^2\right]^{1/2}\tag{12.64}$$

为讨论方便，在式(12.64)两边分别乘以 Λ，这时有

$$\beta'\Lambda = \pi \pm \mathrm{i}\left[(\kappa_c\Lambda)^2 - \left(\Lambda\frac{N}{c}\right)^2(\omega-\omega_0)^2\right]^{1/2} \tag{12.65}$$

当 β' 为实数，对应于没有反射损耗的模式，这时有

$$\Delta w = |\omega - \omega_0| \geqslant \frac{c\kappa_c}{N} \tag{12.66}$$

不难看出，频率的禁域范围是

$$\omega_0 - \frac{c\kappa_c}{N} < \omega < \omega_0 + \frac{c\kappa_c}{N} \tag{12.67}$$

因此，禁域的宽度为

$$(\Delta\omega)_{\mathrm{gap}} = \frac{2c\kappa_c}{N} \tag{12.68}$$

在禁域的 β' 为复数，由式(12.65)可知

$$\mathrm{Im}(\beta'\Lambda) = \left[(\kappa_c\Lambda)^2 - \left(\Lambda\frac{N}{c}\right)^2(\omega-\omega_0)^2\right] \tag{12.69}$$

当 $\omega=\omega_0$ 时，有

$$[\mathrm{Im}(\beta'\Lambda)]_{\max} = \kappa_c\Lambda \tag{12.70}$$

这说明，当 $\omega=\omega_0$ 时，衰减系数 s 的极大值等于耦合系数 k_c。因此，一小段周期性波导对布拉格频率 ω_0 附近的光波起一个高反射率的反射镜作用。由式(12.50)可知，最大反射率为

$$R_{\max} = [\tanh(\kappa_c L]^2 \tag{12.71}$$

式中，L 为微扰区的长度。显然，当 $\kappa_c L \gg 1$ 时，$R_{\max} \approx 1$。

当 $m=1$ 时，$\beta'\Lambda$ 的实部 $\mathrm{Re}(\beta'\Lambda)$ 和虚部 $\mathrm{Im}(\beta'\Lambda)$ 与 ω 的关系如图 12.4 所示。

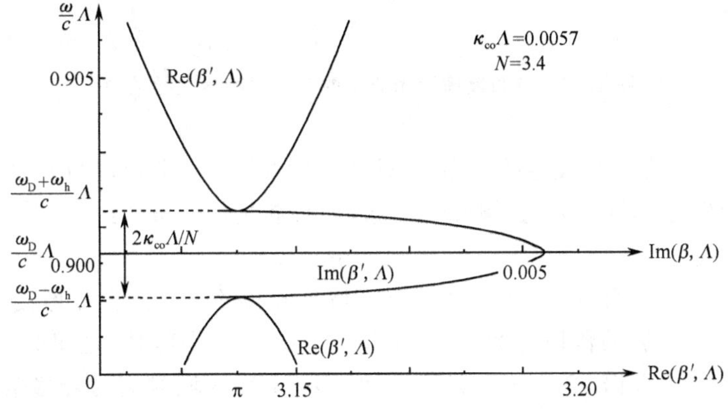

图 12.4 周期性波导模式传播常数 β' 的实部与虚部的频率关系

12.2　任意形状皱阶周期性波导

12.1节用转移矩阵技术分析了矩形皱阶周期性波导。得到了分布反馈系数(耦合系数)的解析公式。本节将把上述方法推广到任意形状皱阶的周期性波导[3]中,同样可得到极其满意的结果。

12.2.1　分布反馈系数的解析公式

在半导体分布反馈激光器中,光学反馈是有源区的周期性波导表面上的皱阶提供的,反馈分布在整个微扰区以代替镜面反馈,也是把耦合系数称为分布反馈系数的原因。由于周期性波导皱阶的形状是各种各样的,因此,首先需要解决任意形状皱阶周期性波导分布反馈系数的解析求解问题。

考虑如图12.5所示的分布反馈激光器中的三层周期性波导结构。适当选择z轴位置,使周期性皱阶形状函数$f(z)$满足积分

$$\int_0^{\Lambda} f(z)\mathrm{d}z = 0 \tag{12.72}$$

式中,Λ为微扰周期。

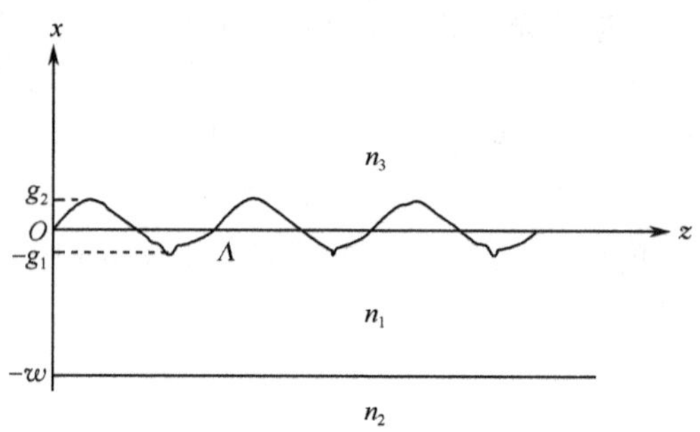

图12.5　分布反馈激光器中的三层周期性波导结构

以z轴作为非微扰波导的边界,且设非微扰波导的薄膜厚度为w,皱阶最高点和最低点的坐标分别为$x=g_2$和$x=-g_1$,而且满足如下条件:

$$g_1 + g_2 = g \ll w \tag{12.73}$$

把一个微扰周期Λ分成l等分,每个小区域的宽度都为a。设在厚度为w的非微扰波导中,TE波的传播常数为β,且有$\beta\Lambda \approx m\pi$($m$是整数,这里只讨论$m=1$的情况)。于是,根据12.1节的分析可知,第$i$个小区域对应的转移矩阵由下式给出:

$$M_i=\begin{bmatrix}\cos(\beta+\Delta\beta_i)a & \dfrac{1}{\beta+\Delta\beta_i}\sin(\beta+\Delta\beta_i)a\\ -(\beta+\Delta\beta_i)\sin(\beta+\Delta\beta_i)a & \cos(\beta+\Delta\beta_i)a\end{bmatrix} \tag{12.74}$$

式中

$$\Delta\beta_i=\frac{\kappa^2 f(z_i)}{\beta w_{\text{eff}}},\quad i=1,2,\cdots,l \tag{12.75}$$

由式(12.73)可知，$\Delta\beta_i \ll \beta$。

把矩阵 M_i 按小量的级数展开，可得

$$\begin{aligned}M_i=&\begin{bmatrix}\cos(\beta a) & \dfrac{1}{\beta}\sin(\beta a)\\ -\beta\sin(\beta a) & \cos(\beta a)\end{bmatrix}\\ &+(\Delta\beta_i a)\begin{bmatrix}-\sin(\beta a) & \dfrac{1}{\beta}\cos(\beta a)-\dfrac{1}{\beta^2 a}\sin(\beta a)\\ -\beta\sin(\beta a) & -\sin(\beta a)\end{bmatrix}\\ &+(\Delta\beta_i a)^2\begin{bmatrix}-\dfrac{1}{2}\cos(\beta a) & \dfrac{1}{\beta^3 a^2}\sin(\beta a)-\dfrac{1}{2\beta}\sin(\beta a)-\dfrac{1}{\beta^2 a}\cos(\beta a)\\ \dfrac{1}{2}\beta\sin(\beta a)-\dfrac{1}{a}\cos(\beta a) & -\dfrac{1}{2}\cos(\beta a)\end{bmatrix}\end{aligned} \tag{12.76}$$

为简单起见，令式(12.76)右边第一个矩阵为 A，第二个矩阵为 B，第三个矩阵为 C，从而有

$$M_i=A+(\Delta\beta_i a)B+(\Delta\beta_i a)^2 C \tag{12.77}$$

由于一个微扰周期对应的转移矩阵是

$$M(\Lambda)=\underbrace{M_l M_{l-1}\cdots M_2 M_1}_{l\text{个}} \tag{12.78}$$

另外，由12.1节的分析可知，要求出耦合系数，必须先求出一个微扰周期对应的转移矩阵的迹。为此，在这里列出关于矩阵迹的两个运算性质，即

$$\operatorname{tr}(M+N)=\operatorname{tr}(M)+\operatorname{tr}(N) \tag{12.79}$$

$$\operatorname{tr}(MN)=\operatorname{tr}(NM) \tag{12.80}$$

利用以上两个矩阵求迹的性质，并忽略$(\Delta\beta_i a)$三次以上的高阶无穷小，则可导出一个微扰周期对应的转移矩阵的迹为

$$\begin{aligned}\operatorname{tr}(M(\Lambda))=&\operatorname{tr}(A^l)+\operatorname{tr}(BA^{l-1})\sum_i(\Delta\beta_i a)+\operatorname{tr}(CA^{l-1})\sum_i(\Delta\beta_i a)^2\\ &+\frac{1}{2}\sum_j\sum_i(\Delta\beta_j a)(\Delta\beta_j a)\operatorname{tr}(BA^{j-i-1}BA^{l-j+i-1}),\\ &j=1,2,\cdots,l;i=1,2,\cdots,l\end{aligned} \tag{12.81}$$

式中，$\operatorname{tr}(A^l)$ 是所有 l 个小矩阵 M_i 中的第一项相乘，然后再求迹所得；

$\mathrm{tr}(BA^{l-1})\sum_i(\Delta\beta_i a)$是 $l-1$ 个小矩阵 M_i 中的第一项与剩下的一个小矩阵中的第二项相乘，再利用矩阵求迹性质并求和所得的结果；同样 $\mathrm{tr}(CA^{l-1})\sum_i(\Delta\beta_i a)^2$ 是$(l-1)$个小矩阵 M_i 中的第一项与剩下的一个小矩阵中的第三项相乘，再利用矩阵求迹的性质并求和所得的结果。这里将着重分析式(12.81)中的第四项，因为这一项对结果的正确与否具有决定性的意义。它是由 $n-2$ 个小矩阵 M_i 中的第一项与剩下的两个小矩阵中的第二项相乘。设这两个小矩阵 B 处于任意的 i 和 j 位置，于是，$n-2$ 个矩阵 A 与两个矩阵 B 相乘的排列为

$$\underbrace{AA\cdots A}_{(i-1)\text{个}}\underbrace{B}_{i}\underbrace{AA\cdots A}_{(j-i-1)\text{个}}\underbrace{B}_{j}\underbrace{AA\cdots A}_{(l-j)\text{个}}$$

根据式(12.80)，求迹时可把处于前面位置的 $i-1$ 个 A 矩阵移到末尾，然后再对 i 和 j 求和。由于在这过程中有重复，故必须引进系数 1/2。下面对式(12.81)中的每一项进行具体计算。根据式(12.23)、式(12.24)和式(12.25)，可以得到

$$\mathrm{tr}(A^l)=2\cos\beta\Lambda \tag{12.82}$$

另外，当 $l\to\infty$时，$a\to 0$，根据式(12.72)和式(12.75)两式，可得

$$\mathrm{tr}(BA^{l-1})\sum_i(\Delta\beta_i a)=\frac{\kappa^2}{\beta w_{\mathrm{eff}}}\mathrm{tr}(BA^{l-1})\int_0^\Lambda f(z)\mathrm{d}z=0 \tag{12.83}$$

对式(12.81)右边第三项，当 $l\to\infty$时，同样可写成如下积分形式：

$$\mathrm{tr}(CA^{l-1})\sum_i(\Delta\beta_i a)^2=\left(\frac{\kappa^2}{\beta w_{\mathrm{eff}}}\right)^2\mathrm{tr}(CA^{l-1})\cdot a\int_0^\Lambda f^2(z)\mathrm{d}z \tag{12.84}$$

因 $a\to 0$，故式(12.84)当然也趋于零。

下面考虑式(12.81)右边的第四项，通过矩阵计算，不难求得

$$\begin{aligned}\mathrm{tr}(BA^{j-i-1}BA^{l-j+i-1})&=-2\cos\beta\Lambda+2\left(\frac{\sin\beta a}{\beta a}\right)^2\cos[l-2(j-i)]\beta a\\&=2-2\cos[2(j-i)]\beta a\end{aligned} \tag{12.85}$$

在式(12.85)的计算过程中，已应用了 $\beta\Lambda\approx\pi$ 的近似和以下极限公式：

$$\lim_{a\to 0}\frac{\sin\beta a}{\beta a}=1$$

于是有

$$\begin{aligned}&\frac{1}{2}\sum_j\sum_i(\Delta\beta_i a)(\Delta\beta_j a)\mathrm{tr}(BA^{j-i-1}BA^{l-j+i-1})\\&=\sum_j\sum_i(\Delta\beta_i a)(\Delta\beta_j a)\{1-\cos[2(j-i)\beta a]\}\end{aligned} \tag{12.86}$$

为把上述求和运算转换为积分运算，令 $l\to\infty$，$a\to 0$，并设 $ia=z_1$，$ja=z_2$，而 $\Delta i=\Delta j=1$，则式(12.86)可化为如下形式：

$$
\begin{aligned}
&\left(\frac{\kappa^2}{\beta w_{\rm eff}}\right)^2\int_0^\Lambda\int_0^\Lambda f(z_1)f(z_2)\{1-\cos[2\beta(z_2-z_1)]\}\mathrm{d}z_1\mathrm{d}z_2\\
=&-\left(\frac{\kappa^2}{\beta w_{\rm eff}}\right)^2\int_0^\Lambda\int_0^\Lambda f(z_1)f(z_2)\cos[2\beta(z_2-z_1)]\mathrm{d}z_1\mathrm{d}z_2\\
=&-\left(\frac{\kappa^2}{\beta w_{\rm eff}}\right)^2\int_0^\Lambda\int_0^\Lambda f(z_1)f(z_2)\,\frac{\mathrm{e}^{\mathrm{i}2\beta(z_2-z_1)}-\mathrm{e}^{-\mathrm{i}2\beta(z_2-z_1)}}{2}\mathrm{d}z_1\mathrm{d}z_2 \qquad (12.87)\\
=&-\left(\frac{\kappa^2}{\beta w_{\rm eff}}\right)^2\int_0^\Lambda\int_0^\Lambda f(z_1)f(z_2)\mathrm{e}^{\mathrm{i}2\beta(z_2-z_1)}\mathrm{d}z_1\mathrm{d}z_2\\
=&-\left(\frac{\kappa^2}{\beta w_{\rm eff}}\right)^2\left|\int_0^\Lambda f(z)\mathrm{e}^{\mathrm{i}2\beta z}\mathrm{d}z\right|^2
\end{aligned}
$$

于是可得

$$
\chi=\frac{1}{2}\mathrm{tr}[M(\Lambda)]^2=\cos\beta\Lambda-\frac{1}{2}\left|\left(\frac{\kappa^2}{\beta w_{\rm eff}}\right)\int_0^\Lambda f(z)\mathrm{e}^{\mathrm{i}2\beta z}\mathrm{d}z\right|^2 \qquad (12.88)
$$

根据式(12.28)和式(12.39)两式，容易得到任意形状皱阶周期性波导的分布反馈系数公式为

$$
\kappa_{\rm c}=\frac{\kappa^2}{\beta\Lambda w_{\rm eff}}\left|\int_0^\Lambda f(z)\mathrm{e}^{\mathrm{i}2\beta z}\mathrm{d}z\right| \qquad (12.89)
$$

若以 π 代替 $\beta\Lambda$，则得

$$
\kappa_{\rm c}=\frac{\kappa^2}{\pi w_{\rm eff}}\left|\int_0^\Lambda f(z)\mathrm{e}^{\mathrm{i}2\beta z}\mathrm{d}z\right| \qquad (12.90)
$$

上述积分中的相位因子可以说明所求得的分布反馈系数能够描述前进波与后退波之间的能量交换，因为后退波所经历的相位变化是入射波的两倍。因此，式(12.90)具有明确的物理意义。除此之外，与耦合模理论求得的公式相比较，存在以下三个明显的差别：

(1) 式(12.90)是一个微扰周期中的纵向积分，而不是无界空间中的横向积分；

(2) 积分与非微扰波导的横向本征模场无关；

(3) 与耦合系数直接关联的是波导皱阶形状函数，而不是折射率微扰的傅里叶系数。

由于具有上述特点，故用这种转移矩阵技术导出的分布反馈系数解析公式十分简洁，对于具体的皱阶形状函数 $f(z)$，积分无特别的困难，容易得到明确的解析公式，而且一般不需要利用计算机进行数值计算。

12.2.2 典型的周期性皱阶

本小节讨论四种典型的周期性皱阶，通过积分导出它们的分布反馈系数公式，并用数值分析与已有的理论进行比较，结果是令人满意的。

1. 矩形皱阶

矩形皱阶如图 12-6 所示，其皱阶形状函数为

$$f(z)=\begin{cases}g_2, & 0\leqslant z<t\\ -g_1, & t\leqslant z<\Lambda\end{cases} \tag{12.91}$$

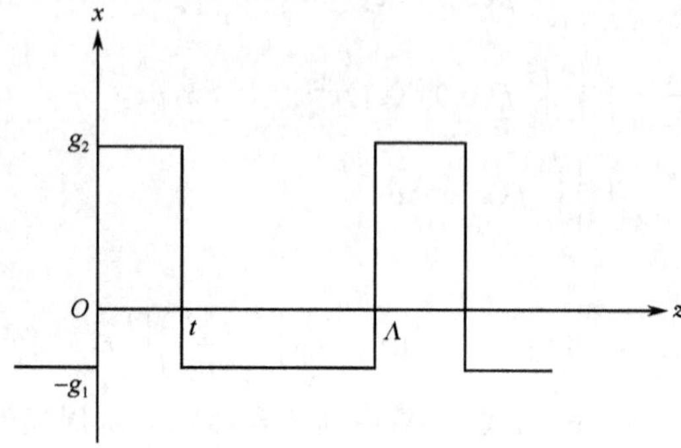

图 12.6 矩形皱阶

把式(12.91)代入式(12.90)，立即可得

$$\kappa_c=\frac{\kappa^2 g}{\pi\beta w_{\text{eff}}}\sin(\beta t) \tag{12.92}$$

当 $t=\Lambda/2$ 时，有

$$\kappa_c=\frac{\kappa^2 g}{\pi\beta w_{\text{eff}}} \tag{12.93}$$

考虑到 $\beta\Lambda=\pi$，因此式(12.93)与 12.1 节的结果式(12.41)是完全一致的。

2. 正弦形皱阶

正弦形皱阶如图 12.7 所示，其皱阶形状函数为

$$f(z)=\frac{g}{2}\sin\left(\frac{2\pi}{\Lambda}z\right) \tag{12.94}$$

把式(12.94)代入式(12.90)，可得

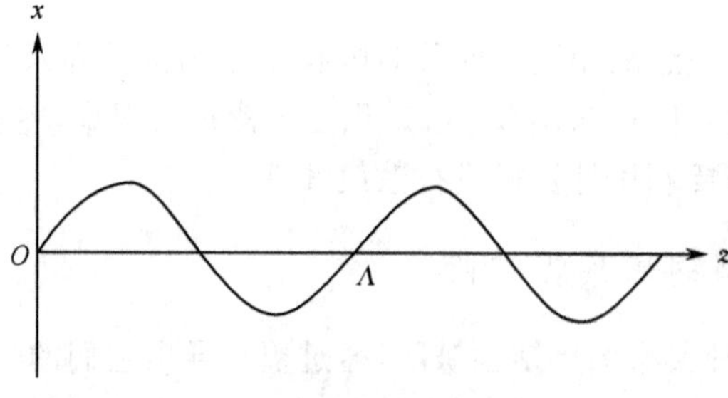

图 12.7 正弦形皱阶

$$\kappa_c = \frac{\kappa^2 g}{4\beta w_{\text{eff}}} \tag{12.95}$$

3. 对称三角形皱阶

对称三角形皱阶如图 12.8 所示，其皱阶形状函数为

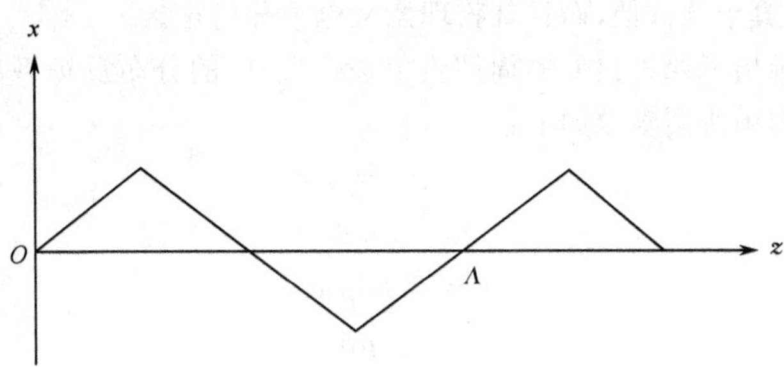

图 12.8　对称三角形皱阶

$$f(z)=\begin{cases}\dfrac{2g}{\Lambda}z, & 0\leqslant z<\dfrac{\Lambda}{4}\\ g-\dfrac{2g}{\Lambda}z, & \dfrac{\Lambda}{4}\leqslant z<\dfrac{3\Lambda}{4}\\ \dfrac{2g}{\Lambda}z-2g, & \dfrac{3\Lambda}{4}\leqslant z<\Lambda\end{cases} \tag{12.96}$$

把式(12.96)代入式(12.90)，可得

$$\kappa_c = \frac{2\kappa^2 g}{\pi^2 \beta w_{\text{eff}}} \tag{12.97}$$

4. 锯齿形皱阶

锯齿形皱阶如图 12.9 所示，其皱阶形状函数为

$$f(z) = \frac{g}{\Lambda}z - \frac{g}{2} \tag{12.98}$$

把式(12.98)代入式(12.90)，可得

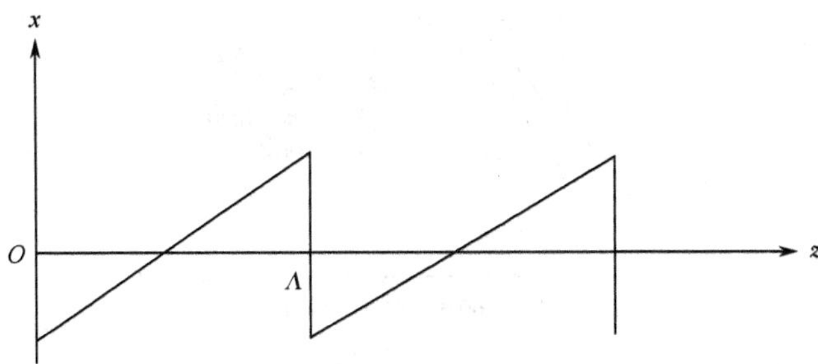

图 12.9　锯齿形皱阶

$$\kappa_c = \frac{\kappa^2 g}{2\pi\beta w_{\text{eff}}} \tag{12.99}$$

由以上的讨论可以看出,对于四种典型的周期性皱阶的分布反馈系数,它们的解析公式相互之间只差一个常数因子。本小节所得结果与耦合模理论导出的公式要简单得多,计算十分方便,而且其物理意义也十分清楚。

图 12.10 画出了四种典型的周期性皱阶 TE_0 模的分布反馈系数随皱阶高度变化的曲线。图中所用参数如下:

$$n_2 = n_3 = 3.4$$

$$n_1 = 3.6$$

$$\lambda = 0.85\mu\text{m}$$

$$w = 1\mu\text{m}$$

由图可以看出,矩形皱阶的耦合效率最高,而锯齿形皱阶的耦合效率最低。

本节利用转移矩阵理论导出了任意形状皱阶周期性波导的分布反馈系数的解析公式。毋庸置疑,公式的简洁性是十分清楚的。但还不知道这些公式的精确性究竟如何。为了证明理论公式的精确性,一般需要通过实验验证,也可以与他人的理论结果相比较。这里以耦合模理论[4]以及改进的耦合模理论[5]作为比较对象,用数值计算方法画出了耦合模理论、改进的耦合模理论以及转移矩阵理论给出的数值曲线,如图 12.10 所示。从曲线图可以看出,由转移矩阵理论所得的曲线介于由不同的耦合模理论所得的两条曲线之间。由于文献[4]所得的结果是偏大的[6],而文献[5]的结果是对文献[4]所得结果的改进,因而可以断言,由转移矩阵理论所得到的结果,其精确度高于由耦合模理论[4]所得到的结果。

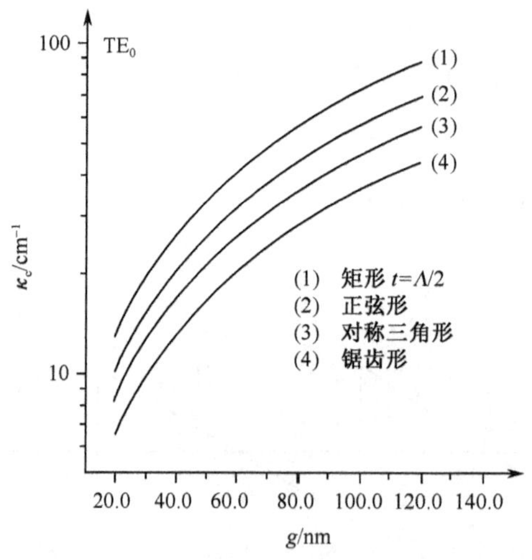

图 12.10　耦合系数随皱阶高度变化的曲线

参 考 文 献

[1] Yariv A, Nakamura M. Periodic structures for integrated optics [J]. IEEE Journal of Quantum Electronics, 1977, 13:233～253.

[2] 曹庄琪,方俊鑫. 特征矩阵法分析周期性矩形皱波导[J]. 应用科学学报, 1984, 2:15～22.

[3] 曹庄琪,方俊鑫. 分布反馈激光器的耦合系数[J]. 应用科学学报, 1986, 4:36～38.

[4] Streifer W, Scifres D R, Burnham R D. Coupling coefficient for distributed feedback single-and double-heterostructure diode lasers [J]. IEEE Journal of Quantum Electronics, 1975, 11: 867～873.

[5] Yamamoto Y, Kamiya T, Yanai H. Improved coupled mode analysis of corrugated waveguides and lasers [J]. IEEE Journal of Quantum Electronics, 1978, 14:245～258.

[6] Streifer W, Scifres D R, Burnham R D et al. Coupled wave analysis of DFB and DBR lasers [J]. IEEE Journal of Quantum Electronics, 1977, 13:134～141.

第 13 章　多量子阱光波导

随着先进的分子束外延(MBE)和金属有机化学气相沉积(MOCVD)生长技术的发展。由Ⅲ-Ⅴ族半导体复合材料构成的单量子阱和多量子阱结构已引起广泛的重视。由于组成这类结构的薄膜仅有几个原子层厚度，它的物理线度已可与确定电子行为的特征长度(包括德布罗意波长、玻尔半径和平均自由程等)相比较，因此，薄膜的存在极大地影响了电子的运动，从而产生一系列对光通信和光信息处理等高速器件极有应用潜力的电子性质。多量子阱光波导已在光学双稳器件、量子斯塔克(Stark)调制器、多量子阱激光器等领域获得广泛的应用。本章仍然利用转移矩阵这一有效的数学工具，首先分析阶跃折射率分布多量子阱光波导的色散特性，得到了合理的等效折射率公式。在此基础上，采用薄膜近似，对一个周期的转移矩阵进行了分解，求出了一个周期转移矩阵的迹，从而得到了任意折射率分布多量子阱光波导的等效折射率。进一步的工作是求一个周期的转移矩阵本身，获得了非等效折射率近似多量子阱光波导的色散方程。最后讨论了分层复合材料结构中的非线性二次增强效应。

13.1　阶跃折射率分布多量子阱光波导

本节利用转移矩阵分析阶跃折射率分布多量子阱光波导的色散特性，并得到了合理的等效折射率公式。

13.1.1　无限扩展周期性多层薄膜中的等效介电系数[1]

考虑图 13.1 所示的无限扩展的周期性多层薄膜，这种结构是由介电系数分别为 ε_1 和 ε_2 的两种介质周期性地交替排列构成的。设两种基膜的厚度分别为 h_1 和 h_2，则一个周期(基)的长度 $\Lambda=h_1+h_2$。对半导体多量子阱或超晶格，基膜的厚度通常为几个原子层的厚度。根据对称性分析，预计这类结构的介电张量与单轴晶体具有相同的形式。即有 $\varepsilon_y=\varepsilon_z=\varepsilon_\perp$，$\varepsilon_x=\varepsilon_{/\!/}$ (x 沿光轴方向)。于是，电位移矢量在 y(或 z)方向的分量在一个周期上的平均值为

$$\overline{D}_y=\frac{1}{h_1+h_2}(\varepsilon_1E_y^{(1)}h_1+\varepsilon_2E_y^{(2)}h_2) \tag{13.1}$$

其中 $E_y^{(1)}$ 和 $E_y^{(2)}$ 分别是介质 1 和介质 2 中电场强度的 y 分量。由于 $E_y^{(1)}$ 和 $E_y^{(2)}$ 在界面上是连续的，而且有 $h_{1,2}\ll\lambda$(λ 是光波长)，故可忽略电场强度在薄膜层内的

变化,因此有

$$E_y^{(1)} = E_y^{(2)} = \overline{E_y} \tag{13.2}$$

其中$\overline{E_y}$是电场强度在一个周期中的平均值,由$\overline{D_y}=\varepsilon_\perp \overline{E_y}$可得

$$\varepsilon_\perp = \frac{1}{h_1 + h_2}(\varepsilon_1 h_1 + \varepsilon_2 h_2) \tag{13.3}$$

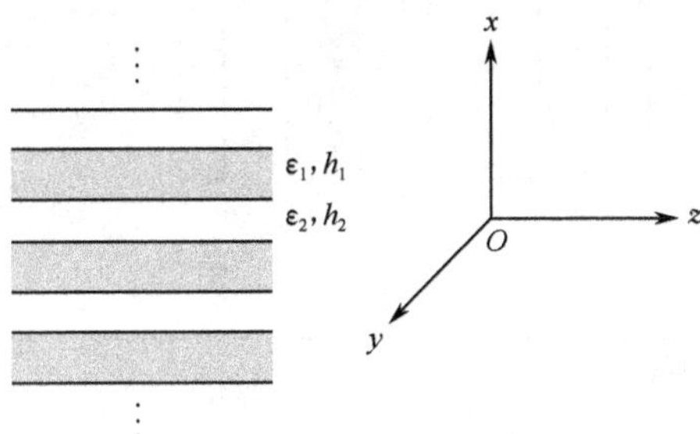

图 13.1 无限扩展的周期性多层薄膜

类似地,电场强度在 x 方向的分量 E_x 在一个周期上的平均值为

$$\overline{E_x} = \frac{1}{h_1 + h_2}\left(\frac{D_x^{(1)}}{\varepsilon_1}h_1 + \frac{D_x^{(2)}}{\varepsilon_2}h_2\right) \tag{13.4}$$

由 D_x 在界面上法向连续的性质,并忽略薄膜层内 D_x 的变化,可得

$$D_x^{(1)} = D_x^{(2)} = \overline{D_x} \tag{13.5}$$

再由

$$\overline{E_x} = \varepsilon_{/\!/}^{-1}\, \overline{D_x}$$

可得

$$\frac{1}{\varepsilon_{/\!/}} = \frac{1}{h_1 + h_2}\left(\frac{h_1}{\varepsilon_1} + \frac{h_2}{\varepsilon_2}\right) \tag{13.6}$$

式(13.3)和式(13.6)两式即为 TE 和 TM 两种偏振态下无限扩展周期性多层薄膜的等效介电系数公式,从上述分析容易看出,这种结构与单轴晶体类似,具有双折射性质,$\varepsilon_\perp$ 对应 o 光的介电系数,而 $\varepsilon_{/\!/}$ 对应 e 光的介电系数。

13.1.2 多量子阱波导的等效折射率

多量子阱光波导与无限扩展周期性多层薄膜是两种不同的结构。但长期以来,在处理多量子阱光波导问题时,其等效折射率往往用式(13.3)和式(13.6)两公式代替[2]。这种替代可作为一种近似,但从理论上分析,显然是不科学的。近年来,Ohke 等[3,4]和 Skinner 等[5]试图从不同的路径解决这个问题,但他们采用的方法只能得到多量子阱光波导芯子区域 TE 波的等效折射率公式,而对 TM 波是无效的。我们利用处理晶格周期势电子行为的 Floquet 定理和转移矩阵理论,在薄

膜近似下，首次导出了多量子阱光波导在 TE 和 TM 两种偏振态下的等效折射率公式，并解释了多量子阱光波导的本征双折射性质[6]。

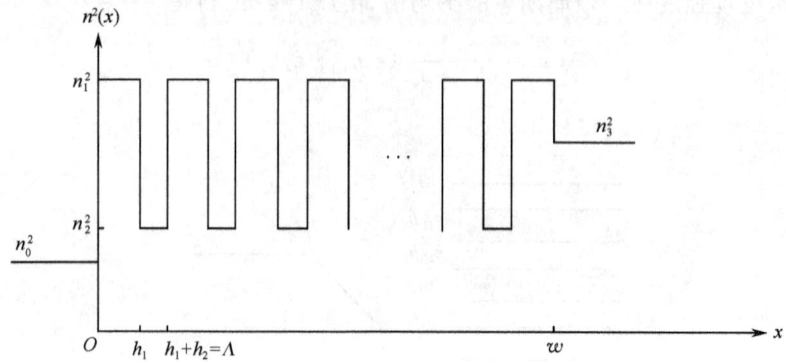

图 13.2 阶跃折射率分布多量子阱光波导

考虑图 13.2 所示的多量子阱光波导的折射率分布与坐标选择，为方便起见，图中用折射率的平方代替折射率。设折射率为 n_1 的薄膜厚度为 h_1，而折射率为 n_2 的薄膜厚度为 h_2，周期 $\Lambda=h_1+h_2$，整个量子阱区域的厚度为

$$w = N\Lambda + h_1 \tag{13.7}$$

式中，N 是量子阱区域的周期数。图中 n_0 和 n_3 分别为波导覆盖层和衬底的折射率。不失一般性，假定

$$n_1 > n_3 > n_2 > n_0 \tag{13.8}$$

则由介质平板波导的电磁理论可知，在覆盖层和衬底中，电磁场呈指数衰减的形式，设这两个区域的指数衰减系数分别为 q 和 p。在厚度为 h_1 的基膜中，应是两相反方向振荡场的叠加；而在厚度为 h_2 的基膜中，根据式(13.8)，可知是两相反方向指数衰减场的叠加。振荡场和指数衰减场的特征参数设为 κ 和 α。容易知道，以上四个特征参量可由下式定义：

$$\begin{cases} q = (\beta^2 - k_0^2 n_0^2)^{1/2} \\ p = (\beta^2 - k_0^2 n_3^2)^{1/2} \\ \kappa = (k_0^2 n_1^2 - \beta^2)^{1/2} \\ \alpha = (\beta^2 - k_0^2 n_2^2)^{1/2} \end{cases} \tag{13.9}$$

根据转移矩阵理论，厚度为 h_1 的薄膜对应的转移矩阵由下式给出：

$$M(h_1) = \begin{bmatrix} \cos(\kappa h_1) & -\dfrac{f_1}{k}\sin(\kappa h_1) \\ \dfrac{\kappa}{f_1}\sin(\kappa h_1) & \cos(\kappa h_1) \end{bmatrix} \tag{13.10}$$

对于厚度为 h_2 的薄膜，由于该薄膜中的场是指数衰减型的，则在该薄膜对应的转移矩阵中，特征参量应是 $\mathrm{i}\alpha$，则由第 3 章所述，有

$$M(h_2)=\begin{bmatrix}\cosh(\alpha h_2) & -\dfrac{f_2}{\alpha}\sinh(\alpha h_2)\\ -\dfrac{\alpha}{f_2}\sinh(\alpha h_2) & \cosh(\alpha h_2)\end{bmatrix} \tag{13.11}$$

式中

$$f_j=\begin{cases}1, & \text{TE 模}\\ n_j^2, & \text{TM 模}(j=0,1,2,3)\end{cases} \tag{13.12}$$

根据式(13.10)和式(13.11)定义的矩阵的形式，可知一个周期 Λ 对应的转移矩阵应为

$$M(\Lambda)=M(h_1)\cdot M(h_2) \tag{13.13}$$

记做

$$M(\Lambda)=\begin{bmatrix}m_{11} & m_{12}\\ m_{21} & m_{22}\end{bmatrix} \tag{13.14}$$

式中

$$m_{11}=\cos(\kappa h_1)\cosh(\alpha h_2)+\frac{\alpha f_1}{\kappa f_2}\sin(\kappa h_1)\sinh(\alpha h_2) \tag{13.15}$$

$$m_{12}=-\frac{f_1}{\kappa}\sin(\kappa h_1)\cosh(\alpha h_2)-\frac{f_2}{\alpha}\cos(\kappa h_1)\sinh(\alpha h_2) \tag{13.16}$$

$$m_{21}=\frac{\kappa}{f_1}\sin(\kappa h_1)\cosh(\alpha h_2)-\frac{\alpha}{f_2}\cos(\kappa h_1)\sinh(\alpha h_2) \tag{13.17}$$

$$m_{22}=\cos(\kappa h_1)\cosh(\alpha h_2)-\frac{\kappa f_2}{\alpha f_1}\sin(\kappa h_1)\sinh(\alpha h_2) \tag{13.18}$$

按照 Floquet 定理，在周期性介质中传播波数 K 应满足关系

$$\cos(K\Lambda)=\frac{1}{2}\mathrm{tr}[M(\Lambda)] \tag{13.19}$$

根据式(13.15)和式(13.18)两式，可得

$$\begin{aligned}\cos(K\Lambda)&=\frac{1}{2}(m_{11}+m_{22})\\ &=\cos(\kappa h_1)\cosh(\alpha h_2)+\frac{1}{2}\left(\frac{\alpha f_1}{\kappa f_2}-\frac{\kappa f_2}{\alpha f_1}\right)\sin(\kappa h_1)\sinh(\alpha h_2)\end{aligned} \tag{13.20}$$

Bloch 波的波数

$$K=(k_0^2n_e^2-\beta^2)^{1/2} \tag{13.21}$$

式中，n_e 显然是多量子阱光波导芯子层的等效折射率。

在典型的多量子阱波导中，芯子层约有五十到几百个周期数，而芯子层的厚度仅为微米量级，因此周期长度 Λ 一般在 10nm 左右，显然满足 $h_{1,2}\ll\lambda$（λ 是光波长）

的条件。另外，特征参量 K、κ 和 α 均为波长倒数的量级。因此，可把式(13.20)中的正弦、余弦、双曲正弦和双曲余弦函数作级数展开，在只取二阶小量的近似下，可得

$$1-\frac{1}{2}(K\Lambda)^2=\left[1-\frac{1}{2}(\kappa h_1)^2\right]\left[1+\frac{1}{2}(\alpha h_2)^2\right]+\frac{1}{2}h_1h_2\frac{\alpha^2f_1^2-\kappa^2f_2^2}{f_1f_2} \tag{13.22}$$

利用式(13.9)和式(13.21)两式，由式(13.22)可得多量子阱波导芯子层的等效折射率公式

$$n_e^2=\frac{n_1^2h_1+n_2^2h_2}{h_1+h_2}-\frac{h_1h_2}{(h_1+h_2)^2}\cdot\frac{(f_1-f_2)^2}{f_1f_2}(\beta/k_0)^2 \tag{13.23}$$

于是，多量子阱光波导的芯子层可看作为折射率为 n_e 的单层薄膜，多量子阱光波导可看作为一个简单的三层介质平板波导。

若定义

$$f_e=\begin{cases}1, & \text{TE 模}\\ n_e^2, & \text{TM 模}\end{cases} \tag{13.24}$$

则多量子阱光波导芯子层对应的转移矩阵为

$$M(w)=\begin{pmatrix}\cos(Kw) & -\dfrac{f_e}{K}\sin(Kw)\\ \dfrac{K}{f_e}\sin(Kw) & \cos(Kw)\end{pmatrix} \tag{13.25}$$

于是，由式(3.51)和式(3.52)两式，可得多量子阱光波导的色散方程

$$\begin{bmatrix}-\dfrac{p}{f_3} & 1\end{bmatrix}M(w)\begin{bmatrix}1\\ -\dfrac{q}{f_0}\end{bmatrix}=0 \tag{13.26}$$

化简式(13.26)，得到

$$\left(\frac{K^2}{f_e^2}-\frac{pq}{f_0f_3}\right)\tan(Kw)=\frac{K}{f_e}\left(\frac{p}{f_3}+\frac{q}{f_0}\right) \tag{13.27}$$

结合式(13.23)和式(13.21)两式，超越方程(13.27)完全可确定多量子阱光波导两种偏振状态下的传播模式和色散特性。

为深入了解多量子阱光波导的特性，下面对式(13.23)作进一步的分析。

(1) 对 TE 模，根据式(13.23)，可得多量子阱光波导芯子层 TE 模的等效折射率公式

$$(n_e^{\mathrm{TE}})^2=\frac{n_1^2h_1+n_2^2h_2}{h_1+h_2} \tag{13.28}$$

式(13.28)与无限扩展周期性多层薄膜中的等效介电系数公式(13.3)是完全一致的。这个结论是可信的，因为对 TE 模式，电场矢量在薄膜内偏振，波导边界对电

场矢量的偏振没有影响。因此对多量子阱光波导和无限扩展周期性多层薄膜两种不同的结构，TE 模的等效折射率是相同的。

(2) 对 TM 模，利用式(13.23)，可得多量子阱光波导芯子层 TM 模的等效折射率公式

$$(n_e^{TM})^2 = \frac{n_1^2 h_1 + n_2^2 h_2}{h_1 + h_2} - \frac{h_1 h_2}{(h_1 + h_2)^2} \cdot \frac{(n_1^2 - n_2^2)^2}{n_1^2 n_2^2} (\beta/k_0)^2 \tag{13.29}$$

由式(13.29)可见，TM 模的等效折射率不再是常数，而与光波导的特征参数——有效折射率 β/k_0 密切相关。曾有人对此结论极不理解[3]，企图修改式(13.29)，从而扼杀了几乎已经到手的成果。实际上，根据第 1 章的分析，TM 模有一个电场分量 E_x 在垂直于波导界面方向上偏振，不同的边界显然会对这个电场矢量施加不同的作用。因此，TM 模的等效折射率与波导特征参量有关，是一个完全合理的结果。

(3) 当 $w \to \infty$ 时，多量子阱光波导退化为无限扩展的周期性多层薄膜结构。根据第 1 章的分析，当三层平板波导的芯子层厚度变大时，波导的有效折射率随之增加。有效折射率的极限为芯子层的折射率。因此，当多量子阱光波导芯子层厚度增加时，其有效折射率(β/k_0)随之增加。当 w 趋于无穷大时，有

$$\beta/k_0 \to (n_e^{TM})_\infty \tag{13.30}$$

下标“∞”表示波导芯子层厚度为无穷大，这时，$(n_e^{TM})_\infty$ 即为无限扩展周期性多层薄膜 TM 模的等效折射率，再把式(13.30)代入式(13.29)，并注意到式(13.29)左边的 n_e^{TM} 已变为 $(n_e^{TM})_\infty$，于是可得

$$(n_e^{TE})_\infty^2 = \frac{h_1 + h_2}{\dfrac{h_1}{n_1^2} + \dfrac{h_2}{n_2^2}} \tag{13.31}$$

此公式与式(13.6)完全一致。这说明式(13.29)表示的等效折射率公式是完全正确的。

(4) 若两基模的折射率相等，即 $n_1 = n_2$，则多量子阱光波导退化为简单的三层平板波导。这时，式(13.29)变为

$$n_e^{TM} = n_e^{TM} \tag{13.32}$$

这是预料中的结果。因为对简单三层平板波导，芯子层的折射率永远是常数，与光的偏振态无关。

(5) 若 $n_1 \neq n_2$，则由式(13.29)容易看出永远有

$$n_e^{TM} \neq n_e^{TE} \tag{13.33}$$

这是多量子阱光波导不同于简单三层平板波导的一个特征性质。这个不等式是多量子阱光波导具有本征双折射的根本原因。

(6) 选择多量子阱光波导的衬底折射率 n_3，使它满足以下条件，即

$$n_e^{TM} < n_3 < n_e^{TE} \tag{13.34}$$

则该多量子阱光波导成为一个只能容纳 TE 模的单偏振结构。式(13.34)为设计一种新的光波导偏振器提供了有效的理论指导。

13.2　任意折射率分布多量子阱光波导

13.1 节分析了简单的阶跃折射率分布多量子阱光波导的特性。但对实际的多量子阱光波导,由于制备过程中的各类热效应,如热生长和退火等过程,多量子阱光波导的折射率分布往往不是阶跃形的。为解决此类问题,本节处理最一般的任意折射率分布多量子阱光波导,并采用等效折射率和非等效折射率两种近似的分析,都取得了良好的结果。

13.2.1　等效折射率方法[7]

考虑图 13.3 所示的任意折射率分布多量子阱光波导,设光沿 z 方向传播。假如量子阱-垒的周期为 Λ,多量子阱区域的厚度为 w,其中包括 N 个整周期数。图中 n_0 和 n_3 分别为覆盖层和衬底的折射率,而 n_1 和 n_2 分别为多量子阱光波导芯子层区域折射率分布的极大值和极小值,$n(x)$ 为一个周期的折射率分布函数,且满足周期性条件

$$n(x+\Lambda)=n(x) \tag{13.35}$$

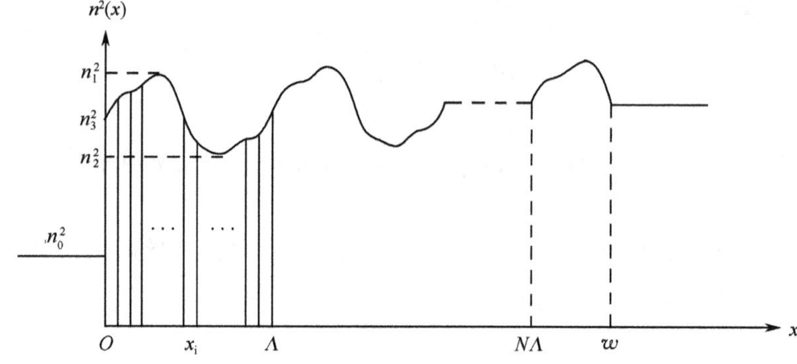

图 13.3　任意折射率分布多量子阱光波导

不失一般性,假定

$$n_1>n_3>n_2>n_0 \tag{13.36}$$

为利用转移矩阵理论,我们把周期 Λ 分成 l 等分,设每个小区域的厚度为 h,有 $x_l=lh=\Lambda$。一般地,对应第 i 个小区域的转移矩阵可写为

$$M_i=\begin{bmatrix}\cos(\kappa_i h) & -\dfrac{f_i}{\kappa}\sin(\kappa_i h)\\ \dfrac{\kappa_i}{f_i}\sin(\kappa_i h) & \cos(\kappa_i h)\end{bmatrix},\quad i=1,2,\cdots,l \tag{13.37}$$

式中

$$f_i=\begin{cases}1, & \text{TE 模}\\ n^2(x_i), & \text{TM 模}\end{cases} \tag{13.38}$$

$$\kappa_i=[k_0^2 n^2(x_i)-\beta^2]^{1/2} \tag{13.39}$$

显然,κ_i 是 x 的函数,而且既可是实数,又可变为虚数。当 $k_0 n(x_i)>\beta$ 时,第 i 个小区域中的场呈振荡形式,从而有式(13.37)实矩阵形式。而对 $\beta>k_0 n(x_i)$,应导致指数衰减形式的解。这时只要用 $\mathrm{i}\alpha$ 代替 κ,并利用下列恒等式:

$$\cos(\mathrm{i}\alpha h)=\cosh(\alpha h)$$

$$\sin(\mathrm{i}\alpha h)=\mathrm{i}\sinh(\alpha h)$$

则式(13.37)仍然成立。

在 $N\gg1$ 情况下,Λ 通常约为 100Å 的数量级,而当 $l\to\infty$ 时,有 $h\to0$,故必满足条件

$$\kappa_i h\ll 1 \tag{13.40}$$

因此可采用薄膜近似,用级数展开矩阵 M_i 中正弦和余弦函数,在保留二阶小量而忽略三阶和三阶以上小量的情况下,式(13.37)可改写成

$$\begin{aligned}M_i&=\begin{bmatrix}1-\dfrac{1}{2}(\kappa_i h)^2 & -f_i h\\ \dfrac{\kappa_i^2}{f_i}h & 1-\dfrac{1}{2}(\kappa_i h)^2\end{bmatrix}\\ &=\begin{bmatrix}1&0\\0&1\end{bmatrix}-f_i h\begin{bmatrix}0&1\\0&0\end{bmatrix}+\frac{\kappa_i^2}{f_i}h\begin{bmatrix}0&0\\1&0\end{bmatrix}-\frac{1}{2}(\kappa_i h)^2\begin{bmatrix}1&0\\0&1\end{bmatrix}\end{aligned} \tag{13.41}$$

显然,上式右边第一项是主项,第二、三两项则是一阶小量,而第四项为二阶小量。为方便起见,记

$$M_i=E-(f_i h)A+\left(\frac{\kappa_i^2}{f_i}h\right)B-\frac{1}{2}(\kappa_i h)^2E \tag{13.42}$$

式中 E 为单位矩阵,而 A、B 均为仅有一个单位矩阵元的简单矩阵,即

$$E=\begin{bmatrix}1&0\\0&1\end{bmatrix},\quad A=\begin{bmatrix}0&1\\0&0\end{bmatrix},\quad B=\begin{bmatrix}0&0\\1&0\end{bmatrix}$$

一个周期 Λ 对应的转移矩阵是 l 个 $M_i(i=1,2,\cdots,l)$ 矩阵依次相乘的积,即有

$$M(\Lambda)=M_1M_2\cdots M_{l-1}M_l \tag{13.43}$$

已知两矩阵 M、N 相加和相乘满足以下求迹法则:

$$\mathrm{tr}(M+N)=\mathrm{tr}(M)+\mathrm{tr}(N)$$

$$\mathrm{tr}(MN) = \mathrm{tr}(NM)$$

把式(13.42)代入式(13.43)，并利用上述矩阵求迹法则，在忽略三阶以上小量情况下，一个周期 Λ 对应的转移矩阵的迹由下式表示：

$$\begin{aligned}\mathrm{tr}[M(\Lambda)] = &\mathrm{tr}(E^l) - \sum_i f_i h\,\mathrm{tr}(E^{l-1}A) + \sum_i \left(\frac{\kappa_i^2}{f_i}h\right)\mathrm{tr}(E^{l-1}B) \\ &- \frac{1}{2}\sum_i (\kappa_i h)^2\,\mathrm{tr}(E^l) + \frac{1}{2}\sum_{\substack{i\\(i\neq j)}}\sum_j (f_i h)(f_j h)\,\mathrm{tr}(AE^{j-i-1}AE^{l-j+i-1}) \\ &+ \frac{1}{2}\sum_{\substack{i\\(i\neq j)}}\sum_j \left(\frac{\kappa_i^2}{f_i}h\right)\left(\frac{\kappa_j^2}{f_j}h\right)\mathrm{tr}(BE^{j-i-1}BE^{l-j+i-1}) \\ &- \sum_{\substack{i\\(i\neq j)}}\sum_j (f_i h)\left(\frac{\kappa_j^2}{f_j}h\right)\mathrm{tr}(AE^{j-i-1}BE^{l-j+i-1})\end{aligned} \tag{13.44}$$

右边第一项是 l 个 M_i 矩阵中的第一项相乘并求迹所得结果；第二、三、四项分别是 $l-1$ 个 M_i 矩阵中的第一项与剩下的一个 M_i 矩阵中的第二、三、四项相乘并对 i 求和再求迹所得；第五项是 $l-2$ 个 M_i 矩阵中的第一项与剩下的两个 M_i 矩阵中的第二项相乘并对 i、j 求和再求迹之结果；第六项的意义与第五项类似，它是 $l-2$ 个 M_i 矩阵中的第一项与剩下的两个 M_i 矩阵中的第三项相乘并对 i、j 求和再求迹所得；第七项是 $l-2$ 个 M_i 矩阵中的第一项与剩下的两个 M_i 矩阵中的第二和第三两项相乘并对 i、j 求和再求迹的形式，第五、六两项前的系数 1/2 是由重复求和所引起。

下面对式(13.44)右边的每一项进行分析计算。根据单位矩阵 E 和两个特殊矩阵 A、B 的性质，容易看出

$$\begin{aligned}&\mathrm{tr}(E^l) = \mathrm{tr}(E) = 2 \\ &\mathrm{tr}(E^{l-1}A) = \mathrm{tr}(A) = 0 \\ &\mathrm{tr}(E^{l-1}B) = \mathrm{tr}(B) = 0 \\ &\mathrm{tr}(AE^{j-i-1}AE^{l-j+i-1}) = \mathrm{tr}(A^2) = 0 \\ &\mathrm{tr}(BE^{j-i-1}BE^{l-j+i-1}) = \mathrm{tr}(B^2) = 0 \\ &\mathrm{tr}(AE^{j-i-1}AE^{l-j+i-1}) = \mathrm{tr}(AB) = 1\end{aligned}$$

利用上述结果，式(13.44)变为

$$\mathrm{tr}[M(\Lambda)] = 2 - \sum_i (\kappa_i h)^2 - \sum_{\substack{i\\(i\neq j)}}\sum_j (f_i h)\left(\frac{\kappa_j^2}{f_j}h\right) \tag{13.45}$$

式(13.45)右边的第二项和第三项分别是一个方阵的对角项和非对角项之和，为说明这问题，我们以 $l=3$ 为例，列出这个方阵

$$\begin{bmatrix} f_1h\cdot\frac{\kappa_1^2}{f_1}h & f_1h\cdot\frac{\kappa_2^2}{f_2}h & f_1h\cdot\frac{\kappa_3^2}{f_3}h \\ f_2h\cdot\frac{\kappa_1^2}{f_1}h & f_2h\cdot\frac{\kappa_2^2}{f_2}h & f_2h\cdot\frac{\kappa_3^2}{f_3}h \\ f_3h\cdot\frac{\kappa_1^2}{f_1}h & f_3h\cdot\frac{\kappa_2^2}{f_2}h & f_3h\cdot\frac{\kappa_3^2}{f_3}h \end{bmatrix} \tag{13.46}$$

容易看出，当 $l\to\infty$ 时，$h\to 0$，方阵中每一项之和正好构成一个二重积分。利用式(13.38)和式(13.39)，可得到以下结果：

对 TE 模

$$\begin{aligned}&\sum_i(\kappa_i h)^2+\sum_{\substack{i\\(i\neq j)}}\sum_j(f_ih)\left(\frac{\kappa_j^2}{f_j}h\right)\\&=\int_0^\Lambda \mathrm{d}x\int_0^\Lambda[k_0^2n^2(x)-\beta^2]\mathrm{d}x=k_0\Lambda\int_0^\Lambda n^2(x)\mathrm{d}x-\beta^2\Lambda\end{aligned} \tag{13.47}$$

对 TM 模

$$\sum_i(\kappa_i h)^2+\sum_{\substack{i\\(i\neq j)}}\sum_j(f_ih)\left(\frac{\kappa_j^2}{f_j}h\right)=\int_0^\Lambda n^2(x)\mathrm{d}x\int_0^\Lambda\frac{k_0^2n^2(x)-\beta^2}{n^2(x)}\mathrm{d}x$$

$$=k_0^2\Lambda\int_0^\Lambda n^2(x)\mathrm{d}x-\beta^2\int_0^\Lambda n^2(x)\mathrm{d}x\int_0^\Lambda\frac{1}{n^2(x)}\mathrm{d}x \tag{13.48}$$

再根据 Floquet 定理，并利用薄膜近似，可得一个周期 Λ 对应的转移矩阵的迹

$$\mathrm{tr}[M(\Lambda)]=2\cos K\Lambda=2-(K\Lambda)^2 \tag{13.49}$$

式中 K 是光在多量子阱光波导中传播的横向波矢，由式(13.21)定义。再根据式(13.45)，容易导出任意折射率分布多量子阱光波导芯子层的等效折射率公式。

对 TE 模

$$(n_e^{\mathrm{TE}})^2=\frac{1}{\Lambda}\int_0^\Lambda n^2(x)\mathrm{d}x \tag{13.50}$$

对 TM 模

$$(n_e^{\mathrm{TE}})^2=\frac{1}{\Lambda}\int_0^\Lambda n^2(x)\mathrm{d}x-\left[\frac{1}{\Lambda^2}\int_0^\Lambda n^2(x)\mathrm{d}x\int_0^\Lambda\frac{1}{n^2(x)}\mathrm{d}x-1\right](\beta/k_0)^2 \tag{13.51}$$

为验证式(13.50)和式(13.51)两公式的正确性，考虑简单的阶跃折射率分布的多量子阱光波导，有

$$n^2(x)=\begin{cases}n_1^2, & 0<x<h_1\\ n_2^2, & h_1<x<h_1+h_2\end{cases} \tag{13.52}$$

式中，$h_1+h_2=\Lambda$，把式(13.52)代入式(13.50)和式(13.51)两式，容易得到与(13.28)和(13.29)完全一致的公式。

在实际应用中，有时会遇到三角形、双曲形或其他形式折射率分布的多量子阱光波导结构。显然，公式(13.50)和公式(13.51)是利用等效折射率近似处理这类

多量子阱光波导结构的有力工具。

13.2.2　非等效折射率方法[8]

13.2.1 节使用的近似称为等效折射率方法，它的实质是用一恒定的折射率等效多量子阱光波导芯子层周期性变化的折射率分布。这个方法只要求推导多量子阱光波导一个周期 Λ 对应的转移矩阵的迹，而不需要求转移矩阵本身。这确实给理论推导过程带来许多方便之处，但处理问题的过程还是间接的。即首先需要把多量子阱光波导等效成一个简单的三层平板波导，然后再分析等效的三层平板波导，这个过程在数学上是可以理解的，但在物理上是不可能完全等效的，可能会损失某些物理含义。例如，两层基膜的“色散”是不可被完全等效的。为减少这种损失，本节屏弃了等效折射率的概念，在数学上直接推导多量子阱光波导一个周期 Λ 对应的转移矩阵，在此基础上，再考虑边界条件，得到了任意折射率分布多量子阱光波导 TE 和 TM 两种偏振状态下的色散方程。

$$
\begin{aligned}
M(\Lambda) &= M_1 M_2 \cdots M_{l-1} M_l \\
&= E^l - \sum_i (f_i h)(E^{i-1} A E^{l-i}) + \sum_i \left(\frac{\kappa_i^2}{f_i} h\right)(E^{l-1} B E^{l-i}) \\
&\quad - \frac{1}{2} \sum_i (\kappa_i h)^2 E^l + \frac{1}{2} \sum_{\substack{i \\ (i \neq j)}} \sum_j (f_i h)(f_j h)(E^{i-1} A E^{j-i-1} A E^{l-j}) \\
&\quad + \frac{1}{2} \sum_{\substack{i \\ (i \neq j)}} \sum_j \left(\frac{\kappa_i^2}{f_i} h\right)\left(\frac{\kappa_j^2}{f_j} h\right)(E^{i-1} B E^{j-i-1} B E^{l-j}) \\
&\quad - \frac{1}{2} \sum_{\substack{i \\ (i \neq j)}} \sum_j (f_i h)\left(\frac{\kappa_j^2}{f_j} h\right)(E^{i-1} A E^{j-i-1} B E^{l-j}) \\
&\quad - \frac{1}{2} \sum_{\substack{i \\ (i \neq j)}} \sum_j \left(\frac{\kappa_i^2}{f_i} h\right)(f_j h)(E^{i-1} B E^{j-i-1} A E^{l-j})
\end{aligned}
\tag{13.53}
$$

参考图 13.3 所示的任意折射率分布的多量子阱光波导。沿用 13.2.1 节的结果，可知多量子阱光波导一个周期 Λ 对应的转移矩阵是 l 个 $M_i(i=1,2,\cdots,l)$ 矩阵的积，而 M_i 由式(13.41)或式(13.42)表示。与上节不同之处在于：本节需求出转移矩阵 $M(\Lambda)$，而不是 $M(\Lambda)$ 的迹。下面进行 l 个 M_i 矩阵的求积过程。

式(13.53)右边第一项是 l 个 M_i 矩阵中的第一项相乘的结果。第二、三、四项分别是 $l-1$ 个 M_i 矩阵中的第一项与剩下的一个 M_i 矩阵中的第二、三、四项相乘并对 i 求和的结果。与式(13.44)不同之处是：这里的矩阵求积时不再可以互换位置。第五项是 $l-2$ 个 M_i 矩阵中的第一项与剩下的两个 M_i 矩阵中的第二项相乘并对 i、j 求和所得。第六项的含义与第五项类似，它是 $l-2$ 个 M_i 矩阵中的第一项与剩下的两个 M_i 矩阵中的第三项相乘并对 i、j 求和之结果。第七项是 $l-2$ 个

M_i 矩阵中的第一项与剩下的两个 M_i 矩阵中的第二和第三两项相乘并对并对 i、j 求和所得。交换两个 M_i 矩阵中第二项和第三项的位置,便可得到第八项。以上推导只取二阶以下小量,三阶和三阶以上小量均已忽略。

根据矩阵 E、A 和 B 的特殊性质,容易看到

$$E^l = E = \begin{bmatrix} 1 & 0 \\ 0 & 1 \end{bmatrix}$$

$$E^{i-1}AE^{l-i} = A = \begin{bmatrix} 0 & 1 \\ 0 & 0 \end{bmatrix}$$

$$E^{i-1}BE^{l-i} = B = \begin{bmatrix} 0 & 0 \\ 1 & 0 \end{bmatrix}$$

$$E^{i-1}AE^{j-i-1}AE^{l-j} = A^2 = \begin{bmatrix} 0 & 0 \\ 0 & 0 \end{bmatrix}$$

$$E^{i-1}BE^{j-i-1}BE^{l-j} = B^2 = \begin{bmatrix} 0 & 0 \\ 0 & 0 \end{bmatrix}$$

$$E^{i-1}AE^{j-i-1}BE^{l-j} = AB = \begin{bmatrix} 1 & 0 \\ 0 & 0 \end{bmatrix}$$

$$E^{i-1}BE^{j-i-1}AE^{l-j} = BA = \begin{bmatrix} 0 & 0 \\ 0 & 1 \end{bmatrix}$$

由以上结果,式(13.53)变为

$$M(\Lambda)=\begin{bmatrix} 1-\dfrac{1}{2}\sum\limits_{i}(\kappa_i h)^2-\dfrac{1}{2}\sum\limits_{\substack{i \\ (i\neq j)}}\sum\limits_{j}(f_i h)\left(\dfrac{\kappa_j^2}{f_j}h\right) & -\sum\limits_{i}(f_i h) \\ \sum\limits_{i}\left(\dfrac{\kappa_i^2}{f_i}h\right) & 1-\dfrac{1}{2}\sum\limits_{i}(\kappa_i h)^2-\dfrac{1}{2}\sum\limits_{\substack{i \\ (i\neq j)}}\sum\limits_{j}(f_i h)\left(\dfrac{\kappa_j^2}{f_j}h\right) \end{bmatrix}$$

$$=\begin{bmatrix} 1-\dfrac{1}{2}\sum\limits_{i}\sum\limits_{j}(f_i h)\left(\dfrac{\kappa_j^2}{f_j}h\right) & -\sum\limits_{i}(f_i h) \\ \sum\limits_{i}\left(\dfrac{\kappa_i^2}{f_i}h\right) & 1-\dfrac{1}{2}\sum\limits_{i}\sum\limits_{j}(f_i h)\left(\dfrac{\kappa_j^2}{f_j}h\right) \end{bmatrix} \tag{13.54}$$

式(13.54)中第二个矩阵中的二重求和已包括 $i=j$ 的特殊情况。

当 $l\to\infty$,$h\to 0$ 时,式(13.54)中的求和式可变为积分式,对 TE 模,有

$$M(\Lambda) = \begin{bmatrix} 1-\dfrac{1}{2}\int_0^\Lambda \mathrm{d}x \cdot \int_0^\Lambda [k_0^2 n^2(x)-\beta^2]\mathrm{d}x & -\int_0^\Lambda \mathrm{d}x \\ \int_0^\Lambda [k_0^2 n^2(x)-\beta^2]\mathrm{d}x & 1-\dfrac{1}{2}\int_0^\Lambda \mathrm{d}x \cdot \int_0^\Lambda [k_0^2 n^2(x)-\beta^2]\mathrm{d}x \end{bmatrix} \tag{13.55}$$

而对 TM 模,有

$$M(\Lambda)=\begin{bmatrix}1-\dfrac{1}{2}\int_0^\Lambda n^2(x)\mathrm{d}x\cdot\int_0^\Lambda\dfrac{k_0^2n^2(x)-\beta^2}{n^2(x)}\mathrm{d}x & -\int_0^\Lambda n^2(x)\mathrm{d}x\\ \int_0^\Lambda\dfrac{k_0^2n^2(x)-\beta^2}{n^2(x)}\mathrm{d}x & 1-\dfrac{1}{2}\int_0^\Lambda n^2(x)\mathrm{d}x\cdot\int_0^\Lambda\dfrac{k_0^2n^2(x)-\beta^2}{n^2(x)}\mathrm{d}x\end{bmatrix}\tag{13.56}$$

根据 Floquet 定理，在周期性介质中的传播波矢 K 满足以下方程：

$$\cos(K\Lambda)=\frac{1}{2}\mathrm{tr}[M(\Lambda)]$$

于是，由式(13.55)，可得

$$\cos(K\Lambda)=1-\frac{1}{2}\int_0^\Lambda\mathrm{d}x\cdot\int_0^\Lambda[k_0^2n^2(x)-\beta^2]\mathrm{d}x\tag{13.57}$$

在薄膜近似下，即 $K\Lambda\ll1$，式(13.57)右边第二项可看作一个二阶小量，由此可得

$$\sin(K\Lambda)=[1-\cos^2(K\Lambda)]^{1/2}\approx\int_0^\Lambda\mathrm{d}x\cdot\int_0^\Lambda[k_0^2n^2(x)-\beta^2]\mathrm{d}x\tag{13.58}$$

把式(13.57)和式(13.58)两式代入式(13.55)，则可得到多量子阱光波导一个周期 Λ 对应的转移矩阵

$$M(\Lambda)=\begin{bmatrix}\cos(K\Lambda) & -\dfrac{1}{\eta}\sin(K\Lambda)\\ \eta\sin(K\Lambda) & \cos(K\Lambda)\end{bmatrix}\tag{13.59}$$

式中

$$\eta=\left(\int_0^\Lambda[k_0^2n^2(x)-\beta^2]\mathrm{d}x\Big/\int_0^\Lambda\mathrm{d}x\right)^{1/2}\tag{13.60}$$

对于具有 N 个周期的多量子阱光波导的芯子层，它所对应的转移矩阵由下式表示

$$M(N\Lambda)=\begin{bmatrix}\cos(NK\Lambda) & -\dfrac{1}{\eta}\sin(NK\Lambda)\\ \eta\sin(NK\Lambda) & \cos(NK\Lambda)\end{bmatrix}\tag{13.61}$$

对 TM 模，转移矩阵 $M(\Lambda)$ 和 $M(N\Lambda)$ 具有与式(13.59)和式(13.61)相同的形式，但 $K\Lambda$ 和 η 将由以下两式定义：

$$\cos(K\Lambda)=1-\frac{1}{2}\int_0^\Lambda n^2(x)\mathrm{d}x\cdot\int_0^\Lambda\frac{k_0^2n^2(x)-\beta^2}{n^2(x)}\mathrm{d}x\tag{13.62}$$

$$\eta=\left[\int_0^\Lambda\frac{k_0^2n^2(x)-\beta^2}{n^2(x)}\mathrm{d}x\Big/\int_0^\Lambda n^2(x)\mathrm{d}x\right]^{1/2}\tag{13.63}$$

实际上，一个周期 Λ 对应的转移矩阵由式(13.55)和式(13.56)两式表示，但这种形式的矩阵难以扩展到 N 个周期的情况。因此有必要利用 Floquet 定理写成式(13.59)的形式，然后，再利用切比雪夫多项式扩展成 N 个周期对应的转移矩阵，即式(13.61)。

根据转移矩阵理论,并参考式(3.53)和式(3.54)两式,可得多量子阱光波导两种偏振态状态下的色散方程。

对 TE 模,有

$$\begin{bmatrix} -q & 1 \end{bmatrix} \begin{bmatrix} \cos(NK\Lambda) & -\frac{1}{\eta}\sin(NK\Lambda) \\ \eta\sin(NK\Lambda) & \cos(NK\Lambda) \end{bmatrix} \begin{bmatrix} 1 \\ -p \end{bmatrix} = 0 \tag{13.64}$$

经整理,可得

$$\tan(NK\Lambda) = \frac{p+q}{\eta(1-pq/\eta^2)} \tag{13.65}$$

式(13.64)和式(13.65)两式中,$K\Lambda$ 和 η 分别由式(13.57)和式(13.60)两式定义。

对 TM 模,有

$$\begin{bmatrix} -\frac{1}{n_3^2}q & 1 \end{bmatrix} \begin{bmatrix} \cos(NK\Lambda) & -\frac{1}{\eta}\sin(NK\Lambda) \\ \eta\sin(NK\Lambda) & \cos(NK\Lambda) \end{bmatrix} \begin{bmatrix} 1 \\ -\frac{1}{n_0^2}p \end{bmatrix} = 0 \tag{13.66}$$

经整理,可得

$$\tan(NK\Lambda) = \frac{p/n_0^2 + q/n_3^2}{\eta[1-pq/(n_0^2 n_3^2 \eta^2)]} \tag{13.67}$$

式(13.66)和式(13.67)两式中,$K\Lambda$ 和 η 分别由式(13.62)和式(13.63)两式定义。

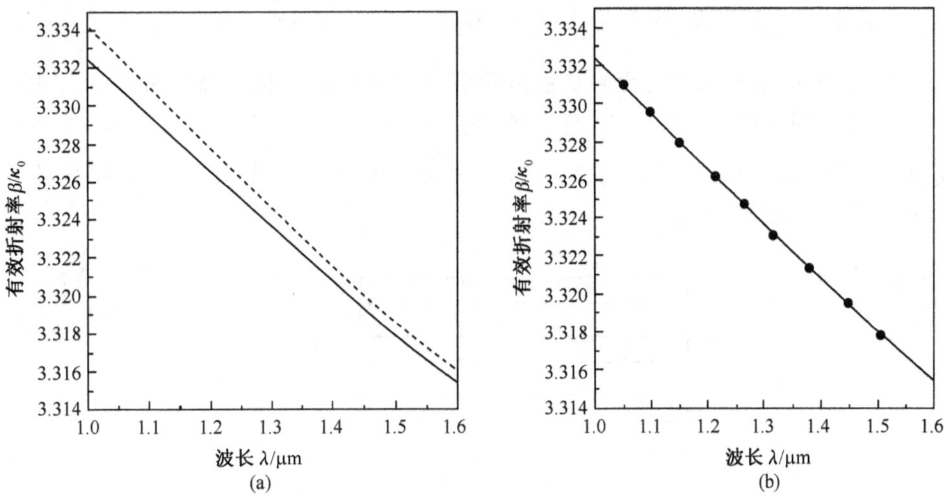

图 13.4　有效折射率 β/κ_0 随波长 λ 的变化

(a) $N=10$ 实线代表精确解,虚线代表近似解;(b) $N=100$ 实线代表精确解,黑点代表近似解

为了说明上述公式的可靠性,考虑一个 GaAs/GaAlAs 材料构成的阶跃折射率分布的多量子阱光波导,其典型参数为

$$n_1 = 3.50, \quad n_2 = 3.20, \quad n_3 = 1.0, \quad n_0 = 3.30$$

$$w = 1\mu\text{m}, \quad h_1 = h_2 = w/2N$$

精确的色散方程由 Lenz 和 Salzman[9] 给出。本节理论与精确理论的比较由图 13.4 所示，图中画出了有效折射率 β/κ_0 随波长 λ 变化的曲线。

由图可见，当 $N=10$ 时，本节理论与精确公式相比，有效折射率尚有 0.1%的误差。当 N 增大时，精确度有极大的改进，对 $N=100$，两根曲线几乎重合，误差完全可以忽略。这说明了本节理论的适用范围是 $K\Lambda \ll 1$，与薄膜近似的要求是一致的。

13.3　分层复合材料中的非线性增强效应

众所周知，多量子阱和超晶格的两种基膜一般是由性质相似但掺杂浓度不同的同类半导体通过分子束外延(MBE)或金属有机化学气相沉积(MOCVD)等现代生长技术制备而成。如 GaAs/AlGaAs 系统。但最近引起广泛重视的分层复合材料，虽然在结构上与多量子阱和超晶格具有相同的形态，但它是由两种性质完全不同的材料通过真空淀积、自旋涂覆和 LB 技术制备而成。当两类基膜中的一种组分具有大的非线性响应和小的介电系数时，会引起非线性一次增强效应。这是由 Boyd 和 Sipe 等开创的新的研究领域[10]。

13.3.1　无限扩展分层复合材料中的非线性一次增强效应

考虑如图 13.5 所示的无限扩展分层复合材料。该结构由厚度分别为 a 和 b 的两种材料周期性地交替组成，且 a 和 b 远小于光波长 λ(薄膜近似)。材料的介电系数和非线性光学极化率分别用 ε 和 χ^{NL} 表示。根据 13.2 节的分析，该结构的等效介电系数由以下两式表示。

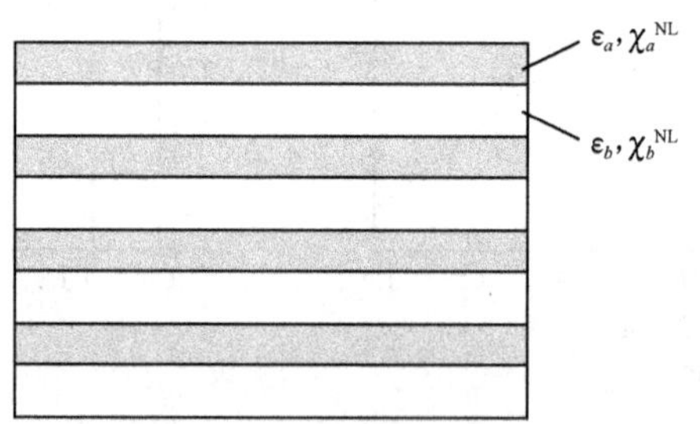

图 13.5　无限扩展分层复合材料

对 TE 模(电场沿 y 方向偏振)，有

$$\varepsilon_{\text{eff}}^{\infty} = f_a\varepsilon_a + f_b\varepsilon_b \tag{13.68}$$

对 TM 模(磁场沿 y 方向偏振,电场的一个分量沿 x 方向偏振),有

$$\frac{1}{\varepsilon_{\text{eff}}^{\infty}}=\frac{f_a}{\varepsilon_a}+\frac{f_b}{\varepsilon_b} \tag{13.69}$$

式中,上标"∞"表示无限扩展结构,而 f_a 和 f_b 称为介质 a 和 b 的体积因子,分别定义为

$$\begin{cases} f_a=\dfrac{a}{a+b} \\ f_b=\dfrac{b}{a+b} \end{cases} \tag{13.70}$$

1. 线性响应

对 TM 模,在 a、b 两种介质的分界面上,由于电位移矢量的法向连续性质,故有 $\varepsilon_a E_a=\varepsilon_b E_b$。$E_a$ 和 E_b 分别为 a、b 两种介质中 x 方向的电场分量。对一宏观电场 $E(\omega)$,则显然有

$$\begin{cases} E_a(\omega)=\dfrac{\varepsilon_{\text{eff}}}{\varepsilon_a(\omega)}E(\omega) \\ E_b(\omega)=\dfrac{\varepsilon_{\text{eff}}}{\varepsilon_b(\omega)}E(\omega) \end{cases} \tag{13.71}$$

式中,$\varepsilon_{\text{eff}}(\omega)/\varepsilon_a(\omega)$和 $\varepsilon_{\text{eff}}(\omega)/\varepsilon_b(\omega)$分别为介质 a 和 b 中的局域场增强因子。只要这个因子大于 1,则将引起非线性一次增强效应。

图 13.6 表示局域场增强因子 $\varepsilon_{\text{eff}}(\omega)/\varepsilon_a(\omega)$对体积因子 f_b 的依赖关系。图中表明,当 $\varepsilon_b/\varepsilon_a=4$ 时,$\varepsilon_{\text{eff}}(\omega)/\varepsilon_a(\omega)$可达最大值 4.0。

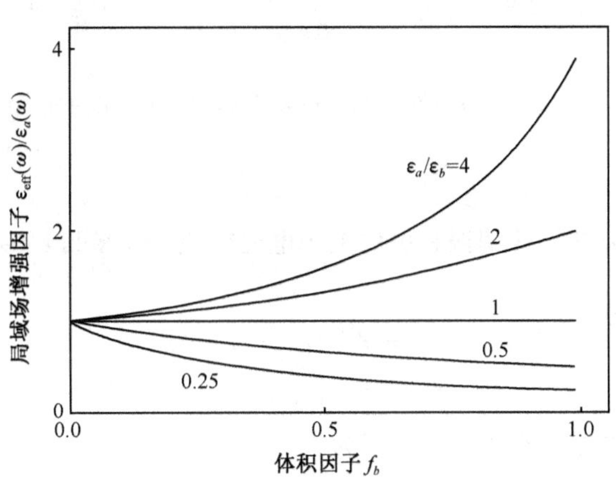

图 13.6 局域场增强因子 $\varepsilon_{\text{eff}}(\omega)/\varepsilon_a(\omega)$对体积因子 f_b 的依赖关系

2. 二倍频(SHG)

设介质 a 和 b 与 TM 偏振有关的关于二倍频的非线性极化率分别为

$$\chi_a^{(2)} = \chi_a^{(2)}(2\omega = \omega + \omega)$$
$$\chi_b^{(2)} = \chi_b^{(2)}(2\omega = \omega + \omega)$$

则通过分析得到的关于二倍频的等效非线性极化率由下式表示：

$$\chi_{\text{eff}}^{(2)}(2\omega = \omega + \omega) = \frac{\dfrac{f_a\chi_a^{(2)}}{\varepsilon_a(2\omega)\varepsilon_a^2(\omega)} + \dfrac{f_b\chi_b^{(2)}}{\varepsilon_b(2\omega)\varepsilon_b^2(\omega)}}{\left[\dfrac{f_a}{\varepsilon_a(\omega)} + \dfrac{f_b}{\varepsilon_b(\omega)}\right]^2\left[\dfrac{f_a}{\varepsilon_a(2\omega)} + \dfrac{f_b}{\varepsilon_b(2\omega)}\right]} \tag{13.72}$$

图 13.7 画出了关于二倍频的等效非线性极化率对体积因子 f_b 的依赖关系。为简单计，这里假设只有介质 a 具有二阶非线性响应，即有 $\chi_b^{(2)}=0$，并忽略介电系数的色散，即有 $\varepsilon_a(2\omega)=\varepsilon_a(\omega)$ 和 $\varepsilon_b(2\omega)=\varepsilon_b(\omega)$。由图可见，在可实现的实验条件下，当 $f_b=0.75$ 时，关于二倍频的等效非线性增强因子 $\chi_{\text{eff}}^{(2)}/\chi_a^{(2)}$ 近似等于 3。

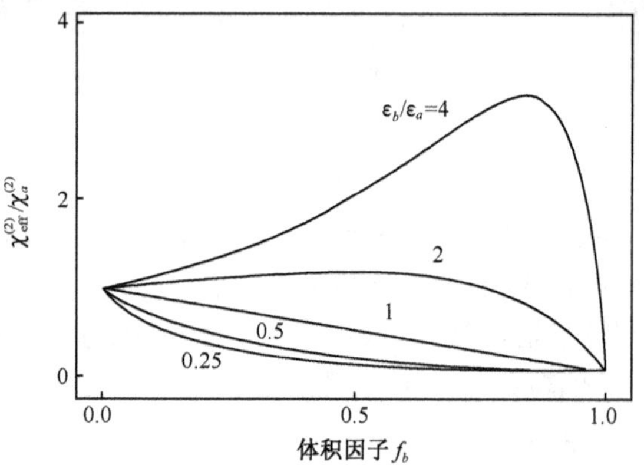

图 13.7 二倍频的等效非线性极化率对体积因子 f_b 的依赖关系

3. 电光效应

设介质 a 和 b 与 TM 偏振有关的关于电光效应(Pockels effect)的非线性极化率为

$$\chi_a^{(2)} = \chi_a^{(2)}(\omega = \omega + 0)$$
$$\chi_b^{(2)} = \chi_b^{(2)}(\omega = \omega + 0)$$

则描述电光效应的等效非线性极化率为

$$\chi_{\text{eff}}^{(2)}(\omega = \omega + \omega) = \frac{\dfrac{f_a\chi_a^{(2)}}{\varepsilon_a(0)\varepsilon_a^2(\omega)} + \dfrac{f_b\chi_b^{(2)}}{\varepsilon_b(0)\varepsilon_b^2(\omega)}}{\left[\dfrac{f_a}{\varepsilon_a(\omega)} + \dfrac{f_b}{\varepsilon_b(\omega)}\right]^2\left[\dfrac{f_a}{\varepsilon_a(0)} + \dfrac{f_b}{\varepsilon_b(0)}\right]} \tag{13.73}$$

图 13.8 画出了关于电光效应的等效非线性极化率对体积因子 f_b 的依赖关

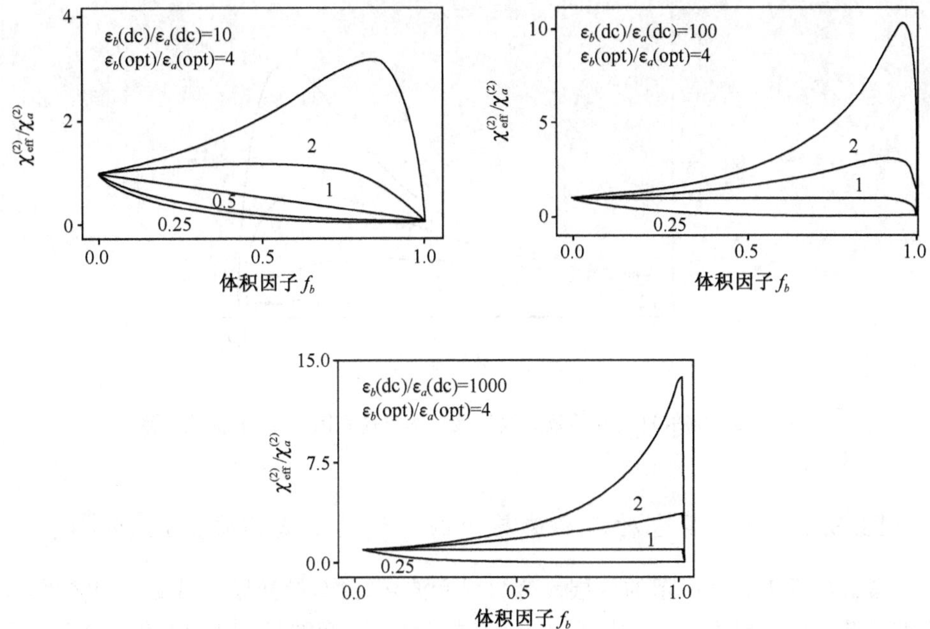

图 13.8 电光效应的等效非线性极化率对体积因子 f_b 的依赖关系

系。这里仍假设只有介质 a 具有二阶非线性响应，即有 $\chi_b^{(2)}=0$，另外，由于介质的直流介电系数往往远大于光频介电系数，因此这里不能忽略介质的色散。由图可见，在这种情况下获得更大的非线性增强效应是可能的。

4. 非线性折射率

设介质 a 和 b 与TM偏振有关的关于克尔效应的三阶非线性极化率(Kerr effect)分别为

$$\chi_a^{(3)}=\chi_a^{(3)}(\omega=\omega+\omega-\omega)$$

$$\chi_b^{(3)}=\chi_b^{(3)}(\omega=\omega+\omega-\omega)$$

则描述克尔效应的等效非线性极化率为

$$\chi_{\mathrm{eff}}^{(3)}(\omega=\omega+\omega-\omega)=\frac{\dfrac{f_a\chi_a^{(3)}}{|\varepsilon_a(\omega)|^2\varepsilon_a^2(\omega)}+\dfrac{f_b\chi_b^{(3)}}{|\varepsilon_b(\omega)|^2\varepsilon_b^2(\omega)}}{\left|\dfrac{f_a}{\varepsilon_a(\omega)}+\dfrac{f_b}{\varepsilon_b(\omega)}\right|^2\left[\dfrac{f_a}{\varepsilon_a(\omega)}+\dfrac{f_b}{\varepsilon_b(\omega)}\right]^2} \tag{13.74}$$

图 13.9 画出了关于克尔效应的等效非线性极化率对体积因子 f_b 的依赖关系。仍然假设只有介质 a 具有三阶非线性响应，即有 $\chi_b^{(3)}=0$，由图可见，在可实现条件下，三阶非线性增强可达一个数量级。

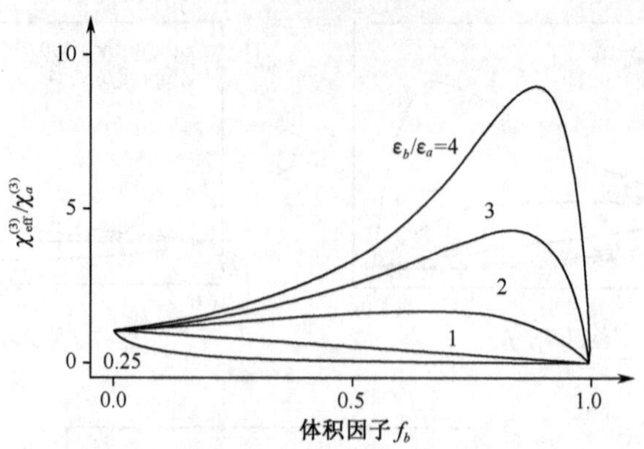

图 13.9　克尔效应的等效非线性极化率对体积因子 f_b 的依赖关系

13.3.2　分层复合材料光波导中的非线性二次增强效应[11]

考虑如图 13.10 所示的分层复合材料光波导结构，设光导波沿 z 方向传播，而光波导芯子层的厚度为 w。根据 13.3 节的分析，对光波导，TM 模的等效介电系

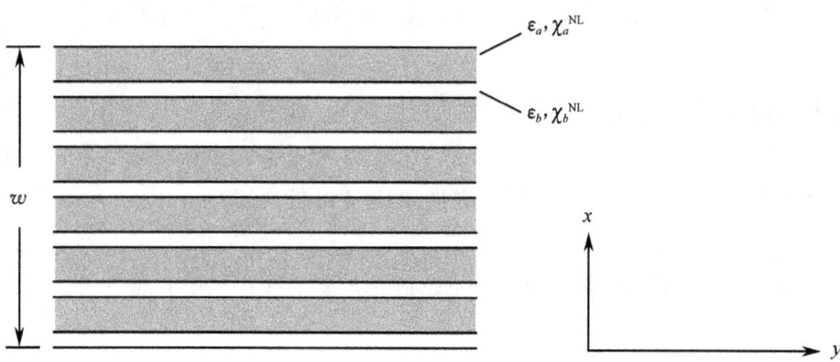

图 13.10　分层复合材料光波导结构

数由下式给出：

$$\varepsilon_{\rm eff}^{w} = f_a\varepsilon_a + f_b\varepsilon_b - f_a f_b \frac{(\varepsilon_a - \varepsilon_b)^2}{\varepsilon_a\varepsilon_b} \cdot \varepsilon_m \tag{13.75}$$

式中，$\varepsilon_m = (\beta/k_0)^2$ 称为有效介电系数，上标“w”表示光波导结构。

根据式(13.69)，并由式(13.70)可得 $f_a + f_b = 1$，则容易得到

$$f_a\varepsilon_a + f_b\varepsilon_b = \varepsilon_{\rm eff}^{w} + f_a f_b \frac{(\varepsilon_a - \varepsilon_b)^2}{f_a\varepsilon_b + f_b\varepsilon_a} \tag{13.76}$$

把式(13.76)代入式(13.75)，可得

$$\varepsilon_{\text{eff}}^{w}=\varepsilon_{\text{eff}}^{\infty}+f_a f_b\,\frac{(\varepsilon_a-\varepsilon_b)^2}{\varepsilon_a\varepsilon_b}\cdot(\varepsilon_{\text{eff}}^{\infty}-\varepsilon_m) \tag{13.77}$$

由光波导理论可知,当 $w\to\infty$时,有 $\varepsilon_m\to\varepsilon_{\text{eff}}^{\infty}$,因此,不等式

$$\varepsilon_{\text{eff}}^{w}>\varepsilon_{\text{eff}}^{\infty} \tag{9.2}$$

永远是成立的。以上重要结论可用文字表达为:分层复合材料光波导对应 TM 模的介电系数总是大于对应无限扩展结构的等效介电系数。而对 TE 模,分层复合材料光波导的等效介电系数仍由式(13.68)表示。

注意到式(13.71)、式(13.72)、式(13.73)和式(13.74)四式的分母均为 $\varepsilon_{\text{eff}}^{\infty}$ 的倒数,在这四式中,若用 $\varepsilon_{\text{eff}}^{w}$ 代替 $\varepsilon_{\text{eff}}^{\infty}$,则容易看出,光波导结构中的非线性效应将进一步得到增强,对照无限扩展结构中的非线性一次增强效应,我们称这种现象为非线性二次增强效应。以下,举线性响应和二倍频为例来说明这个问题。

1. 线性响应

分别用 $\varepsilon_{\text{eff}}^{\infty}$ 和 $\varepsilon_{\text{eff}}^{w}$ 代入式(13.71),当 $\varepsilon_b/\varepsilon_a=4$,且有 $w=0.12\mu\text{m}$ 时,可得图 13.11 所示的光波导和无限扩展结构中 a 介质局域增强因子 $\varepsilon_{\text{eff}}/\varepsilon_a$ 随体积因子 f_b 的变化曲线。由图可见,光波导的局域场增强因子总是大于无限扩展结构的局域场增强因子。

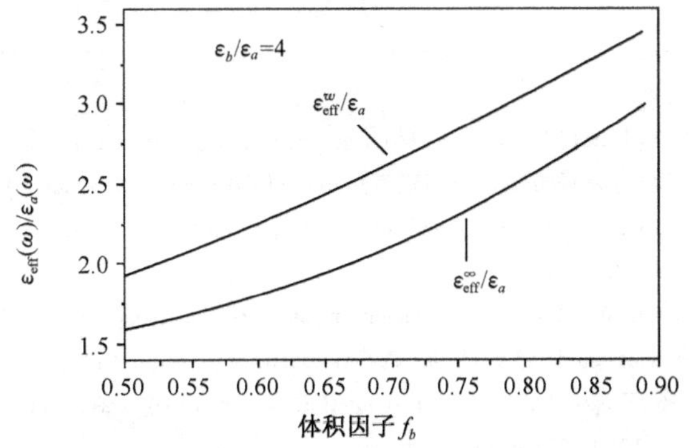

图 13.11 光波导和无限扩展结构中 a 介质局域增强因子 $\varepsilon_{\text{eff}}/\varepsilon_a$ 随体积因子 f_b 的变化曲线

2. 二倍频

分别用 $\varepsilon_{\text{eff}}^{\infty}$ 和 $\varepsilon_{\text{eff}}^{w}$ 代入式(13.72),当 $\varepsilon_b/\varepsilon_a=4$,且有 $w=0.12\mu\text{m}$ 时,可得如图 13.12 所示的光波导和无限扩展结构中 a 介质关于二倍频的等效非线性增强因子 $\chi_{\text{eff}}^{(2)}/\chi_a^{(2)}$ 随体积因子 f_b 的变化曲线。由图可见,当 $f_b=0.75$ 时,无限扩展结构中的等效非线性增强因子近似等于 3,而光波导中的等效非线性增强因子近似等于 5。

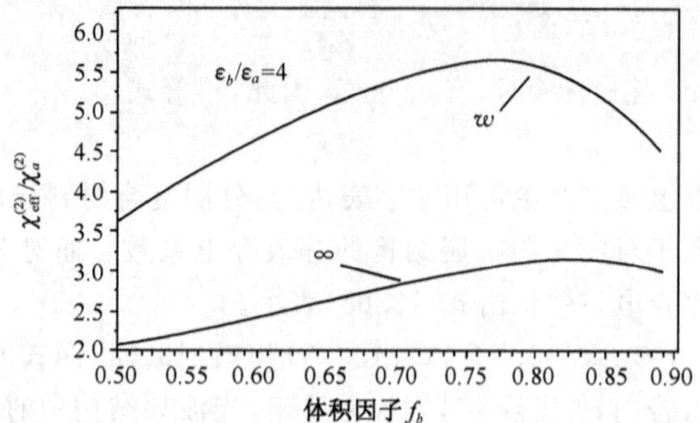

图 13.12 光波导和无限扩展结构中 a 介质关于二倍频的等效非线性增强因子 $\chi_{eff}^{(2)}/\chi_a^{(2)}$ 随体积因子 f_b 的变化曲线

通过相同的步骤,可得到关于电光效应和三阶非线性折射率的二次增强因子,因方法雷同,而且结果很明显,故这里不再赘述。

参 考 文 献

[1] Agranovich V M, Kravtsov V E. Notes on crystal optics. of superlattices [J]. Solid State Communications, 1985, 55: 85～90.

[2] Smith R E, Molter L A, Dutta M. Evaluation of refractive index approximations used for mode determination in multiple quantum well slab waveguides [J]. IEEE Journal of Quantum Electronics, 1991, 27: 1119～1122.

[3] Ohke S, Umeda T, Cho Y. Optical waveguides using. GaAs-Al Ga as multiple quantum well [J]. Optics Communications, 1985, 56: 235～239.

[4] Ohke S , Umeda T, Cho Y. TM-mode propagation and form birefringence in a GaAs-AlGaAs multiple quantum well optical waveguide [J]. Optics Communications, 1989, 70: 92～96.

[5] Skinner I M, Shail R, Weiss B L. Modal propagation within MQW waveguides [J]. IEEE Journal of Quantum Electronics, 1989, 25: 6～11.

[6] 曹庄琪. 多量子阱波导等效折射率的新公式[J]. 光学学报, 1991, 11: 553～557.

[7] Cao Z Q, Hu C, Jin G L. Method of equivalent refractive indices in multi-quantum-well waveguides with arbiyrarily shaped base periods [J]. Journal of the Optical Society of America B, 1991, 8: 2519～2522.

[8] Cao Z Q , Ironside C N. Dispersion-relations of multiple quantum well waveguides with arbitrary refractive -index profile base period [J]. Optics Communications, 1992, 91: 203～209.

[9] Lenz G, Salzman J. Eigenmodes of multiwaveguide structures [J]. Journal of Lightwave Technology, 1990, 8: 1803～1809.

[10] Boyd R W, Sipe J E. Nonlinear optical susceptibilities of layered composite materials [J]. Journal of the Optical Society of America B, 1994, 11: 297～303.

[11] 曹庄琪, 王强, 沈启舜等. 分层复合材料光波导的非线性二次增强效应[J]. 光学学报, 1997, 17: 1256～1258.

第 14 章　衰减全反射型光器件

由 Otto[1] 和 Kretschmann[2] 独自创立的激发表面等离子波(SPW)的衰减全反射(ATR)方法,可方便地扩展到光导波的激发。ATR 谱中的共振吸收峰是入射光能量转移到共振模的清晰表示。共振吸收峰的角位置、峰半宽(FWHM)和反射极小值等三个特征量是 ATR 结构参数(材料的复折射率、腔的厚度和光波长等)的灵敏函数。利用各种物理、化学和生物效应改变上述结构参数,可实现光的调制、滤波和传感等功能。目前,这种 ATR 技术已受到学术界的广泛关注。本章介绍基于这种 ATR 技术的几种光学传感器、滤波器和电光调制器的基本原理。

14.1　迅衰场传感器

由于结构简单、适用性好和灵敏度高等原因,基于 ATR 技术的光学传感器近 20 年来获得了快速的发展。目前比较成熟并已实现商品化的是表面等离子共振(SPR)传感器[3]。为提高传感灵敏度,近期又发展了泄漏波导(LW)[4]、反对称波导(RSW)[5~7] 传感器等。这几类传感器的共同特点是待测样品处于共振模的迅衰场区域,故称这些传感器为迅衰场传感器。

14.1.1　SPR 传感器

作为气体检测和生物亲合用传感的 SPR 传感器是由 Nylander 等[8] 于 1982 年建立的。SPR 传感器的结构如图 14.1 所示。这是一个激发表面等离子波的 Kretschmann 结构。即由玻璃棱镜、镀于棱镜底的金属薄膜和与金属薄膜紧密接

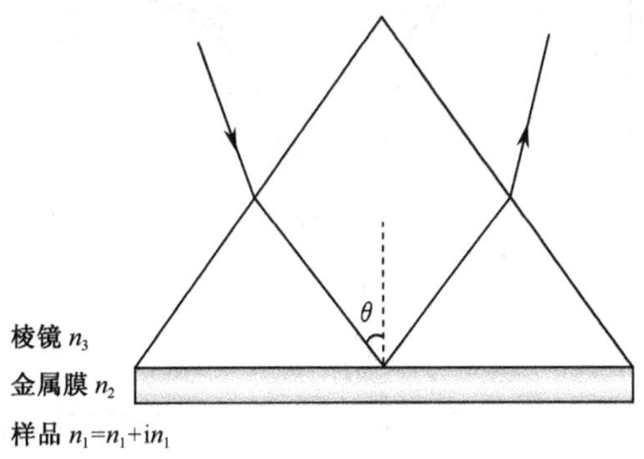

图 14.1　SPR 传感器结构

触的样品组成。当样品的复折射率的实部或虚部有变化时，将引起 ATR 谱中共振吸收峰的变化，从而可探测到样品折射率的变化。图 14.2 分别表示样品的实部和虚部发生变化时共振吸收峰引起的变化。通过测量吸收峰极小值和吸收峰位置的变化，可探测化学溶液的浓度和吸收，也可测定抗体和抗原分子结合的免疫反应。观察液晶分子的趋向和 LB 膜的生成过程等。

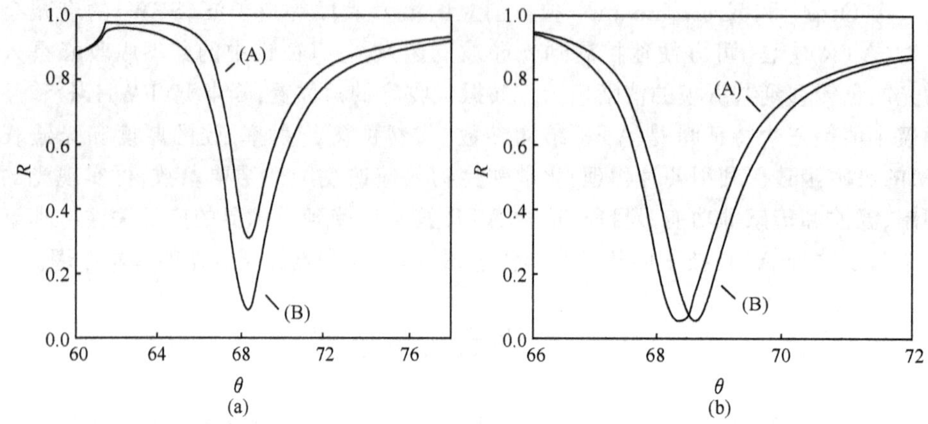

图 14.2　SPR 传感器的探测原理

图中所用材料参数如下：棱镜，BK7，$n_3=1.515$；金属，银，$n_2=0.0666+i4.045$；波长，$\lambda=632.8$nm

(a) 样品折射率虚部的变化，$n_1'=1.330$，样品(A)$n_1''=0$，样品(B)$n_1''=0.002$；

(b) 样品折射率实部的变化，$n_1''=0$，样品(A)$n_1'=1.330$，样品(B)$n_1'=1.332$

对 SPR 传感器灵敏度的分析发现，这类传感器对样品的吸收变化比较灵敏，但对样品浓度引起的折射率实部变化，探测灵敏度较低。原因是由于共振吸收峰的半宽度(FWHM)较大，典型的参数是 0.5°～1°。吸收峰的底部比较平坦，不易

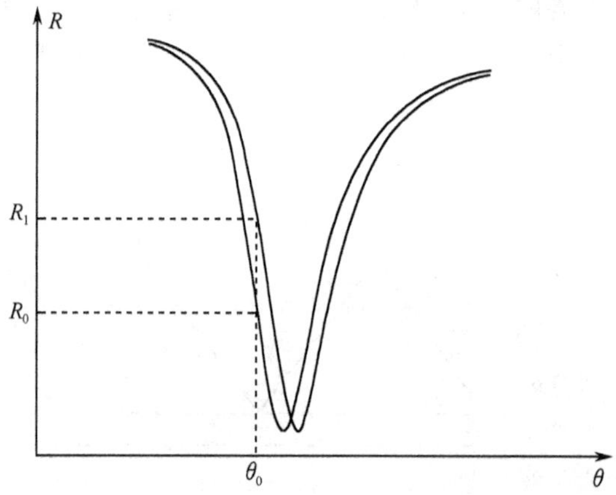

图 14.3　共振吸收峰移动时反射率的变化

分辨吸收峰位置的微小变化。一个改进的方法是首先在吸收峰下降沿或上升沿的中间,线性比较好的部分选取工作点 θ_0,设此时的反射率为 R_0,当样品折射率的实部变化时,共振吸收峰将向右或向左移动。如图 14.3 所示,样品折射率实部变大时反射率由 R_0 变为 R_1。只要测到反射率变化 $\Delta R = R_1 - R_0$,就可以估计样品折射率实部的变化 $\Delta n_1'$。当共振吸收峰下降沿的斜率较大时,这种方法具有很大的优势,对提高测量灵敏度有很大的帮助。

14.1.2 泄漏波导(LW)传感器

由于表面等离子波传输于金属与介质之间的界面上,而金属对可见和红外波段的光有吸收,从而引起 ATR 谱中较宽的吸收峰。即衰减全反射曲线下降沿或上升沿的斜率($dR/d\theta$)有限,限制了 SPR 传感器的探测灵敏度。为改变这种情况,Okamoto 等[4]提出了一种不用金属的光波导泄漏模传感器。这种泄漏波导(LW)传感器的结构如图 14.4 所示。它由玻璃棱镜、覆盖层、导波层和作为衬底的样品四部分组成。当光束在共振角附近入射时,衰减全反射曲线的共振吸收峰是样品复折射率的灵敏度函数。通过测量反射率曲线的变化来获取样品折射率的信息。

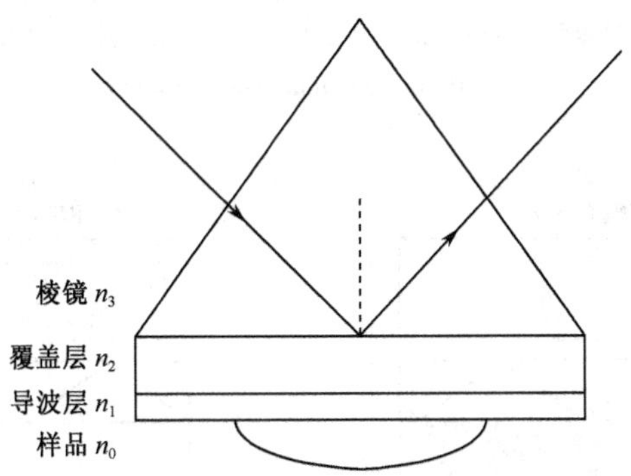

图 14.4 光波导泄漏模传感器

这类传感器既可用于液体样品浓度的测量,也可用于样品吸收的测量,即测量溶液的消光系数 $\mathrm{Im}(n_0)$,当波导参数确定之后,利用计算机模拟测量吸收的例子如图 14.5 所示,Okamoto 等还进行了实验演示,证明这种吸收传感器的灵敏度优于传统的 SPR 传感器。

14.1.3 反对称波导(RSW)传感器[5~7]

理论表明[9],共振模传感器的灵敏度与待测样品所处区域占有的功率份额成正比。于是有人提出了一种新的波导结构,这种结构有两处重要的改进。第一,选择折射率小于样品的衬底材料;第二,利用厚波导中的高阶模为探针。两条措施的目标都是为了使迅衰场在探测区域有更大的穿透深度，从而提高探测灵敏度。图 14.6 表示传统和 RSW 波导传感器迅衰场穿透深度的比较。

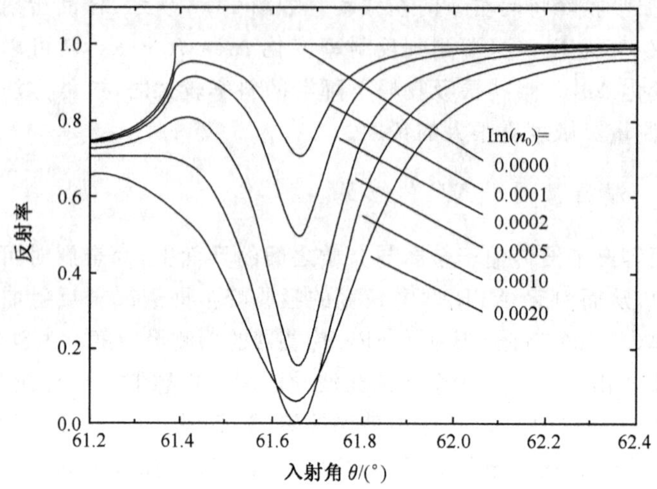

图 14.5　样品消光系数 $\mathrm{Im}(n_0)$ 不同时的反射率曲线

计算参数：$n_3=1.515$，$n_2=1.303$，$n_1=1.490$，$n_0'=1.332$，$d_1=110\mathrm{nm}$，$d_2=582\mathrm{nm}$，$\lambda=632.8\mathrm{nm}$

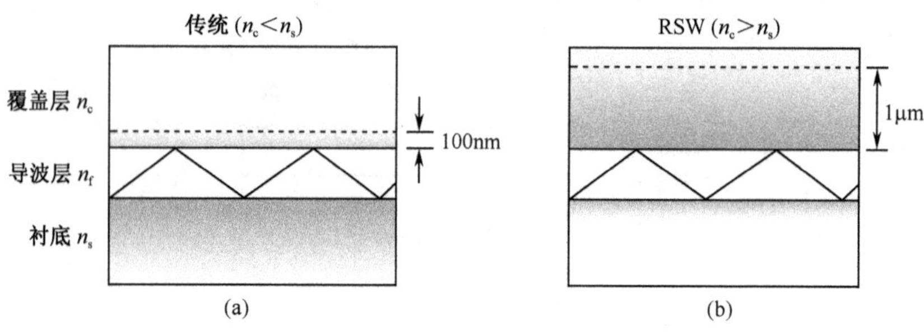

图 14.6　两类波导结构的比较

(a)传统设计；(b)反对称设计

反对称波导传感器使灵敏度比传统结构有所提高，据报道[9]，液体折射率的测量分辨率已可达到 5×10^{-5} RIU(Refractive Index Unit)。

14.2　光波导振荡传感器

从 SPR 传感器到 LW、RSW 传感器，以及利用长程表面波与光纤模构成的传感器,从其发展历程来看,目的是寻找一种灵敏的探针。但迅衰场传感器限制灵敏度的因素不仅仅是迅衰场所占的功率份额。更深层的原因是共振模的有效折射率大于待测介质(处于覆盖层或衬底)的折射率(详细分析见 14.3 节),造成迅衰场传感器的灵敏度不可能有革命性的提高。针对迅衰场传感器的不足,我们提出了一种光波导振荡场传感器,其中待测介质不是作为覆盖层或衬底,而是作为波导的芯子-导波层。由于导波层中的电磁场是振荡的,因而这种传感器被叫做振荡场传感器。但要构造这种传感器,必须克服两大障碍。首先,传统波导的导波层厚度仅为波长量级,要使待测介质(液体或气体)引入如此狭小的空间是不容易的;其次,液体或气体的折射率一般都比较小,要找到折射率更小的衬底或覆盖层材料也是困难的。而我们在第 10 章中提出的亚毫米尺度的双面金属包覆波导却能克服这两大障碍。首先,样品空间达到亚毫米到毫米量级;其次,由于金属包覆,原则上待测介质的折射率可从 1 至任何正数,极大地扩展了探测范围。

14.2.1 溶液浓度传感器[10]

测量溶液浓度变化的光波导振荡场传感器如图 14.7 所示。该结构由三部分组成。第一部分是一块顶角大于 150°的玻璃棱镜,玻璃的折射率 $n_p=1.50(\lambda=650\text{nm})$。棱镜底部预先镀制厚度约为 40nm 的金膜。第二部分为玻璃衬底和在其上表面制备的金属膜以及通孔和连接管道。由于衬底上表面的金膜足够厚,使光无法穿透,因此玻璃衬底的折射率对测量无任何影响。第三部分是处于两金膜之间的厚度为 500μm 的环形衬垫,与两相对的金膜构成一样品室。样品进出由一蠕动泵操作,而金膜的厚度与介电系数由双波长法测量。

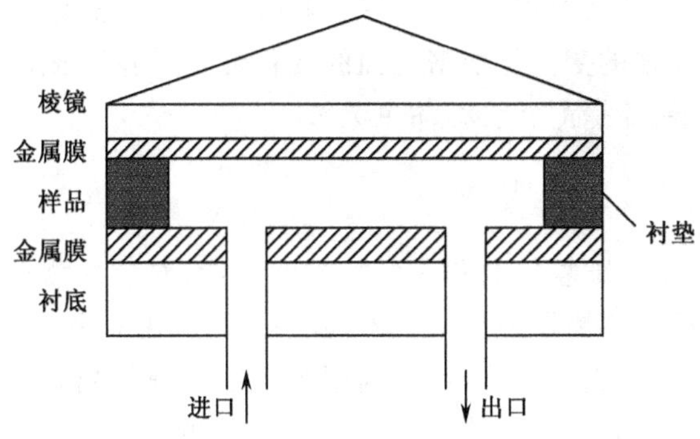

图 14.7 溶液浓度传感器

实验光路如图 14.8 所示。半导体激光器(LD)发出的波长为 650nm 的准直光,通过一偏振棱镜(P)后成为 TE 或 TM 光束,再经过空间滤波(SF)滤除高阶分量后发散输出,然后由一透镜(L)聚焦于棱镜基底,反射光再通过透镜(L)变成平行光，最后由 CCD 接收。在聚焦光束中满足同步角的光束，将引起能量向导模的转移，从而在反射光斑中形成多条黑线。当液体样品的浓度发生变化时黑线将产生移动。根据移动量可计算溶液浓度和折射率的变化。使用纯水和不同浓度的 NaCl 溶液进行了实验，稳定的条纹移动如图 14.9 所示。

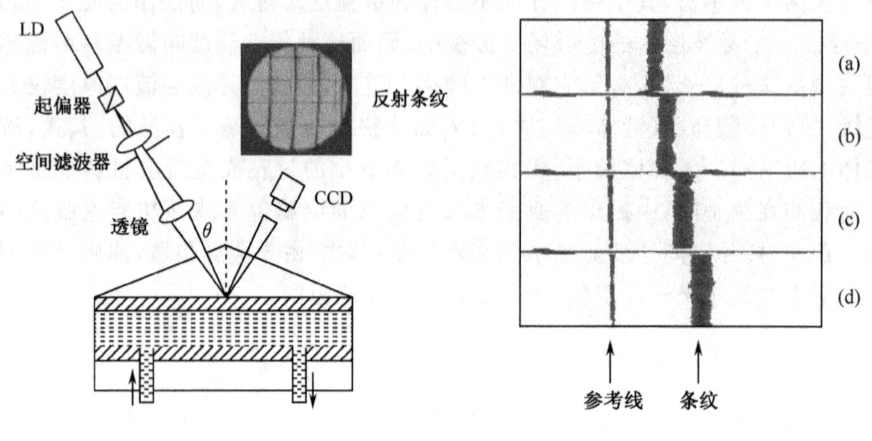

图 14.8　实验光路

图 14.9　NaCl 溶液的浓度分别为(a) 0%；(b) 0.025%；(c) 0.050%；(d) 0.075%时由 CCD 拍摄的黑线移动照片

实验中聚焦光束的入射角在 3°～5°范围，导模的有效折射率在 0.1 左右。这种方法对溶液折射率的测量分辨率可达到 10^{-5} 量级。若采用平行光入射，选择工作角处于如图 14.3 中的反射吸收峰的上升沿或下降沿的线性段的中点附近。由于反射吸收峰位置是导波层折射率的灵敏函数，当溶液浓度变化时，吸收峰位置发生移动，引起反射光强的变化。根据光强的变化可探测溶液浓度和折射率的变化。这种探测光强的机制比探测条纹移动更灵敏。

14.2.2　位移传感器[11～13]

在过去的 20 年里，随着工业和科学技术的发展，对位移测量的精度要求越来越高，已发展了多种位移测量的传感技术，其中广泛应用的是基于干涉技术的位移传感器。但由于复杂的光学构造，需要伺服系统以及确保光源波长稳定的附加设备，这些因素严重地限制了干涉技术在高精度位移测量中的应用。我们利用与溶液浓度传感器类似的结构发展了如图 14.10 所示位移传感器。它由两个主要部分组成。一部分是底面镀有薄金膜的玻璃棱镜；另一部分是由上下两表面镀有厚金膜铌酸锂晶体($LiNbO_3$)构成的压电陶瓷驱动器。两部分相隔约 100μm，整个结构被刚性地固定在一个很重的平台上。在该结构中，棱镜底面的金膜、空气隙和铌酸锂上表面的金膜构成一个亚毫米尺度的双面金属包覆光波导。利用超高阶导模对导波层厚度十分灵敏的性质[方程(10.59)],同时采用如图 14.3 所示的光强探测方法。当铌酸锂晶片的电极上施加一直流电压时,晶片的厚度因压电效应而发生变化,从而引起作为导波层的空气隙厚度的变化,结果导致反射光强的改变。图 14.11 表示探测到的光强随作用电压的变化。已知 Z 切割铌酸锂晶体压电系数为 $d_{33}=33.45\text{pm/V}$,当作用电压为 50V 时空气隙的厚度变化为 $S=50d_{33}=1.7\text{nm}$,对应的反射率变化约为 1%。

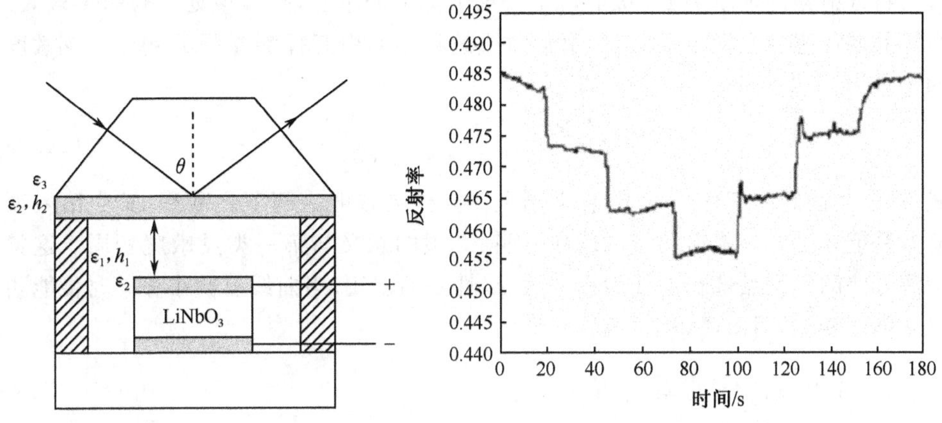

图 14.10 可变空气隙位移传感器　　图 14.11 系统灵敏度的测量

为抑制外界环境噪声,获得较高的信噪比,还可利用锁相放大技术进行探测,最终获得了位移 3.3pm 的探测灵敏度。

14.3 灵敏度分析

灵敏度是传感器的特征参数,也是传感器的关键指标。随着生物、材料、纳米科学技术的飞速发展,对传感器灵敏度的要求也越来越高。本节对上述传感器的灵敏度进行分析,比较这几类传感器的优缺点。

14.3.1 灵敏度的定义

传感器灵敏度的定义与测量时的检测方法有关,以下分析两种检测机制的灵敏度。

1. 角度调制法

这种方法是利用 ATR 吸收峰角位置的变化来测量待测样品传感参数的变化。灵敏度一般定义为

$$s=\frac{\partial}{\partial y}\left(\frac{\partial R}{\partial \theta}\right)=\left(\frac{\partial^2 R}{\partial \theta^2}\right)_{\theta=\theta_r}\cdot\left(\frac{\partial \theta}{\partial y}\right) \tag{14.1}$$

式中，θ_r 为共振角的位置，y 为传感参数，如样品的折射率、吸收及厚度等物理参数。显然灵敏度为两项之乘积，第一项为反射率对入射角的两阶导数在共振角处的数值，这一项是与反射率曲线的形状有关；而第二项与传感的效率有关，传感效率的意义在下面要进行充分的讨论。这种检测方法因为监测的是曲线的整体移动，当 ATR 吸收峰底部较平坦时，或吸收峰半宽度较大时，灵敏度较低。

2. 强度调制法

将入射角固定于 ATR 吸收峰上升或下降沿的中心附近，该处一般斜率较大。当样品的传感参数发生变化时，由于曲线的移动而引起探测光强的变化。灵敏度的定义为

$$s = \frac{\partial R}{\partial y} = \left(\frac{\partial R}{\partial \theta}\right)_{\theta=\theta_s} \cdot \left(\frac{\partial \theta}{\partial y}\right) \tag{14.2}$$

式中，θ_s 为固定的工作角，y 的意义同上。同样灵敏度为两项之乘积，其中第一项显然是上升沿或下降沿曲线的斜率，而第二项的意义与第一类灵敏度相同。这类检测方法的工作点选在曲线斜率较大、线性好的位置，当曲线有微小移动时便能测出光强的变化，因而灵敏度较高。

14.3.2 传感效率的意义

本节讨论两类灵敏度定义中与传感机制有关的参量$\partial\theta/\partial y$ 的意义。在这类衰减全反射型传感器中，$\partial\theta/\partial y$ 表示入射介质中共振角随传感参数的变化率。显然，该参量与共振模有效折射率随传感参数的变化率是等价的。考虑如图 14.12 所示的三层平板波导，以 TE 模为例，根据模式本征方程，并参照式(2.53)、式(2.54)和式(2.55)三式，可得

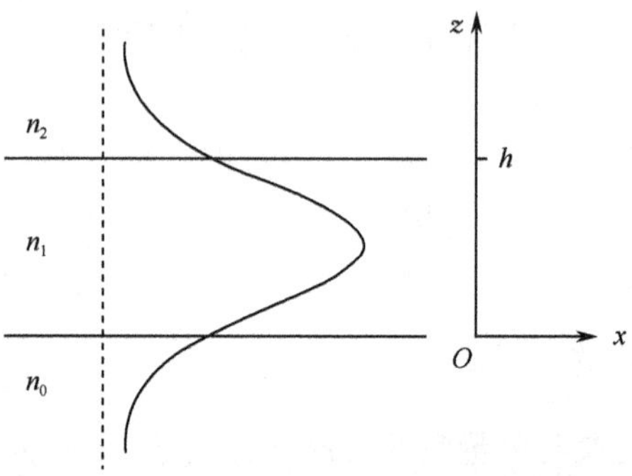

图 14.12　三层平板波导与 TE_0 模的场分布

$$\frac{\mathrm{d}N}{\mathrm{d}n_1}=\frac{n_1}{N}\cdot\frac{h+\dfrac{p_0}{\kappa_1^2+p_0^2}+\dfrac{p_2}{\kappa_1^2+p_2^2}}{h+\dfrac{1}{p_0}+\dfrac{1}{p_2}}=\frac{n_1}{N}\cdot\frac{P_1}{P}\tag{14.3}$$

$$\frac{\mathrm{d}N}{\mathrm{d}n_2}=\frac{n_2}{N}\cdot\frac{\kappa_1^2}{p_2(\kappa_1^2+p_2^2)\left(h+\dfrac{1}{p_0}+\dfrac{1}{p_2}\right)}=\frac{n_2}{N}\cdot\frac{P_2}{P}\tag{14.4}$$

$$\frac{\mathrm{d}N}{\mathrm{d}n_0}=\frac{n_0}{N}\cdot\frac{\kappa_1^2}{p_0(\kappa_1^2+p_0^2)\left(h+\dfrac{1}{p_0}+\dfrac{1}{p_2}\right)}=\frac{n_0}{N}\cdot\frac{P_0}{P}\tag{14.5}$$

式中，N 为有效折射率，P 表示导模总功率，而 P_1、P_2 和 P_0 分别表示导模在导波层、覆盖层和衬底中的功率。显然，传感效率与传感区域的功率所占总功率的份额成正比，这也是迅衰场传感器采用反对称结构的原因。其次，传感效率还与被传感介质的折射率与有效折射率之比密切相关。对迅衰场传感器，永远有 $N>n_0$，$N>n_2$，即 n_0/N 或 n_2/N 恒小于 1。而对光波导振荡场传感器，由于采用了亚毫米尺度的双面金属包覆结构，并以超高阶导模为探针，使得有效折射率 $N\to 0$。因此有 $n_1/N>1$。根据以上分析可知，迅衰场传感器的传感效率的极限值为 1，而光波导振荡场传感器的传感效率却可比 1 大很多。

14.4　光波导滤波器

利用亚毫米尺度金属包覆波导中的超高阶导模对导波层折射率和厚度的灵敏性质，我们发展了溶液浓度和微位移两类光波导振荡场传感器。由式(10.58)可知，超高阶导模对波长也具有十分灵敏的性质。本节讨论利用这种特殊性质研制光波导滤波器的可能性。

14.4.1　可调谐窄带滤波器[14]

亚毫米尺度金属包覆波导结构如图 14.13 所示，其中 ε_0、ε_1 和 ε_2 分别为空气、

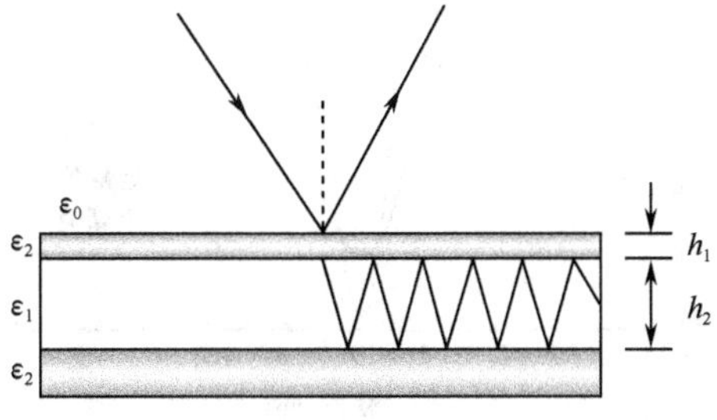

图 14.13　亚毫米尺度金属包覆波导

介质和金属的介电系数，h_1 和 h_2 分别为介质平板和上层金属膜的厚度。h_1 为亚毫米尺度，而 h_2 一般为 30～50nm。下层金属膜的厚度在做反射谱时一般为几百纳米，这时光已无法透过，可看作无限厚。

利用自由空间耦合技术，当入射光为单色波时，通过入射角角度扫描，可得到一 ATR 吸收峰。当入射光为复色波时，固定入射角，通过波长扫描也可得到一系列波长变化的吸收峰。可调谐窄带滤波器的实验装置如图 14.14 所示。

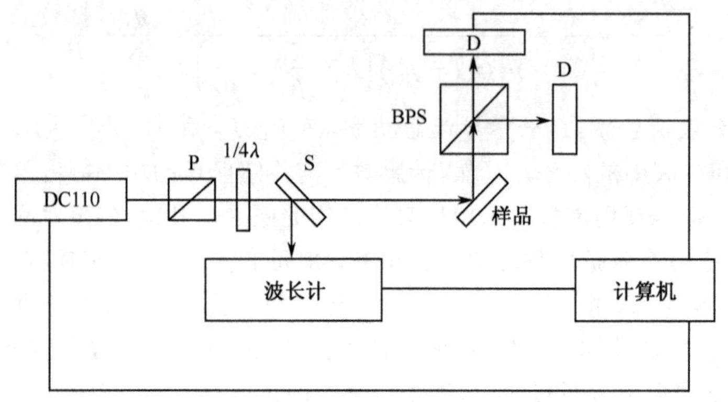

图 14.14　可调谐窄带滤波器的实验装置

本实验中波长为 850nm、线宽为 1MHz 的可调谐半导体(DC110)激光器输出的激光，经过一偏振器(P)和四分之一波片后成为圆偏振光，再通过一分束片(S)，小部分光经反射后由波长计接收，大部分光以一定角度入射于样品表面，反射光通过偏振分束器(BPS)后成等强度的 TE 和 TM 光分别进入两光电探测器(D)，输出信号进入计算机。精密的波长调节由计算机控制的温度调节单元实现，实验结果如图 14.15 所示。

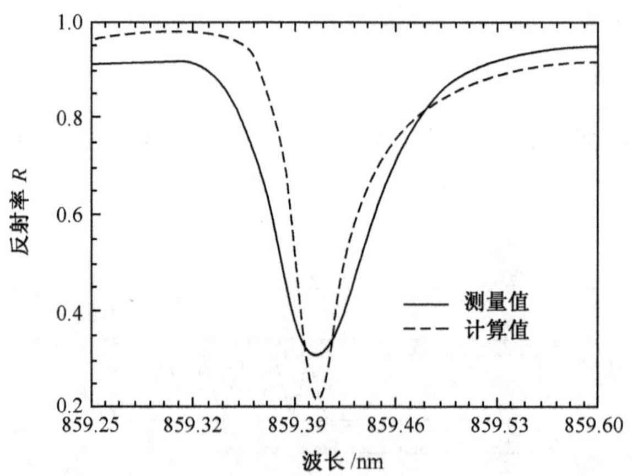

图 14.15　归一化的反射率随波长变化的曲线

由图可见,实验所得谱线带宽(FWHM)为 0.08nm,实验与模拟的偏差主要由激光束的发散所引起。通过旋转样品改变入射角可实现波长调谐。不同于棱镜耦合,自由空间耦合技术可实现 0°～90°范围的连续调节。根据双面金属包覆波导的模式本征方程(10.28),和 $n_{\text{eff}}=n_0\sin\theta_0$,设 $\theta_0=0°$时,滤波器的峰值波长为 λ_0,则 $\theta_0=90°$时,峰值波长满足以下近似关系:

$$\frac{\lambda_0}{\lambda}=\sqrt{\frac{\varepsilon_1}{\varepsilon_1-\varepsilon_0}} \tag{14.6}$$

若 $\varepsilon_1=2.25$,$\varepsilon_0=1.0$,则最大峰值波长约为最小峰值波长的 1.34 倍,可调谐的波长范围是相当大的。这种窄带滤波的原理同样源于超高阶导模的强色散性质。根据式(10.58),若把 $\Delta\lambda$ 看作导模吸收峰的半宽度(FWHM),显然有 $\Delta\lambda$ 与 N 成正比。即模阶数越高,N 越小,则滤波器的带宽越窄。

14.4.2 可调谐梳状滤波器

梳状滤波器[15]是光通信密集波分复用(DWDM)技术中一个关键器件,它可作为通道隔离器用以降低相邻通道的串话,也可以作为多波长光纤激光系统中的波长选择单元。已有多种方法[16,17]来实现这种梳状滤波技术,而且难以达到 DWDM 系统中要求的 0.8nm 或 0.4nm 的通道间隔。我们提出利用亚毫米尺度金属包覆波导,可方便地达到梳状滤波的目的。简单的实验装置如图 14.16 所示。实验样品为上下两面镀有金膜的厚度为 900μm 的玻璃平板。由自发辐射(ASE)光源发出的宽带光通过一自聚焦透镜后入射于样品表面。反射光由光纤光谱分析(OSA)仪接收。所得的反射光谱如图 14.17 所示。

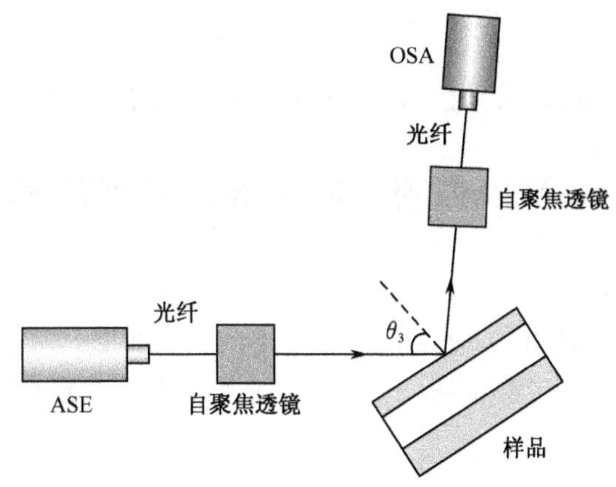

图 14.16 可调谐梳状滤波实验装置

简单的旋转样品改变入射角可调谐中心波长的位置,也可对通道间隔进行细

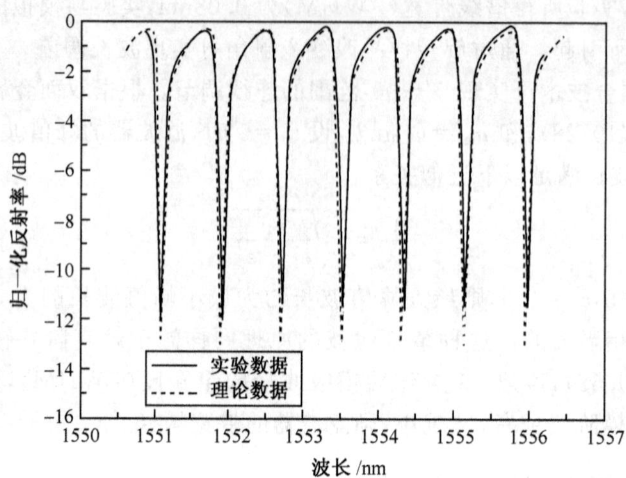

图 14.17 反射光谱

其中实线为实验结果，虚线为模拟结果。所用样品参数为 $\varepsilon_1=3.115$，$\varepsilon_2=-132+i12.56$，$h_1=900\mu m$，$h_2=21nm$，$\theta_0=61°$

微调节。初步的实验结果显示了大于 12dB 的通道隔离度，小于 0.2dB 的插入损耗以及精确的 0.8nm 的通道间隔。根据模式本征方程(10.55)，可得

$$\frac{2\pi v}{c}n_1 h\cos\theta_1 = m\pi \tag{14.7}$$

在入射角 θ_0 固定(θ_1 也固定)，且不考虑材料色散时，通道间隔

$$\Delta v = \frac{c}{2n_1 h\cos\theta_1} \tag{14.8}$$

为一常数。由于利用超高阶导模，以上介绍的两种滤波器都是偏振无关的。

14.5 反射型聚合物波导电光器件[20～23]

由于聚合物材料的低色散、高非线性系数、易合成以及与微电子工艺相容等优点，近年来已受到学术界和工业界的广泛关注。一批新型的聚合物波导电光器件正在研究、开发，并逐渐走向市场。本节简要介绍反射型电光调制器和衰减器的工作原理。

14.5.1 电光调制器

使电信号加载于传输光的电光调制器已广泛应用于通信、航空以及军事等工业部门。Mach-Zehnder 型 $LiNbO_3$ 电光调制器早已实现商品化。但 $LiNbO_3$ 晶体

的高色散性使这种调制器的带宽受到严重的制约。近10多年来,低色散的聚合物材料备受关注。低电压、高带宽的M-Z型聚合物电光调制器已在实验室制备成功。但由于聚合物材料碳氢、碳氧和氢氧等键的振动谐波吸收,使波导传输型的聚合物电光调制器的插入损耗高达十几分贝,使其难以实现市场化。与此同时,出现了一些反射型的电光调制器。例如,Slogaard等[18]以砷化镓作衬底。通过激发金属和电光聚合物之间的表面等离子波,获得了高达22GHz的带宽。但该调制器的调制度太低,在工作电压为7V时,调制度仅为0.1%。Jung[19]等提出了另一种结构的表面等离子波电光聚合物调制器,当工作电压为100V时,调制度可增加到18.5%。但这个调制器的带宽仅为100kHz。为提高反射型器件的性能,我们提出了利用光波导的反射型电光聚合物调制器。

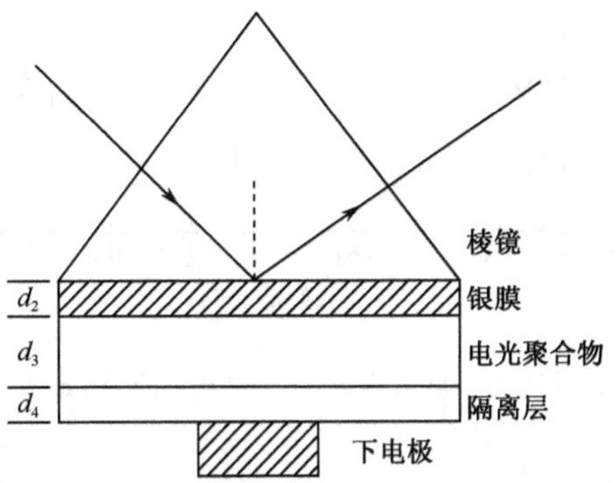

图14.18 反射型聚合物波导电光调制器

如图14.18所示,该结构由高折射率棱镜($n_1=1.90$)、银膜($n_2=0.10+i5.6$,$d_2=48nm$)、电光聚合物薄膜($n_3=1.69$,$d_3=2.0\mu m$)、隔离层($n_4=1.49$,$d_4=1.0\mu m$)和下电极组成。工作波长$\lambda=832nm$。当一束经准直的TM偏振的光入射于棱镜底时,设入射角为θ。经角度扫描,可得到如图14.19所示的ATR谱,图中每个吸收峰相对于聚合物波导中的一个导模。吸收峰极小值对应的角度即是同步角。与Jung等提出的机制不同,我们不用表面等离子波(TM_0模)的吸收峰作为调制曲线,而利用导波(TM_1或TM_2等模)的吸收峰作调制曲线。由图可见,导波的吸收峰比表面等离子波的吸收峰窄,意味着其上升或下降沿具有更大的斜率。因而光强对电场感应的电光聚合物的折射率变化更为灵敏。以TM_1为例,如图14.20所示,选取工作角θ_0于线性较好的吸收峰下降沿的中点附近,设对应的反射光强为I_0。由于吸收峰的位置是电光聚合物折射率的灵敏函数,因此当调制器上下电极作用一定的电压差ΔV时,聚合物因电光效应而产生Δn_3的变化。从而引起吸收峰的移动,则在工作角处产生的光强变化[22]:

$$\Delta I = -\frac{\gamma_{33} k n_3^3 E}{2n_1 \cos\theta} \tag{14.9}$$

式中，γ_{33} 是聚合物的电光系数，θ 为工作角，n_1 和 n_3 分别为棱镜和电光聚合物的折射率。E 是作用电场，可通过作用电压和电极之间的膜厚估算。$k=\Delta I/\Delta\theta$ 是吸收峰下降沿的斜率。

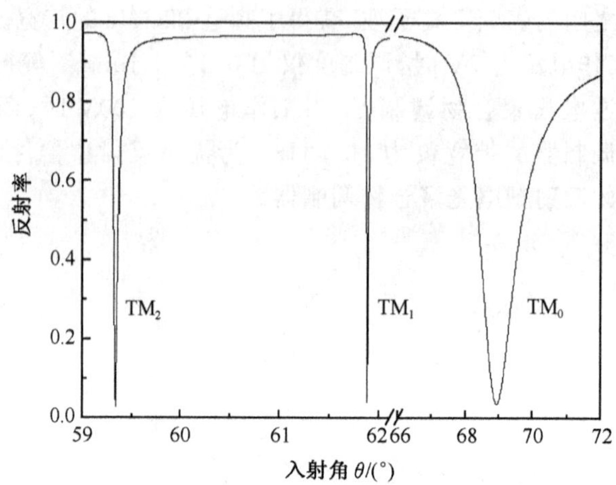

图 14.19　反射率 R 对入射角 θ 的 ATR 谱

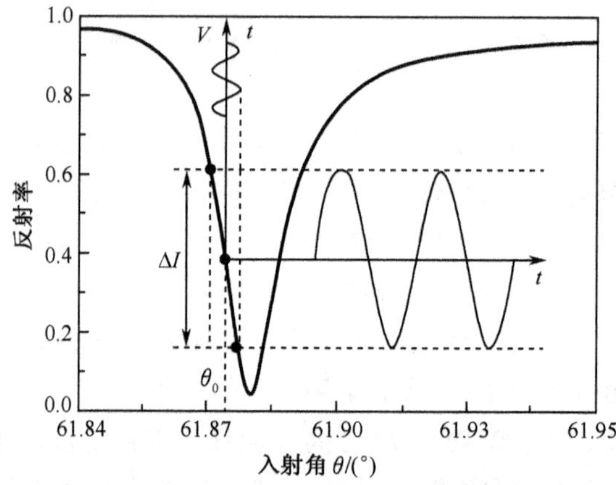

图 14.20　电压作用下 ATR 谱移动引起反射光强的调制

在这种调制器中，由于不存在传输损耗，其插入损耗可小于 1.5dB。而调制速率(带宽)主要受上下电极产生的电容制约。当下电极的直径为 1mm 时，调制带宽可达吉赫兹(GHz)量级。另外，工作电压主要与聚合物的电光系数以及吸收峰下降沿的斜率有关。已有报道,电光系数在波长 λ=632.8nm 时高达 95pm/V 的聚合物,约为 $LiNbO_3$ 晶体的三倍。在这种情况下,反射型聚合物波导电光调制器的工作电压满足实用化的要求是完全可能的。

14.5.2 电光衰减器

可变光学衰减器(variable optical attenuator)[24]在光纤通信、航天、航空等领域具有重的应用价值。反射型聚合物波导电光衰减器的结构与调制器完全相似,也是一个棱镜-金属包覆波导耦合系统。工作原理也基本相似。工作时,固定入射角于 ATR 吸收峰下降沿上一点,改变作用于电极上的直流电压,则可改变反射光的光强。制备这个器件的难点是严格控制金属包覆层的厚度,使聚合物波导 ATR 吸收峰的 R_{min} 尽量趋于零,以便得到大的动态衰减范围。如图 14.21 所示,我们在实验中利用 TM_1 模,得到了动态衰减范围大于 20dB 的结果。

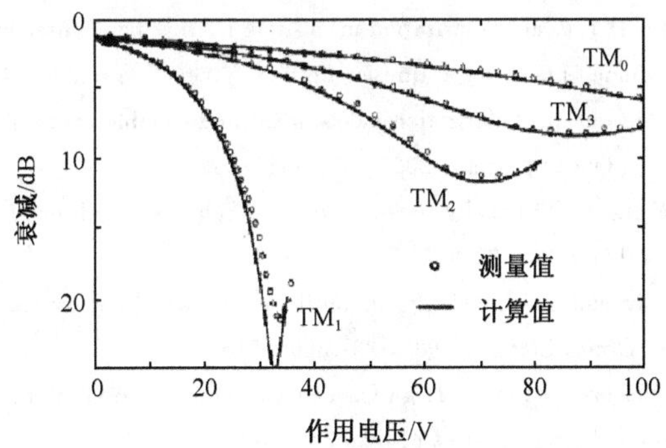

图 14.21 作用电压与衰减的关系

参 考 文 献

[1] Otto A. Exaction of nonradiative surface plasma waves in silver by the method of frustrated total reflection [J]. Zeitschrift für Physik, 1968, 216: 398~410.

[2] Kretschmann E. Determination of the optical constants of metals by exciation of surface plasmons [J]. Zeitschrift für Physik, 1971, 248: 313~324.

[3] Rich R L, Myszka D G. Advances in surface plasmon resonance biosensor analysis[J]. Current Opinion in Biotechnology, 2000, 11: 54~61.

[4] Okamoto T, Yamamoto M, Yamaguchi I. Optical waveguide absorption sensor using a single coupling prism [J]. Journal of the Optical Society of America A, 2000, 17: 1880~1886.

[5] Horvath R, Pedersen H C, Larsen N B. Demonstration of reverse symmetry waveguide sensing in aqueous solutions [J]. Applied Physics Letters, 2002, 81: 2166~2168.

[6] Horvath R, Pedersen H C Skivesen N. Monitoring of living cell attachment and spreading using reverse

symmetry waveguide sensing [J]. Applied Physics Letters, 2005, 86: 071101 1～3.

[7] Horvath R, Pedersen H C, Cuisinier F C. Guided wave sensing of polyelectrolyte multilayers [J]. Applied Physics Letters, 2006, 88: 111102 1～3.

[8] Nylander C, Liedberg B, Lind T. Gas detection by means of surface plasmon resonance [J]. Sensors and Actuators, 1982, 3:79～88.

[9] Tiefenthaler K, Lukosz W. Sensitivity of grating couplers as integrated-optical chemical sensors [J]. Journal of the Optical Society of America B, 1989, 6: 209～220.

[10] Chen G, Cao Z Q, Gu J H et al. Oscillating wave sensors based on ultrahigh-order modes in symmetric metal-clad optical waveguide [J]. Applied Physics Letters, 2006, 89 : 081120 1～3.

[11] Shi J, Cao Z Q, Zhu J et al. Displacement measurement in real time using the attenuated total reflection technique [J]. Applied Physics Letters, 2004, 84: 3253 1～3

[12] Chen F, Cao Z Q, Shen Q S et al. Picometer displacement sensing using the ultrahigh-order modes in a submillimeter scale optical waveguide [J]. Optics Express, 2005, 13: 10061～10065.

[13] Chen F, Cao Z Q, Shen Q S et al. Nanoscale displacement measurement in a variable-air-gap optical waveguide [J]. Applied Physics Letters, 2006, 88: 161111 1～3.

[14] Li H G, Cao Z Q, Lu H F et al. Polarization-insensitive narrow band filter with a symmetrical metal-cladding optical waveguide [J]. Chinese Physics Letters, 2006, 23: 643～644.

[15] Lu H, Cao Z Q, Li H G et al. Polarization-independent and tunable comb filter based on a free-space coupling technique [J]. Optics Letters, 2006, 31: 386～388.

[16] Yu B, Pickrell G, Wang A. Thermally tunable extrinsic Fabry-Perot filter [J]. IEEE Photonics Technology Letters, 2004, 16: 2296～2298.

[17] Gu X J. Wavelength-division multiplexing isolation fiber filter and light source using cascaded long-period fiber gratings [J] . Optics Letters, 1998, 23: 509～510.

[18] Solgaard O, Ho F, Thackara J I et al. High frequency attenuated total internal reflection light modulator [J]. Applied Physics Letters, 1992, 61: 2500～2502.

[19] Jung C, Yee S, Kuhn K. Electro-optic polymer light modulator based on surface plasmon resonance [J]. Applied Optics, 1995, 34: 946～949.

[20] Jiang Y, Cao Z Q, Chen G et al. Low voltage electro-optic polymer light modulator using attenuated total internal reflection [J]. Optics & Laser Technology, 2001, 33: 417～420.

[21] Yang Y, Cao Z Q, Shen Q S et al. Multi-channel light modulation based on the attenuation total reflection [J]. Optics & Laser Technology, 2005, 37: 225～228.

[22] Jiang Y, Cao Z, Shen Q S et al. Improved attenuated-total-reflection technique for measuring the electro-optic coefficients of nonlinear optical polymer [J]. Journal of the Optical Society of America B, 2000, 17: 805～808.

[23] Zhou J H, Deng X X, Cao Z Q et al. Determination of dc Kerr coefficients of polymer films with prism-optical waveguide configuration[J]. Applied Physics Letters, 2006, 88: 021106 1～3.

[24] Jiang Y, Cao Z Q. Mechanism of a variable optical attenuator based on guided wave resonance [J]. Chinese Physics Letters, 2001, 18: 1288～1290.

第 15 章　由古斯-汉欣位移引出的几个问题

由于古斯-汉欣(Goos-Hänchen)位移具有深刻的物理内涵,自 1947 年其被发现以来,受到了物理学界广泛的关注。例如,20 世纪末引发的粒子穿越势垒时的超光速现象[1,2],有关违反相对论因果律的负群延迟时间问题[4~6],以及近几年来发现的共振激发引起的异常大的古斯-汉欣位移等[7,8]。鉴于古斯-汉欣位移在光波导中的重要性,本书特设一章用来讨论古斯-汉欣位移引出的几个问题。

15.1　光波导中的困惑

根据传统的古斯-汉欣位移理论,我们发现了光波导中光线理论与电磁场理论的矛盾,而若考虑 Resch 等[4]指出的附加侧向相移分量,则矛盾迎刃而解。

15.1.1　光线理论与电磁场理论的碰撞

由第 1 章内容可知,如图 15.1 所示,当光束以大于全反射临界角 θ_c 入射于两种介质($n_1>n_2$)的分界面时,反射光线相对于入射点有一侧向位移,称为古斯-汉欣位移,其大小为[3]

$$\Delta z = \frac{2}{\kappa_1}\frac{\partial \phi}{\partial \theta} \tag{15.1}$$

式中,$\kappa_1=k_0 n_1\cos\theta$ 为垂直于分界面的波矢分量,θ 是入射角,而 -2ϕ 是反射点 B 相对于入射点 A 的全反射位移。

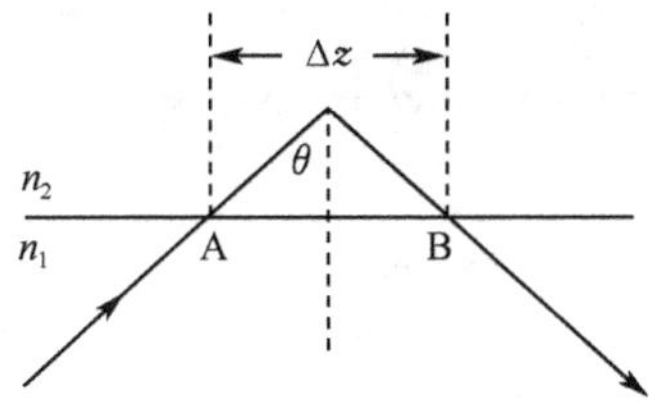

图 15.1　全反射时的古斯-汉欣位移

以上说法是否正确呢？让我们考虑如图 15.2 所示的在光波导中传输的光线图像。根据第 2 章的分析可知,光线经过一个周期(图中两条虚线之间的区域)传输后,在垂直于入射面平面中的相位积累应是 2π 的整数倍,即有

$$\kappa_1 h = m\pi + \phi_{10} + \phi_{12}, \quad m = 0,1,2,\cdots \tag{15.2}$$

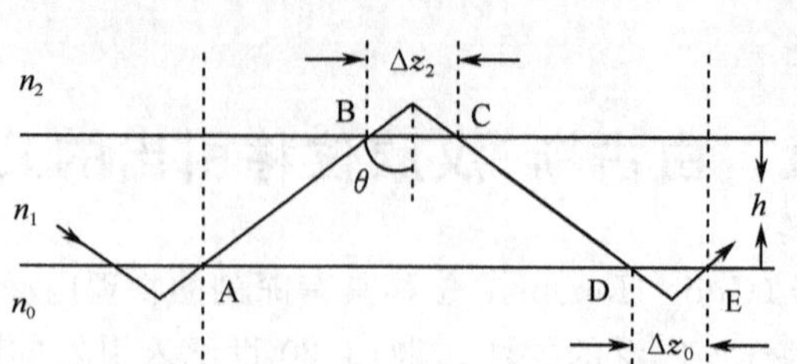

图 15.2 光波导中传输的光线图像

按照有关古斯-汉欣位移的原理,式中$-2\phi_{10}$是光线在 E 点相对于 D 点的相移,而$-2\phi_{12}$是光线在 C 点相对于 B 点的相移。而光线光学指出,光线从 A 点出发到达 B 点,在上界面反射后到达 C 点,再传输到 D 点,在下界面反射后到达 E 点所积累的相位为

$$\Phi_1 = 2k_0 n_1 \frac{h}{\cos\theta} - 2(\phi_{10} + \phi_{12}) \tag{15.3}$$

由电磁场理论,传播常数为$\beta = k_0 n_1 \sin\theta$的导波经过传输距离 l 后的相位积累应为

$$\Phi_2 = \beta l \tag{15.4}$$

若光线光学与电磁场理论是自洽的,则应有

$$\Phi_1 - \Phi_2 = 2m\pi \tag{15.5}$$

利用式(15.2),Φ_1 可改写成

$$\begin{aligned}\Phi_1 &= 2k_0 n_1 \frac{h}{\cos\theta} - 2(k_0 n_1 \cos\theta \cdot h - m\pi) \\ &= 2\beta h \tan\theta + 2m\pi\end{aligned} \tag{15.6}$$

而一个周期的长度

$$l = 2h\tan\theta + (\Delta z_0 + \Delta z_2) \tag{15.7}$$

从而有

$$\Phi_1 - \Phi_2 = 2m\pi - \beta(\Delta z_0 + \Delta z_2) \tag{15.8}$$

显然,两种理论不自洽。

15.1.2 侧向相移分量的引入

光线光学与电磁场理论在最基础的领域发生了矛盾,问题出在哪里呢?21 世纪初,Resch 等[4]指出,全反射时的总相移除了垂直于入射面平面中的相移分量外,还必须加上入射面内的侧向相移分量,即全反射时的总相移为

$$\Phi_{\text{TOT}} = -2\phi + k_0 n_1 \sin\theta \cdot \Delta z \tag{15.9}$$

按照这种规定,式(15.3)是错误的,应改写为

$$\begin{aligned}\Phi_1 &= 2k_0 n_1 \frac{h}{\cos\theta} - 2(\phi_{10} + \phi_{12}) + \beta(\Delta z_0 + \Delta z_2) \\ &= 2\beta h \tan\theta + \beta(\Delta z_0 + \Delta z_2) + 2m\pi\end{aligned} \tag{15.10}$$

这时,式(15.5)成立,两种理论的矛盾迎刃而解。式(15.10)还可以写成

$$\Phi_1 = 2\beta h_{\text{eff}} \tan\theta + 2m\pi \tag{15.11}$$

h_{eff}为波导有效厚度。式(15.11)告诉我们,在不考虑全反射相移情况下,波导中的光线与在厚度为h_{eff}的薄膜中传输的行为是相同的。

15.2 盖尔斯-特纳尔斯干涉仪中的因果律佯谬

同样,根据传统的古斯-汉欣位移理论,Tournois[5]发现了盖尔斯-特纳尔斯(Gires-Tournois)干涉仪结构中的负的群延迟时间现象,他把这一现象叫做因果律佯谬。

15.2.1 盖尔斯-特纳尔斯干涉仪

考虑如图15.3所示的盖尔斯-特纳尔斯干涉仪结构。设$n_1 > n_3 > n_2$。当n_1介质中的入射角大于n_1和n_3介质的全反射临界角时,n_2和n_3介质中的场为迅衰场。利用菲涅耳公式,可得入射介质中反射光振幅相对于入射光振幅的反射系数

$$r = \frac{B_1}{A_1} = \frac{\exp(-\mathrm{i}2\phi_{12}) + r_{23}\exp(-2\alpha_2 d)}{1 + r_{23}\exp(-\mathrm{i}2\phi_{12})\exp(-2\alpha_2 d)} \tag{15.12}$$

式中

$$\phi_{12} = \begin{cases} \arctan\left(\dfrac{\alpha_2}{\kappa_1}\right), & \text{TE 波} \\ \arctan\left(\dfrac{n_1^2}{n_2^2}\dfrac{\alpha_2}{\kappa_1}\right), & \text{TM 波} \end{cases} \tag{15.13}$$

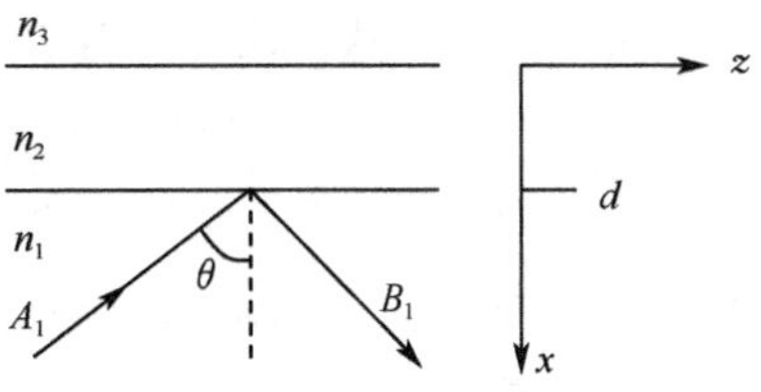

图15.3 盖尔斯-特纳尔斯干涉仪

$$r_{23}=\begin{cases}\dfrac{\alpha_2+\alpha_3}{\alpha_2-\alpha_3}, & \text{TE 波}\\ \dfrac{n_3^2\alpha_2+n_2^2\alpha_3}{n_3^2\alpha_2-n_2^2\alpha_3}, & \text{TM 波}\end{cases} \tag{15.14}$$

$$\begin{cases}\kappa_1=k_0 n_1\cos\theta\\ \alpha_2=k_0(n_1^2\sin^2\theta-n_2^2)^{1/2}\\ \alpha_3=k_0(n_1^2\sin^2\theta-n_3^2)^{1/2}\end{cases} \tag{15.15}$$

对于无吸收和无色散介质，复振幅之间的关系可表示为

$$B_1=A_1\exp(-\mathrm{i}2\phi) \tag{15.16}$$

-2ϕ 为盖尔斯-特纳尔斯三层结构中的全反射相移。由式(15.12)和式(15.16)，可得

$$\tan\phi=\tan\phi_{12}\,\frac{1-r_{23}\exp(-2\alpha_2 d)}{1+r_{23}\exp(-2\alpha_2 d)} \tag{15.17}$$

群延迟时间

$$t_g=-2\frac{\partial\phi}{\partial\omega}=-\frac{(8\alpha_2 d/\omega)\tan\phi_{12}\cdot r_{23}\exp(-2\alpha_2 d)}{[1+r_{23}\exp(-2\alpha_2 d)]^2+\tan^2\phi_{12}\cdot[1-r_{23}\exp(-2\alpha_2 d)]^2} \tag{15.18}$$

因 $n_3>n_2$，故有 $\alpha_2>\alpha_3$。由式(15.14)可知，对两种偏振光，都有 $r_{23}>0$。于是由式(15.18)可知 $t_g<0$。而负的群延迟时间是违反相对论因果律的。特纳尔斯无法解释，因而称之为因果律佯谬[5]。

15.2.2　因果律佯谬的解释

实际上，这种因果律佯谬与光波导中遇到的问题是相同的。原因还是没有考虑全反射时侧向位移产生的相移。盖尔斯-特纳尔斯干涉仪结构中的全反射的总相移仍由式(15.9)表示，而全反射的总延迟时间应为

$$\frac{\partial\Phi_{\mathrm{TOT}}}{\partial\omega}=-2\frac{\partial\phi}{\partial\omega}+\frac{n_1}{c}\sin\theta\cdot(\Delta z) \tag{15.19}$$

式中第一项是因相移色散引起的群延迟时间 t_g，而第二项是侧向位移引起的古斯-汉欣时间 t_{GH}(按照 Tournois 的观点，这一项是不存在的)。利用式(15.1)可得

$$t_{GH}=\frac{n_1}{c}\sin\theta\cdot\left(\frac{2}{k_0 n_1\cos\theta}\cdot\frac{\partial\phi}{\partial\theta}\right)=\frac{2\tan\theta}{\omega}\frac{\partial\phi}{\partial\theta} \tag{15.20}$$

由于古斯-汉欣时间的存在，Resch 证明了全反射的总延迟时间

$$t=t_g+t_{GH}>0 \tag{15.21}$$

即 Tournios 声称的因果律佯谬是不存在的。而式(15.21)的证明太长，感兴趣的读者可参考文献[4]。

15.3 等离子镜面上全反射的因果律佯谬

Resch 等的论文说明了全反射的总延迟时间不可能是负的。但 Tournois 不接受这一观点，并举了一个 TM 偏振光在理想无吸收等离子镜面上全反射的例子，说明即使考虑了古斯-汉欣时间，仍会出现负的总延迟时间。

15.3.1 等离子镜面上的全反射[6]

设 ω_p 为等离子体频率，并记 $u=\omega/\omega_p$，ω 为光频。等离子体的折射率为 $n_p=-i(1-u^2)^{1/2}/u$，其中 $0<u<1$。对从真空($n_1=1$)入射于等离子镜面上的 TM 偏振光，设入射角为 θ，则由式(15.13)，相移 -2ϕ 由下式确定：

$$\tan\phi=-\frac{u(1-u^2\cos^2\theta)^{1/2}}{(1-u^2)\cos\theta} \tag{15.22}$$

由此可得群延迟时间

$$t_g=-2\frac{\partial\phi}{\partial\omega}=\frac{2\cos\theta}{\omega_p(1-u^2\cos^2\theta)^{1/2}}\cdot\frac{(1-u^2\cos2\theta)}{(\cos^2\theta-u^2\cos2\theta)} \tag{15.23}$$

容易验证，$t_g>0$。而古斯-汉欣时间

$$t_{GH}=\frac{2\tan\theta}{\omega}\left(\frac{\partial\phi}{\partial\theta}\right)=-\frac{2\tan\theta\sin\theta}{\omega_p(1-u^2\cos^2\theta)^{1/2}}\cdot\frac{(1-u^2)}{(\cos^2\theta-u^2\cos2\theta)} \tag{15.24}$$

同样容易验证，$t_{GH}<0$。

当入射角 θ 满足

$$u^2<\frac{\tan^2\theta-1}{\tan^2\theta-\cos2\theta} \tag{15.25}$$

时，则总的延迟时间满足

$$t=t_g+t_{GH}<0 \tag{15.26}$$

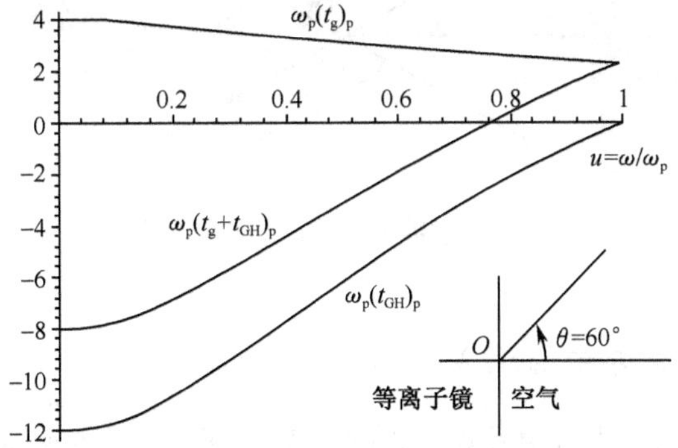

图 15.4 等离子镜面上的全反射

图 15.4 画出了群延迟时间 t_g、古斯-汉欣时间 t_{GH} 和总的延迟时间(t_g+t_{GH})随 u 的变化曲线。由图可见,当 $u<0.8$ 时,总延迟时间 $t<0$。

以上例子说明,若不考虑古斯-汉欣时间 t_{GH},则群延迟 $t_g>0$。因此,不存在因果律佯谬。但若考虑古斯-汉欣时间,则总的延迟时间仍可能为负,因果律佯谬依然存在。因此,Tournois 认为 Resch 的观点并不正确。他坚持认为,全反射时仅存在全反射相移产生的群延迟时间,而古斯-汉欣时间是不存在的。

15.3.2 因果律佯谬的解释[7]

我们认为,全反射的古斯-汉欣时间是永远存在的。只不过由式(15.24)表示的 t_{GH} 不够完整。实际上,对入射于等离子镜面上的 TM 偏振光,如图 15.5 所示,由于 $n_p^2<0$,因此实际的反射光点并不在分界面上,而处于分界面前。设反射点为 O,界面上的侧向位移 AB 记为 Δz。这时,全反射总相移由三部分组成。第一部分为传统的反射相移 -2ϕ;第二部分为由侧向位移引起的相移;而第三部分是光线从 O 到 A 和从 B 到 O 传输所积累的相位,即有

$$\Phi_{TOT}=-2\phi+k_0n_1(\Delta z)(\sin\theta-1/\sin\theta) \tag{15.27}$$

因此,实际的古斯-汉欣时间应是

$$\begin{aligned}\tau_{GH}&=\frac{n_1}{c}(\Delta z)(\sin\theta-1/\sin\theta)\\&=\frac{2(1-u^2)\cos\theta}{\omega_p(1-u^2\cos^2\theta)^{1/2}(\cos^2\theta-u^2\cos2\theta)}\end{aligned} \tag{15.28}$$

显然,$\tau_{GH}>0$。而由 $t_g>0$ 可知,总的延迟时间是正的。从而说明在等离子镜面上全反射的因果律佯谬也是不存在的。

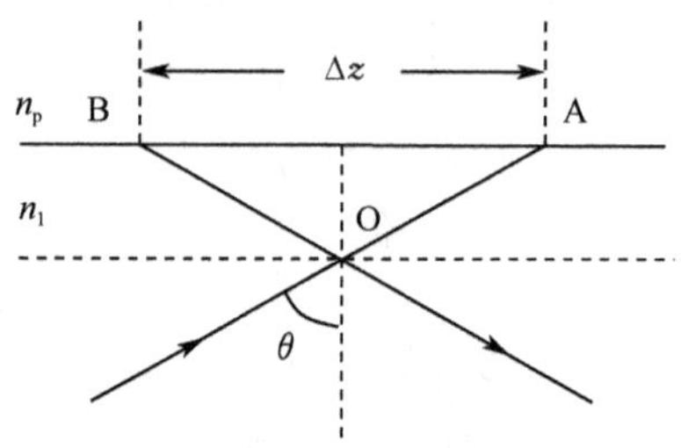

图 15.5 等离子镜面上的全反射

15.3.3 光波导中的深入分析

为了验证 15.3.2 小节中的观点正确与否,考虑图 15.6 所示的对称平板波导。导波层为真空,上下包覆层为理想无吸收的等离子体。则该波导 TM 模的色散方

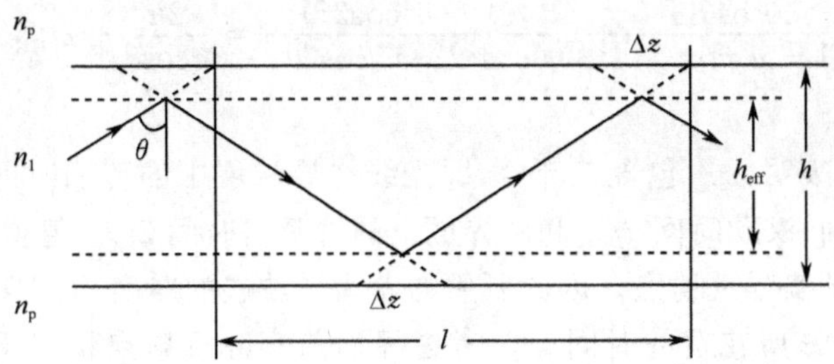

图 15.6 对称等离子体包覆平板波导中的线光学模型

程为

$$\kappa_1 h = m\pi + 2\phi, \quad m = 0,1,2,\cdots \tag{15.29}$$

上下界面的全反射相移-2ϕ由下式定义：

$$\tan\phi = \frac{1}{n_p^2}\left(\frac{N^2 - n_p^2}{1 - N^2}\right)^{1/2} \tag{15.30}$$

式中 $N=\beta/k_0$ 为导模的有效折射率。

导模的群速 v_g 可表示为

$$\frac{1}{v_g} = \frac{\partial\beta}{\partial\omega} = \frac{N}{c} + k_0\frac{\partial N}{\partial\omega} \tag{15.31}$$

由方程(15.29)，可得

$$\frac{\partial N}{\partial\omega} = \frac{1-N^2}{\omega N h_{eff}}\left[h + 2\frac{1-n_p^2}{n_p^4(1-N^2)+(N^2-n_p^2)}\cdot\frac{2N^2-n_p^2}{k_0(N^2-n_p^2)^{1/2}}\right] \tag{15.32}$$

代入式(15.31)得

$$\frac{1}{v_g} = \frac{N}{c} + \frac{1-N^2}{cNh_{eff}}\cdot\left[h + 2\frac{1-n_p^2}{n_p^4(1-N^2)+(N^2-n_p^2)}\cdot\frac{2N^2-n_p^2}{k_0(N^2-n_p^2)^{1/2}}\right] \tag{15.33}$$

由于光线在波导中传输一个周期的长度

$$l = 2h\tan\theta + 2\Delta z = 2h_{eff}\tan\theta \tag{15.34}$$

因此，导模在传输距离 l 后所需要的时间

$$\begin{aligned}\tau_{total} &= 2h_{eff}\tan\theta/v_g \\ &= \frac{2\tan\theta}{cN}\left[h + 2\frac{n_p^2(1-n_p^2)}{n_p^4(1-N^2)+(N^2-n_p^2)}\cdot\frac{N^2}{k_0(N^2-n_p^2)^{1/2}}\right. \\ &\quad \left. + 2\frac{(1-n_p^2)(2N^2-n_p^2)}{n_p^4(1-N^2)+(N^2-n_p^2)}\cdot\frac{1-N^2}{k_0(N^2-n_p^2)^{1/2}}\right]\end{aligned} \tag{15.35}$$

考虑到 $N=\sin\theta$ 和式(15.23)、式(15.24)两式，式(15.35)可化为

$$\tau_{total} = \frac{2h}{c\cos\theta} - \frac{4\tan\theta\sin\theta}{\omega_p(1-u^2\cos^2\theta)^{1/2}}\cdot\frac{(1-u^2)}{(\cos^2\theta - u^2\cos 2\theta)}$$

$$+\frac{4\cos\theta}{\omega_{\mathrm{p}}(1-u^{2}\cos^{2}\theta)^{1/2}}\cdot\frac{(1-u^{2}\cos 2\theta)}{(\cos^{2}\theta-u^{2}\cos 2\theta)}=\frac{2h}{c\cos\theta}+2t_{\mathrm{GH}}+2t_{\mathrm{g}} \tag{15.36}$$

式(15.36)清楚表明，τ_{total}包含三部分，即光线在导波层中的传输时间 $2h/(c\cos\theta)$，两界面上的古斯-汉欣时间 $2t_{\mathrm{GH}}$ 和两界面上的群延迟时间 $2t_{\mathrm{g}}$。值得注意的是这里没有考虑光线的实际反射点。因此所用的 h 为导波层的厚度，而古斯-汉欣时间仅包含界面位移 Δz 所花费的时间。在考虑界面前实际反射点情况下，我们可改写式(15.36)

$$\begin{aligned}\tau_{\text{total}}=&\frac{2h_{\text{eff}}}{c\cos\theta}+\frac{4\cos\theta}{\omega_{\mathrm{p}}(1-u^{2}\cos^{2}\theta)^{1/2}}\cdot\frac{(1-u^{2})}{(\cos^{2}\theta-u^{2}\cos 2\theta)}\\&+\frac{4\cos\theta}{\omega_{\mathrm{p}}(1-u^{2}\cos^{2}\theta)^{1/2}}\cdot\frac{(1-u^{2}\cos 2\theta)}{(\cos^{2}\theta-u^{2}\cos 2\theta)}\end{aligned} \tag{15.37}$$

式中，第一项是光线在波导有效厚度内的传输时间，而第二项由式(15.28)可知是实际的古斯-汉欣时间 τ_{GH}，它既包含界面位移所花费时间，也包含了实际反射点到等离子镜面之间的光线的传输时间。而第三项仍为群延迟时间。从式(15.36)到式(15.37)的转换，有力地说明了计算古斯-汉欣时间的公式(15.28)是正确的。

综上所述，不管是盖尔斯-特纳尔斯干涉仪中，还是等离子镜面上的全反射，除了需考虑反射相移引起的群延迟时间外，还必须考虑古斯-汉欣时间，全反射的总延迟时间总是正的。违反相对论的因果律佯谬是不存在的。

15.4　古斯-汉欣时间的一般形式[8]

对由理想无吸收等离子镜构成的波导，我们已证明了古斯-汉欣时间的存在。本节中，我们将讨论一般意义上的平板波导，即构成平板波导的各层均存在色散，这样就可以将全反射中的群延迟时间和古斯-汉欣时间一起进行研究，进而从平板波导的群速中直接推导出古斯-汉欣时间的一般形式。

15.4.1　平板波导的群速

考虑一个平板波导，如图 15.7 所示。波导的各层(n_1、n_2 和 n_3)均存在色散。在这里，我们将色散方程表示为

$$2\frac{\omega}{c}n_{1}h\cos\theta=2m\pi+2\phi_{12}+2\phi_{13},\quad m=0,1,2,\cdots \tag{15.38}$$

$$\tan\phi_{1j}=\begin{cases}\dfrac{(n_{1}^{2}\sin^{2}\theta-n_{j}^{2})^{1/2}}{n_{1}\cos\theta}, & \text{TE 模}\\[2ex]\dfrac{n_{1}^{2}}{n_{j}^{2}}\cdot\dfrac{(n_{1}^{2}\sin^{2}\theta-n_{j}^{2})^{1/2}}{n_{1}\cos\theta}, & \text{TM 模}\end{cases} \tag{15.39}$$

式中,ω 为角频率,c 为真空中的光速,h 为波导层的厚度,θ 为导波层中光线在界面上的入射角,m 为导模的阶数,$j=2,3$ 分别代表两覆盖层介质。

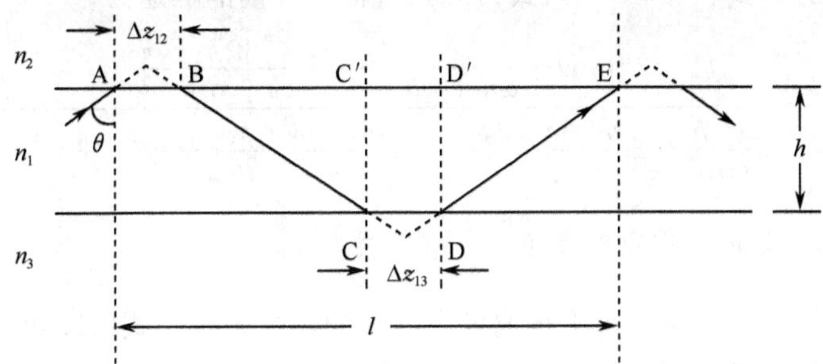

图 15.7 普通平板波导及其线光学模型

首先定义群折射率 m_1 为

$$m_1 = n_1 + \omega \mathrm{d}n_1/\mathrm{d}\omega \tag{15.40}$$

将色散方程对角频率取导数得

$$\begin{aligned}2\frac{m_1 h}{c}\cos\theta - 2\frac{\omega}{c}n_1 h\sin\theta\cdot\frac{\mathrm{d}\theta}{\mathrm{d}\omega} - 2\frac{\partial\phi_{12}}{\partial n_1}\frac{\mathrm{d}n_1}{\mathrm{d}\omega} - 2\frac{\partial\phi_{12}}{\partial n_2}\frac{\mathrm{d}n_2}{\mathrm{d}\omega} - 2\frac{\partial\phi_{12}}{\partial\theta}\frac{\mathrm{d}\theta}{\mathrm{d}\omega}\\ - 2\frac{\partial\phi_{13}}{\partial n_1}\frac{\mathrm{d}n_1}{\mathrm{d}\omega} - 2\frac{\partial\phi_{13}}{\partial n_2}\frac{\mathrm{d}n_2}{\mathrm{d}\omega} - 2\frac{\partial\phi_{13}}{\partial\theta}\frac{\mathrm{d}\theta}{\mathrm{d}\omega} = 0\end{aligned} \tag{15.41}$$

根据群延迟的定义 $\tau_g = -2\partial\phi/\partial\omega$,我们有

$$\begin{aligned}\tau_g^{(1,2)} &= -2\frac{\partial\phi_{12}}{\partial\omega} = -2\frac{\partial\phi_{12}}{\partial n_1}\frac{\mathrm{d}n_1}{\mathrm{d}\omega} - 2\frac{\partial\phi_{12}}{\partial n_2}\frac{\mathrm{d}n_2}{\mathrm{d}\omega}\\ \tau_g^{(1,3)} &= -2\frac{\partial\phi_{13}}{\partial\omega} = -2\frac{\partial\phi_{13}}{\partial n_1}\frac{\mathrm{d}n_1}{\mathrm{d}\omega} - 2\frac{\partial\phi_{13}}{\partial n_2}\frac{\mathrm{d}n_2}{\mathrm{d}\omega}\end{aligned} \tag{15.42}$$

将式(15.42)代入式(15.41)得

$$\frac{\mathrm{d}\theta}{\mathrm{d}\omega} = \frac{2\dfrac{m_1 h}{c}\cos\theta + \tau_g^{(1,2)} + \tau_g^{(1,3)}}{2\dfrac{\omega}{c}n_1 h\sin\theta + 2\dfrac{\partial\phi_{12}}{\partial\theta} + 2\dfrac{\partial\phi_{13}}{\partial\theta}} \tag{15.43}$$

导模的群速可以表示为

$$v_g = \frac{\mathrm{d}\omega}{\mathrm{d}\beta} = \frac{1}{\mathrm{d}\beta/\mathrm{d}\omega} \tag{15.44}$$

其中的传播常数为

$$\beta = \frac{\omega}{c}n_1\sin\theta \tag{15.45}$$

将传播常数对角频率取导数得

$$\frac{\mathrm{d}\beta}{\mathrm{d}\omega}=\frac{m_1\sin\theta}{c}+\frac{\omega}{c}n_1\cos\theta\cdot\frac{\mathrm{d}\theta}{\mathrm{d}\omega}\tag{15.46}$$

再把式(15.43)和式(15.46)代入式(15.44),得到导模的群速为

$$v_{\mathrm{g}}=\frac{2h\tan\theta+\dfrac{2c}{\omega n_1\cos\theta}\dfrac{\partial\phi_{12}}{\partial\theta}+\dfrac{2c}{\omega n_1\cos\theta}\dfrac{\partial\phi_{13}}{\partial\theta}}{\dfrac{2m_1h}{c\cos\theta}+2\dfrac{m_1\tan\theta}{\omega n_1}\dfrac{\partial\phi_{12}}{\partial\theta}+2\dfrac{m_1\tan\theta}{\omega n_1}\dfrac{\partial\phi_{13}}{\partial\theta}+\tau_{\mathrm{g}}^{(1,2)}+\tau_{\mathrm{g}}^{(1,3)}}\tag{15.47}$$

15.4.2　古斯-汉欣时间的一般形式

下面结合图 15.7 来分析平板波导中导模的群速公式。式(15.47)中的分子包含三项,各项的意义分别为

$$2h\tan\theta=\mathrm{BC}'+\mathrm{D}'\mathrm{E}$$

$$\frac{2c}{\omega n_1\cos\theta}\cdot\frac{\partial\phi_{12}}{\partial\theta}=\Delta z_{12},\qquad\frac{2c}{\omega n_1\cos\theta}\cdot\frac{\partial\phi_{13}}{\partial\theta}=\Delta z_{13}\tag{15.48}$$

因此,上述三项之和即是图 15.7 中的长度 l,在这个长度内,导波光线经历一个光线传播周期。式(15.47)分母中包含有 5 项。第一项 $2m_1h/(c\cos\theta)$ 的意义为:由于 $2h/\cos\theta$ 为光线在导波层中的传播路径 BC 和 DE 之和,因此 $2m_1h/(c\cos\theta)$ 即为光线在 BC 和 DE 中的传播时间之和。$\tau_{\mathrm{g}}^{(1,2)}$ 和 $\tau_{\mathrm{g}}^{(1,3)}$ 为在界面 AB 和 CD 上发生全反射时的群延迟时间。而第二项和第三项可以表示为

$$2\frac{m_1\tan\theta}{\omega n_1}\cdot\frac{\partial\phi_{12}}{\partial\theta}=\frac{m_1\sin\theta}{c}\Delta z_{12}$$

$$2\frac{m_1\tan\theta}{\omega n_1}\cdot\frac{\partial\phi_{13}}{\partial\theta}=\frac{m_1\sin\theta}{c}\Delta z_{13}\tag{15.49}$$

式(15.49)显然和前面定义的古斯-汉欣时间略有不同。因此,有必要从古斯-汉欣时间的物理意义入手,重新进行研究。全反射的总相移为

$$\varphi_{\mathrm{TOT}}=-2\phi+k_z\Delta z=-2\phi+\frac{n_1\omega}{c}\sin\theta\cdot\Delta z\tag{15.50}$$

将总相移对角频率取导数

$$\begin{aligned}\frac{\partial\varphi_{\mathrm{TOT}}}{\partial\omega}&=-2\frac{\partial\phi}{\partial\omega}+\frac{n_1}{c}\sin\theta\cdot\Delta z+\frac{\omega}{c}\frac{\mathrm{d}n_1}{\mathrm{d}\omega}\sin\theta\cdot\Delta z\\&=-2\frac{\partial\phi}{\partial\omega}+\frac{m_1}{c}\sin\theta\cdot\Delta z\end{aligned}\tag{15.51}$$

式中的第一项仍为群延迟时间,第二项则为古斯-汉欣时间的一般表示形式,和从波导群速中得到的式(15.49)完全一致。因此,在入射介质也存在色散的情况下,古斯-汉欣时间的一般形式为

$$\tau_{\mathrm{GH}}=\frac{m_1\sin\theta}{c}\cdot\Delta z=2\frac{m_1\tan\theta}{\omega n_1}\cdot\frac{\partial\phi}{\partial\theta}\tag{15.52}$$

在了解了群速的公式(15.47)中各项的意义后,可以将群速公式改写为以下形式:

$$v_g = \frac{2h\tan\theta + \Delta z_{12} + \Delta z_{13}}{\dfrac{2m_1 h}{c\cos\theta} + \tau_{GH}^{(1,2)} + \tau_g^{(1,2)} + \tau_{GH}^{(1,3)} + \tau_g^{(1,3)}} \tag{15.53}$$

从式中可以看出,长度 $2h\tan\theta$ 内的传播时间为 $2m_1h/(c\cos\theta)$,Δz_{13} 内的传播时间为 $\tau_{GH}^{(1,2)} + \tau_g^{(1,2)}$,$\Delta z_{13}$ 内的传播时间为 $\tau_{GH}^{(1,3)} + \tau_g^{(1,3)}$。因此,这个公式清楚的表明,全反射时的总时间延迟为两个时间之和:群延迟时间和古斯-汉欣时间。

15.5 共振激发引起的侧向位移增强效应

实验发现共振模激发时会引起异常大的古斯-汉欣位移,而且这种位移既可为正,也可为负。本节首先介绍激发表面等离子波时观察到的位移增强效应,然后利用棱镜-波导耦合系统给出合理的理论解释。

15.5.1 表面等离子波共振

激发表面等离子波时引起的位移增强效应是由 Yin 等发现的[9]。根据本书第 9 章所述,激发表面等离子波(SPW)的 Kretschmann 结构如图 15.8 所示。其中 ε_0、ε_1 和 ε_2 分别为空气、金属薄膜和棱镜的介电常数,d 为金属薄膜的厚度。当一 TM 偏振的光束,以 θ 角入射于棱镜与金属的界面,满足共振条件时,表面等离子波被激发 。实验中,反射光束由一位置敏感探测器(PSD)检测。首先用 TE 光作为参考光束,这时无 SPW 激发,古斯-汉欣位移仅为波长量级,可忽略(图中虚线表示)。然后用偏振棱镜使入射光束转为 TM 偏振。这时,由于 SPW 的激发,可观察到明显的位移增强效应(图中实线表示)。

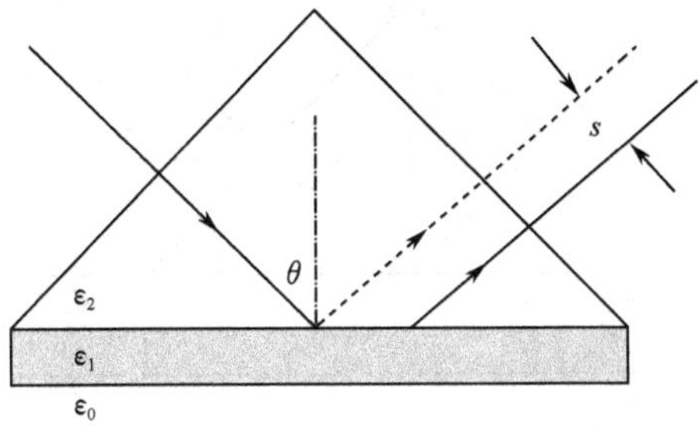

图 15.8 激发 SPW 的 Kretschmann 结构

由第 9 章的分析可知,对入射角 θ 扫描,反射光强呈现一衰减全反射吸收峰(ATR 曲线),而 ATR 曲线的最小值(峰底)R_{min} 强烈地依赖于金属薄膜的厚度。

实验发现：

(1) 金属薄膜处于一临界厚度 h_c 时，R_{min} 达到最小，这时侧向位移 s 达到最大。实验中观察到了约为光波长 50 倍的侧向位移。

(2) 当金属薄膜的厚度 $h<h_c$ 时，侧向位移 $s>0$；当金属薄膜的厚度 $h>h_c$ 时，侧向位移 $s<0$。

15.5.2 导波共振[10,11]

考虑图 15.9 所示的棱镜-波导耦合系统，其中 ε_0、ε_1、ε_2 和 ε_3 分别为衬底、导波层、空气隙和棱镜的介电常数，d_1 和 d_2 分别为导波层和空气隙的厚度。由第 7 章的分析可知，当满足同步条件时，有式(7.17)

$$\beta=\mathrm{Re}(\beta^0)+\mathrm{Re}(\Delta\beta^L)$$

而反射率极小由式(7.22)给出

$$R_{min}=|r_{32}|^2\left\{1-\frac{4\mathrm{Im}(\beta^0)\mathrm{Im}(\Delta\beta^L)}{[\mathrm{Im}(\beta^0)+\mathrm{Im}(\Delta\beta^L)]^2}\right\}$$

则由 Artmann 给出的古斯-汉欣位移公式(15.1)，可导出侧向位移 s 近似为

$$S=-\frac{2\mathrm{Im}(\Delta\beta^L)}{\mathrm{Im}(\beta^0)^2-\mathrm{Im}(\Delta\beta^L)^2}\cos\theta \tag{15.54}$$

则利用式(15.54)，可得以下结论：

(1) 当本征损耗等于泄漏损耗，即

$$\mathrm{Im}(\beta^0)=\mathrm{Im}(\Delta\beta^L) \tag{15.55}$$

时，可得到最大的侧向位移。

(2) 如果本征损耗大于泄漏损耗，即有 $\mathrm{Im}(\beta^0)>\mathrm{Im}(\Delta\beta^L)$ 时，侧向位移 $s<0$；而当 $\mathrm{Im}(\beta^0)<\mathrm{Im}(\Delta\beta^L)$ 时，侧向位移 $s>0$。

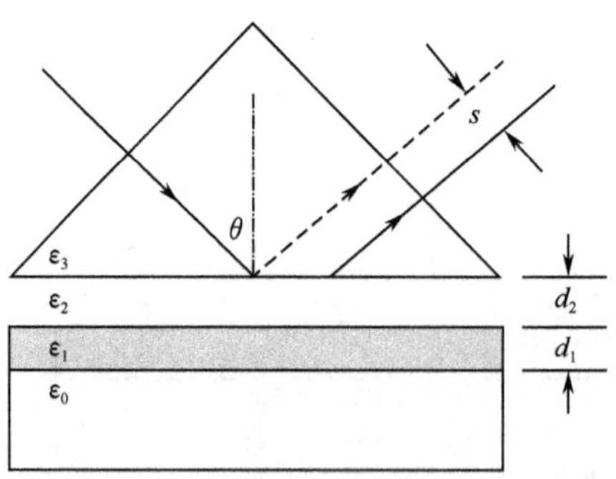

图 15.9　棱镜-波导耦合系统

由于棱镜-波导耦合系统的泄漏损耗主要依赖于空气隙的厚度，因此式

(15.55)确定的空气隙的厚度即是最佳的临界厚度,在这厚度下,R_{min}达到最小,侧向位移 s 达到最大。其次,当空气隙厚度超过临界厚度时,波导的泄漏损耗将小于本征损耗,从而导致侧向位移 $s<0$;反之则有 $s>0$。上述结论完全与激发 SPW 时观察到的现象相吻合。

参 考 文 献

[1] Steinberg M, Kwiat P G, Chiao R Y. Measurement of the single-photon tunneling time[J]. Physics Review Letters, 1993, 71: 708~711.

[2] Spielmann C, Szipocs R, Stingl A et al. Tunneling of optical pulses through photonic band Gaps [J]. Physics Review Letters, 1994, 73: 2308~2311.

[3] Artmann K. Berechnune der seitenversetzune des total reflekticrtcn strahles [J]. Annals of Physics, 1948, 2: 87~102.

[4] Resch K J, Lundeen J S, Steinberg A M. Total reflection cannot occur with a negative delay time [J]. IEEE Journal of Quantum Electronics, 2001, 37: 794~799.

[5] Tournois P. Negative group delay times in frustrated Gires-Tournois and Fabry-Perot interferometers [J]. IEEE Journal of Quantum Electronics, 1997, 33: 519~526.

[6] Tournois P. Apparent causality paradox in frustrated Gires-Tournois interferometers [J]. Optics Letters, 2005, 30 : 815~817.

[7] Liu X M, Cao Z Q, Zhu P F et al. Time delay associated with total reflection of a plane wave upon plasma mirror [J]. Optics Express, 2006, 14: 3588~3593.

[8] Liu X M, Cao Z Q, Zhu P F et al. Solution to causality paradox upon total reflection in optical planar waveguide [J]. Physics Review E, 2006, 73: 016615 1~5.

[9] Yin X B, Hesselink L, Liu Z W et al. Large positive and negative lateral optical beam displacements due to surface plasmon resonance [J]. Applied Physics Letters, 2004, 85: 372~374.

[10] Liu X B, Cao Z Q, Zhu P F et al. Large positive and negative lateral optical beam shift in prism-waveguide coupling system [J]. Physics Review E, 2006, 73: 016615 1~5.

[11] Liu X B, Cao Z, Zhu P F et al. Simultaneously large and opposite lateral beam shifts for TE and TM modes on a double metal-cladding slab[J]. Chinese Physics Letters, 2006, 23: 2077~2079.

第 16 章　薛定谔方程

揭示微观世界中物质运动基本规律的薛定谔(Schrödinger)方程,是量子力学发展过程中重要的里程碑,并将在高科技时代继续发挥其不可替代的作用。由于含时薛定谔方程类似于菲涅耳(Fresnel)波方程,而与时间无关的薛定谔方程类似于亥姆霍兹(Helmholtz)波方程。因此,光波导中的分析技术完全可应用于薛定谔方程的求解。解析求解薛定谔方程一般采用 WKB 方法或其他近似[1~3],而常用的数值计算有束传输方法(BPM)和有限元方法(FEM)等[4,5]。解析方法通常意义清晰,但精度有限,而数值计算可给出精确的结果,但缺乏明确的物理意义。作为一种尝试,本章把成功处理渐变折射率波导的分析转移矩阵(ATM)技术移植到求解与时间无关的薛定谔方程,得到了粒子在势场中运动的能量本征值方程和精确的量子化条件。在此基础上,计算了各类重要势场的约束态能谱[6~8]、隧穿系数[9~11],并已把一维的量子化条件推广到多维系统、量子点、变质量系统和超对称性量子力学[12~16]。

16.1　一维任意势阱的能量本征值方程

本节参照第 5 章中渐变折射率波导的分析方法,用分析转移矩阵技术求解一维任意势阱中粒子的能量本征值方程[17]。

16.1.1　一维方势阱

与时间无关的薛定谔方程为

$$-\frac{\hbar^2}{2m}\frac{\partial^2\psi}{\partial x^2}+V(x)\psi=E\psi \tag{16.1}$$

其中 $V(x)$表示势能,m 是有效质量,$\hbar=h/2\pi$,h 是普朗克(Planck)常量,E 和 ψ 分别代表约束态的能量本征值和本征函数。与第 2 章中的平板波导波动方程(2.29)和方程(2.30)比较可见,势场分布 $V(x)$类似于折射率分布 $n(x)$,而能量本征值 E 对应波导的传播常数 β,只要把高折射率区域看成势阱,而把低折射率区域看成势垒,则薛定谔方程(16.1)与平板波导的波动方程(2.29)和方程(2.30)是一致的,因此分析转移矩阵方法可用于势场中粒子能量本征值的求解。

考虑如图 16.1 所示宽度为 d 的一维方势阱,势场分布 $V(x)$为

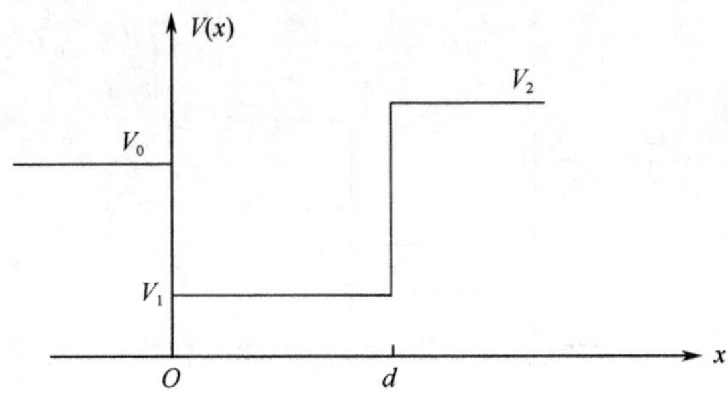

图 16.1 一维方势阱

$$V(x)=\begin{cases}V_0, & x<0\\ V_1, & 0<x<d\\ V_2, & x>d\end{cases} \tag{16.2}$$

约束态的波函数可写为

$$\psi(x)=\begin{cases}A_0\exp(p_0x), & x<0\\ A_1\exp(\mathrm{i}\kappa_1x)+B_1\exp(-\mathrm{i}\kappa_1x), & 0<x<d\\ A_2\exp(-p_2x), & x>d\end{cases} \tag{16.3}$$

其中

$$\begin{aligned}\kappa_1&=\sqrt{2m(E-V_1)}/\hbar\\ p_0&=\sqrt{2m(V_0-E)}/\hbar\\ p_2&=\sqrt{2m(V_2-E)}/\hbar\end{aligned} \tag{16.4}$$

波函数 $\psi(x)$ 及其一阶导数 $\psi'(x)$ 应满足矩阵方程

$$\begin{bmatrix}\psi(0)\\ \psi'(0)\end{bmatrix}=\begin{bmatrix}\cos(\kappa_1d) & -\dfrac{1}{\kappa}\sin(\kappa_1d)\\ \kappa_1\sin(\kappa_1d) & \cos(\kappa_1d)\end{bmatrix}\begin{bmatrix}\psi(d)\\ \psi'(d)\end{bmatrix} \tag{16.5}$$

于是，容易得到一维方势阱的能量本征值方程

$$\kappa_1d=n\pi+\arctan\left(\frac{p_0}{\kappa_1}\right)+\arctan\left(\frac{p_2}{\kappa_1}\right),\quad n=0,1,2,\cdots \tag{16.6}$$

其中 n 为量子数。

再来考虑如图 16.2 所示的双层方势阱，势场分布 $V(x)$ 为

$$V(x)=\begin{cases}V_0, & x<0\\ V_1, & 0<x<d_1\\ V_2, & d_1<x<d_1+d_2\\ V_3, & x>d_1+d_2\end{cases} \tag{16.7}$$

对应 $E>V_2$ 的波函数为

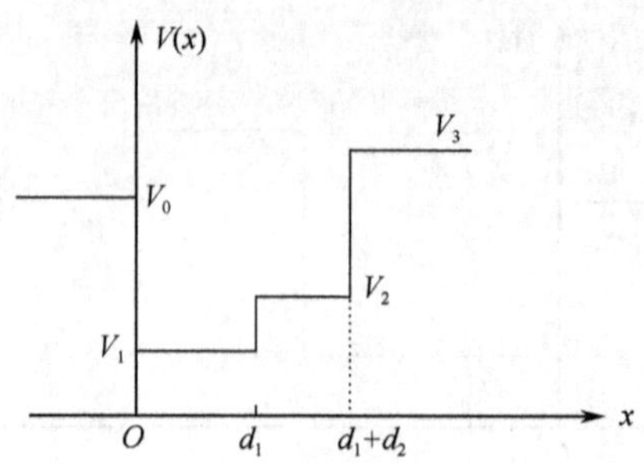

图 16.2　双层方势阱

$$\psi(x) = \begin{cases} A_0 \exp(p_0 x), & x < 0 \\ A_1 \exp(\mathrm{i}\kappa_1 x) + B_1 \exp(-\mathrm{i}\kappa_1 x), & 0 < x < d_1 \\ A_2 \exp(\mathrm{i}\kappa_2 x) + B_2 \exp(-\mathrm{i}\kappa_2 x), & d_1 < x < d_1 + d_2 \\ A_3 \exp(-p_3 x), & x > d_1 + d_2 \end{cases} \tag{16.8}$$

式中

$$\kappa_j = \sqrt{2m(E - V_j)}/\hbar, \qquad j = 1,2$$
$$p_j = \sqrt{2m(V_j - E)}/\hbar, \qquad j = 0,3 \tag{16.9}$$

边界条件满足的色散方程为

$$\begin{bmatrix} \psi(0) \\ \psi'(0) \end{bmatrix} = M_1 M_2 \begin{bmatrix} \psi(d_1 + d_2) \\ \psi'(d_1 + d_2) \end{bmatrix} \tag{16.10}$$

其中

$$M_j = \begin{bmatrix} \cos(\kappa_j d_j) & -\frac{1}{\kappa_j}\sin(\kappa_j d_j) \\ \kappa_j \sin(\kappa_j d_j) & \cos(\kappa_j d_j) \end{bmatrix}, \quad j = 1,2 \tag{16.11}$$

类似于四层平板波导的处理,可得能量本征值方程

$$(\kappa_1 d_1 + \kappa_2 d_2) + \Phi(s) = n\pi + \arctan\left(\frac{p_0}{\kappa_1}\right) + \arctan\left(\frac{p_3}{\kappa_2}\right), \quad n = 0,1,2,\cdots \tag{16.12}$$

其中

$$\Phi(s) = \Phi_2 - \arctan\left(\frac{\kappa_2}{\kappa_1}\tan\Phi_2\right) \tag{16.13}$$

而

$$\Phi_2 = \arctan\left(\frac{p_2}{\kappa_2}\right)$$

$$p_2 = \kappa_2 \tan\left[\arctan\left(\frac{p_3}{\kappa_2}\right) - \kappa_2 d_2\right]$$

方程(16.12)左边第一项是在经典允带半个振荡周期中粒子经历的相位，而第二项显然是在边界面($x=d_1$)上散射子波的相位贡献。方程右边第二和第三两项是粒子在势垒 V_0 和 V_3 处反射时的相位损失。

16.1.2 一维任意势阱

考虑如图 16.3 所示的一维任意势阱。设能级为 E，x_{t_1} 和 x_{t_2} 为转折点。已知在允带内，波函数是振荡形式，而在允带外，波函数是衰减形式。为利用转移矩阵理论，假设在 $x<0$ 和 $x>x_c$ 区域，波函数已衰减到足够小，势场的变化不再影响到预先设定的计算精度，则可在 $x=0$ 和 $x=x_c$ 两点截断，使 $V(x)=V_0(x<0)$ 和 $V(x)=V_c(x>x_c)$。根据薛定谔方程，可得

$$\psi(x)=\begin{cases}A_0\exp(q_0x), & x<0\\ A_c\exp[-q_c(x-x_c)], & x>x_c\end{cases} \tag{16.14}$$

式中

$$\begin{aligned}q_0&=\sqrt{2m(V_0-E)}/\hbar\\ q_c&=\sqrt{2m(V_c-E)}/\hbar\end{aligned} \tag{16.15}$$

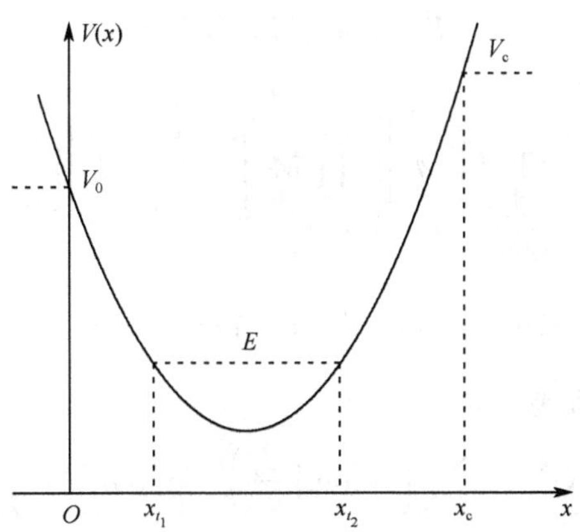

图 16.3 一维任意势阱

利用第 5 章中的处理方法，把$(0,x_{t_1})$，(x_{t_1},x_{t_2})和(x_{t_2},x_c)三个区域分别分为 l、m 和 n 个相等宽度 d，且具有确定势能的小区域。按照转移矩阵理论可得

$$\begin{bmatrix}\psi(0)\\ \psi'(0)\end{bmatrix}=\left[\prod_{i=1}^{l}M_i\right]\left[\prod_{j=l+1}^{l+m}M_j\right]\left[\prod_{k=l+m+1}^{l+m+n}M_k\right]\begin{bmatrix}\psi(x_c)\\ \psi'(x_c)\end{bmatrix} \tag{16.16}$$

式中

$$M_i = \begin{bmatrix} \cosh(\alpha_i d) & -\frac{1}{\alpha_i}\sinh(\alpha_i d) \\ -\alpha_i \sinh(\alpha_i d) & \cosh(\alpha_i d) \end{bmatrix}, \quad i = 1,2,\cdots,l \tag{16.17}$$

$$M_j = \begin{bmatrix} \cos(\kappa_j d) & -\frac{1}{\kappa_j}\sin(\kappa_j d) \\ \kappa_j \sin(\kappa_j d) & \cos(\kappa_j d) \end{bmatrix}, \quad j = l+1, l+2, \cdots, l+m \tag{16.18}$$

$$M_k = \begin{bmatrix} \cosh(\alpha_k d) & -\frac{1}{\alpha_k}\sinh(\alpha_k d) \\ -\alpha_k \sinh(\alpha_k d) & \cosh(\alpha_k d) \end{bmatrix}, k = l+m+1, l+m+2, \cdots, l+m+n \tag{16.19}$$

$$\begin{aligned} \alpha_i &= \sqrt{2m[V(x_i) - E]}/\hbar \\ \kappa_j &= \sqrt{2m[E - V(x_j)]}/\hbar \\ \alpha_k &= \sqrt{2m[V(x_k) - E]}/\hbar \end{aligned} \tag{16.20}$$

为建立量子化条件，并得到更清楚的物理意义，以下的处理与渐变折射率波导稍有不同。首先定义等效波数

$$Z(x) = \psi'(x)/\psi(x) \tag{16.21}$$

则式(16.16)转化为

$$[-Z(0) \quad 1]\left[\prod_{i=1}^{l} M_i\right]\left[\prod_{j=l+1}^{l+m} M_j\right]\left[\prod_{k=l+m+1}^{l+m+n} M_k\right]\begin{bmatrix} 1 \\ Z(x_c) \end{bmatrix} = 0 \tag{16.22}$$

同样可得能量本征值方程

$$\int_{x_{t_1}}^{x_{t_2}} \kappa(x)\mathrm{d}x + \Phi(s) = (n+1)\pi, \quad n = 0,1,2,\cdots \tag{16.23}$$

其中散射子波的相位贡献为

$$\Phi(s) = \sum_{j=l+1}^{l+m-1}\left[\arctan\left(\frac{Z_j}{\kappa_j}\right) - \arctan\left(\frac{Z_j}{\kappa_{j+1}}\right)\right] \tag{16.24}$$

式(16.24)显然可写成微分形式，即有

$$\Phi(s) = \sum_{j=l+1}^{l+m-1}\Delta\Phi_j = \sum_{j=l+1}^{l+m-1}\frac{Z_j \Delta\kappa_j}{Z_j^2 + \kappa_j^2} \tag{16.25}$$

利用式(16.21)和薛定谔方程，可得

$$Z' = \frac{\psi''}{\psi} - \frac{\psi'^2}{\psi^2} = -(Z^2 + \kappa^2) \tag{16.26}$$

则当 $d \to 0$ 时，式(16.25)转化为

$$\Phi(s) = -\int_{x_{t_1}}^{x_{t_2}} \frac{Z}{Z'}\frac{\mathrm{d}\kappa}{\mathrm{d}x}\mathrm{d}x \tag{16.27}$$

代入方程(16.23)，可得能量本征方程

$$\int_{x_{t_1}}^{x_{t_2}}\left(1-\frac{Z}{Z'}\frac{\mathrm{d}}{\mathrm{d}x}\right)\kappa\,\mathrm{d}x=(n+1)\pi,\quad n=0,1,2,\cdots \tag{16.28}$$

为说明方程(16.28)的精确度,我们计算了幂函数势的能量本征值

$$V(x)=\begin{cases}\frac{1}{2}(x-r)^{\alpha}, & x\geqslant r\\ 0, & -r<x<r\\ |x+r|^{\alpha}, & x\leqslant -r\end{cases} \tag{16.29}$$

并与精确的数值计算,非整数马斯洛夫指数(NMI)方法[3],以及 WKB 近似结果进行了比较,计算结果如表 16.1 所示。

表 16.1 对应式(16.29)所示势阱中($\alpha=4,r=5$)最低 8 个本征态的能量本征值 E_n($\hbar=m=1$)

n	Exact	ATM	NMI	WKB
0	0.0292434	0.0292434	0.0300133	0.0108349
1	0.1167859	0.1167859	0.1197302	0.0895180
2	0.2620643	0.2620643	0.2677489	0.2353420
3	0.4641405	0.4641405	0.4713903	0.4419855
4	0.7217078	0.7217078	0.7286595	0.7050893
5	1.0331110	1.0331110	1.0369163	1.0213137
6	1.3963910	1.3963910	1.3943704	1.3879559
7	1.8093647	1.8093647	1.7992174	1.8027518

由表 16.1 可见,用分析转移矩阵 (ATM) 方法导出的能量本征方程(16.28)与精确的数值计算得到的结果完全一致,而 NMI 方法和 WKB 近似得到的结果却有相当大的偏差,尤其对低阶本征态,WKB 近似的结果几乎是不能接受的。另外,众所周知,对一维谐振子,利用 WKB 近似竟然可以得到精确的结果,其中原因无法解释。这也是量子力学发展史上一个著名的偶然事件(accident)。实际上,对一维线性谐振子势

$$V(x)=\frac{1}{2}m\omega^2x^2 \tag{16.30}$$

为简单计,取自然单位,$m=\omega=\hbar=1$,则 n 阶本征态的波函数为

$$\psi_n(x)=A_n\mathrm{e}^{-\frac{1}{2}x^2}H_n(x) \tag{16.31}$$

其中 $H_n(x)$ 是厄密多项式,A_n 是归一化常数,容易得到 n 阶本征态的等效波数为

$$Z_n(x)=\frac{H'_n(x)}{H_n(x)}-x \tag{16.32}$$

于是可解析地求解子波的相位贡献,对前三个本征态的计算,结果如表 16.2 所示。

表 16.2 的结果表明,对一维线性谐振子,前三个本征态的子波的相位贡献为 $\pi/2$。我们虽然没有用解析方法完全证明对任意的量子数 n,都有同样的结果,但初步的结果说明了 WKB 近似在线性谐振子情况下,可得到精确能量本征值的原因。

表 16.2　子波相位贡献的解析表示

n	0	1	2
E_n	1/2	3/2	5/2
Z_n	$-x$	$\frac{1-x^2}{x}$	$\frac{x(5-2x^2)}{2x^2-1}$
$\Phi(s)$	$\pi/2$	$\pi/2$	$\pi/2$

16.2　一维任意双势阱的能级分裂[18]

本节用分析转移矩阵方法处理方形双势阱的能级分裂,然后再推广到任意形状双势阱。

16.2.1　一维方形双势阱

一维方形双势阱如图 16.4 所示,设约束态能量 $V_1<E<V_2$,则可知在 $x<-(a+b)$ 和 $x>a+b$ 的势垒区波函数为指数衰减函数,即有

$$\psi(x)=\begin{cases}A_0\exp[p_0(x+a+b)], & x<-(a+b)\\ A'_0\exp[-p_0(x-a-b)], & x>a+b\end{cases} \tag{16.33}$$

式中

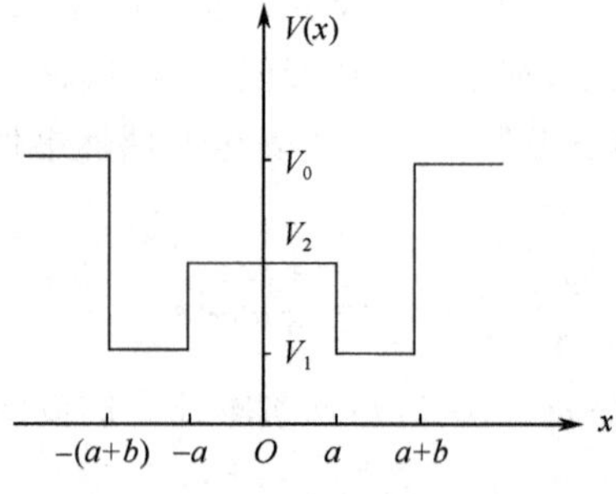

图 16.4　一维方形双势阱

$$p_0 = \sqrt{2m(V_0 - E)}/\hbar \tag{16.34}$$

根据分析转移矩阵理论，有矩阵方程

$$(-p_0 \quad 1)M(b)M(2a)M(b)\begin{pmatrix} 1 \\ -p_0 \end{pmatrix} = 0 \tag{16.35}$$

式中

$$M(b) = \begin{bmatrix} \cos(\kappa_1 b) & -\dfrac{1}{\kappa_1}\sin(\kappa_1 b) \\ \kappa_1 \sin(\kappa_1 b) & \cos(\kappa_1 b) \end{bmatrix} \tag{16.36}$$

$$M(2a) = \begin{bmatrix} \cosh(2\alpha_2 a) & -\dfrac{1}{\alpha_2}\sinh(2\alpha_2 a) \\ -\alpha_2 \sinh(2\alpha_2 a) & \cosh(2\alpha_2 a) \end{bmatrix} \tag{16.37}$$

而

$$\begin{aligned} \kappa_1 &= \sqrt{2m(E - V_1)}/\hbar \\ \alpha_2 &= \sqrt{2m(V_2 - E)}/\hbar \end{aligned} \tag{16.38}$$

方程(16.35)可简化为

$$(-p_1 \quad 1)M(2a)\begin{pmatrix} 1 \\ -p_1 \end{pmatrix} = 0 \tag{16.39}$$

其中

$$p_1 = \kappa_1 \tan\left[\arctan\left(\frac{p_0}{\kappa_1}\right) - \kappa_1 b\right] \tag{16.40}$$

由式(16.37)和式(16.39)两式，可得方程

$$\tanh(2\alpha_2 a) = -\frac{2\alpha_2 p_1}{\alpha_2^2 + p_1^2} \tag{16.41}$$

该方程有两个解

$$\begin{cases} \tanh(\alpha_2 a) = -\dfrac{p_1}{\alpha_2} \\ \coth(\alpha_2 a) = -\dfrac{p_1}{\alpha_2} \end{cases} \tag{16.42}$$

再利用式(16.40)，可得一维方形双势阱的能量本征方程

$$\begin{cases} \kappa_1 b = n\pi + \arctan\left(\dfrac{p_0}{\kappa_1}\right) + \arctan\left[\dfrac{\alpha_2}{\kappa_1}\tanh(\alpha_2 a)\right], \\ \kappa_1 b = n\pi + \arctan\left(\dfrac{p_0}{\kappa_1}\right) + \arctan\left[\dfrac{\alpha_2}{\kappa_1}\coth(\alpha_2 a)\right], \end{cases} \quad n = 0,1,2,\cdots \tag{16.43}$$

上式表示对同一个 n，对应两个不同的能量本征值。这也是能级分裂的数学表示。考察方程(16.43)，显然当 $a\to\infty$ 时，有 $\tanh(\alpha_2 a)\to 1$ 和 $\coth(\alpha_2 a)\to 1$，则两方程简

并为一维方势阱的能量本征方程(16.6)。

16.2.2 一维任意对称双势阱

对如图 16.5 所示的一维任意对称双势阱，可在 $x=\pm x_c$ 处截断，截断处的势能 V_c 远大于能级 E，则截断效应可忽略不计。假设 x_{t_1}、x_{t_2}、$-x_{t_1}$ 和 $-x_{t_2}$ 为四个经典转折点，把 $(0,x_{t_1})$、(x_{t_1},x_{t_2}) 和 (x_{t_2},x_c) 三个区域分别等分为 l、m 和 n 层，等分的宽度为 d。在 $x<0$ 区域采用同样的划分手段，于是，根据转移矩阵理论，有以下矩阵方程：

$$\begin{bmatrix}\psi(-x_c)\\ \psi'(-x_c)\end{bmatrix}=\left[\prod_{k=l+m+n}^{l+m+1}M_k\right]\left[\prod_{j=l+m}^{l+1}M_j\right]\left[\prod_{i=l}^{1}M_i\right]\left[\prod_{i=1}^{l}M_i\right]\left[\prod_{j=l+1}^{l+m}M_j\right]\left[\prod_{k=l+m+1}^{l+m+n}M_k\right]\begin{bmatrix}\psi(x_c)\\ \psi'(x_c)\end{bmatrix} \tag{16.44}$$

其中

$$M_i=\begin{bmatrix}\cosh(\alpha_i d) & -\dfrac{1}{\alpha_i}\sinh(\alpha_i d)\\ -\alpha_i\sinh(\alpha_i d) & \cosh(\alpha_i d)\end{bmatrix},\quad i=1,2,\cdots,l \tag{16.45}$$

$$M_j=\begin{bmatrix}\cos(\kappa_j d) & -\dfrac{1}{\kappa_j}\sin(\kappa_j d)\\ \kappa_j\sin(\kappa_j d) & \cos(\kappa_j d)\end{bmatrix},\quad j=l+1,l+2,\cdots,l+m \tag{16.46}$$

$$M_k=\begin{bmatrix}\cosh(\alpha_k d) & -\dfrac{1}{\alpha_k}\sinh(\alpha_k d)\\ -\alpha_k\sinh(\alpha_k d) & \cosh(\alpha_k d)\end{bmatrix},\quad k=l+m+1,l+m+2,\cdots,l+m+n \tag{16.47}$$

而

$$\begin{cases}\alpha_i=\sqrt{2m(V_i-E)}/\hbar\\ \kappa_j=\sqrt{2m(E-V_j)}/\hbar\\ \alpha_k=\sqrt{2m(V_k-E)}/\hbar\end{cases} \tag{16.48}$$

由于假定截断点处的势是恒定的，即有 $V(x)=V_c(x>x_c,x<-x_c)$，因此截断点外的波函数是指数衰减的，设

$$\psi(x)=\begin{cases}A_c\exp[q_c(x+x_c)], & x<-x_c\\ A_c'\exp[-q_c(x-x_c)], & x>x_c\end{cases} \tag{16.49}$$

$$q_c=\sqrt{2m(V_c-E)}/\hbar \tag{16.50}$$

采用类似于渐变折射率波导中的推导，可得一维任意对称双势阱的能量本征方程

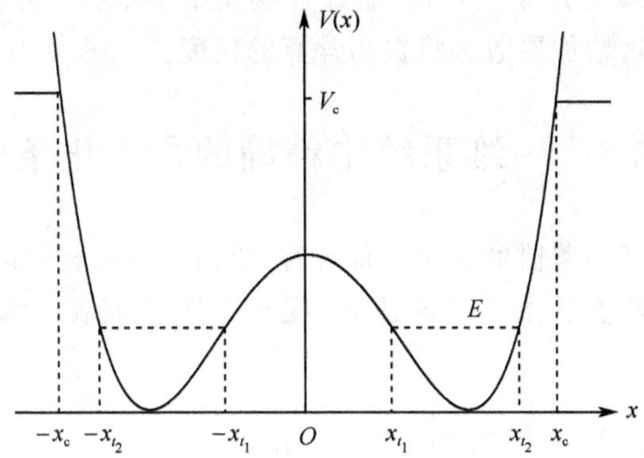

图 16.5 一维任意对称双势阱

$$\begin{cases} \int_{x_{t_1}}^{x_{t_2}} \kappa(x)\mathrm{d}x + \Phi(s) = \left(n+\frac{1}{2}\right)\pi + \arctan\left(\frac{\alpha_l}{\kappa_{l+1}}\tanh\Phi_l\right), \\ \int_{x_{t_1}}^{x_{t_2}} \kappa(x)\mathrm{d}x + \Phi(s) = \left(n+\frac{1}{2}\right)\pi + \arctan\left(\frac{\alpha_l}{\kappa_{l+1}}\coth\Phi_l\right), \end{cases} \quad n = 0,1,2,\cdots \tag{16.51}$$

方程(16.51)中的参数定义不再给出,感兴趣的读者可参考文献[8]。

为说明方程(16.51)的精确度,举一典型对称双势阱为例,势函数为

$$V(x) = \lambda x^4 - kx^2 \tag{16.52}$$

则当取 $m=\frac{1}{2}$,$\hbar=1$ 和 $k=1$ 时,用公式(16.51)计算得到的基态能量本征值与精确的计算[19]比较,结果如表 16.3 所示。

表 16.3 双势阱中分裂的基态能量本征值

λ	Exact	ATM
0.02	1.39352758504	1.39352759203
	1.39352758715	1.39352759414
0.04	1.37112223656	1.37112224729
	1.37130846161	1.37130847236
0.10	1.23450716279	1.23450717706
	1.34694086892	1.34694088632
0.15	1.06249924796	1.06249926237
	1.42108689054	1.42108691499
0.20	0.94175034208	0.94175034299
	1.53553020408	1.53553022368

以上计算结果表明方程(16.51)的计算误差小于 10^{-7},误差来源于计算中分的层数有限(10^4 层),增加层数必将提高计算的精度。

16.3 一维系统中精确的量子化条件

本节利用一维任意势阱的能量本征方程,给出一维系统中精确的量子化条件,通过与经典、半经典量子化条件的比较,提出了满足波粒二象性的量子动量的概念。

16.3.1 经典与半经典的量子化条件

在量子力学发展初期,为解释原子的线状光谱,说明原子的稳定性,玻尔和索末菲提出了经典的量子化条件[20]

$$\oint p \mathrm{d}q = nh, \quad n = 1,2,\cdots \tag{16.53}$$

式中,q 是广义坐标,p 是广泛动量,h 是普朗克常量,n 是正整数,称为量子数。

利用玻尔-索末菲条件,不仅可以解释氢原子光谱,而且可以解释一价碱金属的电子能谱,但这个量子化条件只是经典力学规律强加于微观粒子的一个基本假设,它在理论上存在严重的缺陷,在某些场合会得出荒谬的结果。1926 年,温采(Wentzel)、克拉默斯(Kramers)和布里渊(Brillouin)各自独立地建立了一种求解薛定谔方程的半经典近似方法,后来被称为 WKB 近似,由 WKB 近似导出的半经典量子化条件为

$$\oint p \mathrm{d}q = \left(n - \frac{1}{2}\right)h, \qquad n = 1,2,\cdots \tag{16.54}$$

这个公式把玻尔-索末菲量子化条件中的整量子数改成了半整数量子数。利用 WKB 近似可以得到较好的结果,但这种方法仅适用于变化缓慢的势场和远离转折点的区域。半个多世纪以来,已发展了许多新的方法,用以改进 WKB 近似的精确度。20 世纪 60 年代,Keller 等对 WKB 近似作了较大的修正,提出了 EBK(Einstein-Brillion-Keller)量子化条件[2]

$$\oint p \mathrm{d}q = \left(n - \frac{m}{4}\right)h, \qquad n = 1,2,\cdots; m = 1,2,\cdots \tag{16.55}$$

容易看出式(16.55)又把 WKB 量子化条件中的半整数量子数改成了四分之一整数量子数。而 NMI(Nonintegral-Maslov-Index)方法[3]干脆把量子数改为实数,使 NMI 量子化条件变为

$$\oint p \mathrm{d}q = \left(n - \frac{\mu}{4}\right)h, \quad n = 1,2,\cdots \tag{16.56}$$

其中 μ 是实数。这些方法的改进途径主要集中于转折点处相移的修正,虽然对

WKB 近似的计算精度有所改善，但由于仍囿于 WKB 近似的框架，因而无法克服其固有的局限性，不可能产生突破性的进展。

16.3.2 精确的量子化条件[21,22]

我们已在 16.1 节中导出了一维任意势的能量本征值方程式(16.28)，若在方程两边同时乘以 $\hbar$，并使量子数 n 改为从 1 开始的正整数，注意到动量 $p=\hbar k$，则可得

$$\int_{x_{t_1}}^{x_{t_2}}\left(1-\frac{Z}{Z'}\frac{\mathrm{d}}{\mathrm{d}x}\right)p\,\mathrm{d}x=\frac{1}{2}nh \qquad (16.57)$$

式(16.57)中积分仅历经半个周期，而一个周期的运动积分可写为

$$\oint P\mathrm{d}q=nh, \quad n=1,2,\cdots \qquad (16.58)$$

式(16.58)即为一维系统中精确的量子化条件，式中

$$P=\left(1-\frac{Z}{Z'}\frac{\mathrm{d}}{\mathrm{d}x}\right)p \qquad (16.59)$$

考察上式，发现动量 P 有两部分组成。第一部分的 p 与经典、半经典量子化条件中的动量是一致的，在势阱对应的光波导中，p 是光线传输产生的动量，而光线对应于经典粒子，因此经典动量具有粒子属性；而式(16.58)中第二部分表示子波产生的动量，而子波的概念完全是波的属性。综上所述，动量 P 是一个符合量子力学波粒二象性基本假设的物理量，我们称 P 为量子动量。

为说明量子动量 P 和经典动量 p 的差异，把式(16.59)改写为

$$P=p+\frac{mZ}{p}\frac{V'}{Z'} \qquad (16.60)$$

利用一维谐振子势，量子动量 P 与经典动量 p 随坐标的变化如图 16.6 所示。由图可见，在转折点附近，经典动量 $p\to 0$，而量子动量 $P\to\infty$，两者存在巨大的差异，而在远离转折点处，两者的数值比较接近。这就是经典与半经典近似仅适用于远离转折点区域的原因。

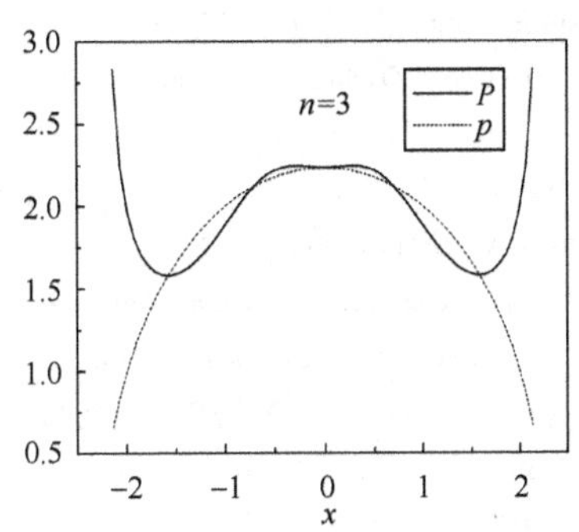

图 16.6 量子动量 P 和经典动量 p 的比较

$V(x)=m\,\omega^2x^2/2, m=\omega=\hbar=1, n=3$

参 考 文 献

[1] Merzbacher E. Quantum Mechanics [M]. 2nd ed., New York: Wiley. 1970.

[2] Keller J B. Corrected Bohr-Sommerfeld quantum conditions for nonseparable systems [J]. Annals of

Physics, 1958, 4: 180~188.

[3] Friedrich H, Trost J. Nonintegral maslov indices [J]. Physics Review A, 1996, 54: 1136~1145.

[4] Koch T B, Davies J B, Wickramasinghe D. Finite element/finite difference propagation algorithm for integrated optical device[J]. Electronics Letters, 1989, 25: 514~516.

[5] Zienkiewicz O C, Cheung Y K. The Finite Element Method in Engineering Science [M]. New York: McGraw-Hill, 1971.

[6] He Y, Cao Z Q, Shen Q S. Derivation of exact eigenvalues and eigenfunctions based on the analytical transfer matrix method [J]. Chinese Physics Letters, 2004, 21: 2089~2091.

[7] Ou F, Cao Z Q, Chen J P et al. Analysis of bound-state spectra near the threshold of neutral particle interaction potentials [J]. Physics Letters A, 2006, 352: 133~137.

[8] Xu T, Cao Z Q, Ou Y C et al. Critical radius and dipole polarizability for a confined system [J]. Chinese Physics, 2006, 15: 1172~1176.

[9] Zhang A H, Cao Z Q, Shen Q S et al. Tunnelling coefficients across an arbitrary potential barrier [J]. Journal of Physics A : Mathematical and General, 2000, 33: 5449~5456.

[10] He Y, Cao Z Q, Shen Q S. Analytical formula of the transmission probabilities across arbitrary potential barriers [J]. Journal of Physics A: Mathematical and General, 2005, 38: 5771~5780.

[11] Xu T, Cao Z Q, Shen Q S. Tunnelling coefficients and barrier distribution for the multichannel system [J]. Physics Letters A, 2006, 357: 125~129.

[12] Ou Y C, Cao Z Q, Shen Q S. Exact energy eigenvalues for spherically symmetrical three-dimensional potentical [J]. Physics Letters A, 2003, 318: 36~39.

[13] Xu T, Cao Z Q, Ou Y C et al. Two-dimensional quantization rule for the bound-state spectra in quantum dots [J]. Physics Letters A, 2005, 341: 308~312.

[14] Xu T, Cao Z Q, Ou Y C et al. Accurate bound-state spectra for hydrogenic donors in GaAs-(Ga, Al)As quantum dots [J]. Chinese Physics Letters, 2005, 22: 2746~2747.

[15] Ou Y C, Cao Z Q, Shen Q S. Energy eigenvalues for the systems with position-dependent effective mass [J]. Journal of Physics A : Mathematical and General, 2004, 37: 4283~4288.

[16] He Y, Cao Z Q, Shen Q S. Bound state spectra for supersymmetric quantum mechanics [J]. Physics Letters A, 2004, 326: 315~321.

[17] Cao Z Q, Liu Q, Shen Q S et al. Quantization scheme for arbitrary one-dimensional potential wells [J]. Physics Review A, 2001, 63: 054103 1~4.

[18] Zhou F, Cao Z Q, Shen Q S. Energy splitting in symmetric double-well potential [J]. Physics Review A, 2003, 67: 062112 1~4.

[19] Banerjee K, Bhatnagar S P. Two-well oscillator [J]. Physics Review D, 1978, 18:4767~4769.

[20] Jaqdish M, Helmut R. The Historical Development of Quantum Theory [M]. New York, Springer Verlag, 2001.

[21] Ou Y C, Cao Z Q, Shen Q S. Formally exact quantization condition for nonrelativistic quantum systems [J]. Journal of Chemical Physics, 2004, 121: 8175~8178.

[22] Liang Z, Cao Z Q, Deng X X et al. Generalized quantization condition [J]. Chinese Physics Letters, 2005, 22: 2465~2468.